21 世纪普通高等教育系列教材

简明工程力学

主　编　王文胜　徐红玉

副主编　刘宗发　张耀强　姚世乐

参　编　李文杰　李启蒸　韩彦伟

　　　　谌　赫　李　戎

机 械 工 业 出 版 社

本书参照最新的《理论力学课程教学基本要求》与《材料力学课程教学基本要求》编写而成，内容涵盖了静力学和材料力学课程的基本内容，书末附有习题答案。

本书内容精炼，由浅入深，便于教学与自学。本书以培养和造就复合型人才为宗旨，力求实现在经典基础上的更新，为读者今后继续学习和掌握新方法、新技术提供必要的工程力学基础知识，也为读者的独立思考留有空间，利于其创新能力的培养。

本书适用于工程力学少学时课程教学，也可供相关工程专业技术人员学习参考。

图书在版编目（CIP）数据

简明工程力学/王文胜，徐红玉主编. —北京：机械工业出版社，2024.1

21世纪普通高等教育系列教材

ISBN 978-7-111-74161-9

Ⅰ.①简⋯ Ⅱ.①王⋯ ②徐⋯ Ⅲ.①工程力学-高等学校-教材

Ⅳ.①TB12

中国国家版本馆 CIP 数据核字（2023）第 208094 号

机械工业出版社（北京市百万庄大街22号 邮政编码100037）

策划编辑：张金奎　　　　责任编辑：张金奎　李　乐

责任校对：潘　蕊　陈　越　　封面设计：王　旭

责任印制：李　昂

北京新华印刷有限公司印刷

2024 年 1 月第 1 版第 1 次印刷

184mm×260mm · 17.75 印张 · 434 千字

标准书号：ISBN 978-7-111-74161-9

定价：55.00 元

电话服务　　　　　　　　　网络服务

客服电话：010-88361066　　机　工　官　网：www.cmpbook.com

　　　　　010-88379833　　机　工　官　博：weibo.com/cmp1952

　　　　　010-68326294　　金　书　网：www.golden-book.com

封底无防伪标均为盗版　　机工教育服务网：www.cmpedu.com

前　言

　　本书根据教育部力学基础课程教学指导分委员会最新制定的教学要求编写而成。由于当前高校理工学科理论课学时普遍压缩，如何保证教学质量成为工程力学课程教学的新挑战。本书针对普通工科院校力学教学的特点，严格把握读者定位，紧密结合工程实践，力求概念清楚，重点突出，叙述简明，易学易懂，在保证理论严密性的同时，重点培养学生分析问题和解决实际问题的能力。本书所编写的内容以必需、够用为度，书中配有丰富的习题，以供不同专业和不同要求的读者选用，书末附有习题答案。全书共11章，介绍了工程力学的基础知识，包括静力学基础、简明材料力学两大板块内容。

　　本书由王文胜、徐红玉担任主编并统稿，刘宗发、张耀强、姚世乐担任副主编，参编人员还有李文杰、李启蒸、韩彦伟、谌赫和李戎。本书电子资源由河南科技大学工程力学系提供。

　　在本书编写过程中，东北大学徐伟教授、江苏大学刘金兴教授提出了很多指导性意见，使本书得以完善和增色，河南科技大学教务处、土木建筑学院全体教师给予了积极的支持，在此一并表示衷心的感谢！此外，本书的编写参考了国内一些优秀教材，在此向这些教材的作者致以诚挚的敬意。

　　限于编者水平，书中难免有不足之处，敬请广大读者批评指正。

编　者

目　录

第 1 章
静力学基本概念和物体的受力分析

1.1 静力学基本概念

静力学是研究物体在力系作用下平衡条件的科学。所谓平衡，在工程上是指物体相对于地球保持静止或匀速直线运动状态，它是物体机械运动的一种特殊形式。静力学主要讨论作用在物体上的力系的简化和平衡两大问题。

1. 刚体的概念

所谓刚体，是指在任何外力的作用下，大小和形状始终保持不变的物体。工程实际中的许多物体，在力的作用下，都会产生不同程度的变形。但它们的变形一般都很微小，对物体平衡问题影响也很小，为了简化分析，可以忽略其变形，把物体视为刚体。这是一种科学的抽象，可以使运算简化。

静力学的研究对象仅限于刚体，所以又称之为刚体静力学。

2. 力的概念

力的概念是人们在长期的生产劳动和生活实践中逐步形成的，通过归纳、概括和科学的抽象而建立的。**力是物体之间相互的机械作用，这种作用使物体的机械运动状态发生改变，或使物体产生变形**。前者称为力的运动效应（或外效应），而后者称为变形效应（或内效应）。刚体只考虑外效应；变形固体还要研究内效应。

实践表明，力对物体作用的效应取决于三个要素：

（1）力的大小　它是指物体相互作用的强弱程度。在国际单位制中，力的单位用牛［顿］（N）或千牛［顿］（kN）表示，且 $1kN = 10^3N$。

（2）力的方向　它包含力的方位和指向两方面的含义。例如，重力的方向是"竖直向下"，"竖直"是力作用线的方位，"向下"是力的指向。

（3）力的作用位置　它是指物体上承受力的部位。当力的分布面积较大，不能看作一个点时，这样的力称为分布力；当力的分布面积很小，可以近似看作一个点时，这样的力称为集中力。

如果改变了力的三要素中的任一要素，也就改变了力对物体的作用效应。

既然力是有大小和方向的量，所以力是矢量。可以用一带箭头的线段来表示，如图 1-1 所示，线段 AB 的长度按一定的比例尺表示

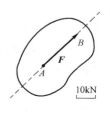

图　1-1

1

力的大小，线段的方位和箭头的指向表示力的方向，线段的起点 A 或终点 B 表示力的作用点。线段 AB 的延长线（图中虚线）表示力的作用线。

本书中，用黑体字母（如 F）表示矢量，用对应的普通字母（如 F）表示矢量的大小。

静力学主要研究以下三个问题：

（1）物体的受力分析　分析所研究物体受哪些力的作用，以及每个力的作用位置和方向。

（2）力系的等效替换（或简化）　**力系**是指作用于物体上的一群力。如果作用于物体上的某一力系可以用另一力系来代替，而不改变原有的状态，这两个力系互称等效力系。如果一个力与一个力系等效，则称此力为该力系的合力，而力系中的各个力称为此合力的分力，这个过程称为力的合成；将合力代换成分力的过程称为力的分解。在研究力学问题时，为方便地显示各种力系对物体作用的总体效应，用一个简单的力系（或一个力）等效代替一个复杂力系称为力系的简化。力系的简化是刚体静力学的基本问题之一。

研究力系等效替换并不限于分析静力学问题，也为学习动力学奠定基础。

（3）力系的平衡条件　即研究物体平衡时，作用在物体上的各种力系所满足的条件。满足平衡条件的力系称为**平衡力系**。

力系的平衡条件在工程中有着十分重要的意义，是设计结构、构件和机械零件时静力计算的基础。因此，静力学在工程中有着广泛的应用。

1.2 静力学公理及推论

静力学公理是人们在生活和生产实践中长期总结出来的力的基本性质，它们又经过实践的反复检验，被确认是符合客观实际的最普遍规律。这些性质无须证明而为人们所公认，并可作为证明中的论据，是静力学的理论基础。

公理 1　二力平衡公理

作用在同一刚体上的两个力，使刚体保持平衡的必要和充分条件是：这两个力的大小相等、方向相反，且作用在同一直线上。简称等值、反向、共线。可以表示为 $F_1 = -F_2$ 或 $F_1 + F_2 = 0$。

二力平衡公理和
二力构件

此公理给出了作用于刚体上的最简力系平衡时所必须满足的条件，是推证其他力系平衡条件的基础。工程上常遇到只受两个力作用而平衡的构件，称为二力构件或二力杆。根据公理 1，作用于二力构件上的两力必沿两力作用点的连线，如图 1-2 所示。

公理 2　加减平衡力系公理

在作用于刚体的已知力系上，加上或减去任意平衡力系，并不改变原力系对刚体的作用效应。

这个公理是研究力系等效替换的理论依据。

推论 1　力的可传性原理

作用于刚体上某点的力，可以沿其作用线移到刚体内任意一点，并不改变该力对刚体的作用效应。

证明：在刚体上的点 A 作用一个力 F，如图 1-3a 所示。根据加减平衡力系公理，在力的作用线上任选一点 B，在点 B 加上两个平衡力 F_1 和 F_2，使 $F = F_2 = -F_1$，如图 1-3b 所示。由于力 F_1 和 F 也是一个平衡力系，故可除去。这样只剩下一个力 F_2，如图 1-3c 所示，即原来的力 F 沿其作用线移到了点 B。

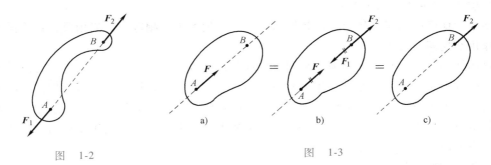

图　1-2　　　　　　　　　　　图　1-3

由此可见，对于刚体来说，力的作用点已不是决定力的作用效应的要素，它已被作用线所代替。因此，作用于刚体上的力的三要素是：力的大小、方向和作用线。

作用于刚体上的力可以沿着作用线移动，这种矢量称为**滑动矢量**。

公理 3　力的平行四边形法则

作用在物体上同一点的两个力，可以合成为一个作用于该点的合力。合力的大小和方向，由以这两个力的矢量为邻边所构成的平行四边形的对角线来确定。设在物体的 A 点作用有力 F_1 和 F_2，如图 1-4a 所示，若以 F_R 表示它们的合力，则可以写成矢量表达式

$$F_R = F_1 + F_2$$

即作用于物体上同一点的两个力的合力等于这两个力的矢量和。

此公理给出了力系简化的基本方法。

在求两个共点力的合力的大小、方向时，常采用力的三角形法则：如图 1-4b 所示，从刚体外任选一点 a 作矢量 $\overrightarrow{ab}$ 代表力 F_1，然后从终点 b 作矢量 $\overrightarrow{bd}$ 代表力 F_2，最后连接起点 a 与终点 d 得到矢量 $\overrightarrow{ad}$，则 $\overrightarrow{ad}$ 就代表合力矢 F_R。分力矢与合力矢所

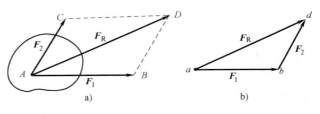

图　1-4

构成的 $\triangle abd$ 称为力的三角形。这种合成方法称为力的三角形法则。

必须指出：力的三角形法则，只是矢量相加的几何运算规则。在力三角形上的每一个力矢，只具有大小、方向的意义，并不表示这个力的作用点位置，因为力三角形画在何处都行。但要明确，合力 F_R 仍然作用在物体的 A 点。

推论 2　三力平衡汇交定理

刚体受互不平行的三个力作用而平衡时，则此三力的作用线必在同一平面内，且作用线汇交于一点。

证明：如图 1-5 所示，在刚体的 A、B、C 三点上，分别作用有三个力 F_1、F_2、F_3，其互不平行，且为平衡力系。根据力的可传性原理，将力 F_1 和 F_2 移到汇交点 O，然后根据力的平行四边形法则，得合力 F_{12}，则力 F_3 应与 F_{12} 平衡。

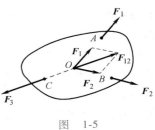

图　1-5

由于两个力平衡必须共线，所以力 F_3 必定与力 F_1 和 F_2 共面；且通过力 F_1 和 F_2 的交点 O。于是定理得证。

公理 4　作用与反作用定律

两个物体间的相互作用力，总是同时存在，它们的大小相等、方向相反，并沿同一直线分别作用在这两个物体上。

物体间的作用力与反作用力总是同时出现，同时消失。可见，自然界中的力总是成对地存在，而且同时分别作用在相互作用的两个物体上。这个公理概括了任何两物体间的相互作用的关系，不论对刚体或变形体，不管物体是静止的还是运动的都适用。应该注意，作用力与反作用力虽然等值、反向、共线，但它们不能平衡，因为二者分别作用在两个物体上，不可与二力平衡公理相混淆。

公理 5　刚化公理

变形体在某一力系作用下处于平衡时，若将其视为刚体（刚化），则其平衡状态保持不变。

此公理提供了将变形体看作刚体的条

图 1-6

件。如图 1-6 所示，一段软绳在等值、反向、共线的两个拉力作用下处于平衡，如将软绳刚化成刚体，其平衡状态保持不变。反之就不一定成立。例如，刚体在两个等值反向的压力作用下平衡。若将它换成软绳就不能平衡了。刚体平衡条件是变形体平衡的必要条件而非充分条件。

静力学全部理论都可以由上述五个公理推证得到。

1.3　约束和约束力

有些物体，例如飞行的飞机、炮弹和火箭等，它们在空间的位移不受任何限制。位移不受限制的物体称为自由体。相反有些物体在空间的位移却要受到一定的限制。例如机车受铁轨的限制，只能沿轨道运动；电动机转子受轴承的限制，只能绕轴线转动；重物由钢索吊住，不能下落等。位移受到限制的物体称为非自由体。在力学中，把这种对非自由体的某些位移起限制作用的周围物体称为约束。例如，铁轨对于机车，轴承对于电动机转子，钢索对于重物等，都是约束。

既然约束阻碍着物体的位移，也就是约束能够起到改变物体运动状态的作用，所以约束对物体的作用，实际上就是力，这种力称为约束力。因此，约束力的方向必与该约束所能够阻碍的位移方向相反，它的作用点就在约束与被约束的物体的接触点。应用这个准则，可以确定约束力的方向或作用线的位置。至于约束力的大小则是未知的。在静力学问题中，约束力和物体受的其他已知力（称主动力）组成平衡力系，因此可用平衡条件求出未知的约束力。除约束力外，物体上受到的各种力如重力、风力、水压力等，是促使物体运动或有运动趋势的力，属于主动力，通常主动力是已知的，工程上常称为载荷。

约束力不仅与主动力的情况有关，同时也与约束类型有关。我们将工程中常见的约束理想化，并将其归纳为几种基本类型。下面介绍工程实际中常见的几种约束类型及其约束力的特性。

1. 约束力方向可确定的约束

（1）柔性约束　绳索、链条和带等属于柔性约束。这类约束的特点是只能限制物体沿着绳索伸长的方向运动。所以柔性约束的约束力只能是拉力，作用在接触点，方向沿着绳索的中心线而背离物体。通常用 F 或 F_T 表示这类约束力。例如绳索吊住重物，如图 1-7a 所示。由于绳索本身只能承受拉力（见图 1-7b），故它给物体的约束力也只可能是拉力（见图 1-7c）。链条或胶带也都只能承受拉力。当它们绕在轮子上时，对轮子的约束力沿轮缘的切线方向（见图 1-8）。

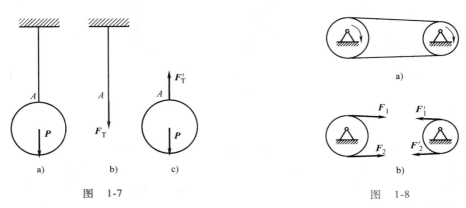

图　1-7　　　　　　　　　图　1-8

（2）光滑接触面　两物体直接接触，且忽略接触面间的摩擦而构成的约束，称为光滑接触面约束。这类约束的特点是只能阻碍物体沿着接触点公法线朝向约束的位移，而不能阻碍物体沿接触点切线方向的位移。因此，光滑接触面的约束力，作用在接触点处，方向沿着接触面在该点的公法线，且指向被约束物体。因约束力沿法线方向，故又称为法向约束力，一般用 F_N 表示。在工程实际中，物体接触面之间总存在着或大或小的摩擦力。但若摩擦力远小于物体所受其他各力而可以略去时，就可以把接触面简化为光滑接触面。如图 1-9 所示的各力均为光滑接触面提供的约束力。

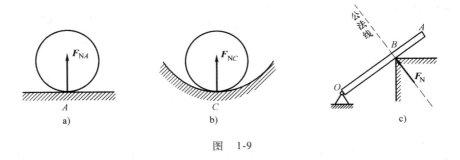

图　1-9

2. 仅约束力作用点可确定的约束

这类约束有径向轴承、圆柱形铰链和固定铰支座等。

（1）径向轴承（向心轴承）　如图 1-10a、b 所示的轴承装置，传动轴可以在轴承内绕轴线任意转动，也可沿孔的中心线移动；但是，轴不能沿径向方向移动，可简化成如图 1-10c 所示的简图。当轴和轴承在某点 A 光滑接触时，轴承对轴的约束力 F_A 作用在接触点 A

处，并且沿公法线指向轴心（见图 1-10a）。但是，随着轴所受的主动力不同，轴和孔的接触点的位置也随之改变。所以，当主动力尚未确定时，约束力的方向预先不能确定。然而，无论约束力朝向何方，它的作用线必在垂直于轴线的平面内并通过轴心。这样一个方向不能预先确定的约束力，通常可用通过轴心的两个大小未知的正交分力 F_{Ax}、F_{Ay} 来表示，如图 1-10b、c 所示，F_{Ax}、F_{Ay} 的指向可任意假定。

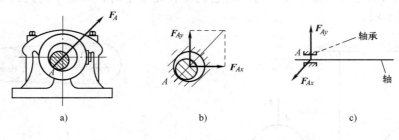

图　1-10

（2）光滑圆柱铰链约束　用圆柱形销钉插入两构件的圆柱孔把两构件连接起来，忽略销钉和销钉孔壁之间的摩擦，构成光滑圆柱铰链约束，简称为铰链约束，如图 1-11a 所示。这类约束的特点是只限制两物体在垂直于销钉轴线的平面内沿任意方向的相对移动，但不限制物体绕圆柱销钉轴线的相对转动和沿圆柱销钉轴线方向的移动。约束力的特点同径向轴承，即约束力通过圆柱销钉中心并在垂直于销钉轴线的平面内，但约束力的大小和方向与作用在物体上的其他力有关，都是未知的。为了方便计算，常用通过铰链中心的两个大小未知的正交分力表示。若无须单独研究销钉的受力情况时，可将销钉与其中任一个构件视为一体，如 AC 构件在 C 处所承受的约束力可由两个待确定的正交分力 F_{Cx}、F_{Cy} 表示，则 CB 构件在 C 处承受 AC 构件的反作用力为 F'_{Cx}、F'_{Cy}，如图 1-11b 所示。光滑圆柱铰链的简图如图 1-11c 所示。

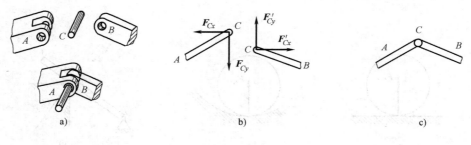

图　1-11

（3）固定铰支座　这类约束可认为是光滑圆柱铰链约束的演变形式，如果两个构件中有一个固定在地面或机架上作为支座，则这种约束称为固定铰支座，如图 1-12a 所示。其结构简图如图 1-12b 所示。这种约束的约束力作用线也不能预先确定，可以用大小未知的两个垂直分力表示，如图 1-12c 所示。

3. 约束力作用点和作用线可确定的约束

（1）滚动支座　又称活动铰支座或辊轴支座，是将固定铰支座用几个刚性辊轴支承在

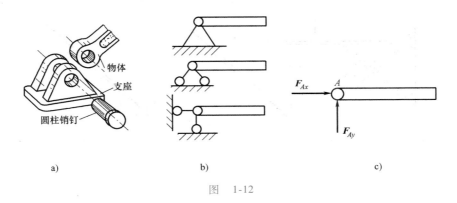

图　1-12

光滑表面上构成的。它是由光滑面和铰链两种约束组合而成的一种复合约束，如图 1-13a 所示。其结构简图如图 1-13b 所示。这种约束不限制构件沿支承面的运动和相对于销钉轴的转动，而只能阻止构件与支座连接处向着支承面或离开支承面的运动。所以滚动支座的约束力垂直于支承面，通过铰链中心，指向则与被约束体的受力情况有关，可任意假设，一般用 F_A 表示，如图 1-13c 所示。例如，在桥梁、屋架等工程结构中，为了允许由于温度变化而引起结构跨度的自由伸长或缩短，常采用滚动支座约束。

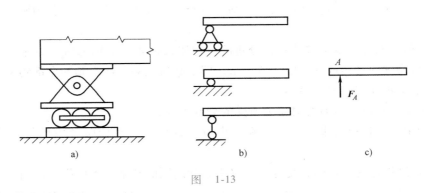

图　1-13

（2）链杆　两端用光滑铰链与其他构件连接且不考虑自重的刚杆称为链杆，常被用来作为拉杆或撑杆而形成链杆约束，这也是一种复合约束。如图 1-14a 所示的 CD 杆。根据光滑铰链的特性，杆在铰链 C、D 处受有两个约束力 F_C 和 F_D，这两个约束力必定分别通过铰链 C、D 的中心，方向暂不确定。考虑到杆 CD 只在 F_C、F_D 二力作用下平衡，根据二力平衡公理，这两个力必定等值、反向、共线。由此可确定 F_C 和 F_D 的作用线应沿铰链中心 C、D 的连线，可能为拉力（见图 1-14b），也可能为压力（见图 1-14c）。由此可见，链杆为二力杆，链杆约束的约束力沿链杆两端铰链的连线，指向不能预先确定，通常假设链杆受拉，如图 1-14b 所示。

因此，固定铰支座也可以用两根不相平行的链杆来代替，如图 1-12b 所示，而滚动铰支座可用垂直于支承面的一根链杆来代替，如图 1-13b 所示。

以上只介绍了几种常见的简单约束，在工程中，约束的类型远不止这些，有的约束比较复杂，分析时需要加以简化或抽象，在以后的章节中，再做介绍。

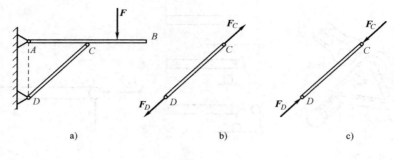

图 1-14

1.4 物体的受力分析和受力图

在工程实际中，无论是研究物体平衡中力的关系，还是研究物体运动中作用力与运动的关系，都需要首先对物体进行受力分析，即：明确物体受到哪些力的作用，以及每个力的作用位置和作用方向，哪些力是已知的，哪些力是未知的。在此基础上，才能使用平衡条件求解。

物体受力分析的基本方法是将所研究的物体或物体系统从与其联系的周围物体或约束中分离出来，以相应的约束力代替约束，并画上所有的主动力。这一过程称为画受力图。具体步骤如下：

1）确定研究对象，取分离体：待分析的某物体或物体系统称为研究对象。明确研究对象后，将其从周围的物体或约束中分离出来，即解除研究对象所受到的全部约束，单独画出相应简图，这个步骤称为取分离体。

2）画主动力：画上该研究对象上所受的全部主动力。

3）画约束力：根据约束特性，正确画出所有约束力，并标明各力的符号及受力位置符号。

正确地画出物体的受力图，是分析、解决力学问题的基础。下面举例说明。

例 1-1　均质球 A 重 G_1 放置在倾角为 θ 的光滑斜面上，细绳绕过质量和摩擦均不计的理想滑轮 C，连接球 A 和重为 G_2 的物块 B，如图 1-15a 所示。试分析物块 B、球 A 和滑轮 C 的受力情况，并分别画出平衡时各物体的受力图。

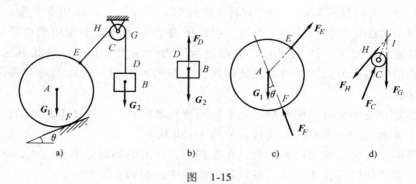

图　1-15

　　解：（1）物块 B 受两个力作用：铅直向下的重力 G_2（主动力），作用于物块的重心；绳子 DG 段作用在物块上的拉力 F_D（约束力），作用在物块 B 与绳子的连接点 D。根据二力平衡公理，物块 B 平衡时 F_D 和 G_2 必定共线，彼此大小相等而指向相反。物块 B 的受力如图 1-15b 所示。

　　（2）球 A 受三个力作用：铅直向下的重力 G_1（主动力），作用于球心 A；绳子 EH 段的拉力 F_E 和斜面的约束力 F_F。由于斜面是光滑的，故约束力 F_F 的方向垂直于此斜面，且由其作用点 F（球与斜面的接触点）指向球心 A。绳子的拉力 F_E 作用于绳的连接点 E，且沿方向 EH；由三力平衡汇交定理知，F_E 的作用线也必定通过球心 A。可见，本系统不是在任意位置上都能平衡的，它平衡时的位置必须能使绳子 EH 段的延长线通过球心 A。球 A 的受力如图 1-15c 所示。

　　（3）作用于滑轮 C 的力有：绳子 GD 段的拉力 F_G，HE 段的拉力 F_H，以及滑轮轴 C 的约束力 F_C。当滑轮平衡时，这三力的作用线必定汇交于一点。因此，设已求出力 F_G 和 F_H 的交点 I，则约束力 F_C 必定沿方向 CI。图 1-15d 画出了滑轮平衡时的受力图。不难看出，滑轮的半径完全不影响约束力 F_C 的方向。改变半径，仅引起力 F_G 和 F_H 作用线的交点 I 在约束力 F_C 的作用线上移动。可见，只要保持两边绳子的方向不变，理想滑轮的半径可以采用任意值，而不影响其平衡。为简单起见，可以假定此滑轮的半径等于零，而认为 F_G 和 F_H 直接作用在滑轮轴心 C 上。

　　注意：力 F_D 和 F_G 是绳子 DG 段对两端物体的拉力，这两个力大小相等而方向相反，即有 $F_D = -F_G$，但两者并非作用力与反作用力的关系。力 F_D 和 F_G 的反作用力，各自作用在绳子 DG 段两端。对绳 EH 段，拉力 F_E 和 F_H 可做同理分析。可以看出，拉力 F_E 和 F_D 的大小相等。由此可见，滑轮仅改变绳子的方向，而不改变绳子拉力的大小。

　　例 1-2　如图 1-16a 所示，水平梁 AB 用斜杆 CD 支撑，A、C、D 三处均为光滑铰链连接。均质梁重 P_1，其上放置一重为 P_2 的电动机。如不计杆 CD 的自重，试分别画出杆 CD 和梁 AB（包括电动机）的受力图。

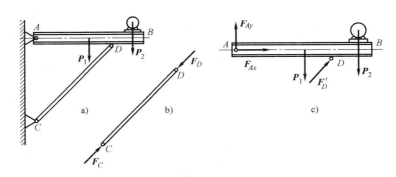

图　1-16

　　解：（1）先分析斜杆 CD 的受力。由于斜杆 CD 的自重不计，因此 CD 杆是二力杆，只在铰链 C、D 处受有两个约束力 F_C 和 F_D。这两个力必定沿同一直线，且等值、反向。由此可确定 F_C 和 F_D 的作用线应沿铰链中心 C 与 D 的连线，由经验判断，此处杆 CD 受压力，其受力图如图 1-16b 所示。一般情况下，F_C 与 F_D 的指向不能预先判定，可先任意假设杆受拉力或压力。若根据平衡方程求得的力为正值，说明原假设力的指向正确；若为负值，则说明实际杆受力与原假设指向相反。

　　（2）取梁 AB（包括电动机）为研究对象。它受有 P_1、P_2 两个主动力的作用。梁在铰链 D 处受有二力杆 CD 给它的约束力 F'_D 的作用。根据作用和反作用定律，$F'_D = -F_D$。梁在 A 处受固定铰支座给它的约束力的作用，由于方向未知，可用两个大小未定的正交分力 F_{Ax} 和 F_{Ay} 表示。

　　梁 AB 的受力图如图 1-16c 所示。

　　例 1-3　如图 1-17a 所示的三铰拱桥，由左、右两拱铰接而成。不计自重及摩擦，在拱 AC 上作用有载荷 F。试分别画出拱 AC 和 CB 的受力图。

解：（1）先分析拱 BC 的受力。由于拱 BC 自重不计，且只在 B、C 两处受到铰链约束，因此拱 BC 为二力构件。在铰链中心 B、C 处分别受 F_B、F_C 两力的作用，且 $F_B = -F_C$，这两个力的方向如图 1-17b 所示。

（2）取拱 AC 为研究对象。由于自重不计，因此主动力只有载荷 F。拱 AC 在铰链 C 处受到拱 BC 给它的约束力 F'_C，根据作用和反作用定律，$F'_C = -F_C$。拱在 A 处受有固定铰支座给它的约束力 F_A 的作用，由于方向未定，可用两个大小未知的正交分力 F_{Ax} 和 F_{Ay} 代替。拱 AC 的受力图如图 1-17c 所示。

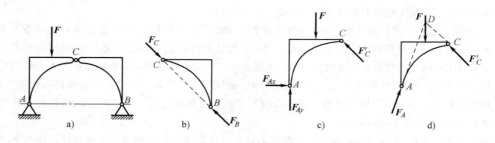

图　1-17

进一步分析可知，由于拱 AC 在 F、F'_C 及 F_A 三个力作用下平衡，故可根据三力平衡汇交定理，确定铰链 A 处约束力 F_A 的方向。点 D 为力 F 和 F'_C 作用线的交点，当拱 AC 平衡时，约束力 F_A 的作用线必通过点 D（见图 1-17d）；至于 F_A 的指向，假定如图所示，以后由平衡条件确定。

请读者考虑：若左右两拱均计入自重时，各受力图有何不同？

例 1-4　如图 1-18a 所示，梯子的两部分 AB 和 AC 在点 A 铰接，又在 D、E 两点用水平绳连接。梯子放在光滑水平面上，若其自重不计，但在 AB 的中点 H 处作用一铅直载荷 F。试分别画出绳子 DE 和梯子的 AB、AC 部分以及整个系统的受力图。

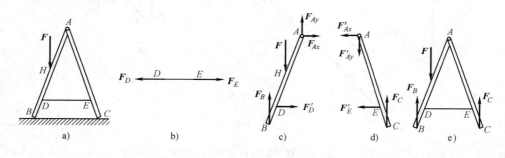

图　1-18

解：（1）绳子 DE 的受力分析。绳子两端 D、E 分别受到梯子对它的拉力 F_D、F_E 的作用（见图 1-18b）。

（2）梯子 AB 部分的受力分析。它在 H 处受载荷 F 的作用，在铰链 A 处受 AC 部分给它的约束力 F_{Ax} 和 F_{Ay} 的作用。在点 D 受绳子对它的拉力 F'_D（与 F_D 互为作用力和反作用力）。在点 B 受光滑地面对它的法向约束力 F_B 的作用。梯子 AB 部分的受力图如图 1-18c 所示。

（3）梯子 AC 部分的受力分析。在铰链 A 处受 AB 部分对它的作用力 F'_{Ax} 和 F'_{Ay}（分别与 F_{Ax} 和 F_{Ay} 互为作用力和反作用力）。在点 E 处受绳子对它的拉力 F'_E（与 F_E 互为作用力和反作用力）。在 C 处受光滑地面对它的法向约束力 F_C。梯子 AC 部分的受力图如图 1-18d 所示。

（4）整个系统的受力分析。当选整个系统为研究对象时，可把平衡的整个结构刚化为刚体。由于铰链

A 处所受的力互为作用力与反作用力关系，即 $\boldsymbol{F}_{Ax} = -\boldsymbol{F}'_{Ax}$，$\boldsymbol{F}_{Ay} = -\boldsymbol{F}'_{Ay}$；绳子与梯子连接点 D 和 E 所受的力也分别互为作用力与反作用力关系，即 $\boldsymbol{F}_D = -\boldsymbol{F}'_D$，$\boldsymbol{F}_E = -\boldsymbol{F}'_E$，这些力都成对地作用在整个系统内，称为内力。内力对系统的作用效应相互抵消，因此可以除去，并不影响整个系统的平衡。故内力在受力图上不必画出。在受力图上只需画出系统以外的物体给系统的作用力，这种力称为外力。这里，载荷 $\boldsymbol{F}$ 和约束力 $\boldsymbol{F}_B$、$\boldsymbol{F}_C$ 都是作用于整个系统的外力。整个系统的受力图如图 1-18e 所示。

应该指出，内力与外力的区分不是绝对的。例如，当我们把梯子的 AC 部分作为研究对象时，$\boldsymbol{F}'_{Ax}$、$\boldsymbol{F}'_{Ay}$ 和 $\boldsymbol{F}'_E$ 均属外力，但取整体为研究对象时，$\boldsymbol{F}'_{Ax}$、$\boldsymbol{F}'_{Ay}$ 和 $\boldsymbol{F}'_E$ 又成为内力。可见，内力与外力的区分，只有相对于某一确定的研究对象才有意义。

通过以上示例，可以归纳出画受力图应注意的事项：

1）画分离体图时应尽可能用简明的轮廓线把研究对象单独画出来，并注意大小成比例，形状要相似。

2）对物体系统进行分析时，同一力在不同受力图上的画法要完全一致；在分析两个相互作用力时，应遵循作用和反作用关系；作用力方向一经确定，则反作用力必与之相反，不可再假设指向。

3）在画受力图时，如果研究对象为几个物体组成的物系，还必须区分外力与内力。物系以外的其他物体对物系的作用力称为外力，其中包括主动力、约束力；物系内各物体之间的相互作用力称为内力。在研究物系时，由于内力总是成对出现，并且等值、反向、共线，在系统内自成平衡力系，不影响系统的整体平衡。因此，在画受力图时不画内力，只需画出全部外力即可。应当注意，内力和外力是相对的，随着所取物系范围的不同，某些内力和外力还可以相互转化。

4）对于方向不能预先确定的约束力（如圆柱铰链），可用互相垂直的两个分力表示，指向可以假设。有时可根据作用在分离体上的力系特点，如利用二力平衡公理、三力平衡汇交定理、作用与反作用定律等，确定某些约束力的方向，简化受力图。

5）除分布力代之以等效的集中力、未知的约束力可用它的正交分力表示外，所有其他力一般不合成、不分解，并画在其真实作用位置上。

习 题

1-1　试画出图 1-19 中物体 A 或构件 ABC、AB、AC、CD 的受力图。未画重力的各物体的自重均不计，所有接触处均为光滑接触。

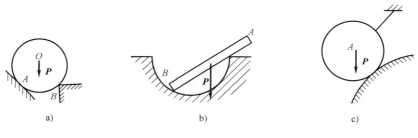

图 1-19　题 1-1 图

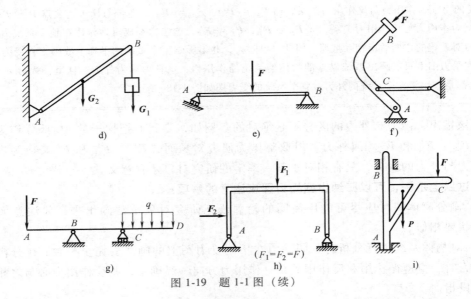

图 1-19　题 1-1 图（续）

1-2　试画出图 1-20 中每个标注字符的物体及系统整体的受力图。未画重力的各物体的自重均不计，所有接触处均为光滑接触。

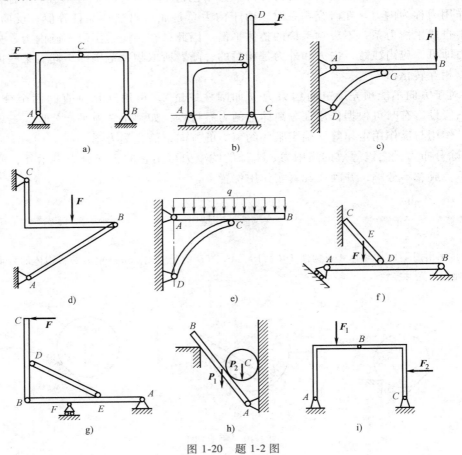

图 1-20　题 1-2 图

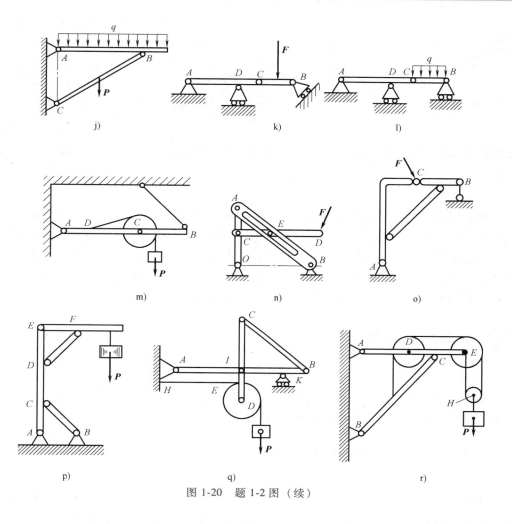

图 1-20　题 1-2 图（续）

13

第 2 章
平面力系

作用在刚体上的力系，按各力的作用线是否都在同一平面内，可分为平面力系和空间力系。按各力的作用线是否交于一点或相互平行，又可分为汇交力系、平行力系和任意力系。

工程实际中许多结构和构件的受力都可简化成平面力系问题。另外，平面力系的一些研究方法也可以推广应用到空间力系中去。平面汇交力系与平面力偶系是两种简单力系，是研究复杂力系的基础。本章将详细地阐述平面力系的简化和平衡问题。

2.1 平面汇交力系

平面汇交力系是指各力的作用线在同一平面内且汇交于一点的力系。本节将分别用几何法与解析法研究平面汇交力系的合成与平衡问题。

2.1.1 平面汇交力系合成与平衡的几何法

1. 平面汇交力系合成的几何法、力多边形法则

设刚体受到平面汇交力系 F_1、F_2、F_3、F_4 作用，各力作用线汇交于 A 点，如图 2-1a 所示。根据力的可传性原理，可将各力分别沿其作用线移至汇交点 A，原力系成为共点力系。

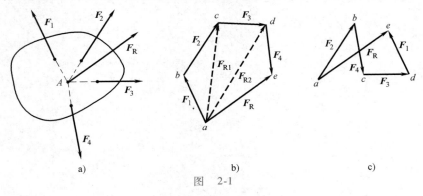

图 2-1

为了合成此力系，可根据力的平行四边形法则，逐步两两合成各力，最后求得一个通过汇交点 A 的合力 F_R。还可以用更简便的方法求此合力 F_R 的大小与方向，即任取一点 a，作矢量 $\overrightarrow{ab}$ 代表力矢 F_1，在其末端 b 作矢量 $\overrightarrow{bc}$ 代表力矢 F_2，则用虚线连接矢量 $\overrightarrow{ac}$ 表示力矢 F_1 和

F_2 的合力矢 F_{R1}；再从点 c 作矢量 $\overrightarrow{cd}$ 代表力矢 F_3，则用虚线连接矢量 $\overrightarrow{ad}$ 表示 F_{R1} 和 F_3 的合力矢 F_{R2}；最后从点 d 作矢量 $\overrightarrow{de}$ 代表力矢 F_4，则 $\overrightarrow{ae}$ 代表力矢 F_{R2} 与 F_4 的合力矢，亦即

$$F_R = F_{R2} + F_4 = F_{R1} + F_3 + F_4 = F_1 + F_2 + F_3 + F_4$$

合力矢 F_R 的大小和方向如图 2-1b 所示，其作用线通过汇交点 A。

作图 2-1b 时，虚线 ac 和 ad 不必画出，只需把各力矢保持与其原作用方向平行，首尾相接得折线 $abcde$，则由第一个力矢 F_1 的起点 a 向最后一个力矢 F_4 的终点 e 作 $\overrightarrow{ae}$，即得合力矢 F_R。各分力矢与合力矢构成的多边形称为力多边形，表示合力矢边 $\overrightarrow{ae}$ 称为力多边形封闭边。这种求合力的方法称为力多边形法则。

根据矢量相加的交换律，任意变换各分力矢的作图次序，可得形状不同的力多边形，但其合力矢仍然不变，如图 2-1c 所示。而合力的作用线仍通过原汇交点。

推广到由 n 个力组成的平面汇交力系，则它们的合力 F_R 为

$$F_R = F_1 + F_2 + \cdots + F_n = \sum_{i=1}^{n} F_i \tag{2-1}$$

综上所述，可得到以下结论：平面汇交力系合成的结果为一合力，该合力等于力系各分力的矢量和，其大小、方向由力多边形的封闭边确定，合力作用线通过力系的汇交点。

合力 F_R 对刚体的作用与原力系对该刚体的作用等效。如果一个力与某一个力系等效，则此力称为该力系的合力。

如力系中各力的作用线都沿同一直线，则此力系称为共线力系，它是平面汇交力系的特殊情况，它的力多边形在同一直线上。若沿直线的某一指向为正，相反为负，则力系合力的大小与方向取决于各分力的代数和，即

$$F_R = \sum_{i=1}^{n} F_i \tag{2-2}$$

2. 平面汇交力系平衡的几何条件

从平面汇交力系合成结果可知，平面汇交力系可用其合力来代替。显然，如果物体处于平衡，则合力 F_R 应等于零；反之，如果合力 F_R 等于零，则物体必处于平衡。所以物体在平面汇交力系作用下平衡的必要和充分条件是：**该力系的合力 F_R 等于零**。用矢量式表示为

$$\sum_{i=1}^{n} F_i = 0 \tag{2-3}$$

当合力为零时，力多边形的封闭边的长度为零，即力多边形中最后一个力的终点与第一个力的起点重合，构成了一个自行封闭的力多边形。所以，平面汇交力系平衡的几何条件是：**由力系各力所绘出的力多边形一定自行封闭**。

使用平面汇交力系平衡的几何条件求解问题时，需要按比例先画出封闭的力多边形，然后用尺和量角器在图上量得所要求的未知量；也可根据图形的几何关系，用三角公式计算出所要求的未知量，这种解题方法称为几何法。

例 2-1　支架的横梁 AB 与斜杆 DC 彼此以铰链 C 相连接，并各以铰链 A、D 连接于铅直墙上，如图 2-2a 所示。已知 $AC=CB$；杆 DC 与水平线成 $45°$ 角；载荷 $F=10\text{kN}$，作用于 B 处。设梁和杆的重量忽略不计，求铰链 A 的约束力和杆 DC 所受的力。

解：选取横梁 AB 为研究对象。横梁的 B 处受载荷 F 作用。DC 为二力杆，它对横梁 C 处的约束力 F_C 的作用线必沿两铰链 D、C 中心的连线。铰链 A 的约束力 F_A 的作用线可根据三力平衡汇交定理确定，即通过另两力的交点 E，如图 2-2b 所示。

根据平面汇交力系平衡的几何条件，这三个力应组成一封闭的力三角形。按照图中力的比例尺，先画出已知力矢 $\overrightarrow{ab} = F$，再由点 a 作直线平行于 AE，由点 b 作直线平行于 CE，这两直线相交于点 d，如图 2-2c 所示。由力三角形 abd 封闭，可确定 F_C 和 F_A 的指向。

在力三角形中，线段 bd 和 da 分别表示力 F_C 和 F_A 的大小，量出它们的长度，按比例换算即可求得 F_C 和 F_A 的大小。但一般都是利用三角公式计算，在图 2-2b、c 中，通过简单的三角计算可得

$$F_C = 28.3\text{kN}, \quad F_A = 22.4\text{kN}$$

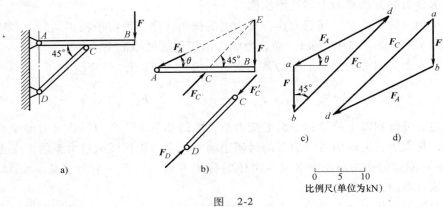

图 2-2

根据作用力和反作用力的关系，作用于杆 DC 的 C 端的力 F_C' 与 F_C 的大小相等、方向相反。由此可知杆 DC 受压力，如图 2-2b 所示。

应该指出，封闭力三角形也可以如图 2-2d 所示，同样可求得力 F_C 和 F_A，且结果相同。

2.1.2 平面汇交力系合成与平衡的解析法

求解平面汇交力系问题的几何法，具有直观简捷的优点，但是作图时的误差难以避免。因此，工程中多用解析法来求解力系的合成和平衡问题。解析法是以力在坐标轴上的投影为基础。

1. 力在坐标轴上的投影

设力 F 作用于刚体上的 A 点，在力 F 作用的平面内建立坐标系 Oxy，如图 2-3 所示。由力 F 的起点 A 和终点 B 分别向 x 轴作垂线，得垂足 a 和 b，这两条垂线在 x 轴上所截的线段再冠以相应的正负号，称为力 F 在 x 轴上的投影，用 F_x 表示。力在坐标轴上的投影为代数量，其正负号规定：当力与 x 轴间夹角为锐角时，其值为正；当夹角为钝角时，其值为负。同理，从 A 和 B 分别向 y 轴作垂线，得垂足 a' 和 b'，求得力 F 在 y 轴上的投影 F_y。

力在某轴上的投影，等于该力的大小乘以力与投影轴正向间夹角的余弦。

设 α 和 β 分别表示力 F 与直角坐标轴 x、y 的夹角，如图 2-3 所示，则力在轴上的投影分别为

$$\left.\begin{array}{l} F_x = F\cos\alpha \\ F_y = F\cos\beta = F\sin\alpha \end{array}\right\} \tag{2-4}$$

2. 力沿坐标轴分解

力沿坐标轴分解时，分力由力的平行四边形法则确定，如图 2-3 所示，力 $\boldsymbol{F}$ 沿直角坐标轴 x、y 可分解为两个分力 $\boldsymbol{F}_x$ 和 $\boldsymbol{F}_y$，其分力与投影之间有下列关系：

$$\boldsymbol{F}_x = F_x \boldsymbol{i}, \quad \boldsymbol{F}_y = F_y \boldsymbol{j} \tag{2-5}$$

式中，$\boldsymbol{i}$、$\boldsymbol{j}$ 分别为沿坐标轴 x、y 正向的单位矢量。因此，力 $\boldsymbol{F}$ 的解析表达式为

$$\boldsymbol{F} = F_x \boldsymbol{i} + F_y \boldsymbol{j} \tag{2-6}$$

反之，若已知力 $\boldsymbol{F}$ 在直角坐标轴上的投影 F_x、F_y，则该力的大小和方向余弦分别为

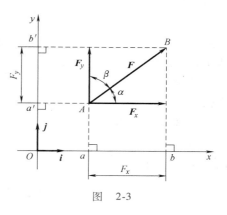

图 2-3

$$\left. \begin{aligned} F &= \sqrt{F_x^2 + F_y^2} \\ \cos\langle \boldsymbol{F}, \boldsymbol{i} \rangle &= \frac{F_x}{F}, \quad \cos\langle \boldsymbol{F}, \boldsymbol{j} \rangle = \frac{F_y}{F} \end{aligned} \right\} \tag{2-7}$$

应当注意，力的投影与力的分解是两个不同的概念，两者不可混淆。力在坐标轴上的投影 F_x 和 F_y 为代数量，而力沿坐标轴的分力 $\boldsymbol{F}_x$ 和 $\boldsymbol{F}_y$ 为矢量。投影无作用点，而分力作用点必须作用在原力的作用点上。另外，当 x、y 两轴不垂直时，分力 $\boldsymbol{F}_x$ 和 $\boldsymbol{F}_y$ 的大小和力在坐标轴上的投影 F_x 和 F_y 的绝对值不相等，如图 2-4 所示。

3. 合力投影定理

设一平面汇交力系 $\boldsymbol{F}_1$、$\boldsymbol{F}_2$、$\boldsymbol{F}_3$ 和 $\boldsymbol{F}_4$ 作用于刚体上，其力多边形 $abcde$ 如图 2-5 所示，封闭边 $\overrightarrow{ae}$ 表示该力系的合力矢 $\boldsymbol{F}_R$，在力的多边形所在平面内取一坐标系 Oxy，将所有的力矢都投影到 x 轴和 y 轴上，得

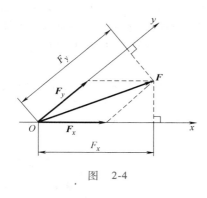

图 2-4

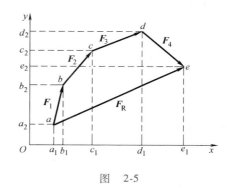

图 2-5

$$F_{Rx} = a_1 e_1, \quad F_{1x} = a_1 b_1, \quad F_{2x} = b_1 c_1, \quad F_{3x} = c_1 d_1, \quad F_{4x} = d_1 e_1$$

由图 2-5 可知

$$a_1 e_1 = a_1 b_1 + b_1 c_1 + c_1 d_1 + d_1 e_1$$

即

$$F_{Rx} = F_{1x} + F_{2x} + F_{3x} + F_{4x}$$

同理

$$F_{Ry} = F_{1y} + F_{2y} + F_{3y} + F_{4y}$$

将上述关系式推广到任意平面汇交力系的情形，得

$$F_{Rx} = F_{1x} + F_{2x} + \cdots + F_{nx} = \sum F_x \atop F_{Ry} = F_{1y} + F_{2y} + \cdots + F_{ny} = \sum F_y \Big\} \ominus \qquad (2\text{-}8)$$

式中，$F_{1x}, F_{2x}, \cdots, F_{nx}$ 和 $F_{1y}, F_{2y}, \cdots, F_{ny}$ 分别为各分力在坐标轴上的投影。

即得到合力投影定理：力系存在合力时，合力在任一轴上的投影，等于各分力在同一轴上投影的代数和。

4. 平面汇交力系合成的解析法

通过式（2-8）求得合力的投影 F_{Rx} 和 F_{Ry} 后，然后再按式（2-7）求得合力的大小和方向余弦分别为

$$F_R = \sqrt{\left(\sum F_x\right)^2 + \left(\sum F_y\right)^2}$$

$$\cos\langle F_R, i\rangle = \frac{\sum F_x}{F_R}, \quad \cos\langle F_R, j\rangle = \frac{\sum F_y}{F_R} \qquad (2\text{-}9)$$

这种使用力在坐标轴上的投影，计算平面汇交力系合力的方法，就是平面汇交力系合成的解析法。

5. 平面汇交力系平衡的解析条件

由式（2-8）知，平面汇交力系平衡的必要和充分条件是：该力系的合力等于零。由式（2-9）应有

$$F_R = \sqrt{\left(\sum F_x\right)^2 + \left(\sum F_y\right)^2} = 0$$

欲使上式成立，必须同时满足

$$\sum F_x = 0, \qquad \sum F_y = 0 \qquad (2\text{-}10)$$

于是，平面汇交力系平衡的必要和充分条件是：**力系的各力在作用面内任意两个坐标轴上投影的代数和分别等于零**。式（2-10）称为**平面汇交力系的平衡方程**。这是两个独立的代数方程，可以用来求解两个未知量。应当指出，所选取的两个投影轴，可以是互相垂直的，也可以是斜交的，这要根据问题的具体情况而选定。通常分别选取与两个未知力中一个力的作用线相垂直的轴为投影轴，这时两个平衡方程中都分别只包含一个未知量，可避免求解联立方程。

例2-2 用解析法求图2-6所示平面汇交力系的合力的大小和方向。已知 $F_1 = 200\text{N}$，$F_2 = 300\text{N}$，$F_3 = 100\text{N}$，$F_4 = 250\text{N}$。

解：根据式（2-8）和式（2-9）计算合力 F_R 在 x、y 轴上的投影分别为

$$F_{Rx} = F_1\cos30° - F_2\cos60° - F_3\cos45° + F_4\cos45° = 129.3\text{N}$$

$$F_{Ry} = F_1\cos60° + F_2\cos30° - F_3\cos45° - F_4\cos45° = 112.3\text{N}$$

$$F_R = \sqrt{F_{Rx}^2 + F_{Ry}^2} = \sqrt{129.3^2 + 112.3^2}\ \text{N} = 171.3\text{N}$$

$$\cos\langle F_R, i\rangle = \frac{F_x}{F_R} = \frac{129.3\text{N}}{171.3\text{N}} = 0.7548$$

$$\cos\langle F_R, j\rangle = \frac{F_y}{F_R} = \frac{112.3\text{N}}{171.3\text{N}} = 0.6556$$

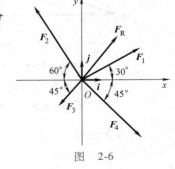

图 2-6

⊖ 为书写方便，在无混淆的情况下，一般可略去求和号中 $i = 1, n$ 及下标 i。——编辑注

则合力 F_R 与 x、y 轴的夹角分别为

$$\langle F_R, i \rangle = 40.99°, \quad \langle F_R, j \rangle = 49.01°$$

合力 F_R 的作用线通过汇交点 O。

例 2-3　如图 2-7a 所示，重力 $P = 20$kN，用钢丝绳绕过滑轮 B 挂在绞车 D 上。A、B、C 处为光滑铰链连接。钢丝绳、杆和滑轮的自重不计，并忽略摩擦和滑轮的大小，试求平衡时杆 AB 和 BC 所受的力。

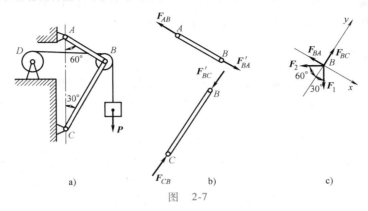

图　2-7

解：（1）取研究对象。由于 AB、BC 两杆都是二力杆，假设杆 AB 受拉力，杆 BC 受压力，如图 2-7b 所示。为了求出这两个未知力，可求两杆对滑轮的约束力。由此选取滑轮 B 为研究对象。

（2）画受力图。滑轮受到钢丝绳的拉力 F_1 和 F_2（已知 $F_1 = F_2 = P$）。此外杆 AB 和 BC 对滑轮的约束力为 F_{BA} 和 F_{BC}。由于滑轮的大小可忽略不计，故这些力可看作汇交力系，如图 2-7c 所示。

（3）列平衡方程。选取坐标轴如图 2-7c 所示，坐标轴应尽量取在与未知力作用线相垂直的方向。这样在一个平衡方程中只有一个未知数，不必解联立方程，即

$$\sum F_x = 0, \qquad -F_{BA} + F_1 \cos 60° - F_2 \cos 30° = 0 \tag{a}$$

$$\sum F_y = 0, \qquad F_{BC} - F_1 \cos 30° - F_2 \cos 60° = 0 \tag{b}$$

（4）求解方程，得

$$F_{BA} = -0.366P = -7.32\text{kN}$$

$$F_{BC} = 1.366P = 27.32\text{kN}$$

所求结果，F_{BA} 为负值，表示这个力的假设方向与实际方向相反，即杆 AB 受压力。F_{BC} 为正值，表示这个力的假设方向与实际方向一致，即杆 BC 受压。

通过例 2-1 和例 2-3 的分析，可总结出平面汇交力系平衡问题解题的主要步骤如下：

1）选取研究对象。根据题意，选取适当的平衡物体作为研究对象，并画出分离体简图。

2）分析受力，画受力图。分析研究对象的受力情况，正确地画出相应的受力图，较复杂的问题可能要多次选取研究对象进行分析计算。

3）应用平衡条件求解未知量。用几何法求解时，应选择适当的比例尺，做出该力系的封闭力多边形。必须注意，作图时总是从已知力开始。根据矢序规则和封闭特点，应可以确定未知力的指向。未知力的大小可按同一比例尺在图上量出，或者用三角公式计算出来；用解析法求解时，应适当地选取投影轴（一般可选投影轴与某未知力垂直），列出平衡方程，求解未知量。

所解出的未知力的正、负号，是相对于受力图而言的，正的表示其实际方向与受力图中

所画的方向是一致的；负的表示其实际方向与受力图中所画的方向相反。

微课

平面力对点之矩、
合力矩定理、
力偶与力偶矩

2.2 力矩和平面力偶理论

本节介绍力矩、力偶和平面力偶系的理论，这都是有关力的转动效应的基本知识，同时研究平面力偶系的合成与平衡问题。

2.2.1 平面内力对点的矩

力对刚体的作用效应有移动与转动两种。其中力对刚体的移动效应由力的大小和方向来度量，而力对刚体的转动效应则由力对点之矩（简称力矩）来量度。即力矩是量度力对刚体转动效应的物理量。

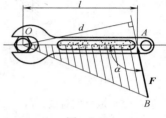

以扳手拧螺母为例，如图 2-8 所示，设螺母能绕点 O 转动。由经验可知，螺母能否转动，不仅取决于作用在扳手上的力 F 的大小，而且还与点 O 到力 F 的作用线的垂直距离 d 有关。因此，用 F 与 d 的乘积可作为量度力 F 使螺母绕点 O 转动效应的量。其中距离 d 称为 F 对 O 点的力臂，点 O 称为力矩中心，简称矩心。由于转动有逆时针和顺时针两个转向，则力 F 对 O 点之矩定义为：力的大小 F 与力臂 d 的乘积冠以适当的正负号，以符号 $M_O(F)$ 表示，即

图 2-8

$$M_O(F) = \pm Fd \tag{2-11}$$

通常规定：力使物体绕矩心逆时针方向转动时，力矩为正，反之为负。

由图 2-8 可见，力 F 对 O 点之矩的大小，也可以用 $\triangle OAB$ 面积的两倍表示，即

$$M_O(F) = \pm 2A_{\triangle OAB} \tag{2-12}$$

在国际单位制中，力矩的单位是牛[顿]米（N·m）或千牛[顿]米（kN·m）。

由上述分析可得力矩的性质：

1）平面内力对点之矩是一个代数量，它不仅取决于力的大小，还与矩心的位置有关。力矩随矩心的位置变化而变化。

2）力对任一点之矩，不因该力的作用点沿其作用线移动而改变，再次说明力是滑移矢量。

3）力的大小等于零或其作用线通过矩心时，力矩等于零。

2.2.2 力偶和力偶矩

1. 力偶的概念

在日常生活和工程实际中经常见到物体受到两个大小相等、方向相反，但不在同一直线上的两个平行力作用的情况。例如，驾驶员驾驶汽车转弯时两手作用在方向盘上的力（见图 2-9a）；工人用丝锥攻螺纹时两手加在扳手上的力（见图 2-9b）；以及用手拧动水龙头所加的力等（见图 2-9c）。等值反向平行力的矢量和显然等于零，但是由于它们不共线而不能相互平衡，故其只能改变物体的转动状态。在力学中把这样一对等值、反向而不共线的平行力称为力偶，用符号（F, F'）表示。两个力作用线之间的垂直距离称为力偶臂，两个力作用线所决定的平面称为力偶的作用面。

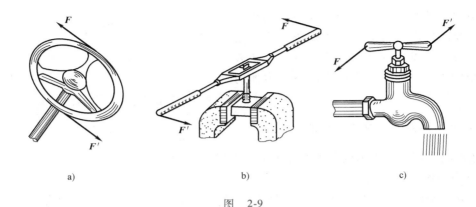

a)　　　　　　　　　　b)　　　　　　　　　　c)

图　2-9

由于力偶不能合成为一个力，故力偶也不能用一个力来平衡。因此，力和力偶是静力学的两个基本要素。

力偶是由两个力组成的特殊力系，它对物体的转动效果应是这两个力对物体转动效果的叠加，可用力偶矩来量度，即力偶矩为力偶中的两个力对其作用面内某点的矩的代数和。如图 2-10 所示，力 F 和 F' 组成一个力偶，力偶臂为 d。在力偶平面内任取一点 O 为矩心，设 O 点与力 F' 作用线的距离为 x，则此力偶对作用面内任意点 O 的矩，即力偶的两个力 F 和 F' 对于 O 点之矩的和

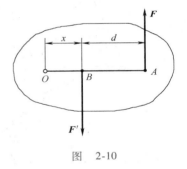

$$M_O(F,F') = M_O(F) + M_O(F')$$
$$= F(x+d) - F'x = Fd$$

可见力偶对物体的转动效应只取决于力的大小、力偶臂的长短以及力偶的转向，而与矩心的位置无关。因此在平面问题中，将力偶中力的大小与力偶臂的乘积并冠以正负号称为力偶矩，记为 $M(F, F')$ 或简记为 M。

图　2-10

$$M = M_O(F,F') = \pm Fd \tag{2-13}$$

于是可得结论：**平面内，力偶矩是一个代数量，其绝对值等于力的大小与力偶臂的乘积，正负号表示力偶的转向**；一般规定逆时针转向为正，反之为负。力偶矩的单位与力矩相同，也是牛[顿]米（N·m）或千牛[顿]米（kN·m）。

2. 平面力偶的等效定理

由于力偶对物体只能产生转动效应，而该转动效应是用力偶矩来量度的，因此可得如下的力偶等效定理。

作用在刚体上同一平面内的两个力偶，如果力偶矩相等，则两力偶彼此等效。

该定理给出了在同一平面内力偶等效的条件。由此可得力偶性质的两个推论：

1）任一力偶可以在其作用面内任意移转，而不改变它对刚体的转动效果。换句话说，力偶对刚体的作用与力偶在其作用面内的位置无关。

2）保持力偶矩不变，可以同时改变力偶中力的大小和力偶臂的长短，而不改变力偶对刚体的转动效果。

由此可见，力偶中力的大小和力偶臂的长短都不是力偶的特征量，只有力偶矩才是量度

力偶作用效果的唯一的量。今后除了用两个等值、不共线的反向平行力表示力偶外，还常用一圆弧箭头并伴以 M 表示（见图 2-11）。M 表示力偶矩的大小，圆弧箭头的指向表示力偶的转向。

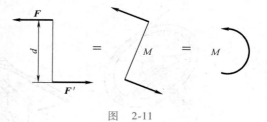

图 2-11

2.2.3 平面力偶系的合成和平衡条件

作用在物体同一平面内的各力偶称为平面力偶系。

1. 平面力偶系的合成

设在同一平面内有两个力偶 (F_1, F_1') 和 (F_2, F_2')，它们的力偶臂分别为 d_1 和 d_2，如图 2-12a 所示。这两个力偶的矩分别为 M_1 和 M_2。为求它们的合成结果，根据上述结论，在保持力偶矩不变的情况下，同时改变这两个力偶的力的大小和力偶臂的长短，使它们具有相同的力偶臂 d，并将它们在平面内移转，使力的作用线重合，如图 2-12b 所示。于是得到与原力偶等效的两个新力偶 (F_3, F_3') 和 (F_4, F_4')。即

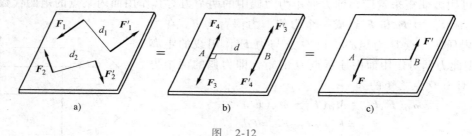

图 2-12

$$M_1 = F_1 d_1 = F_3 d, \quad M_2 = -F_2 d_1 = -F_4 d$$

分别将作用在点 A 和 B 的力合成（设 $F_3 > F$），得

$$F = F_3 - F_4, \quad F' = F_3' - F_4'$$

由于 F 与 F' 是相等的，所以构成了与原力偶系等效的合力偶 (F, F')，如图 2-12c 所示，以 M 表示合力偶的矩，得

$$M = Fd = (F_3 - F_4)d = F_3 d - F_4 d = M_1 + M_2$$

如有两个以上的平面力偶，根据力偶的特性，同样可以按照上述方法合成。由此不难得出如下结论：在同平面内的任意多个力偶可合成为一个合力偶，合力偶矩等于各个分力偶矩的代数和，即

$$M = \sum_{i=1}^{n} M_i \tag{2-14}$$

2. 平面力偶系的平衡条件

由合成结果可知，力偶系平衡时，其合力偶的矩等于零。因此，**平面力偶系平衡的必要和充分条件是：各力偶矩的代数和等于零**，即

$$\sum_{i=1}^{n} M_i = 0 \tag{2-15}$$

例 2-4　图 2-13a 所示的平面铰接四连杆机构 $OABD$，在杆 OA 和 BD 上分别作用着矩为 M_1 和 M_2 的力偶，而使机构在图示位置处于平衡。已知 $OA=r$，$DB=2r$，$\theta=30°$，不计各杆自重，试求力偶矩 M_1 和 M_2 间的关系。

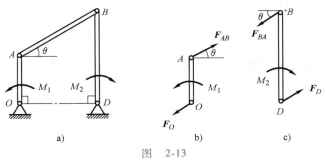

解：为了求力偶矩 M_1 和 M_2 间的关系，可分别取杆 OA 和 DB 为研究对象。AB 杆是二力杆，故其约束力 F_{AB} 和 F_{BA} 必沿 A、B 的连线。因为力偶只能用力偶来平衡，所以固定铰链支座 O 和 D 的约束力 F_O 和 F_D 只能分别平行于 F_{AB} 和 F_{BA}，且方向相反。这两根杆的受力如图 2-13b、c 所示。

图　2-13

根据平面力偶系的平衡条件 $\sum M_i=0$，分别写出杆 OA 和 DB 的平衡方程为

$$M_1-F_{AB}r\cos\theta=0$$
$$-M_2+2F_{BA}r\cos\theta=0$$

因为 $F_{AB}=F_{BA}$，故得 $M_1=\dfrac{1}{2}M_2$。

例 2-5　由杆 AB、CD 组成的机构如图 2-14a 所示，A、C 均为铰链，销钉 E 固定在 AB 杆上且可沿 CD 杆上的光滑滑槽滑动。已知在 AB 杆上作用一力偶，力偶矩为 M；问在 CD 杆上作用的力偶矩 M' 大小为何值时，才能使系统平衡？并求此时 A、C 处的约束力 F_A、F_C。

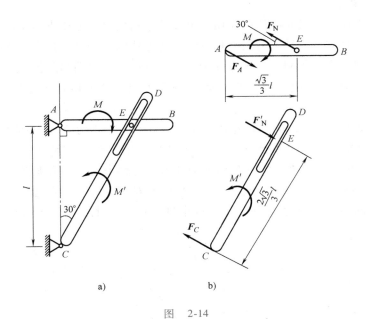

图　2-14

解：（1）分别考虑 AB 与 CD 杆的平衡并分析其受力。

（2）销钉 E 与滑槽光滑接触，约束力沿接触面公法线方向，即垂直于 CD 杆；且作用于 AB 杆的 F_N 及作用于 CD 杆的 F'_N 是一对作用力与反作用力，$F_N=-F'_N$。考察 AB 杆，由于力偶只能用力偶平衡，所以 A

点的约束力 F_A 必与 F_N 构成一力偶与 M 平衡，因而有 $F_A = -F_N$。同理 $F_C = -F'_N$。两杆的受力图如图 2-14b 所示。

（3）根据力偶系的平衡条件：

对 AB 杆，$$-M+F_N \cdot \frac{\sqrt{3}}{3}l\sin30° = 0$$

对 CD 杆，$$M'-F'_N \cdot \frac{2\sqrt{3}}{3}l = 0$$

解得

$$F_N = 2\sqrt{3}\frac{M}{l}, \quad M' = 4M, \quad F_A = F_C = F_N = 2\sqrt{3}\frac{M}{l}$$

铰 A、C 的约束力方向如图 2-14b 所示。

2.3 平面任意力系的简化

力的平移定理、平面任意力系的简化 微课

上面讨论了两种特殊的平面力系（平面汇交力系和平面力偶系）的合成与平衡。在工程上常常遇到各力作用线在同一平面内，且彼此既不汇交于一点，又不相互平行的力系，这种力系称为平面任意力系。本节在前两节的基础上，将平面任意力系向一点简化，从而得到平面任意力系的平衡条件和平衡方程。

1. 力线平移定理

为了研究平面任意力系对刚体的作用效果及其平衡条件，需要将力系向一点简化，这是一种较为简便并且具有普遍性的力系简化方法。此方法的理论基础是力线平移定理。

力线平移定理：作用于刚体上某点 A 的力 F，可以平行移动到刚体上任一点 O，但必须同时在力 F 与指定点 O 所决定的平面内附加一个力偶，其力偶矩等于原力 F 对指定点 O 之矩。

证明：如图 2-15a 所示，设力 F 作用于刚体上 A 点。为将力 F 等效地平行移动到刚体上任意一点 O，根据加减平衡力系公理，在 O 点加上一对平衡力 F' 和 F''，并使 $F' = -F'' = F$，如图 2-15b 所示。显然，力 F、F' 和 F'' 组成的新力系与原来的一个力 F 等效。而前者则可看成由一力 F' 与一力偶（F,F''）组成。因为力 F 和力 F' 矢量相等，上述等效变换过程可以看成将作用在 A 点的力 F 平行移动到 O 点。这个过程称为力作用线的平行移动，简称力线的

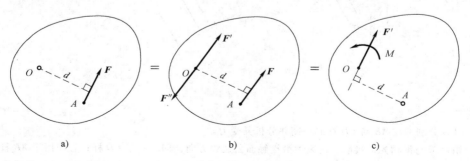

a)　　　　　　　　b)　　　　　　　　c)

图 2-15

平移。力偶（$\boldsymbol{F}$, $\boldsymbol{F}''$）称为附加力偶，则其力偶矩 $M = Fd$，其中 d 为附加力偶的臂，如图 2-15c 所示。而力 $\boldsymbol{F}$ 对 O 点的矩为 $M_O(\boldsymbol{F}) = Fd$，即附加力偶矩等于力 $\boldsymbol{F}$ 对平移点 O 之矩。于是定理得证。

显然，这个定理的逆定理也是成立的，即作用在刚体上某一平面内的一个力和一个力偶可以合成为同平面内的一个力。

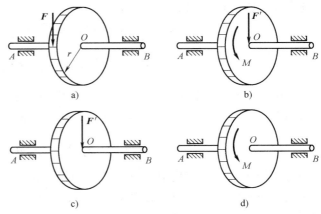

力线平移定理表明了在一般情况下力对物体作用有两种效果。例如，图 2-16a 所示作用于齿轮上的圆周力 $\boldsymbol{F}$，根据力线平移定理，作用于齿轮上的圆周力 $\boldsymbol{F}$ 等效于通过齿轮中心的力 $\boldsymbol{F}'$ 和附加力偶 M，如图 2-16b 所示。力 $\boldsymbol{F}'$ 主要使轴弯曲，而附加力偶 M 使轴转动。图 2-16b 所示的载荷可以看成是图 2-16c、d 所示两种载荷作用的叠加。

图 2-16

2. 平面任意力系向作用面内一点简化及主矢和主矩

设刚体上作用有 n 个力 $\boldsymbol{F}_1, \boldsymbol{F}_2, \cdots, \boldsymbol{F}_n$ 组成的平面任意力系，如图 2-17a 所示。按下面步骤将该力系进行简化。

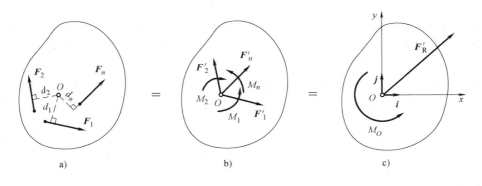

图 2-17

1）在力系所在平面内任选一点 O，称为简化中心。应用力线平移定理，将各力平移到 O 点，于是得到一个汇交于 O 点的平面汇交力系 $\boldsymbol{F}_1', \boldsymbol{F}_2', \cdots, \boldsymbol{F}_n'$，以及一个相应的附加力偶系 $M_1, M_2, \cdots, M_n$，如图 2-17b 所示，其力偶矩分别为 $M_1 = M_O(\boldsymbol{F}_1)$, $M_2 = M_O(\boldsymbol{F}_2)$, $\cdots$, $M_n = M_O(\boldsymbol{F}_n)$。这样，原力系与作用于简化中心 O 点的平面汇交力系和附加的平面力偶系是等效的。

2）将平面汇交力系 $\boldsymbol{F}_1', \boldsymbol{F}_2', \cdots, \boldsymbol{F}_n'$ 合成为作用于简化中心 O 点的一个力 $\boldsymbol{F}_R'$，如图 2-17c 所示，则

$$\boldsymbol{F}_R' = \sum_{i=1}^{n} \boldsymbol{F}_i' = \sum_{i=1}^{n} \boldsymbol{F}_i = \sum \boldsymbol{F}_i \tag{2-16}$$

即力矢 $\boldsymbol{F}'_R$ 等于原来各力的矢量和。$\boldsymbol{F}'_R$ 称为原力系的主矢。

用解析法求 $\boldsymbol{F}'_R$ 时，通过点 O 建立直角坐标系 Oxy，如图 2-17c 所示，将式（2-16）在直角坐标轴上投影，得

$$F'_{Rx} = \sum F_x, \quad F'_{Ry} = \sum F_y \tag{2-17}$$

于是主矢 $\boldsymbol{F}'_R$ 的大小和方向余弦分别为

$$\left.\begin{array}{l} F'_R = \sqrt{\left(\sum F_x\right)^2 + \left(\sum F_y\right)^2} \\[2mm] \cos\langle \boldsymbol{F}'_R, \boldsymbol{i}\rangle = \dfrac{\sum F_x}{F'_R}, \quad \cos\langle \boldsymbol{F}'_R, \boldsymbol{j}\rangle = \dfrac{\sum F_y}{F'_R} \end{array}\right\} \tag{2-18}$$

3）附加平面力偶系 $M_1, M_2, \cdots, M_n$ 可合成为一个合力偶，该力偶的矩等于各附加力偶矩的代数和，它称为原力系对 O 点的主矩，用 M_O 表示，即

$$M_O = \sum_{i=1}^{n} M_i = \sum_{i=1}^{n} M_O(\boldsymbol{F}) \tag{2-19}$$

即主矩等于原来各力对简化中心 O 点之矩的代数和。

由上述可得结论：平面任意力系向作用面内任一点简化，一般可得一个力和一个力偶，该力等于原力系各力的矢量和，作用于简化中心，称为原力系的主矢；该力偶的矩等于原力系各力对简化中心的矩的代数和，称为原力系对简化中心的主矩。

如果选取不同的简化中心，主矢并不改变，因为原力系中各力的大小及方向一定，它们的矢量和也是一定的。所以，一个力系的主矢是一常量，与简化中心位置无关。但是，力系中各力对不同简化中心的矩是不同的，因而它们的和一般来说也不相等。所以，主矩一般与简化中心位置有关。因此，在提到主矩时，必须指明简化中心。

作为力系简化方法的应用，下面分析固定端或插入端约束的约束力。工程中，固定端约束是一种常见的约束，例如夹紧在刀架上的车刀、一端深埋在地基中的电线杆、一端伸入墙体的悬臂梁等均受固定端约束的作用。这类物体连接方式的特点是连接处刚性很大，两物体间既不能产生相对移动，也不能产生相对转动，这类实际约束均可抽象为固定端约束。下面以一端固定于墙内的悬臂梁（见图 2-18a）为例来说明这类约束提供的约束力。

显然，梁的插入部分受到墙的约束，使梁既不能移动，也不能转动。当梁的自由端受到平面任意力系作用时，墙对梁插入端的约束力也分布于梁插入端部分表面上，这种分布力系也为平面任意力系，如图 2-18b 所示。若取一简化中心 A，则可将约束力系简化为作用在 A 点的一个力 $\boldsymbol{F}_A$ 和一个力偶矩为 M_A 的力偶，如图 2-18c 所示。力 $\boldsymbol{F}_A$ 的大小和方向均为未知量，一般用两个相互垂直的分力 $\boldsymbol{F}_{Ax}$、$\boldsymbol{F}_{Ay}$ 来表示，如图 2-18d 所示。显然 $\boldsymbol{F}_A$ 限制梁在平面内沿任何方向的移动，而约束力偶 M_A 则限制梁在平面内

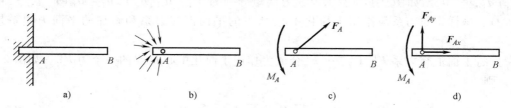

图 2-18

转动。

需要强调指出：一般情形，固定端的约束力有三个未知量——F_{Ax}、F_{Ay} 和 M_A，而这些约束力的实际大小和方向要根据梁的平衡条件来确定。

与固定铰支座的约束性质相比，固定端约束除了限制物体在水平方向和铅直方向移动外，还能限制物体在平面内转动，而固定铰支座不能限制物体在平面内转动。因此，固定端约束与固定铰支座的区别是固定端约束多了一个限制转动的约束力偶。

3. 平面任意力系的简化结果分析

平面任意力系向作用面内一点 O 简化后得到了主矢与主矩；但这并不是平面任意力系简化的最后结果，所以还有必要根据力系的主矢和主矩这两个量可能出现的几种情况做进一步分析讨论。

（1）主矢和主矩都等于零（$F'_R = 0$，$M_O = 0$） 这表明原力系平衡。满足主矢与主矩同时为零的力系，称为平衡力系。

（2）主矢等于零，主矩不等于零（$F'_R = 0$，$M_O \neq 0$） 原力系向 O 点简化得到的只能是一个力偶，亦即原力系合成为一个力偶，该力偶矩等于原力系对 O 点的主矩：

$$M_O = \sum_{i=1}^{n} M_O(F)$$

因为力偶对平面内任意一点的力偶矩都相同，因此当力系合成为一个力偶时，主矩与简化中心的选择无关。

（3）主矢不等于零，主矩等于零（$F'_R \neq 0$，$M_O = 0$） 此时原力系与一力等效。这个力就是原力系的合力，该合力的大小和方向与原力系的主矢相同，作用线通过简化中心 O。

（4）主矢和主矩都不等于零（$F'_R \neq 0$，$M_O \neq 0$） 此时，原力系简化为作用线通过简化中心 O 的一力和一力偶，如图 2-19a 所示。由力线平移定理的逆过程可知，原力系最后可以简化为一个合力。为求此合力，可将力偶矩为 M_O 的力偶用一对力（F'_R，F''_R）表示，并使 $F_R = F'_R = -F''_R$，如图 2-19b 所示。F'_R 与 F''_R 组成一对平衡力，根据加减平衡力系公理，即可将其去掉，从而仅剩下作用于 O' 点的力 F_R，如图 2-19c 所示。力 F_R 与原力系等效，它就是原力系的合力。合力的大小和方向与原力系的主矢 F'_R 相同，而简化中心 O 点到合力作用线的垂直距离为

$$d = \left| \frac{M_O}{F'_R} \right| \tag{2-20}$$

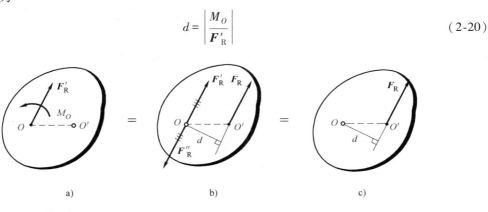

a)   b)   c)

图 2-19

合力的作用线在简化中心 O 的哪一侧，可按如下方法判断：合力 $\boldsymbol{F}_R$ 对 O 点的矩的转向与主矩 M_O 的转向应当相同。

根据上面的分析，现将平面任意力系合成的结果和成立的条件归纳于表 2-1。

表 2-1 平面任意力系简化的最终结果

	合成结果		成立条件
平面任意力系	平衡	等于零	$\boldsymbol{F}'_R = \boldsymbol{0},\ M_O = 0$
	不平衡	合力偶	$\boldsymbol{F}'_R = \boldsymbol{0},\ M_O \neq 0$
		合力	$\boldsymbol{F}'_R \neq \boldsymbol{0}$

4. 合力矩定理

从上述变换过程还可以导出**合力矩定理**：平面任意力系的合力对平面内任一点之矩，等于力系中各力对同一点之矩的代数和。

证明：由图 2-19b 易见，合力 $\boldsymbol{F}_R$ 对 O 点的矩为

$$M_O(\boldsymbol{F}_R) = \boldsymbol{F}'_R d = M_O$$

由力系对 O 点主矩的定义式（2-19）有

$$M_O = \sum_{i=1}^{n} M_O(\boldsymbol{F}_i)$$

所以

$$M_O(\boldsymbol{F}_R) = \sum_{i=1}^{n} M_O(\boldsymbol{F}_i) \tag{2-21}$$

于是定理得证。由于简化中心 O 是任意选取的，故式（2-21）具有普遍意义。

例 2-6 重力坝受力情况如图 2-20a 所示。已知：$W_1 = 450\text{kN}$，$W_2 = 200\text{kN}$，$F_1 = 200\text{kN}$，$F_2 = 70\text{kN}$。求力系向点 O 简化的结果，合力与基线 OA 的交点到点 O 的距离 x，以及合力作用线方程。

解：（1）先将力系向点 O 简化，求得其主矢 $\boldsymbol{F}'_R$ 和主矩 M_O（见图 2-20b）。由图 2-20a，有

$$\theta = \angle ACB = \arctan \frac{AB}{CB} = 16.7°$$

主矢 $\boldsymbol{F}'_R$ 在 x、y 轴上的投影为

$$F'_{Rx} = \sum F_x = F_1 - F_2 \cos\theta = 132.9\text{kN}$$

$$F'_{Ry} = \sum F_y = -W_1 - W_2 - F_2 \sin\theta = -670.1\text{kN}$$

主矢 $\boldsymbol{F}'_R$ 的大小为

$$F'_R = \sqrt{\left(\sum F_x\right)^2 + \left(\sum F_y\right)^2} = 683.2\text{kN}$$

主矢 $\boldsymbol{F}'_R$ 的方向余弦为

$$\cos\langle \boldsymbol{F}'_R, \boldsymbol{i} \rangle = \frac{\sum F_x}{F'_R} = 0.1945, \quad \cos\langle \boldsymbol{F}'_R, \boldsymbol{j} \rangle = \frac{\sum F_y}{F'_R} = -0.9808$$

则有

$$\langle \boldsymbol{F}'_R, \boldsymbol{i} \rangle = -78.78°$$

故主矢 $\boldsymbol{F}'_R$ 在第四象限内，与 x 轴的夹角为 $-78.78°$。

力系对点 O 的主矩为

$$M_O = \sum_{i=1}^{n} M_O(\boldsymbol{F}_i) = -F_1 \times 3\text{m} - W_1 \times 1.5\text{m} - W_2 \times 3.9\text{m} = -2055\text{kN} \cdot \text{m}$$

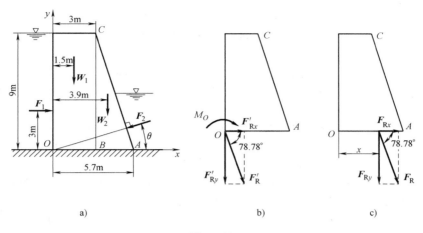

图　2-20

（2）合力 $\boldsymbol{F}_R$ 的大小和方向与主矢 $\boldsymbol{F}'_R$ 相同。其作用线位置的 x 值可根据合力矩定理求得（见图 2-20c），即
$$M_O = M_O(\boldsymbol{F}_R) = M_O(\boldsymbol{F}_{Rx}) + M_O(\boldsymbol{F}_{Ry}) = F_{Ry}x$$

解得
$$x = \frac{|M_O|}{F_{Ry}} = \frac{2055\text{kN} \cdot \text{m}}{670.1\text{kN}} = 3.06\text{m}$$

（3）设合力作用线上任一点的坐标为 (x, y)，将合力作用于此点（见图 2-20c），则合力 $\boldsymbol{F}_R$ 对坐标原点的矩的解析表达式为
$$M_O = M_O(\boldsymbol{F}_R) = xF_{Ry} - yF_{Rx} = x\sum F_y - y\sum F_x$$

将已求得的 M_O、$\sum F_y$、$\sum F_x$ 的代数值代入上式，得合力作用线方程为
$$670.1x + 132.9y - 2055 = 0$$

其中，若令 $y = 0$，可得 $x = 3.06\text{m}$，与前述结果相同。

例 2-7　如图 2-21a 所示，曲杆上作用一力 $\boldsymbol{F}$，已知 $AB = a$，$BC = b$，试计算力 $\boldsymbol{F}$ 对点 A 之矩。

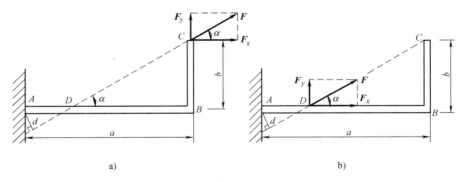

图　2-21

解：可以用三种方法计算力 $\boldsymbol{F}$ 对 A 点之矩 $M_A(\boldsymbol{F})$。

（1）由力矩的定义计算。

先求力臂 d。由图 2-21b 中几何关系有
$$d = AD\sin\alpha = (AB - DB)\sin\alpha = (AB - BC\cot\alpha)\sin\alpha = (a - b\cot\alpha)\sin\alpha = a\sin\alpha - b\cos\alpha$$

所以
$$M_A(\boldsymbol{F}) = Fd = F(a\sin\alpha - b\cos\alpha)$$

（2）根据合力矩定理计算。

将力 F 在 C 点分解为两个正交分力 F_x 和 F_y（见图 2-21a），则

$$F_x = F\cos\alpha, \quad F_y = F\sin\alpha$$

由合力矩定理可得

$$M_A(F) = M_A(F_x) + M_A(F_y) = -F_x b + F_y a = F(a\sin\alpha - b\cos\alpha)$$

（3）先将力 F 移至 D 点，再将 F 分解为两个正交分力 F_x、F_y（见图 2-21b），其中 F_x 通过矩心 A，力矩为零，由合力矩定理得

$$M_A(F) = 0 + M_A(F_y) = F_y \cdot AD = F\sin\alpha \cdot (a - b\cot\alpha) = F(a\sin\alpha - b\cos\alpha)$$

综上可见，计算力矩常用下述两种方法：

1）直接计算力臂，由定义求力矩。

2）应用合力矩定理求力矩。此时应注意：① 将一个力恰当地分解为两个相互垂直的分力，利用分力取矩，并注意取矩方向；② 刚体上的力可沿其作用线移动，故力可在作用线上任一点分解，而具体选择哪一点，其原则是使分解后的两个分力取矩比较方便。

例 2-8   三角形分布载荷作用在水平梁 AB 上，如图 2-22 所示。最大载荷集度为 q，梁长 l。试求该力系的合力及合力作用线位置。

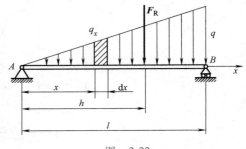

图　2-22

解：先求合力的大小。在梁上距 A 端为 x 处取一微段 $\mathrm{d}x$，其上作用力大小为 $q_x\mathrm{d}x$，其中 q_x 为此处的载荷集度。由图 2-22 可知，$q_x = qx/l$，故分布载荷的合力为

$$F_R = \int_0^l q_x\mathrm{d}x = \int_0^l q\frac{x}{l}\mathrm{d}x = \frac{1}{2}ql$$

再求合力作用线的位置。设合力 F_R 的作用线距 A 端的距离为 h，在微段 $\mathrm{d}x$ 上的作用力对点 A 之矩为 $-(q_x\mathrm{d}x)x$，全部分布载荷对点 A 之矩为

$$-F_R h = -\int_0^l q_x x\mathrm{d}x = -\int_0^l q\frac{x}{l}x\mathrm{d}x = -\frac{1}{3}ql^2$$

代入 F_R 的值，得

$$h = \frac{2}{3}l$$

即三角形分布载荷的合力大小等于三角形的面积，合力作用线通过该三角形的几何中心。

2.4　平面任意力系的平衡条件和平衡方程

由上节对平面任意力系简化结果的分析可知，当平面任意力系向任一点简化所得的主矢和主矩不同时等于零时，原力系将等效于一力或一力偶，则刚体在此力系作用下是不可能保持平衡的。要保证平面任意力系平衡，必须使其主矢和对任意点的主矩同时为零；反之，若力系的主矢和主矩都等于零，则原力系必然是平衡力系。由此得出结论：平面任意力系平衡的必要与充分条件是：力系的主矢以及对作用面内任一点的主矩同时为零，即

$$\left.\begin{array}{l} F'_R = 0 \\ M_O = 0 \end{array}\right\} \tag{2-22}$$

由式（2-17）和式（2-19）可知，为满足式（2-22），必须而且只需满足

$$\left.\begin{array}{l} \sum F_x = 0 \\ \sum F_y = 0 \\ \sum M_O(\boldsymbol{F}) = 0 \end{array}\right\} \qquad (2\text{-}23)$$

即平面任意力系平衡的必要与充分条件是：**力系中各力在其作用面内任选的两个互不平行的坐标轴上投影的代数和分别等于零，以及各力对作用面内任意一点的矩的代数和也等于零**。式（2-23）称为平面任意力系的平衡方程的基本形式（为便于书写，下标 i 已略去），它由两个投影式和一个力矩式组成。

需要指出：在列基本形式的平衡方程时，其投影轴和力矩中心都可以任意选取，也就是所选的两个投影轴不必一定相互垂直，所选的矩心不必一定是投影轴的交点，可以是平面内的任一点。

由于平面任意力系的简化中心是任意选取的，因此，在求解平面任意力系平衡问题时，可取不同的矩心，列出不同的力矩方程。如选两个矩心 A 和 B，列出两个力矩式，再加上一个投影式，组成平衡方程的二力矩形式，即

$$\left.\begin{array}{l} \sum M_A(\boldsymbol{F}) = 0 \\ \sum M_B(\boldsymbol{F}) = 0 \\ \sum F_x = 0 \end{array}\right\}（投影轴 x 不得垂直于 A、B 两点的连线） \qquad (2\text{-}24)$$

或者选择三个矩心，用三个力矩式来组成平衡方程的三力矩形式，即

$$\left.\begin{array}{l} \sum M_A(\boldsymbol{F}) = 0 \\ \sum M_B(\boldsymbol{F}) = 0 \\ \sum M_C(\boldsymbol{F}) = 0 \end{array}\right\}（A、B、C 三点不得共线） \qquad (2\text{-}25)$$

式（2-24）或式（2-25）显然是平面任意力系平衡的必要条件。要使它们成为平衡的充分条件，还必须满足括号中的限定条件，方程才是相互独立的，也才能用来求解三个未知量。

式（2-24）的充分性证明：如果平面任意力系满足式（2-24），根据 $\sum M_A(\boldsymbol{F}) = 0$ 和 $\sum M_B(\boldsymbol{F}) = 0$，力系对 A、B 两点的主矩均等于零，则这个力系不可能简化为一个力偶，只可能平衡或者简化为经过 A、B 两点的一个力，如图 2-23 所示。式（2-24）的附加条件 A、B 连线不垂直于 x 轴，由 $\sum F_x = 0$，可知 $\boldsymbol{F}_R = \boldsymbol{0}$，故该力系必为平衡力系。

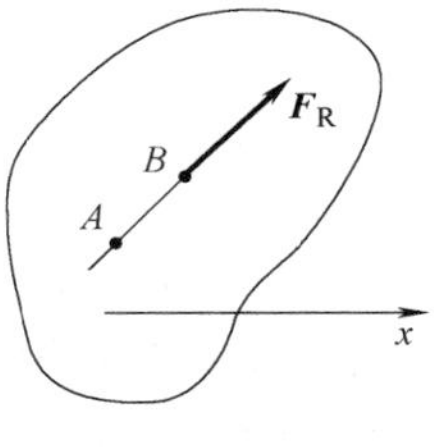

类似地可以证明式（2-25）的充分性，读者可自行论证。

上述三种不同形式的平衡方程（2-23）～方程（2-25），究竟选用哪一种形式，须根据具体条件确定。但应该指出，不管哪一种形式的平衡方程，对于受平面任意力系作用的单个刚体，只可以写出三个独立的平衡方程，求解三个未知量。任何第四个方程只是前三个方程的线性组合，因而不是独立的。可以利用这个方程来校核计

图　2-23

算结果。在实际应用时，可将投影轴取成与较多的未知力相垂直，矩心应取在多个未知力的交点上，尽量避免求解联立方程。

在讨论了平面任意力系的平衡方程的基础上，可以很方便地推导出平面特殊力系的平衡方程。

例如，由于平面汇交力系的各力作用线汇交于一点，则取各力作用线汇交点 O 作为简化中心，从而平面汇交力系的平衡方程为

$$\left.\begin{array}{l}\sum F_x = 0 \\ \sum F_y = 0\end{array}\right\} \tag{2-26}$$

再如，各力的作用线在同一平面内，且相互平行的平面平行力系，是平面任意力系的一种特殊情况，其平衡方程可从平面任意力系的平衡方程中导出。如图 2-24 所示，刚体受平面平行力系 $F_1, F_2, \cdots, F_n$ 作用，建立直角坐标系，并使 x 轴与各力垂直，则不论力系是否平衡，各力在 x 轴上的投影恒等于零，即 $\sum F_x \equiv 0$。因此，平面平行力系的独立平衡方程的数目只有两个，即

$$\left.\begin{array}{l}\sum F_y = 0 \\ \sum M_O(F) = 0\end{array}\right\} \tag{2-27}$$

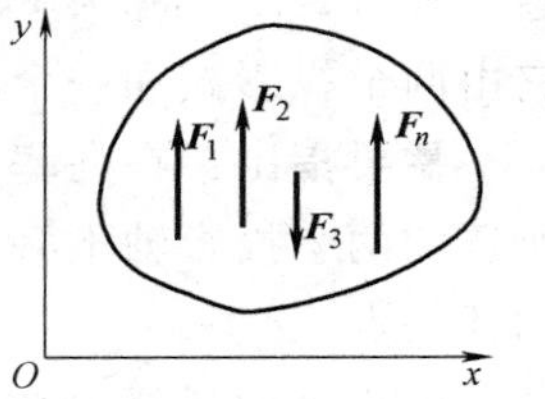

图 2-24

平面平行力系的平衡方程也可用二力矩方程的形式表示，即

$$\left.\begin{array}{l}\sum M_A(F) = 0 \\ \sum M_B(F) = 0\end{array}\right\} (A、B \text{ 连线不平行各力的作用线}) \tag{2-28}$$

例 2-9 图 2-25a 所示为一悬臂式起重机，A、B、C 都是铰链连接。梁 AB 自重 $G = 1$kN，作用在梁的中点，提升重量 $P = 8$kN，杆 BC 自重不计，求支座 A 的约束力和杆 BC 所受的力。

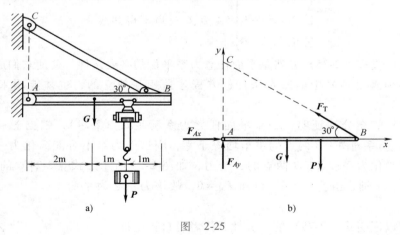

图 2-25

解：取梁 AB 为研究对象，受力图如图 2-25b 所示。A 处为固定铰支座，其约束力用两分力表示，杆 BC 为二力杆，它的约束力沿 BC 轴线，并假设为拉力。

为使每个方程中未知量尽可能少，选取直角坐标系 Axy。列出平衡方程：

$$\sum M_A(F) = 0, \qquad -G \times 2\text{m} - P \times 3\text{m} + F_T \sin 30° \times 4\text{m} = 0$$

得

$$F_T = \frac{2G + 3P}{4 \times \sin 30°} = \frac{2\text{m} \times 1\text{kN} + 3\text{m} \times 8\text{kN}}{4\text{m} \times 0.5} = 13\text{kN}$$

$$\sum M_B(F) = 0, \qquad -F_{Ay} \times 4\text{m} + G \times 2\text{m} + P \times 1\text{m} = 0$$

得

$$F_{Ay} = \frac{2G + P}{4} = \frac{2\text{m} \times 1\text{kN} + 1\text{m} \times 8\text{kN}}{4\text{m}} = 2.5\text{kN}$$

$$\sum M_C(\boldsymbol{F}) = 0, \qquad F_{Ax} \times 4\text{m} \times \tan 30° - G \times 2\text{m} - P \times 3\text{m} = 0$$

得

$$F_{Ax} = \frac{(2G + 3P)}{4 \times \tan 30°} = \frac{2\text{m} \times 1\text{kN} + 3\text{m} \times 8\text{kN}}{4\text{m} \times \tan 30°} = 11.26\text{kN}$$

校核

$$\sum F_x = F_{Ax} - F_T \times \cos 30° = 11.26\text{kN} - 13\text{kN} \times \cos 30° = 0$$

$$\sum F_y = F_{Ay} - G - P + F_T \times \sin 30° = 2.5\text{kN} - 1\text{kN} - 8\text{kN} + 13\text{kN} \times 0.5 = 0$$

可见计算无误。

例 2-10　图 2-26a 所示的水平横梁 AB，A 端为固定铰支座，B 端为滚动支座。梁的长为 $4a$，梁重 P，作用在梁的中点 C。在梁的 AC 段上受均布载荷 q 作用，在梁的 BC 段上受力偶作用，力偶矩 $M = Pa$。试求 A 和 B 处的支座约束力。

解：选梁 AB 为研究对象。它所受的主动力有：均布载荷 q、重力 $\boldsymbol{P}$ 和矩为 M 的力偶。它所受的约束力有：铰链 A 的两个分力 $\boldsymbol{F}_{Ax}$ 和 $\boldsymbol{F}_{Ay}$，滚动支座 B 处铅直向上的约束力 $\boldsymbol{F}_B$。

取坐标系如图 2-26b 所示，列出平衡方程。

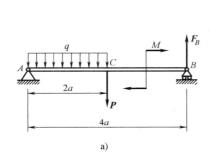 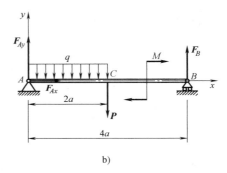

a) b)

图　2-26

$$\sum M_A(\boldsymbol{F}) = 0, \qquad F_B \cdot 4a - M - P \cdot 2a - q \cdot 2a \cdot a = 0$$

$$\sum F_x = 0, \qquad F_{Ax} = 0$$

$$\sum F_y = 0, \qquad F_{Ay} - q \cdot 2a - P + F_B = 0$$

解上述方程，得

$$F_B = \frac{3}{4}P + \frac{1}{2}qa, \qquad F_{Ax} = 0, \qquad F_{Ay} = \frac{P}{4} + \frac{3}{2}qa$$

实际上，A 处支座反力也可直接画成沿铅直向上的合力 $\boldsymbol{F}_A$。因为 $\boldsymbol{P}$、q、$\boldsymbol{F}_B$ 均平行于 y 轴，而保持力偶矩不变，可以将力偶 M 在其作用面内移转成一对等值、反向、作用线平行于 y 轴的一对力。这样梁 AB 就是在平面平行力系作用下的平衡，$\boldsymbol{F}_A$ 必平行于 y 轴。此时，$\sum F_y = 0$ 与 $\sum M_A(\boldsymbol{F}) = 0$ 就是该平面平衡力系的两个独立平衡方程。

例 2-11　塔式起重机如图 2-27 所示。机架重 $W_1 = 700\text{kN}$，作用线通过塔架的中心。最大起重量 $W_2 = 200\text{kN}$，最大悬臂长为 12m，轨道 AB 的间距为 4m。平衡重 W_3 到机身中心线距离为 6m。试问：

（1）保证起重机在满载和空载时都不致翻倒，平衡重 W_3 应为多少？

（2）当平衡重 $W_3 = 180\text{kN}$ 时，求满载时轨道 A、B 的约束力。

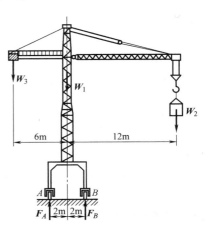

图　2-27

解：（1）起重机受力如图 2-27 所示，在起重机不翻倒的情况下，这些力组成的力系应满足平面平行力系的平衡条件。

满载时，在起重机即将绕 B 点翻倒的临界情况下，有 $F_A = 0$。由此可求出平衡重 W_3 的最小值。

$$\sum M_B(\boldsymbol{F}) = 0,$$
$$W_{3min} \times (6m + 2m) + W_1 \times 2m - W_2 \times (12m - 2m) = 0$$

得
$$W_{3min} = 75kN$$

空载时，载荷 $W_2 = 0$。在起重机即将绕 A 点翻倒的临界情况下，有 $F_B = 0$。由此可求出平衡重 W_3 的最大值。

$$\sum M_A(\boldsymbol{F}) = 0, \qquad W_{3max}(6m - 2m) - W_1 \times 2m = 0$$

得
$$W_{3max} = 350kN$$

实际工作时，起重机不允许处于临界平衡状态，因此，起重机不致翻倒的平衡重取值范围为

$$75kN < W_3 < 350kN$$

（2）当 $W_3 = 180kN$ 时，由平面平行力系的平衡方程

$$\sum M_A(\boldsymbol{F}) = 0, \qquad W_3 \times (6m - 2m) - W_1 \times 2m - W_2 \times (12m + 2m) + F_B \times 4m = 0$$

得
$$F_B = 870kN$$

$$\sum F_y = 0, \qquad F_A + F_B - W_1 - W_2 - W_3 = 0$$

得
$$F_A = 210kN$$

结果校核：由不独立的平衡方程 $\sum M_B(\boldsymbol{F}) = 0$，可校核以上结果的正确性。

$$\sum M_B(\boldsymbol{F}) = 0, \qquad W_3 \times (6m + 2m) + W_1 \times 2m - W_2 \times (12m - 2m) - F_A \times 4m = 0$$

代入 F_A、W_1、W_2、W_3 的值，满足该方程，说明计算无误。

例 2-12 T 字形刚架 ABD 自重为 $P = 100kN$，置于铅垂面内，载荷如图 2-28a 所示。其中 $M = 20kN \cdot m$，$F = 400kN$，$q = 20kN/m$，$l = 1m$。试求固定端 A 处的约束力。

解：取 T 字形刚架为研究对象，其上除受主动力外，还受有固定端 A 处的约束力 $\boldsymbol{F}_{Ax}$、$\boldsymbol{F}_{Ay}$ 和约束力偶 M_A。线性分布载荷可用一个集中力 $\boldsymbol{F}_1$ 等效替代，$\boldsymbol{F}_1$ 大小为 $F_1 = \dfrac{1}{2} q \times 3l = 30kN$，作用于三角形分布载荷的几何中心，即距点 A 为 l 处。刚架受力如图 2-28b 所示。

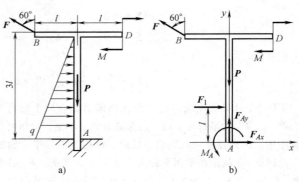

图 2-28

按图示坐标，列平衡方程

$$\sum F_x = 0, \qquad F_{Ax} + F_1 - F\sin60° = 0$$

$$F_{Ax} = 316.4kN$$

$$\sum F_y = 0, \qquad F_{Ay} - P + F\cos60° = 0$$

$$F_{Ay} = -100kN$$

$$\sum M_A(\boldsymbol{F}) = 0, \quad M_A - M - F_1 l - F\cos60° \cdot l + F\sin60° \cdot 3l = 0$$

$$M_A = -789.2kN \cdot m$$

负号说明图中所设方向与实际情况相反。

从以上几个例题可见，对于平面任意力系的平衡问题，选取适当的坐标轴和矩心，可以减少每个平衡

方程中的未知量的数目。一般来说，矩心应取在两个未知力的交点上，而坐标轴应当与尽可能多的未知力相垂直。

2.5 物系的平衡 静定和超静定的概念

由若干个物体通过适当的连接方式（约束）组成的系统称为**物体系统**，简称**物系**。工程实际中的结构或机构，如多跨梁、三铰拱、组合构架、曲柄滑块机构等都可看作物系。

研究物系的平衡问题，不仅要研究物系以外物体对这个物系的作用，同时还应分析物系内各物体之间的相互作用。如 1.4 节所述，前者属于物系的外力，而后者就是系统的内力。对物系而言，外部约束力和内力数目的总和决定了未知约束力的数目。当物系平衡时，组成该系统的每一个物体都处于平衡状态，而对于每一个受平面任意力系作用的物体，均可写出三个平衡方程。如物体系统由 n 个物体组成，则共有 $3n$ 个独立平衡方程。如系统中有的物体受平面汇交力系或平面平行力系作用时，则系统的平衡方程数目相应减少。当系统中的未知约束力数目等于独立平衡方程的数目时，则所有未知量都能由静力学平衡条件求出，这样的问题称为静定问题。显然前面列举的各例都是静定问题，刚体静力学只研究静定问题。在工程实际中，有时为了提高结构的刚度和强度，常常增加约束，因而使这些结构的未知量的数目多于平衡方程的数目，未知量就不能全部由平衡方程求出，这样的问题称为超静定问题。对于超静定问题，必须考虑物体因受力作用而产生的变形，加上某些补充方程后，才能使方程的数目等于未知量的数目。超静定问题已超出刚体静力学的范围，将在后面材料力学有关章节中研究。

超静定问题中，未知约束力总数与独立平衡方程数目之差，称为超静定次数。与超静定次数对应的约束对于结构保持静定是多余的，故称为多余约束。

应当指出的是，这里说的静定与超静定问题，是对整个系统而言，若从该系统中取出一分离体，它的约束力的数目多于它的独立平衡方程的数目，并不能说明该系统就是超静定问题，而要分析整个系统的约束力数目和独立平衡方程的数目。

图 2-29a、b 所示是单个物体 AB 梁的平衡问题，对 AB 梁来说，所受各力组成平面任意力系，可列三个独立的平衡方程。图 2-29a 中的梁有 3 个未知约束力，等于独立的平衡方程

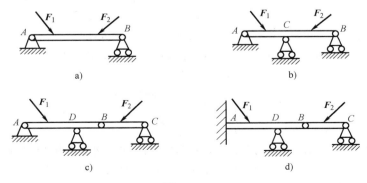

图 2-29

的数目，属于静定问题；图 2-29b 中的梁有 4 个约束力，多于独立的平衡方程数目，属于一次超静定问题。图 2-29c、d 所示是由两个物体 AB、BC 组成的组合梁系统。AB、BC 都可列 3 个独立的平衡方程，ABC 作为一个整体虽然也可列 3 个平衡方程，但是并非是独立的，因此该系统一共可列 6 个独立的平衡方程。图 2-29c、d 中的系统分别有 6 个和 7 个约束力（约束力偶），于是，它们分别是静定问题和一次超静定问题。

在求解物系的平衡问题时，既可以取系统中的某个物体为分离体，也可以取几个物体的组合甚至整个系统为分离体，这要根据问题的具体情况，以便于求解为原则来适当地选取研究对象。应该指出，如选取的研究对象中包含几个物体，由于各物体之间相互作用的力（内力）总是成对出现的，所以在求解该研究对象的平衡时，不必考虑这些内力。下面通过一些例子来说明静定物系平衡问题的求解。

例 2-13　组合梁由 AC 和 CE 用铰链连接而成，结构的尺寸和载荷如图 2-30a 所示，已知 $F = 5\text{kN}$，$q = 4\text{kN/m}$，$M = 10\text{kN} \cdot \text{m}$，试求梁的支座反力。

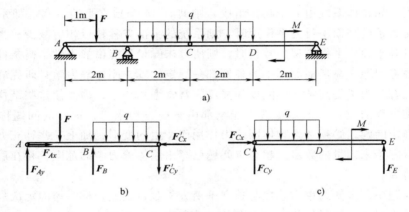

图　2-30

解：先取梁的 CE 段为研究对象，受力图如图 2-30c 所示，列平衡方程

$$\sum M_C(\boldsymbol{F}) = 0, \quad F_E \times 4\text{m} - M - q \times 2\text{m} \times 1\text{m} = 0$$
$$F_E = 4.5\text{kN}$$
$$\sum F_x = 0, \quad F_{Cx} = 0$$
$$\sum F_y = 0, \quad F_{Cy} + F_E - q \times 2\text{m} = 0$$
$$F_{Cy} = 3.5\text{kN}$$

然后取梁的 AC 段为研究对象，受力图如图 2-30b 所示，列平衡方程

$$\sum M_A(\boldsymbol{F}) = 0, \quad -F \times 1\text{m} + F_B \times 2\text{m} - q \times 2\text{m} \times 3\text{m} - F_{Cy} \times 4\text{m} = 0$$
$$F_B = 21.5\text{kN}$$
$$\sum F_y = 0 \quad F_{Ay} + F_B - F - q \times 2\text{m} - F_{Cy} = 0$$
$$F_{Ay} = -5\text{kN}$$
$$\sum F_x = 0, \quad F_{Ax} = 0$$

本题也可以先取梁的 CE 段为研究对象，求出 E 处的约束力 F_E，然后再取整体为研究对象，列方程求出 A、B 处的约束力 F_{Ax}、F_{Ay}、F_B，请读者自行分析。须注意：此题在研究整体平衡时，可将均布载荷作为合力通过 C 点，但在分别研究梁 CE 或 AC 平衡时，则分别受一半的均布载荷作用。

例 2-14 三铰拱如图 2-31a 所示，已知每个半拱重为 $W = 300\mathrm{kN}$，跨度 $l = 32\mathrm{m}$，高 $h = 10\mathrm{m}$。试求支座 A、B 处及中间铰链 C 的约束力。

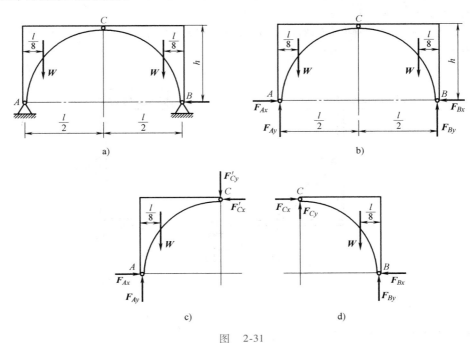

图 2-31

解：首先取整体为研究对象。其受力如图 2-31b 所示。可见此时 A、B 两处共有四个未知力，而独立的平衡方程只有三个，显然不能解出全部未知力。但其中的三个约束力的作用线通过 A 点或 B 点，可列出对 A 点或 B 点的力矩方程，求出部分未知力。

$$\sum M_A(\boldsymbol{F}) = 0, \qquad F_{By}l - W\frac{l}{8} - W\left(l - \frac{l}{8}\right) = 0$$
$$F_{By} = 300\mathrm{kN}$$
$$\sum F_y = 0, \qquad F_{Ay} + F_{By} - W - W = 0$$
$$F_{Ay} = 300\mathrm{kN}$$
$$\sum F_x = 0, \qquad F_{Ax} - F_{Bx} = 0$$
$$F_{Ax} = F_{Bx}$$

再以右半拱（或左半拱）为研究对象，例如，取右半拱为研究对象，其受力如图 2-31d 所示。列出对 C 点的力矩平衡方程

$$\sum M_C(\boldsymbol{F}) = 0, \qquad -W\left(\frac{l}{2} - \frac{l}{8}\right) - F_{Bx}h + F_{By}\frac{l}{2} = 0$$
$$\sum F_x = 0, \qquad F_{Cx} - F_{Bx} = 0$$
$$\sum F_y = 0, \qquad F_{Cy} + F_{By} - W = 0$$

代入数值求解方程得

$$F_{Cx} = F_{Bx} = \frac{Wl}{8h} = 120\mathrm{kN}, \quad F_{Cy} = -300\mathrm{kN}$$

从而得

$$F_{Ax} = F_{Bx} = 120\mathrm{kN}$$

工程中，经常遇到对称结构上作用对称载荷的情况，在这种情形下，结构的支反力也对称，有时，可以根据这种对称性直接判断出某些约束力的大小，但这些结果及关系都包含在平衡方程中。例如，本题中，

根据对称性，可得 $F_{Ax} = F_{Bx}$，$F_{Ay} = F_{By}$，再根据铅垂方向的平衡方程，容易得到 $F_{Ay} = F_{By} = W$。

例 2-15 图 2-32a 所示构架是由折杆 ABC 及直杆 CE 和 BD 组成。杆件自重不计，受力如图所示，试求其支座的约束力和 BD 杆的内力。

解： 结构只受到一铅垂方向的均布载荷的作用，故其所受到的所有力应为一平行力系，所以支座产生的约束力有 F_D 和 F_E，如图 2-32a 所示。

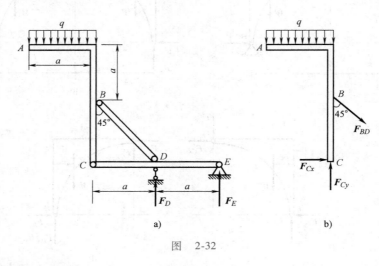

图　2-32

（1）以整体为研究对象，列平衡方程

$$\sum M_D(\boldsymbol{F}) = 0, \qquad F_E \cdot a + qa \cdot \frac{3}{2}a = 0 \tag{a}$$

$$\sum M_E(\boldsymbol{F}) = 0, \qquad -F_D \cdot a + qa \cdot \frac{5}{2}a = 0 \tag{b}$$

解得

$$F_E = -\frac{3}{2}qa, \quad F_D = \frac{5}{2}qa$$

（2）欲求 BD 杆的内力 F_{BD}，需取部分构件为研究对象，且已知 BD 杆为二力杆。如取折杆 ABC 为研究对象，受力如图 2-32b 所示，列平衡方程

$$\sum M_C(\boldsymbol{F}) = 0, \qquad qa \cdot \frac{a}{2} - F_{BD}\sin 45° \cdot a = 0 \tag{c}$$

解得

$$F_{BD} = \frac{\sqrt{2}}{2}qa$$

另外，若取 CE 杆为研究对象，也可求出 F_{BD}，可自行分析。

通过以上例题的分析可知求解物系平衡时的一般步骤：首先明确系统由几个物体构成，分析每个物体的受力情况，确定独立平衡方程的个数；还要确定未知量的个数。其次是恰当选取研究对象，进行受力分析，画出相应的受力图，列出平衡方程。同时要注意在选列平衡方程时，适当地选取矩心和投影轴，选取的原则是尽量使一个平衡方程中只包含一个未知量，尽可能避免解联立方程。

2-1　铆接薄板在孔心 A、B 和 C 处受三力作用，如图 2-33 所示，$F_1 = 100\text{N}$，沿竖直方向向上；$F_3 = $

50N，沿水平方向，其作用线通过 A 点；$F_2 = 50N$，力的作用线通过 B 点也通过 A 点，AB 在水平和竖直方向的投影分别为 6cm 和 8cm，求力系的合力。

2-2 如图 2-34 所示，固定在墙壁上的圆环受三条绳索的拉力作用，力 F_1 沿水平方向，力 F_3 沿铅直方向，力 F_2 与水平线成 40°角。三力的大小分别为 $F_1 = 2kN$，$F_2 = 2.5kN$，$F_3 = 1.5kN$。求三力的合力。

2-3 在图 2-35 所示刚架的点 B 作用一水平力 F，刚架重量略去不计。求支座 A、D 的约束力 F_A 和 F_D。

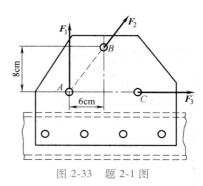

图 2-33 题 2-1 图

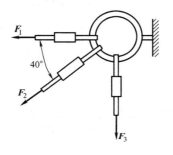

图 2-34 题 2-2 图

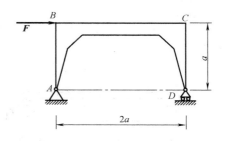

图 2-35 题 2-3 图

2-4 如图 2-36 所示四个支架，在销钉 A 上作用有一竖直力 F。如各杆自重不计，试分析 AB 和 AC 所受的力，并说明是拉力还是压力。

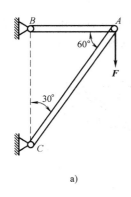

a)

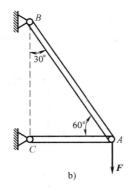

b)

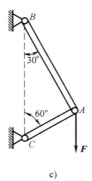

c)

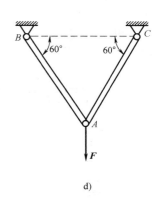

d)

图 2-36 题 2-4 图

2-5 物体重量 $P = 20kN$，用绳子挂在支架的滑轮 B 上，绳子的另一端接在绞车 D 上，如图 2-37 所示。转动绞车，物体便能升起。设滑轮的大小、AB 与 BC 杆自重及摩擦略去不计，A、B、C 三处均为铰链连接。当物体处于平衡状态时，试求拉杆 AB 和支杆 CB 所受的力。

2-6 如图 2-38 所示，刚架上作用力 F。试分别计算力 F 对点 A 和 B 的力矩。

2-7 在如图 2-39 所示的工件上作用有三个力偶。三个力偶的矩分别为 $M_1 = M_2 = 10N \cdot m$，$M_3 = 20N \cdot m$；固定螺柱 A 和 B 的距离 $l = 200mm$。求两个光滑螺柱所受的水平力。

2-8 已知梁 AB 上作用一力偶，力偶矩为 M，梁长为 l，梁重不计。求在图 2-40a、b 所示两种情况下，支座 A 和 B 的约束力。

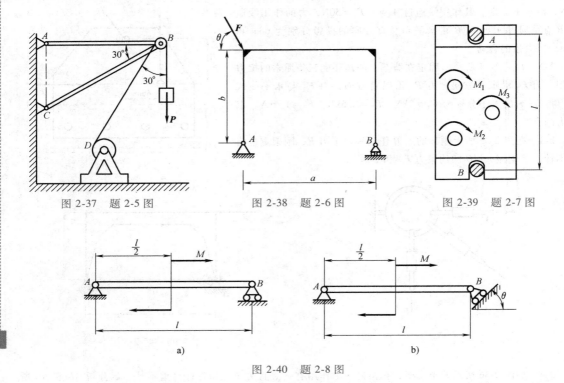

图 2-37　题 2-5 图　　　　　图 2-38　题 2-6 图　　　　　图 2-39　题 2-7 图

图 2-40　题 2-8 图

2-9　在图 2-41 所示结构中，各构件的自重略去不计。在构件 AB 上作用一力偶矩为 M 的力偶，求支座 A 和 C 的约束力。

2-10　如图 2-42 所示，铰接四连杆机构在图示位置平衡。已知：$OA = 0.6\text{m}$，$BC = 0.4\text{m}$，作用在 BC 上的力偶矩大小为 $M_2 = 1\text{N} \cdot \text{m}$。各杆的重量不计，试求力偶矩 M_1 的大小和 AB 杆所受的力 F_{AB}。

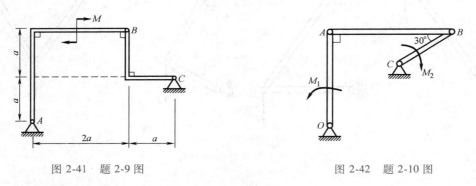

图 2-41　题 2-9 图　　　　　　　　　图 2-42　题 2-10 图

2-11　曲柄滑块机构在如图 2-43 所示位置平衡，已知滑块上所受的力 $F = 400\text{N}$，如不计所有构件的重量，试求作用在曲柄 OA 上的力偶矩 M。

2-12　在图 2-44 所示结构中，各构件的自重略去不计，在构件 BC 上作用一力偶矩为 M 的力偶，各尺寸如图所示。求支座 A 的约束力。

2-13　如图 2-45 所示，已知 $F_1 = 150\text{N}$，$F_2 = 200\text{N}$，$F_3 = 300\text{N}$，$F = F' = 200\text{N}$。求力系向点 O 的简化结果，并求力系合力的大小及其与原点 O 的距离 d。

2-14　图 2-46 所示平面任意力系中 $F_1 = 40\sqrt{2}\,\text{N}$，$F_2 = 80\text{N}$，$F_3 = 40\text{N}$，$F_4 = 110\text{N}$，$M = 2000\text{N} \cdot \text{mm}$。各

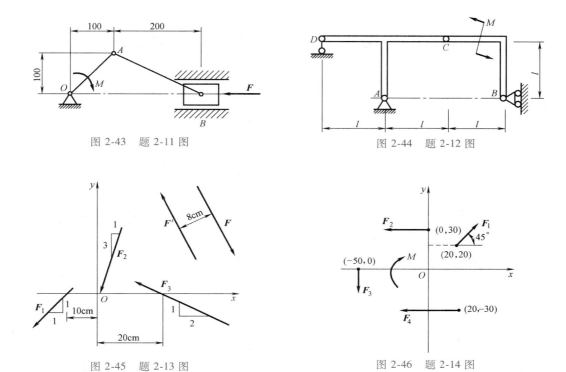

图 2-43 题 2-11 图

图 2-44 题 2-12 图

图 2-45 题 2-13 图

图 2-46 题 2-14 图

力作用位置如图所示。求：（1）力系向点 O 简化的结果；（2）力系的合力的大小、方向及合力作用线方程。

2-15 在图 2-47 所示刚架中，已知 $q = 3\text{kN/m}$，$F = 6\sqrt{2}\,\text{kN}$，$M = 10\text{kN·m}$，不计刚架自重。求固定端 A 处的约束力。

2-16 如图 2-48 所示，求支座 A、B 的约束力。

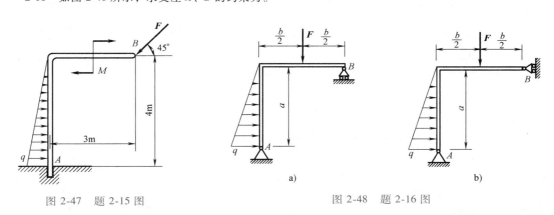

图 2-47 题 2-15 图

图 2-48 题 2-16 图

2-17 无重水平梁的支承和载荷如图 2-49a、b 所示。已知力 F、力偶矩为 M 的力偶和载荷集度为 q 的均布载荷。求支座 A 和 B 处的约束力。

2-18 简支梁 AB 受力如图 2-50 所示，已知力偶矩 $M = 20\text{kN·m}$，均布载荷 $q = 20\text{kN/m}$。不计梁自重的情况下，求支座 A 和 B 的约束力。

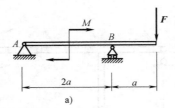
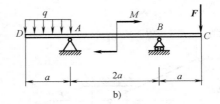

图 2-49　题 2-17 图

2-19　求图 2-51 所示各物体的支座约束力，不计梁重。

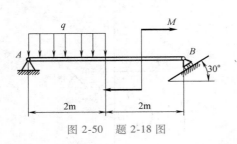

图 2-50　题 2-18 图

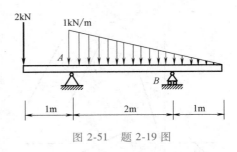

图 2-51　题 2-19 图

2-20　如图 2-52 所示，移动式起重机不计平衡锤的重为 $P=500\text{kN}$，其重心在离右轨 1.5m 处。起重机的起重量为 $P_1=250\text{kN}$，突臂伸出离右轨 10m。跑车本身重量略去不计，欲使跑车满载或空载时起重机均不致翻倒，求平衡锤的最小重量 P_2 以及平衡锤到左轨的最大距离 x。

2-21　如图 2-53 所示，在梁上 D 处用销子安装一滑轮，有一跨过滑轮的绳子，其一端水平地系在墙上，另一端悬挂有重 $P=1.8\text{kN}$ 的重物，其他重量不计，求铰链 A 的约束力和杆 BC 所受的力。

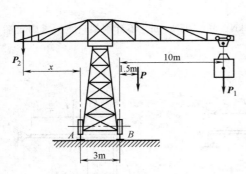

图 2-52　题 2-20 图

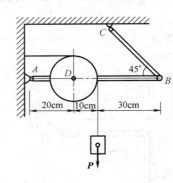

图 2-53　题 2-21 图

2-22　组合梁由 AC 和 DC 两段铰接构成，起重机放在梁上，如图 2-54 所示，已知起重机重 $W_1=50\text{kN}$，重心在铅直线 EC 上，起重载荷 $W_2=10\text{kN}$。不计梁重，试求支座 A、B 和 D 三处的约束力。

2-23　在图 2-55a、b、c 所示各连续梁中，已知 q、M、a 及 θ，不计梁自重，试求各连续梁 A、B、C 三处的约束力。

2-24　静定多跨梁的载荷及尺寸如图 2-56 所示，求支座约束力。

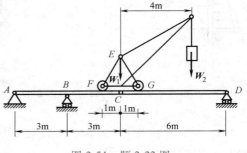

图 2-54　题 2-22 图

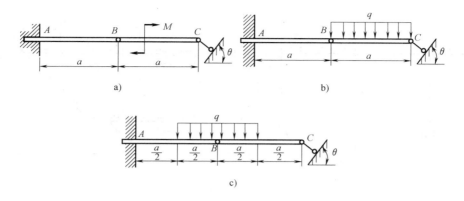

图 2-55 题 2-23 图

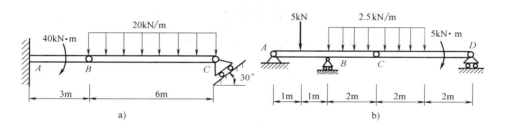

图 2-56 题 2-24 图

2-25 刚架由 AC 和 BC 两部分组成，所受载荷如图 2-57 所示。试求 A、B 和 C 处的约束力。

2-26 如图 2-58 所示，三铰拱由两个半拱和三个铰链 A、B、C 构成。已知每个半拱自重 W = 40kN，其重心分别在点 D 和 E 处。拱上有载荷 F = 20kN。求铰 A、B、C 三处的约束力。

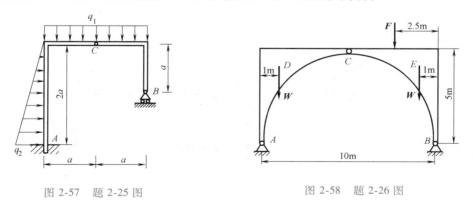

图 2-57 题 2-25 图   图 2-58 题 2-26 图

2-27 某刚架系统，尺寸和受力情况如图 2-59 所示，已知 F = 50kN，q = 20kN/m，若不计刚架自重，试求支座 A、B 的约束力和中间铰链 C 所受的力。

2-28 结构由 AB、BC 和 CD 三部分组成，所受载荷及尺寸如图 2-60 所示，各部分自重不计，求 A、D 铰和 E 处的约束力。

2-29 由杆 AB、BC 和 CE 组成的支架和滑轮 E 支持着物体 W。物体 W 重 12kN。D 处为铰链连接，尺寸如图 2-61 所示。不计杆和滑轮的重量，试求固定铰支座 A 和滚动支座 B 的约束力以及杆 BC 所受的力。

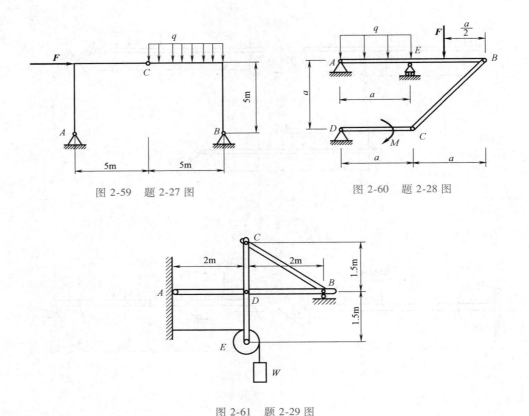

图 2-59　题 2-27 图

图 2-60　题 2-28 图

图 2-61　题 2-29 图

2-30　如图 2-62 所示承重架，不计各杆与滑轮的重量。A、B、C、D 处均为铰接。已知 $AB = BC = AD = 250mm$，滑轮半径 $R = 100mm$，重物重 $W = 1000N$。求铰链 A、D 处的约束力。

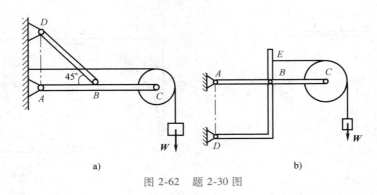

a)　　　　　　　　　　　　　　b)

图 2-62　题 2-30 图

2-31　在图 2-63 所示构架中，A、C、D、E 处均为铰链连接，BD 杆上的销钉 B 置于 AC 杆的光滑槽内，力 $F = 200N$，力偶矩 $M = 100N \cdot m$，不计各构件重量，各尺寸如图所示。求 A、B、C 处所受的力。

2-32　如图 2-64 所示结构中，$F_1 = 10kN$，$F_2 = 12kN$，$q = 2kN/m$，求平衡时支座 A、B 的约束力。

2-33　图 2-65 所示结构位于铅垂面内，由杆 AB、CD 及斜 T 形杆 BCE 组成，不计各杆的自重。已知载荷 F_1、F_2、M 及尺寸 a，且 $M = F_1 a$，F_2 作用于销钉 B 上。求：（1）固定端 A 处的约束力；（2）销钉 B 对杆 AB 及斜 T 形杆的作用力。

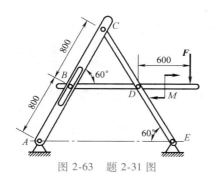

图 2-63　题 2-31 图

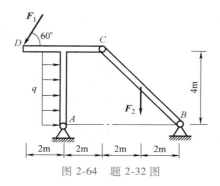

图 2-64　题 2-32 图

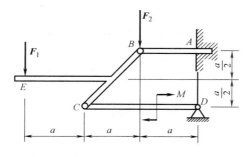

图 2-65　题 2-33 图

第3章
空间力系

前面讨论了平面力系的合成与平衡问题。但在许多工程实际问题中，作用在物体上各力的作用线并不在同一平面内，而是分布在空间，这种力系称为空间力系。显然，平面力系是空间力系的特殊情况。本章将研究空间力系的简化和平衡条件。与平面力系一样，可以把空间力系分为空间汇交力系、空间力偶系和空间任意力系来研究。

3.1 力在空间直角坐标轴上的投影

在研究平面力系时，需要计算力在平面直角坐标轴上的投影。在研究空间力系时，同样需要计算力在空间直角坐标轴上的投影。根据已知条件的不同，空间力在直角坐标系上的投影，一般有两种计算方法。

1. 直接投影法

若已知力 F 与正交坐标系 $Oxyz$ 三个轴的正向夹角分别为 α、β、γ，如图 3-1a 所示，则力在三个轴上的投影等于力 F 的大小乘以与各轴夹角的余弦，即

$$\left.\begin{array}{l} F_x = F\cos\alpha \\ F_y = F\cos\beta \\ F_z = F\cos\gamma \end{array}\right\} \tag{3-1}$$

称为直接投影法，或一次投影法。

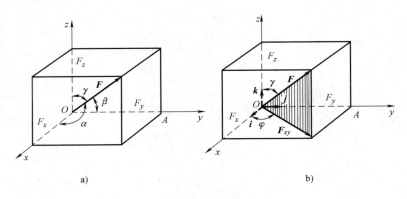

图 3-1

2. 间接投影法

有些情况下，不易全部找到力与三个轴的夹角，设已知力 F 与 z 轴正向间的夹角为 γ，可先将力投影到坐标平面 xOy 上，然后再投影到坐标轴 x、y 上，如图 3-1b 所示。设力 F 在 xOy 平面上的投影为 F_{xy}，与 x 轴正向间的夹角为 φ，则力 F 在三个坐标轴上的投影分别为

$$\left.\begin{aligned} F_x &= F\sin\gamma\cos\varphi \\ F_y &= F\sin\gamma\sin\varphi \\ F_z &= F\cos\gamma \end{aligned}\right\} \tag{3-2}$$

称为间接投影法，或二次投影法。

应该注意：力在轴上的投影是代数量，而力在平面上的投影是矢量。这是因为 F_{xy} 的方向不能像在坐标轴上的投影那样可简单地用正负号来表明，而必须用矢量来表示。

上面讨论了已知力如何求它在直角坐标轴上的投影。反之，若已知力 F 在直角坐标轴上的投影，则可以确定该力的大小和方向余弦分别为

$$\left.\begin{aligned} F &= \sqrt{F_x^2 + F_y^2 + F_z^2} \\ \cos\alpha &= \frac{F_x}{F}, \quad \cos\beta = \frac{F_y}{F}, \quad \cos\gamma = \frac{F_z}{F} \end{aligned}\right\} \tag{3-3}$$

若以 F_x、F_y、F_z 表示力 F 沿直角坐标轴 x、y、z 的正交分量，以 i、j、k 分别表示沿 x、y、z 坐标轴正向的单位矢量，则力 F 可表示成

$$F = F_x + F_y + F_z = F_x i + F_y j + F_z k \tag{3-4}$$

此式为力 F 的解析表达式。

3.2 空间力偶理论

1. 空间力偶矩及其矢量表示

由平面力偶理论知道，在同一平面内两个力偶，只要力偶矩相等，则彼此等效。实践经验还告诉我们，力偶的作用面也可以平移。例如用螺钉旋具拧螺钉时，只要力偶矩的大小和力偶的转向保持不变，长螺钉旋具或短螺钉旋具的效果是一样的。即力偶的作用面可以垂直于螺钉旋具的轴线平行移动，而不影响拧螺钉的效果。由此可知，空间力偶的作用面可以平行移动，而不改变力偶对刚体的作用效果。反之，如果两个力偶的作用面不相互平行（即作用面的法线不相互平行），即使它们的力偶矩大小相等，这两个力偶对物体的作用效果也不同。

如图 3-2 所示的三个力偶，分别作用在三个同样的物块上，力偶矩都等于 200N·m。因为前两个力偶的转向相同，作用面又相互平行，因此这两个力偶对物块的作用效果相同（见图 3-2a、b）。第三个力偶作用在平面 Ⅱ 上（见图 3-2c），虽然力偶矩的大小相同，但是它与前两个力偶对物体的作用效果不同，前者使静止物块绕平行于 x 轴的轴转动，而后者则使物块绕平行于 y 轴的轴转动。

由此可见，空间力偶对刚体的作用决定于力偶三要素：

1）力偶作用面在空间的方位；

2）力偶矩的大小；

3）力偶在作用面内的转向。

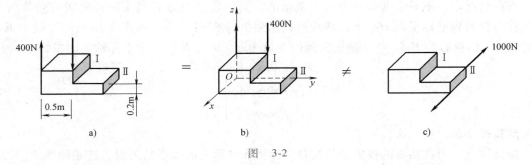

图 3-2

空间力偶的三个要素可以用一个矢量表示，表示方法如下：用矢量的方位表示力偶作用面法线方位；矢量的长度按一定比例尺表示力偶矩大小；矢量的指向按右手螺旋法则表示力偶在其作用面内的转向，即右手四指顺着力偶的转向握去，大拇指的指向就是力偶矩矢的指向（见图 3-3a）。即迎着矢量看，力偶的转向是逆时针转向（见图 3-3b）。此矢量称为**力偶矩矢**，记作 **M**。这样，**空间力偶对刚体的作用完全由该力偶的力偶矩矢所决定**。

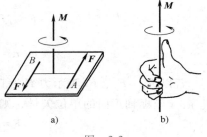

图 3-3

应该指出，由于力偶可以在同一平面内任意移转，并可搬移到平行平面内，而不改变它对刚体的作用效果，故力偶矩矢可以平行搬移，且不需要确定矢量的初端位置。这种不仅可以滑动，而且可以平行移动的矢量称为自由矢量。可见**力偶矩矢是自由矢量**。

用矩矢表示力偶矩，空间力偶的等效条件可叙述为：**若两个力偶的力偶矩矢相等，则彼此等效**。

2. 空间力偶系的合成与平衡

研究空间力偶系的合成时，可以先将各力偶的矩用矢量表示。然后，根据力偶矩矢是自由矢量，将这些矢量平移到一点上，得到一组空间汇交的力偶矢系，而矢量的合成应符合平行四边形法则，故最终可以合成为一合力偶矩矢。

所以，空间力偶系可合成为一个合力偶，合力偶矩矢等于各分力偶矩矢的矢量和，即

$$\boldsymbol{M} = \boldsymbol{M}_1 + \boldsymbol{M}_2 + \cdots + \boldsymbol{M}_n = \sum_{i=1}^{n} \boldsymbol{M}_i \tag{3-5}$$

将式（3-5）分别向 x、y、z 轴投影，有

$$\left. \begin{aligned} M_x &= M_{1x} + M_{2x} + \cdots + M_{nx} = \sum_{i=1}^{n} M_{ix} \\ M_y &= M_{1y} + M_{2y} + \cdots + M_{ny} = \sum_{i=1}^{n} M_{iy} \\ M_z &= M_{1z} + M_{2z} + \cdots + M_{nz} = \sum_{i=1}^{n} M_{iz} \end{aligned} \right\} \tag{3-6}$$

即合力偶矩矢在 x、y、z 轴上的投影等于各分力偶矩矢在相应轴上投影的代数和（为便于书写，下标 i 可略去）。

合力偶矩矢的大小和方向余弦可用下列公式求出，即

$$\left. \begin{array}{l} M=\sqrt{\left(\sum M_x\right)^2+\left(\sum M_y\right)^2+\left(\sum M_z\right)^2} \\ \cos\langle \boldsymbol{M},\boldsymbol{i}\rangle=\dfrac{M_x}{M}, \quad \cos\langle \boldsymbol{M},\boldsymbol{j}\rangle=\dfrac{M_y}{M}, \quad \cos\langle \boldsymbol{M},\boldsymbol{k}\rangle=\dfrac{M_z}{M} \end{array} \right\} \tag{3-7}$$

合力偶矩矢的解析表达式为

$$\boldsymbol{M}=M_x\boldsymbol{i}+M_y\boldsymbol{j}+M_z\boldsymbol{k} \tag{3-8}$$

例 3-1　工件如图 3-4a 所示，它的四个面上同时钻五个孔，每个孔所受的切削力偶矩均为 80N·m。求工件所受合力偶矩在 x、y、z 轴上的投影 M_x、M_y、M_z。

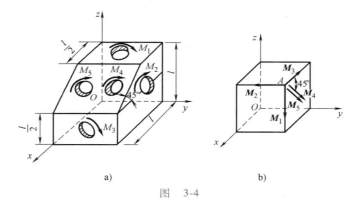

a)　　　　　　　　b)

图　3-4

解：将作用在四个面上的力偶用力偶矩矢量表示，并将它们平行移到点 A，如图 3-4b 所示。根据式（3-6），得

$$M_x=\sum M_x=-M_3-M_4\cos45°-M_5\cos45°=-193.1\text{N·m}$$

$$M_y=\sum M_y=-M_2=-80\text{N·m}$$

$$M_z=\sum M_z=-M_1-M_4\cos45°-M_5\cos45°=-193.1\text{N·m}$$

由于空间力偶系可以用一个合力偶来代替，因此，**空间力偶系平衡的必要和充分条件是：该力偶系的合力偶矩等于零，亦即所有力偶矩矢的矢量和等于零**，即

$$\sum \boldsymbol{M}_i=\boldsymbol{0} \tag{3-9}$$

欲使式（3-9）成立，则式（3-6）需满足

$$\left. \begin{array}{l} \sum M_{ix}=0 \\ \sum M_{iy}=0 \\ \sum M_{iz}=0 \end{array} \right\} \tag{3-10}$$

式（3-10）为**空间力偶系的平衡方程**。该方程表明，**空间力偶系平衡的必要和充分条件为：该力偶系中所有各力偶矩矢在三个坐标轴上投影的代数和分别等于零。**

上述三个独立的平衡方程可求解三个未知量。

例 3-2 O_1 和 O_2 圆盘与水平轴 AB 固连，O_1 盘面垂直于 z 轴，O_2 盘面垂直于 x 轴，盘面上分别作用有力偶（$\boldsymbol{F}_1$，$\boldsymbol{F'}_1$）、（$\boldsymbol{F}_2$，$\boldsymbol{F'}_2$），如图 3-5a 所示。如两盘半径均为 200mm，$F_1 = 3$N，$F_2 = 5$N，$AB = 800$mm，不计构件自重。求轴承 A 和 B 处的约束力。

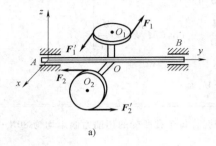 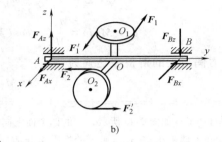

图   3-5

解：取整体为研究对象，由于构件自重不计，主动力为两力偶，根据力偶只能由力偶来平衡的性质，轴承 A、B 处的约束力也应形成力偶。设 A、B 处的约束力为 $\boldsymbol{F}_{Ax}$、$\boldsymbol{F}_{Az}$、$\boldsymbol{F}_{Bx}$、$\boldsymbol{F}_{Bz}$，方向如图 3-5b 所示，由力偶系的平衡方程，有

$$\sum M_x = 0, \quad 400\text{mm} \cdot F_2 - 800\text{mm} \cdot F_{Az} = 0$$

$$\sum M_z = 0, \quad 400\text{mm} \cdot F_1 + 800\text{mm} \cdot F_{Ax} = 0$$

解得

$$F_{Ax} = F_{Bx} = -1.5\text{N}, \quad F_{Az} = F_{Bz} = 2.5\text{N}$$

3.3 力对点的矩和力对轴的矩

力对点的矩和
力对轴的矩

1. 力对点的矩

对于平面力系，用代数量表示力对点的矩足以概括它的全部要素。但是在空间情况下，力使物体绕点转动的效果应由下列三个要素决定：

1）力作用线与矩心所决定的平面方位，即力矩计算面的方位；

2）力矩的大小；

3）在力矩计算面内力矩的转向。

力矩是量度力使物体绕点转动效果的量，这三个要素表明，力矩可以用矢量表示，表示方法如下：用矢量的方位表示力矩计算面法线的方位；矢量的长度按选定的比例尺表示力矩的大小；矢量的指向按右手螺旋法则来表示力矩的转向，如图 3-6 所示。此矢量称为力对点的矩矢，简称**力矩矢**，记为 $\boldsymbol{M}_O(\boldsymbol{F})$。

当矩心的位置发生变化时，力矩矢量的大小和方向都随之发生变化。为使力矩矢量能反映矩心的位置，规定将矩心作为力矩矢量的起点。这样，力对点的矩矢是**定位矢量**，它与力偶矩矢不同，是不能自由移动的。

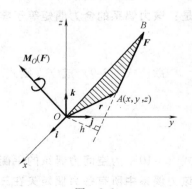

图   3-6

力对点的矩矢的大小可以用力与力臂的乘积表示，也可以用 $\triangle OAB$ 面积的 2 倍来表示，即

$$\left| \boldsymbol{M}_O(\boldsymbol{F}) \right| = Fh = 2A_{\triangle OAB}$$

由图 3-6 易见，以 $\boldsymbol{r}$ 表示力作用点 A 的矢径，设 $\boldsymbol{r}$ 与 $\boldsymbol{F}$ 的夹角为 α。则矢积 $\boldsymbol{r}\times\boldsymbol{F}$ 的模等于 $\triangle OAB$ 面积的两倍，即 $\left| \boldsymbol{r}\times\boldsymbol{F} \right| = Fr\sin\alpha = Fh$，矢积的方向与力矩矢一致。因此可得

$$\boldsymbol{M}_O(\boldsymbol{F}) = \boldsymbol{r}\times\boldsymbol{F} \tag{3-11}$$

式（3-11）为力对点的矩的矢积表达式，即：**力对点的矩矢等于矩心到该力作用点的矢径与该力的矢量积。**

若以矩心 O 为原点，作空间直角坐标系 $Oxyz$，如图 3-6 所示。设力作用点 A 的坐标为 $A(x,y,z)$，力在三个坐标轴上的投影分别为 F_x、F_y、F_z，则力 $\boldsymbol{F}$ 和矢径 $\boldsymbol{r}$ 的解析式分别为

$$\boldsymbol{F} = F_x\boldsymbol{i} + F_y\boldsymbol{j} + F_z\boldsymbol{k}$$

$$\boldsymbol{r} = x\boldsymbol{i} + y\boldsymbol{j} + z\boldsymbol{k}$$

代入式（3-11），并采用行列式形式，得

$$\boldsymbol{M}_O(\boldsymbol{F}) = \boldsymbol{r}\times\boldsymbol{F} = \begin{vmatrix} \boldsymbol{i} & \boldsymbol{j} & \boldsymbol{k} \\ x & y & z \\ F_x & F_y & F_z \end{vmatrix}$$

$$= (yF_z - zF_y)\boldsymbol{i} + (zF_x - xF_z)\boldsymbol{j} + (xF_y - yF_x)\boldsymbol{k} \tag{3-12}$$

由式（3-12）可知，单位矢量 $\boldsymbol{i}$、$\boldsymbol{j}$、$\boldsymbol{k}$ 前面的三个系数，分别表示力矩矢 $\boldsymbol{M}_O(\boldsymbol{F})$ 在三个坐标轴上的投影，即

$$\left.\begin{array}{l} \left[\boldsymbol{M}_O(\boldsymbol{F})\right]_x = yF_z - zF_y \\ \left[\boldsymbol{M}_O(\boldsymbol{F})\right]_y = zF_x - xF_z \\ \left[\boldsymbol{M}_O(\boldsymbol{F})\right]_z = xF_y - yF_x \end{array}\right\} \tag{3-13}$$

2. 力对轴的矩

工程实际中，经常遇到刚体绕定轴转动的情形，为了量度力对绕定轴转动刚体的作用效果，必须了解力对轴的矩的概念。

为了说明力对轴的矩与哪些因素有关，研究大家所熟悉的推门的例子（见图 3-7a）。门的转轴为 z，在门上的 A 点施加一力 $\boldsymbol{F}$。过 A 点作一垂直转轴 z 的平面 x-y，并交 z 轴于 O 点。OA 是 x-y 平面与门的交线。

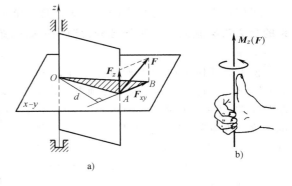

a)

b)

图　3-7

将力 $\boldsymbol{F}$ 分解为平行于 z 轴和在垂直于 z 轴的平面内的两个分力 $\boldsymbol{F}_z$ 和 $\boldsymbol{F}_{xy}$，$\boldsymbol{F}_{xy}$ 就是力 $\boldsymbol{F}$ 在与 z 轴垂直的 x-y 面上的投影。经验证明，平行于 z 轴的分力 $\boldsymbol{F}_z$ 不能使门绕 z 轴转动，只有分力 $\boldsymbol{F}_{xy}$ 才能使门转动。由图可见，平面 x-y 上的力 $\boldsymbol{F}_{xy}$ 使门绕 z 轴转动的效果由力 $\boldsymbol{F}_{xy}$ 对 O 点的矩来确定。

以符号 $M_z(\boldsymbol{F})$ 表示力 $\boldsymbol{F}$ 对 z 轴的矩，即

$$M_z(\boldsymbol{F}) = M_O(\boldsymbol{F}_{xy}) = \pm F_{xy}d = \pm 2A_{\triangle OAB} \tag{3-14}$$

即**力对轴的矩等于此力在垂直于该轴的平面上的分力对轴与这个平面交点的矩。力对轴的矩**是力使刚体绕该轴转动效果的量度，是一个代数量，其正负号用以区分力矩的不同转向，可按如下确定：从 z 轴正端来看，若力的这个投影使物体绕该轴逆时针转动，则取正号，反之取负号。也可按右手螺旋法则确定其正负号，如图 3-7b 所示，右手位于力作用点处，四指的方向与力矩转向一致，拇指指向与 z 轴的正向一致为正，反之为负。可见，计算力对轴的矩，归结为计算平面内力对点的矩。

力对轴的矩等于零的情形：①当力与轴相交时（此时 $d=0$）；②当力与轴平行时（此时 $|\boldsymbol{F}_{xy}|=0$）。这两种情形可以概括为：**当力与轴共面时，力对轴的矩等于零。**

力对轴的矩的单位为牛［顿］米（N·m）。

力对轴的矩也可用解析式表示。设力 $\boldsymbol{F}$ 在三个坐标轴上的投影分别为 F_x、F_y、F_z，力作用点 A 的坐标为 x、y、z，如图 3-8 所示。根据式（3-14），得

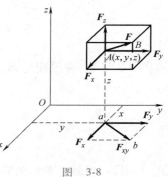

$$M_z(\boldsymbol{F}) = M_O(\boldsymbol{F}_{xy}) = M_O(\boldsymbol{F}_x) + M_O(\boldsymbol{F}_y)$$

即

$$M_z(\boldsymbol{F}) = xF_y - yF_x$$

同理可得其余二式。将此三式合写为

$$\left.\begin{array}{l} M_x(\boldsymbol{F}) = yF_z - zF_y \\ M_y(\boldsymbol{F}) = zF_x - xF_z \\ M_z(\boldsymbol{F}) = xF_y - yF_x \end{array}\right\} \tag{3-15}$$

图 3-8

以上三式是计算力对轴之矩的解析式。

利用式（3-15）可以方便地计算力对轴之矩，但要注意，如果力不作用在图 3-8 所示的象限内且方向又不相同时，则要按实际问题确定 F_x、F_y、F_z 和 x、y、z 的正负，再代入式（3-15）进行计算。

可以证明，平面力系中的合力矩定理，能推广到力对轴的矩的计算中，即：**空间任意力系的合力对某轴的矩，等于各分力对同一轴的矩的代数和。**

例 3-3 手柄 $ABCE$ 在平面 xAy 内，在 D 处作用一个力 $\boldsymbol{F}$，如图 3-9 所示，它在垂直于 y 轴的平面内，偏离铅直线的角度为 θ，如果 $CD=a$，杆 BC 平行于 x 轴，杆 CE 平行于 y 轴，AB 和 BC 的长度都等于 l。试求力 $\boldsymbol{F}$ 对 x、y、z 三轴的矩。

解：力 $\boldsymbol{F}$ 在 x、y、z 轴上的投影为

$$F_x = F\sin\theta, \quad F_y = 0, \quad F_z = -F\cos\theta$$

力作用点 D 的坐标为

$$x = -l, \quad y = l+a, \quad z = 0$$

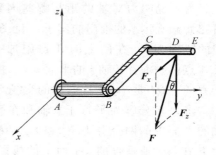

代入式（3-15），得

$$M_x(\boldsymbol{F}) = yF_z - zF_y = (l+a)(-F\cos\theta) - 0 = -F(l+a)\cos\theta$$

$$M_y(\boldsymbol{F}) = zF_x - xF_z = 0 - (-l)(-F\cos\theta) = -Fl\cos\theta$$

$$M_z(\boldsymbol{F}) = xF_y - yF_x = 0 - (l+a)(F\sin\theta) = -F(l+a)\sin\theta$$

图 3-9

本题也可直接按力对轴之矩的定义进行计算。

3. 力对点的矩与力对轴的矩之间的关系

比较式（3-13）与式（3-15），可得

$$\left.\begin{array}{l} \left[\boldsymbol{M}_O(\boldsymbol{F})\right]_x = M_x(\boldsymbol{F}) \\ \left[\boldsymbol{M}_O(\boldsymbol{F})\right]_y = M_y(\boldsymbol{F}) \\ \left[\boldsymbol{M}_O(\boldsymbol{F})\right]_z = M_z(\boldsymbol{F}) \end{array}\right\} \tag{3-16}$$

式（3-16）说明：**力对点的矩矢在通过该点的任一轴上的投影，等于力对该轴的矩。**

式（3-16）称为力矩关系定律，它建立了力对点的矩与力对通过该点的轴的矩之间的关系，这是空间力系理论中的关键问题。

3.4 空间任意力系向一点的简化及平衡条件

1. 空间任意力系向一点的简化

空间任意力系向一点简化的方法与平面任意力系向一点简化的方法基本相同。设刚体上作用空间任意力系 $\boldsymbol{F}_1, \boldsymbol{F}_2, \cdots, \boldsymbol{F}_n$（见图 3-10a）。应用力线平移定理，依次将各力向简化中心 O 平移，同时附加一个相应的力偶，并将附加力偶矩均以矢量表示。这样，原来的空间任意力系被空间汇交力系和空间力偶系两个简单力系等效替换，如图 3-10b 所示。其中

$$\boldsymbol{F}_1' = \boldsymbol{F}_1, \quad \boldsymbol{F}_2' = \boldsymbol{F}_2, \cdots, \boldsymbol{F}_n' = \boldsymbol{F}_n$$
$$\boldsymbol{M}_1 = \boldsymbol{M}_O(\boldsymbol{F}_1), \quad \boldsymbol{M}_2 = \boldsymbol{M}_O(\boldsymbol{F}_2), \cdots, \boldsymbol{M}_n = \boldsymbol{M}_O(\boldsymbol{F}_n)$$

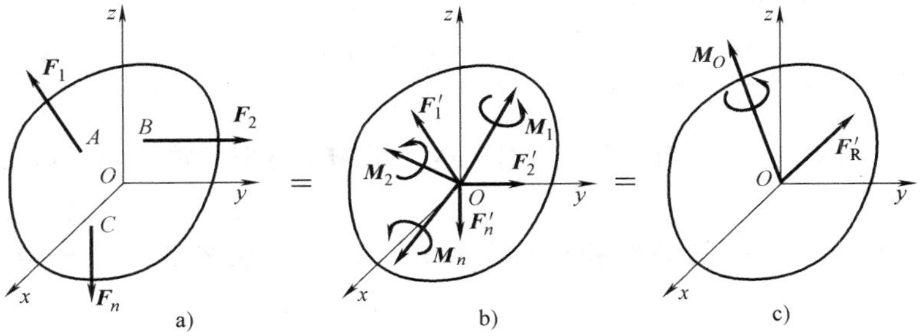

图　3-10

作用于点 O 的空间汇交力系可合成一力 $\boldsymbol{F}_R'$（见图 3-10c），此力的作用线通过简化中心点 O，其大小和方向等于汇交力系各力的矢量和，也就等于原力系中各力的矢量和，称为原力系的主矢，即

$$\boldsymbol{F}_R' = \sum_{i=1}^{n} \boldsymbol{F}_i = \sum_{i=1}^{n} F_{xi}\boldsymbol{i} + \sum_{i=1}^{n} F_{yi}\boldsymbol{j} + \sum_{i=1}^{n} F_{zi}\boldsymbol{k} \tag{3-17}$$

空间分布的力偶系可合成为一力偶（见图 3-10c），其力偶矩矢 $\boldsymbol{M}_O$ 等于各附加力偶矩矢的矢量和，也就等于原力系中各力对简化中心 O 点的力矩矢的矢量和，称为力系对简化中心 O 点的主矩，即

$$\boldsymbol{M}_O = \sum_{i=1}^{n} \boldsymbol{M}_i = \sum_{i=1}^{n} \boldsymbol{M}_O(\boldsymbol{F}_i) = \sum_{i=1}^{n} \left[\boldsymbol{M}_O(\boldsymbol{F}_i)\right]_x \boldsymbol{i} + \sum_{i=1}^{n} \left[\boldsymbol{M}_O(\boldsymbol{F}_i)\right]_y \boldsymbol{j} + \sum_{i=1}^{n} \left[\boldsymbol{M}_O(\boldsymbol{F}_i)\right]_z \boldsymbol{k}$$

$$\tag{3-18}$$

于是可得结论：**空间任意力系向任一点 O 简化，可得一力和一力偶。这个力的大小和方向等于原力系中各力的矢量和，称为力系的主矢，作用线通过简化中心 O；这个力偶的矩矢等于原力系中各力对该点的矩矢的矢量和，称为力系对简化中心的主矩。**

与平面任意力系一样，空间任意力系的主矢与简化中心的位置无关，主矩一般与简化中心的位置有关。

力系的主矢和主矩的大小、方向，可用解析法进行计算。按合矢量投影定理，可得主矢在直角坐标轴上的投影为

$$F'_{Rx} = \sum F_x, \quad F'_{Ry} = \sum F_y, \quad F'_{Rz} = \sum F_z$$

于是主矢的大小和方向余弦分别为

$$\left.\begin{aligned} F'_R &= \sqrt{\left(\sum F_x\right)^2 + \left(\sum F_y\right)^2 + \left(\sum F_z\right)^2} \\ \cos\langle F'_R, i\rangle &= \frac{\sum F_x}{F'_R}, \quad \cos\langle F'_R, j\rangle = \frac{\sum F_y}{F'_R}, \quad \cos\langle F'_R, k\rangle = \frac{\sum F_z}{F'_R} \end{aligned}\right\} \tag{3-19}$$

式中，$\langle F'_R, i\rangle$、$\langle F'_R, j\rangle$ 和 $\langle F'_R, k\rangle$ 分别表示主矢 F'_R 与坐标轴 x、y 和 z 正向的夹角。类似地使用合矢量投影定理，并按力对点的矩与力对轴的矩之间的关系，可得主矩在直角坐标轴上的投影为

$$M_{Ox} = \sum \left[M_O(F)\right]_x = \sum M_x(F)$$
$$M_{Oy} = \sum \left[M_O(F)\right]_y = \sum M_y(F)$$
$$M_{Oz} = \sum \left[M_O(F)\right]_z = \sum M_z(F)$$

于是主矩的大小和方向余弦分别为

$$\left.\begin{aligned} M_O &= \sqrt{\left[\sum M_x(F)\right]^2 + \left[\sum M_y(F)\right]^2 + \left[\sum M_z(F)\right]^2} \\ \cos\langle M_O, i\rangle &= \frac{\sum M_x(F)}{M_O}, \quad \cos\langle M_O, j\rangle = \frac{\sum M_y(F)}{M_O}, \quad \cos\langle M_O, k\rangle = \frac{\sum M_z(F)}{M_O} \end{aligned}\right\} \tag{3-20}$$

式中，$\langle M_O, i\rangle$、$\langle M_O, j\rangle$ 和 $\langle M_O, k\rangle$ 分别表达主矩 M_O 与坐标轴 x、y 和 z 正向的夹角。

2. 空间任意力系的平衡条件

空间任意力系处于平衡的必要和充分条件是：**力系的主矢和对任一点的主矩都等于零，**即

$$F'_R = 0, \quad M_O = 0$$

根据式（3-19）和式（3-20）知

$$\left.\begin{aligned} F'_R &= \sqrt{\left(\sum F_x\right)^2 + \left(\sum F_y\right)^2 + \left(\sum F_z\right)^2} = 0 \\ M_O &= \sqrt{\left[\sum M_x(F)\right]^2 + \left[\sum M_y(F)\right]^2 + \left[\sum M_z(F)\right]^2} = 0 \end{aligned}\right\} \tag{3-21}$$

因此得

$$\left.\begin{aligned} \sum F_x &= 0, \quad \sum F_y = 0, \quad \sum F_z = 0 \\ \sum M_x(F) &= 0, \quad \sum M_y(F) = 0, \quad \sum M_z(F) = 0 \end{aligned}\right\} \tag{3-22}$$

即空间任意力系平衡的必要和充分条件是：力系所有各力在三个坐标轴中每一个轴上的投影的代数和等于零，以及这些力对于每一个坐标轴的矩的代数和也等于零。（为便于书写，下标 i 已略去）

式（3-22）称为空间任意力系的平衡方程，其中包含三个投影式和三个力矩式，共有六

个独立的方程，可求解六个未知量。

顺便指出：空间任意力系的平衡方程除三投影式和三力矩式的基本形式（3-22）外，还有四矩式、五矩式和六矩式，与平面任意力系一样，对投影轴和力矩轴都有一定的限制条件，这里不再详述。

空间任意力系是力系的最一般情形，所有其他力系都是它的特例，因此，这些力系的平衡方程也可直接由空间任意力系的平衡方程（3-22）导出。

（1）空间汇交力系的平衡方程　　取力系的汇交点作为坐标系 Oxy 的原点，力系各力都通过该点，即与各坐标轴相交。因此，各力对坐标轴的矩都等于零。平衡方程（3-22）中的三个力矩式成为恒等式。可见，空间汇交力系的平衡方程只有三个

$$\left.\begin{array}{l} \sum F_x = 0 \\ \sum F_y = 0 \\ \sum F_z = 0 \end{array}\right\} \tag{3-23}$$

应用解析法求解空间汇交力系的平衡问题的步骤，与平面汇交力系问题相同，只不过需列出三个平衡方程，可求解三个未知量。顺便指出：投影轴是可以任意选取的，只要这三个轴不共面及它们中的任何两个轴不相互平行。

（2）空间平行力系的平衡方程　　如图 3-11 所示的空间平行力系，z 轴与这些力平行，则各力对 z 轴的矩等于零。又由于 x 轴和 y 轴都与这些力垂直，所以各力在这两轴上的投影也等于零。即 $\sum F_x \equiv 0$，$\sum F_y \equiv 0$，$\sum M_z(\boldsymbol{F}) \equiv 0$，不管力系平衡与否，上述三式总能得到满足。于是，空间平行力系只有三个平衡方程，即

$$\left.\begin{array}{l} \sum F_z = 0 \\ \sum M_x(\boldsymbol{F}) = 0 \\ \sum M_y(\boldsymbol{F}) = 0 \end{array}\right\} \tag{3-24}$$

3. 空间约束的类型举例

一般情况下，当刚体受到空间任意力系作用时，在每个约束处，其约束力的未知量可能有 1~6 个。决定每种约束的约束力未知量个数的基本方法是：观察被约束物体在空间可能的 6 种独立的位移中（沿 x、y、z 三轴的移动和绕此三轴的转动），有哪几种位移被约束所阻碍。阻碍移动的是约束力；阻碍转动的是约束力偶。现将几种常见的空间约束及其相应的约束力列于表 3-1 中。同样，摩擦在这里也略去不计。

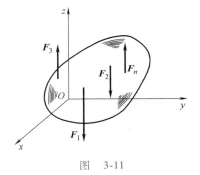

图　3-11

4. 空间力系平衡问题举例

求解空间力系的平衡问题，其步骤与前一样：首先确定研究对象，进行受力分析，画出受力图，然后列出平衡方程，解出未知量。应当指出，方程组（3-22）虽然是根据直角坐标系列出的，但在实际应用时，并无必要使三根投影轴或力矩轴相互垂直，也无必要使力矩轴与投影轴重合。可以分别选取适当的投影轴或力矩轴，以简化平衡方程的求解。例如，若取一轴与某些未知力相垂直，则在对该轴的投影式中，就不包含这些未知力；若取一轴与某些未知力相交或平行，则在对该轴的力矩式中，这些未知力就不出现。也可以在六个平衡方程

中，列出三个以上的力矩式，来代替部分或全部的投影式。

表 3-1　空间常见约束及其约束力的表示

约束类型	简化符号	约束力表示
球形铰链		F_z F_x F_y
径向轴承　蝶形铰链	轴线	轴线 F_x F_y
向心推力轴承		F_z F_x F_y
空间固定端		M_x M_y F_y F_x M_z F_z

　　例 3-4　图 3-12 所示简易起吊装置，杆 AB 的 A 端为球形铰链支座，另一端 B 装有滑轮并用系在墙上的绳子 CB 和 DB 拉住。已知：$\angle CBE = \angle DBE = 45°$；$CBD$ 平面与水平面的夹角 $\angle EBF = 30°$，且与铅垂面 ABE 垂直；绕在卷扬机上的绳子与水平线的夹角 $\beta = 45°$；杆 AB 与铅垂线的夹角 $\gamma = 30°$；被起吊物体重 $W = 7.5\text{kN}$。不计杆的自重和滑轮的尺寸，滑轮的轴承是光滑的，起吊装置在平衡状态。试求杆 AB 和绳子 CB、DB 的内力。

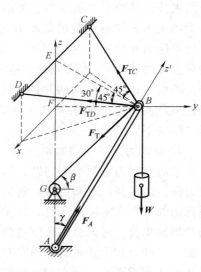

图　3-12

　　解：取杆 AB 和滑轮 B 及重物为研究对象。因杆 AB 的自重不计，且只在两端受力，所以为二力杆。作用在滑轮 B 上的力有：绳子的拉力 F_{TC}、F_{TD}、F_T 及重物的重力 W，而球铰链 A 对 AB 杆的约束力 F_A 沿 AB 连线。由题意，不计滑轮的尺寸，这些力可视为汇交于 B 点的空间汇交力系，且 $F_T = W = 7.5\text{kN}$。这样，作用在滑轮 B 上的力只有三个是未知的。取 F 点为坐标原点，x 轴与铅垂直面 ABE 垂直，y 轴沿 FB，z 轴铅垂向上。列出平衡方程

$$\sum F_x = 0, \quad F_{TD}\sin45° - F_{TC}\sin45° = 0 \qquad (a)$$

$$\sum F_y = 0, \quad -F_{TC}\cos45°\cos30° - F_{TD}\cos45°\cos30° -$$
$$F_T\cos45° + F_A\sin30° = 0 \qquad (b)$$

$$\sum F_z = 0, \quad F_{TC}\cos45°\sin30° + F_{TD}\cos45°\sin30° - F_T\sin45° + F_A\cos30° - W = 0 \tag{c}$$

代入各已知值，解上面三个方程得

$$F_{TC} = F_{TD} = 1.30\text{kN}, \quad F_A = 13.8\text{kN}$$

F_A 为正值，显然，AB 杆受压力。

另外，由题意知 CBD 平面与 ABE 平面垂直，所以 AB 垂直于两个未知力 F_{TC} 和 F_{TD}。如果沿 AB 方向取 z' 轴，则 F_{TC}、F_{TD} 在该轴上的投影等于零。于是

$$\sum F_z' = 0, \quad F_A - F_T\cos15° - W\cos30° = 0$$

将已知值代入得

$$F_A = 13.8\text{kN}$$

然后，再利用上面平衡方程（a）、方程（b）或方程（a）、方程（c）即可求得其余两个未知力。这样求解较简捷。

例 3-5　图 3-13 中重为 W 的均质矩形板 $ABCD$，在 A、B 两处分别用球铰和蝶形铰固定于墙上；在 C 处用缆索 CE 与墙上 E 处相连。板的尺寸 l_1、l_2、α 角以及板重 W 均为已知，求 A、B 两处的约束力。

解：（1）受力分析。

球铰 A 处的约束力可以用 $Oxyz$ 坐标系中的三个分量 F_{Ax}、F_{Ay}、F_{Az} 表示。蝶形铰 B 处的约束力，由其所限制的运动确定，假定只限制平板沿 x 和 z 方向的运动，而不限制 y 方向的运动，故 B 处只有 x 和 z 方向的约束力，用 F_{Bx} 和 F_{Bz} 表示。此外，在 C 处平板还受有缆索的拉力 F_T。主动力为板的重力 W。

（2）建立平衡方程求解未知力。

平板共受有 6 个未知约束力，其中 F_{Ax}、F_{Ay}、F_{Az}、F_{Bx}、F_{Bz} 均为所要求的约束力。而空间一般力系有 6 个平衡方程，足以求解所需的未知量。根据平板的受力，可以建立如下的平衡方程：

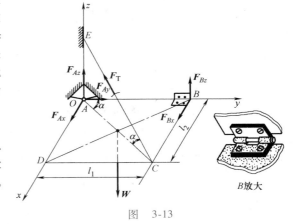

图　3-13

$$\sum M_x(\boldsymbol{F}) = 0, \quad -W\cdot\frac{l_1}{2} + F_T\sin\alpha\cdot l_1 + F_{Bz}\cdot l_1 = 0$$

$$\sum M_y(\boldsymbol{F}) = 0, \quad W\cdot\frac{l_2}{2} - F_T\sin\alpha\cdot l_2 = 0$$

$$\sum M_z(\boldsymbol{F}) = 0, \quad F_{Bx}\cdot l_1 = 0$$

$$\sum F_x = 0, \quad F_{Ax} - F_T\cos\alpha\sin\alpha + F_{Bx} = 0$$

$$\sum F_y = 0, \quad F_{Ay} - F_T\cos\alpha\cos\alpha = 0$$

$$\sum F_z = 0, \quad F_{Az} - W + F_{Bz} + F_T\sin\alpha = 0$$

由此解出

$$F_T = \frac{W}{2\sin\alpha}$$

$$F_{Bx} = 0, \quad F_{Bz} = 0$$

$$F_{Ax} = \frac{1}{2}W\cos\alpha, \quad F_{Ay} = \frac{1}{2}W\frac{\cos^2\alpha}{\sin\alpha}, \quad F_{Az} = \frac{W}{2}$$

（3）本例讨论。

上述求解过程涉及含多个未知力的联立方程，因而计算过程比较复杂。为避免求解联立方程，最好能

使一个平衡方程只包含一个未知力。为此，建立对轴之矩的平衡方程，对轴要加以选择。

本例中，若选 z 轴和 AC 线作为取矩轴，则由 $\sum M_z(\boldsymbol{F})=0$ 和 $\sum M_{AC}(\boldsymbol{F})=0$，可直接求得 $F_{Bx}=0$ 和 $F_{Bz}=0$。这是因为建立 $\sum M_z(\boldsymbol{F})=0$ 时，除 $\boldsymbol{F}_{Bx}$ 外，其余所有力的作用线与 z 轴或相交、或平行；建立 $\sum M_{AC}(\boldsymbol{F})=0$ 时，也有类似情形。

此外，若将 $\boldsymbol{F}_T$ 分解为 $\boldsymbol{F}_z$ 和 $\boldsymbol{F}_{AC}$ 也可以使计算过程简化。

例 3-6 在图 3-14a 中，带的拉力 $F_2=2F_1$，曲柄上作用有铅垂力 $F=2000\text{N}$。已知带轮的直径 $D=400\text{mm}$，曲柄长 $R=300\text{mm}$，带 1 和带 2 与铅垂线间夹角分别为 θ 和 β，$\theta=30°$，$\beta=60°$（参见图 3-14b），其他尺寸如图所示。求带拉力和轴承约束力。

解：以整个轴为研究对象，受力分析如图 3-14a 所示，其上有力 $\boldsymbol{F}_1$、$\boldsymbol{F}_2$、$\boldsymbol{F}$ 及轴承约束力 $\boldsymbol{F}_{Ax}$、$\boldsymbol{F}_{Az}$、$\boldsymbol{F}_{Bx}$、$\boldsymbol{F}_{Bz}$。轴受空间任意力系作用，选坐标轴如图所示，列出平衡方程：

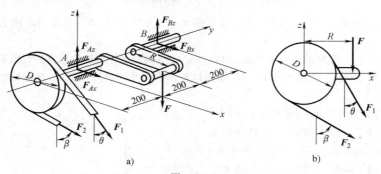

图　3-14

$$\sum F_x=0,\quad F_1\sin30°+F_2\sin60°+F_{Ax}+F_{Bx}=0$$

$$\sum F_z=0,\quad -F_1\cos30°-F_2\cos60°-F+F_{Az}+F_{Bz}=0$$

$$\sum M_x(\boldsymbol{F})=0,\quad F_1\cos30°\times0.2\text{m}+F_2\cos60°\times0.2\text{m}-F\times0.2\text{m}+F_{Bz}\times0.4\text{m}=0$$

$$\sum M_y(\boldsymbol{F})=0,\quad FR-\frac{D}{2}(F_2-F_1)=0$$

$$\sum M_z(\boldsymbol{F})=0,\quad F_1\sin30°\times0.2\text{m}+F_2\sin60°\times0.2\text{m}-F_{Bx}\times0.4\text{m}=0$$

又有

$$F_2=2F_1$$

联立上述方程，解得

$$F_1=3000\text{N},\quad F_2=6000\text{N}$$

$$F_{Ax}=-10044\text{N},\quad F_{Az}=9397\text{N}$$

$$F_{Bx}=3348\text{N},\quad F_{Bz}=-1799\text{N}$$

此题中，平衡方程 $\sum F_y=0$ 为恒等式，独立的平衡方程只有 5 个；在题设条件 $F_2=2F_1$ 之下，才能解出上述 6 个未知量。

本题也可将作用于传动轴上的各力投影在坐标平面上，把空间力系的平衡问题转化为平面力系平衡问题的形式来处理，对此读者可自行考虑。

3.5 重心

在工程实践中，确定重心位置具有重要意义。例如，在工地上运料的翻斗车，为了卸料方便，设计时对翻斗的重心位置必须加以考虑。起重机的重心必须在一定范围内，才能保证起吊重物时的安全。飞轮、高速转子的重心若不位于转轴中心线上，运转时将引起剧烈振动，引起对轴承的巨大附加压力。而振动打桩机、混凝土振捣器等，转动部分的重心又必须偏离转轴，才能发挥预期的作用。在材料力学中，研究构件的强度时，也要涉及与重心有关的问题。

求物体重心的问题，实际上是确定平行力系合力作用点的问题。因为在地面附近，物体的每一微小部分都受到铅直向下的地球引力，由于距离地心很远且物体与地球相比又很微小，因此作用在一物体各质点上的重力可近似地看成是一平行力系。该平行力系的合力即是物体的重力。不变形的物体（刚体）在地球表面无论怎样放置，其重力的作用线都通过此物体上（或其延伸部分）一个确定的几何点，这一点称为物体的重心。

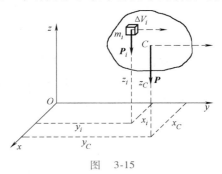

图   3-15

下面通过确定平行力系合力作用点的方法来推导重心的坐标公式，这些公式经过变换，也可用于确定物体的质量中心、体积或面积的形心、风压中心等。

1. 重心坐标的一般公式

如图 3-15 所示，在物体上固连一坐标系 Oyz，使 z 轴平行于重力。将物体分割成许多微元，每个微元的体积为 ΔV_i，所受重力为 $\boldsymbol{P}_i$，对应的坐标为 (x_i, y_i, z_i)。各微元的重力组成平行力系，其合力即物体的重力，其大小为

$$P = \sum P_i$$

方向与各微元重力方向相同。

设物体重心 C 的坐标为 (x_C, y_C, z_C)，根据合力矩定理，$\boldsymbol{P}$ 对各坐标轴的矩等于各微元重力 $\boldsymbol{P}_i$ 对相应轴的矩的代数和。对 x 轴取矩，即

$$M_x(\boldsymbol{P}) = \sum M_x(\boldsymbol{P}_i)$$

$$-Py_C = -\sum P_i y_i$$

同理，对 y 轴取矩

$$Px_C = \sum P_i x_i$$

由于物体的重心相对物体本身始终是一个确定的几何点，与该物体在空间的放置状况无关。因此，将物体连同坐标系一起绕 x 轴逆时针方向转 $90°$，则重力 $\boldsymbol{P}_i$ 及 $\boldsymbol{P}$ 转到如图 3-15 中虚线位置，再由合力矩定理对 x 轴取矩，得

$$-Pz_C = -\sum P_i z_i$$

由以上三式可得物体重心的坐标公式为

$$x_C = \frac{\sum P_i x_i}{P}, \quad y_C = \frac{\sum P_i y_i}{P}, \quad z_C = \frac{\sum P_i z_i}{P} \tag{3-25}$$

将物体分割得越细，每一微元的体积越小，则由式（3-25）求得的重心位置就越精确。

在极限情况下，式（3-25）就成为定积分形式（即重心坐标的一般公式）。

如果物体是均质的，其密度 $\rho=$ 常量，用 ΔV_i 和 V 分别表示物体各微元及物体的体积，则有 $P_i=\rho g\Delta V_i$，$P=\rho gV$，于是式（3-25）可写成

$$x_C=\frac{\sum x_i\Delta V_i}{V},\quad y_C=\frac{\sum y_i\Delta V_i}{V},\quad z_C=\frac{\sum z_i\Delta V_i}{V} \tag{3-26}$$

当微元的数目无限增多，且 $\Delta V_i\rightarrow0$ 时，式（3-26）的极限可写成如下积分形式：

$$x_C=\frac{\int_V x\mathrm{d}V}{V},\quad y_C=\frac{\int_V y\mathrm{d}V}{V},\quad z_C=\frac{\int_V z\mathrm{d}V}{V} \tag{3-27}$$

显然，均质物体的重心就是几何中心，即形心。

对于均质等厚薄板（平板或曲面板）或等截面均质细杆（直杆或曲杆），用以上方法不难得到重心坐标公式

$$\left.\begin{aligned}x_C&=\frac{\sum x_i\Delta A_i}{A}=\frac{\int_A x\mathrm{d}A}{A}\\[2mm]y_C&=\frac{\sum y_i\Delta A_i}{A}=\frac{\int_A y\mathrm{d}A}{A}\\[2mm]z_C&=\frac{\sum z_i\Delta A_i}{A}=\frac{\int_A z\mathrm{d}A}{A}\end{aligned}\right\} \tag{3-28}$$

$$\left.\begin{aligned}x_C&=\frac{\sum x_i\Delta l_i}{L}=\frac{\int_L x\mathrm{d}l}{L}\\[2mm]y_C&=\frac{\sum y_i\Delta l_i}{L}=\frac{\int_L y\mathrm{d}l}{L}\\[2mm]z_C&=\frac{\sum z_i\Delta l_i}{L}=\frac{\int_L z\mathrm{d}l}{L}\end{aligned}\right\} \tag{3-29}$$

式中，A、L 分别为总面积和总长度；ΔA_i、Δl_i 分别为微元部分的面积和长度。

2. 确定物体重心的方法

（1）简单几何形状物体的重心　若均质物体有对称面，或对称轴或对称中心，不难看出，该物体的重心必相应地在这个对称面或对称轴或对称中心上。如椭球体、椭圆面或三角形的重心都在其几何中心上，平行四边形的重心在其对角线的交点上，等等。简单形状物体的重心可从工程手册上查到，表3-2列出了常见的几种简单形状物体的重心。

表 3-2　常见的几种简单形状物体的重心

图形	重心位置	图形	重心位置
三角形 C y_C s_1 $\frac{b}{2}$ b h	在中线的交点, $y_C = \dfrac{1}{3}h$	梯形 a $\frac{a}{2}$ y_C $\frac{b}{2}$ b h	$y_C = \dfrac{h(2a+b)}{3(a+b)}$
圆弧 O r α C x x_C	$x_C = \dfrac{r\sin\alpha}{\alpha}$ 对于半圆弧 $\alpha = \dfrac{\pi}{2}$, 则 $x_C = \dfrac{2r}{\pi}$	弓形 O r α C x x_C	$x_C = \dfrac{2}{3}\dfrac{r^3\sin^3\alpha}{S}$ $\left[\text{面积 } S = \dfrac{r^2(2\alpha - \sin2\alpha)}{2} \right]$
扇形 O r α C x α x_C	$x_C = \dfrac{2}{3}\dfrac{r\sin\alpha}{\alpha}$ 对于半圆 $\alpha = \dfrac{\pi}{2}$, 则 $x_C = \dfrac{4r}{3\pi}$	部分圆环 R O α C x x_C	$x_C = \dfrac{2}{3}\dfrac{R^3 - r^3}{R^2 - r^2}\dfrac{\sin\alpha}{\alpha}$
抛物线 y a C b y_C x_C x	$x_C = \dfrac{3}{5}a$ $y_C = \dfrac{3}{8}b$	抛物线面 y a C b y_C O x_C x	$x_C = \dfrac{3}{4}a$ $y_C = \dfrac{3}{10}b$
半圆球 z z_C C r O y x	$z_C = \dfrac{3}{8}r$	正圆锥体 z C h z_C O y x	$z_C = \dfrac{1}{4}h$
正角锥体 z z_C C h O y x	$z_C = \dfrac{1}{4}h$	锥形筒体 y R_1 L C y_C x z R_2	$y_C = \dfrac{(4R_1 + 2R_2 - 3t)L}{6(R_1 + R_2 - t)}$

（2）用组合法求重心

1）分割法。若一个物体由几个简单形状的物体组合而成，而这些物体的重心是已知的，那么整个物体的重心需要用式（3-25）求出。

例 3-7 试求 Z 形截面重心的位置，其尺寸如图 3-16 所示。

解：取坐标轴如图所示，将该图形分割为三个矩形（例如用 ab 和 cd 两线分割）。

以 C_1、C_2、C_3 表示这些矩形的重心，而以 A_1、A_2、A_3 表示它们的面积。以 x_1、y_1，x_2、y_2，x_3、y_3 分别表示 C_1、C_2、C_3 的坐标，由图得

$$x_1 = -15\text{mm}, \quad y_1 = 45\text{mm}, \quad A_1 = 300\text{mm}^2$$

$$x_2 = 5\text{mm}, \quad y_2 = 30\text{mm}, \quad A_2 = 400\text{mm}^2$$

$$x_3 = 15\text{mm}, \quad y_3 = 5\text{mm}, \quad A_3 = 300\text{mm}^2$$

按公式求得该截面重心的坐标 x_C、y_C 为

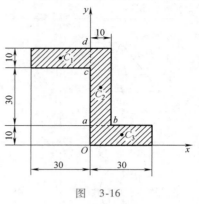

图　3-16

$$x_C = \frac{x_1 A_1 + x_2 A_2 + x_3 A_3}{A_1 + A_2 + A_3}$$

$$= \frac{(-15\text{mm}) \times 300\text{mm}^2 + 5\text{mm} \times 400\text{mm}^2 + 15\text{mm} \times 300\text{mm}^2}{300\text{mm}^2 + 400\text{mm}^2 + 300\text{mm}^2} = 2\text{mm}$$

$$y_C = \frac{y_1 A_1 + y_2 A_2 + y_3 A_3}{A_1 + A_2 + A_3}$$

$$= \frac{45\text{mm} \times 300\text{mm}^2 + 30\text{mm} \times 400\text{mm}^2 + 5\text{mm} \times 300\text{mm}^2}{300\text{mm}^2 + 400\text{mm}^2 + 300\text{mm}^2} = 27\text{mm}$$

2）负面积法（负体积法）。若在物体或薄板内切去一部分（例如有空穴或孔的物体），则这类物体的重心，仍可应用与分割法相同的公式来求得，只是切去部分的体积或面积应取负值。

例 3-8 试求图 3-17 所示振动沉桩器中的偏心块的重心。已知：$R = 100\text{mm}$，$r = 17\text{mm}$，$b = 13\text{mm}$。

解：将偏心块看成是由三部分组成的，即半径为 R 的半圆 A_1，半径为 $r+b$ 的半圆 A_2 和半径为 r 的小圆 A_3。因 A_3 是切去的部分，所以面积应取负值。取坐标轴如图 3-17 所示，由于对称有 $x_C = 0$。设 y_1、y_2、y_3 分别是 A_1、A_2、A_3 重心的坐标，由表 3-2 可知

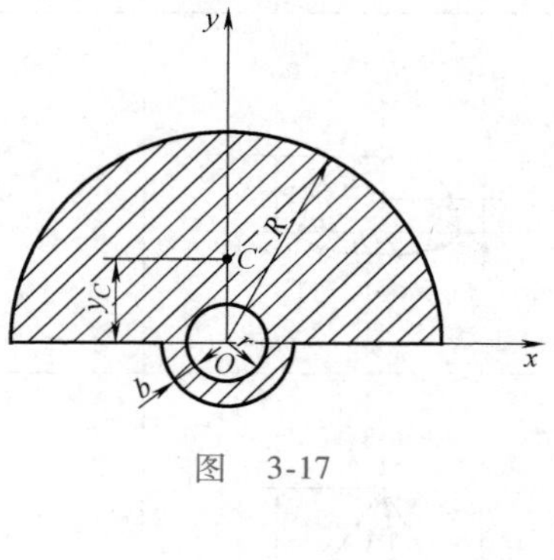

$$y_1 = \frac{4R}{3\pi} = \frac{400\text{mm}}{3\pi} = 42.4\text{mm}$$

图　3-17

$$A_1 = \frac{\pi}{2} R^2 = \frac{\pi}{2} \times (100\text{mm})^2 = 157 \times 10^2 \text{mm}^2$$

$$y_2 = \frac{-4(r+b)}{3\pi} = \frac{-4 \times (17\text{mm} + 13\text{mm})}{3\pi} = -12.7\text{mm}$$

$$A_2 = \frac{\pi}{2} (r+b)^2 = \frac{\pi}{2} (17\text{mm} + 13\text{mm})^2 = 14.1 \times 10^2 \text{mm}^2$$

$$y_3 = 0, A_3 = -\pi r^2 = -\pi \times (17\text{mm})^2 = -9.07 \times 10^2 \text{mm}^2$$

于是，偏心块重心的坐标为

$$y_C = \frac{A_1 y_1 + A_2 y_2 + A_3 y_3}{A_1 + A_2 + A_3}$$

$$= \frac{157\times10^2\,\mathrm{mm}^2\times42.4\,\mathrm{mm} + 14.1\times10^2\,\mathrm{mm}^2\times(-12.7\,\mathrm{mm}) + 0}{157\times10^2\,\mathrm{mm}^2 + 14.1\times10^2\,\mathrm{mm}^2 + (-9.07\times10^2\,\mathrm{mm}^2)} = 40.00\,\mathrm{mm}$$

形心 C 的位置已在图中标明。

习 题

3-1　求图 3-18 所示力 $F = 1000\mathrm{N}$ 对 z 轴的力矩 M_z。

3-2　如图 3-19 所示，轴 AB 与铅直线成 β 角，悬臂 CD 垂直地固定在轴 AB 上，其长度为 a，并与铅直面 AzB 成 θ 角，如在点 D 作用一铅直向下的力 F，求此力对轴 AB 的矩。

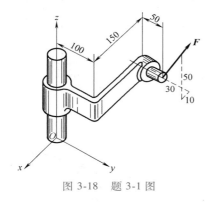

图 3-18　题 3-1 图

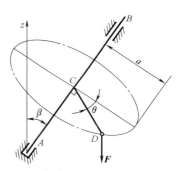

图 3-19　题 3-2 图

3-3　水平圆盘的半径为 r，外缘 C 处作用有已知力 F。力 F 位于铅垂平面内，且与 C 处圆盘切线夹角为 $60°$，其他尺寸如图 3-20 所示。求力 F 对 x、y、z 轴之矩。

3-4　支柱 AB 高 $h = 4\mathrm{m}$，顶端 B 上作用三个力 F_1、F_2、F_3，大小均为 $2\mathrm{kN}$，方向如图 3-21 所示。试写出该力系对三个坐标轴之矩。

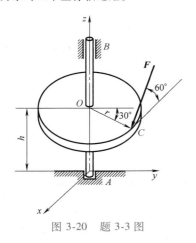

图 3-20　题 3-3 图

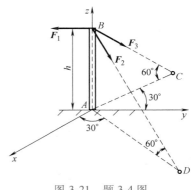

图 3-21　题 3-4 图

3-5　如图 3-22 所示三圆盘 A、B 和 C 的半径分别为 $15\mathrm{cm}$、$10\mathrm{cm}$ 和 $5\mathrm{cm}$。三轴 OA、OB 和 OC 在同一平面内，$\angle AOB$ 为直角。在这三圆盘上分别作用一力偶，组成各力偶的力作用在轮缘上，它们的大小分别等于 10N、20N 和 F。如这三圆盘所构成的物系是自由的，求能使此物系平衡的力 F 和角 α。

3-6 无重曲杆 ABCD 有两个直角，且平面 ABC 与平面 BCD 垂直。杆的 D 端为球铰链支座，另一端受轴承支持，如图 3-23 所示。在曲杆的 AB、BC 和 CD 上作用三个力偶，力偶所在平面分别垂直于 AB、BC、CD 三线段。已知力偶矩 M_2 和 M_3，求曲杆处于平衡的力偶矩 M_1 和 A、D 两处的约束力。

3-7 力系中 $F_1 = 100N$、$F_2 = 300N$、$F_3 = 200N$，各力作用线的位置如图 3-24 所示。试将力系向原点 O 简化。

3-8 图 3-25 所示空间构架由 3 根直杆组成，在 D 端用球铰链连接，A、B 和 C 端则用球铰链固定在水平地板上。如果挂在 D 端的物重 P = 10kN。试求铰链 A、B 和 C 的约束力。各杆重量不计。

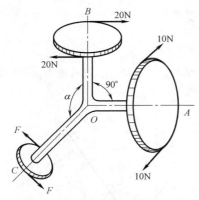

图 3-22 题 3-5 图

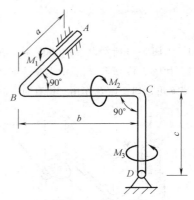

图 3-23 题 3-6 图

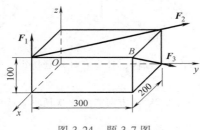

图 3-24 题 3-7 图

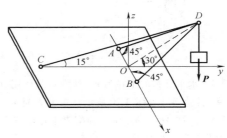

图 3-25 题 3-8 图

3-9 墙角处吊挂支架由两端铰接杆 OA、OB 和软绳 OC 构成，两杆分别垂直于墙面且由绳 OC 维持在水平面内，如图 3-26 所示。节点 O 处悬挂重物，其重为 W = 10kN，若 OA = 0.3m，OB = 0.4m，OC 绳与水平面的夹角为 30°，不计杆重。试求绳子拉力和两杆所受的力。

3-10 图 3-27 所示空间桁架由六杆 1、2、3、4、5 和 6 构成。在节点 A 上作用一力 F，此力在矩形 ABCD

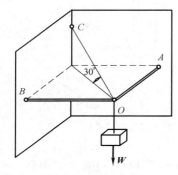

图 3-26 题 3-9 图

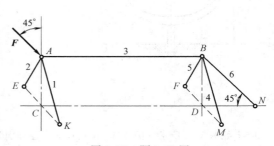

图 3-27 题 3-10 图

平面内，且与铅直线成 45°角。△EAK ≅ △FBM。等腰 △EAK、△FBM 和 △NDB 在顶点 A、B 和 D 处均为直角，又 EC = CK = FD = DM。若 F = 10kN，求各杆的内力。

3-11　如图 3-28 所示，长方形均质薄板 ABCD 的宽度为 a，长度为 b，重量为 W，在 A、B、C 三角处用三个铅直铰链杆悬挂于固定点，使板保持水平位置。求此三杆的内力。若在板的 D 处放置一重为 P 的物体，则各杆内力又如何？

3-12　如图 3-29 所示传动轴以 A 和 B 轴承支承，圆柱直齿轮的节圆直径 $d = 17.3\text{cm}$，压力角 $\alpha = 20°$，在法兰盘上作用一力偶矩 $M = 1030\text{N} \cdot \text{m}$ 的力偶。如轮轴的重量和摩擦不计，试求传动轴匀速转动时，A 和 B 轴承的约束力。

3-13　图 3-30 所示电动机以转矩 M 通过链条传动将重物 P 等速提起，链条与水平线成 30°角（直线 O_1x_1 平行于直线 Ax）。已知：$r = 100\text{mm}$，$R = 200\text{mm}$，$P = 10\text{kN}$，链条主动边（下边）的拉力为从动边拉力的两倍。轴及轮重不计，求支座 A 和 B 的约束力以及链条的拉力。

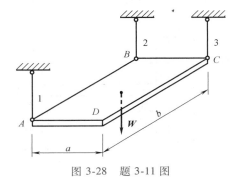

图 3-28　题 3-11 图

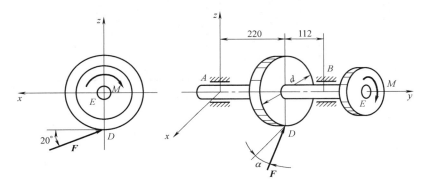

图 3-29　题 3-12 图

3-14　使水涡轮转动的力偶矩为 $M_z = 1200\text{N} \cdot \text{m}$。在锥齿轮 B 处受到的力分解为三个分力：切向力 F_t，轴向力 F_a 和径向力 F_r。这些力的比例为 $F_t : F_a : F_r = 1 : 0.32 : 0.17$。已知水涡轮连同轴和锥齿轮的总重为 $P = 12\text{kN}$，其作用线沿轴 z，锥齿轮的平均半径 $OB = 0.6\text{m}$，其余尺寸如图 3-31 所示。求推力轴承 C 和轴承 A 的约束力。

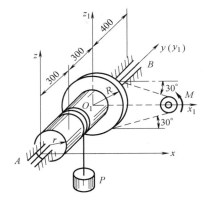

图 3-30　题 3-13 图

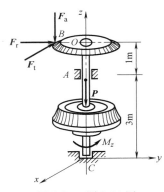

图 3-31　题 3-14 图

3-15 工字钢截面尺寸如图 3-32 所示，求此截面的几何中心。

3-16 求图 3-33 所示 L 形截面的形心，尺寸如图所示，单位为 cm。

3-17 求图 3-34a、b 所示平面图形的形心 C 的坐标。

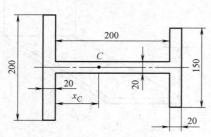

图 3-32　题 3-15 图

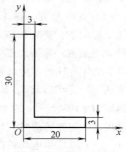

图 3-33　题 3-16 图

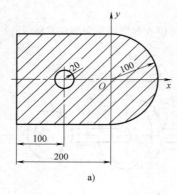

a)

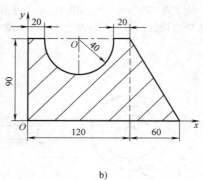

b)

图 3-34　题 3-17 图

3-18 均质块尺寸如图 3-35 所示，求其重心的位置。

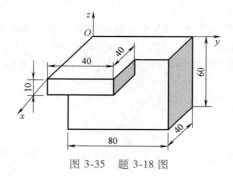

图 3-35　题 3-18 图

第4章
轴向拉伸、压缩与剪切

4.1 材料力学引言

1. 材料力学的基本概念

在解决机械、土木等实际工程问题过程中，材料力学作为一门独立学科逐步产生和发展起来，为不同工程结构问题的分析和设计提供了理论基础和计算方法。同时，材料力学又是固体力学的入门课程，其分析方法奠定了变形体固体力学的基础。因此，材料力学课程具有工程应用性和理论基础性的特点。

工程结构和机械一般是由若干单个部分或零部件组成的。这些单个组成部分或零部件统称为**构件**。每一个构件都应具有一定的承载能力，才能保证整个结构正常工作。材料力学以单个构件为研究对象，重点研究构件在外载作用下正常工作而不失效的基本力学条件。

（1）强度、刚度和稳定性　在外载作用下，工程结构和机械的各组成部分会发生尺寸改变和形状改变，这两种改变统称为**变形**。变形可以分为两类：外载卸载后能消失的变形称为**弹性变形**，不能消失的变形则称为**塑性变形**或者**残余变形**。工程结构和机械设计的基本要求是安全可靠和经济合理，因此材料力学主要解决构件正常工作的强度、刚度和稳定性问题。

强度是指构件在外载作用下抵抗破坏的能力。在外载的作用下构件可能断裂，也可能发生显著的不能消失的塑性变形，这两种情况均属于破坏。在规定的正常工作条件下不发生意外断裂或显著的塑性变形，构件需具有足够的强度，这类条件称为**强度条件**。

刚度是指构件在外载作用下抵抗变形的能力。多数构件在正常工作时只允许发生弹性变形，以保证在规定的使用条件下构件的变形控制在设计范围以内，这类条件称为**刚度条件**。

稳定性是指构件保持原有平衡形态的能力。材料力学研究的构件一般都处于某种平衡状态，但平衡状态的稳定程度各不相同。构件应具有维持平衡所需要满足的条件，以保证其在正常工作条件下不失稳，这类条件称为**稳定性条件**。

材料力学的任务是研究建立构件的强度条件、刚度条件和稳定性条件，解决构件的承载能力和经济合理性之间的矛盾问题，为构件设计提供基本理论和分析方法。

在材料力学研究中，试验研究具有重要的地位和作用。建立在简化假设基础上的理论需要由试验来验证；材料的力学性能需要由试验测定；在理论上尚未解决的问题也要通过试验方法解决。此外，近年来随着计算机科学技术的飞速发展，计算机辅助设计和模拟技术也为材料力学的基础研究和工程应用提供了强有力的工具。

（2）材料力学的研究对象　工程中最常见、最基本的构件是**杆件**，其长度方向的尺寸远大于横向尺寸。梁、柱、传动轴、支撑杆等这一类构件均可以抽象为杆件。

材料力学中通常用**横截面**和**轴线**这两个几何要素描述杆件的基本特征。垂直于杆长度方向的平切面称为**横截面**。所有横截面形心的连线称为杆的**轴线**。杆件的横截面与轴线相正交。横截面的大小和形状都相同的杆件称为**等截面杆**（见图 4-1a、b），不相同的称为**变截面杆**（见图 4-1c）。

轴线为直线的杆称为**直杆**（见图 4-1a、c），轴线为曲线的杆称为**曲杆**（见图 4-1b），材料力学的研究对象主要是等截面直杆，简称**等直杆**（见图 4-1a）。材料力学中等直杆的计算原理一般也可适用于曲率很小的曲杆和横截面变化不大的变截面杆。

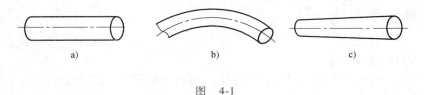

a)　　　　　　　　　b)　　　　　　　　　c)

图　4-1

2. 材料力学的发展史

在人们日常生活、生产和工程实践中，材料力学学科的建立和发展经历了漫长的历史时期。作为一门相对独立、系统的学科，材料力学的出现和发展可以追溯到文艺复兴时期，此后不断得到完善和发展。随着科学技术的进步，近年来材料力学的研究课题也不断扩展。

（1）我国古代材料力学的基础知识和工程实践　在我国古代，人们在日常生活和工程实践中积累了丰富的力学经验，形成了朴素的材料力学基础，充分地体现在各种水利和建筑工程的应用中。春秋战国时代的《考工记》《墨经》《荀子》，汉代的《淮南子》，宋代的《营造法式》，明代的《天工开物》等著作中，已有关于刚性、韧性、挠度和复合材料的初步知识。古代文献中最早关于力的概念的论述出现在《墨经》中，定义为"力，刑之所以奋也"[⊖]，即力是物体改变运动状态的原因。这与牛顿第一定律"任何物体都保持静止或匀速直线运动的状态，直到受到其他物体的作用力迫使它改变这种状态为止"是一致的。该书还提及"均发均县（悬）轻重而发绝，发不均也。均也，其绝也，莫绝。"它指的是：用多根头发悬挂重物，物很轻时头发就断了，是因为头发受力不均匀；如果受力均匀，该断时也不会断。这段话的力学基础是超静定及强度理论。

31 年，即东汉建武七年，杜诗创造了水排，表明人们已经很清楚地知道如何用拉压杆、弯曲梁、扭转轴等构件设计出一个完整的工程结构。东汉经学家郑玄在《考弓记·弓人》中以弓的拉力为研究对象建立了力与位移的比例关系，形成了朴素的弹性定律。此外，明代宋应星的《天工开物》（1637 年）也谈及弓拉力与拉长的线弹性关系。对于矩形截面梁的高宽比，北宋李诫在其《营造法式》中推荐取值为 3∶2，这一取值处在最佳强度设计（$\sqrt{2}∶1$）和最佳刚度设计（$\sqrt{3}∶1$）之间，由此表明我国古代建筑技术中力学知识的科学性和合理性。

　⊖ 这里的"刑"同"形"，指物体。——作者注

我国古代对材料力学的贡献还集中表现在桥梁建筑等工程结构中。例如，隋朝著名的工匠李春利用石料耐压不耐拉的特性，主持建造了跨越河北赵县泾河的拱桥，即著名的赵州桥（见图4-2）。其主拱上的小拱不仅便于排水，而且表明工匠李春对减重省材、优化结构的力学效应已有清楚的认识。在当时同类石拱桥中，赵州桥的设计与工艺之先进堪称世界之最。世界上现存最高的木结构建筑——山西应县木塔（见图4-3）距今已近一千年的历史。

图 4-2

图 4-3

综上所述，我国古代有丰富的关于材料力学的基础知识和工程实践，对该学科的发展做出了卓越贡献，但缺乏理论上的总结和交流传播。由于封建制度的长期延续，严重地束缚了生产力的发展，因而也限制了科学技术的成长，致使经典力学，乃至材料力学作为一个系统的学科没能在中国产生，而是文艺复兴期间在欧洲建立并发展起来。

（2）材料力学的建立与发展　文艺复兴初期的意大利美术大师、力学家、工程师达·芬奇（1452—1519）应用虚位移原理的概念研究过起重机具上的滑轮和杠杆系统，并做过铁丝的拉伸试验。一般认为，意大利科学家伽利略（1564—1642）的《关于力学和局部运动的两门新科学的对话和数学证明》一书的发表（1638年）是材料力学开始形成一门独立学科的标志。在该书中这位科学巨匠尝试用科学的解析方法确定构件的尺寸，讨论的第一个问题是直杆轴向拉伸问题，得到承载能力与横截面面积成正比而与长度无关的正确结论。

对材料力学的系统研究一般认为是以17世纪80年代胡克和马略特的工作为代表。英国科学家胡克（1635—1703）通过对一系列实验资料做总结，在1678年提出了物体弹性变形与所受的力成正比的规律，即胡克定律。它是材料力学进一步发展的基础，并在该领域内得到了广泛的应用。近代把应力表示成应变分量的函数可以认为是胡克定律的通式。所以胡克是材料力学这门科学的奠基人之一。随着牛顿和莱布尼兹所创微积分的发展和应用，材料力学的研究成果不断涌现，如欧拉（1707—1783）和伯努利（1700—1782）所建立的梁的弯曲理论、欧拉提出的压杆稳定理论（欧拉公式），直到今天依然被广泛应用。

直到18世纪末19世纪初，材料力学作为一门学科，才真正形成比较完整的体系。这一时期，对材料力学贡献最大的首推法国科学家库仑（1736—1806），他系统地研究了脆性材料（当时主要是石料）的破坏问题，给出了判断材料强度的重要指标。同时他还修正了伽利略和马略特理论中的错误，获得了圆杆扭转切应力的正确计算结果。法国科学家纳维（1785—1836）明确提出了应力、应变的概念，给出了各向同性和各向异性弹性体的广义胡克定律，研究了梁的超静定问题及曲梁的弯曲问题。他于1826年出版了第一本《材料力学》。法国科学家圣维南（1797—1886）研究了柱体的扭转和一般梁的弯曲问题，提出了著名的圣维南原理，为材料力学应用于工程实际奠定了重要的基础。法国科学家泊松（1781—1840）发现在弹性范围内材料的横向应变与纵向应变之比为一常数，这一比值也因此称为泊松比。

19世纪中期至20世纪，铁路、桥梁的发展，以及钢铁和其他新材料的出现，给力学工作者提出了更广泛和更深入的研究课题，使得力学的分工越来越细，出现了更多的以材料力学、结构力学、弹性力学和塑性力学为基础的固体力学分支。在材料力学教学内容和体系方面，美籍力学家铁木辛柯做出了卓越的贡献。他一生编著了《材料力学》《结构力学》《弹性力学》《弹性稳定理论》《工程中的振动问题》和《材料力学发展史》等20多部书籍，均可列为力学经典名著，被人们普遍确认为是力学的经典书籍。此外，他还于1953年出版了《材料力学史》，对材料力学这一学科的发展沿革进行了全面的论述。

3. 材料力学的基本假设

由于工程材料的多种多样性，构件的微观结构非常复杂，按照实际构件材料的性质进行精确的力学计算既不可能也无必要。遵循认识论的规律，从复杂的现象中抓住主要特征，经过抽象和简化建立力学模型。在满足工程精度要求的条件下，为方便对可变形固体的研究，材料力学做出以下基本假设。

（1）连续性假设 **连续性假设认为变形固体材料的内部毫无间隙地充满了物质。** 实际上组成固体的粒子之间存在着间隙，在微观上物质并不连续。这一假设意味着构件在其占有的几何空间内是密实的和连续的，而且变形后仍然保持这种连续状态。这样，固体的各力学量就可以表示为坐标的连续函数，便于应用数学分析的方法。

（2）均匀性假设 **均匀性假设认为变形固体材料内到处具有完全相同的力学性能。** 尽管组成固体的粒子彼此的力学性能并不完全相同，但由于固体材料的力学性能反映的是其所有组成部分的性能的统计平均量，所以可认为力学性能是均匀的，不随坐标位置而改变。这样就可以从物体中任取一微小部分进行分析和实验，其结果可适用于整体。

（3）各向同性假设 **各向同性假设认为无论沿任何方向，固体材料的力学性能都是完全相同的。** 虽然工程上常用的金属材料在微观尺度下各个单晶并非各向同性，但是构件中包含着许许多多无序排列的晶粒，综合起来并不显示出方向性的差异，而是宏观上呈现出各向同性的性质。具备这种性质的材料称为**各向同性材料**，如钢、铸铁、玻璃等。而沿不同方向力学性能不同的材料，则称为**各向异性材料**，如木材、胶合板、纤维增强复合材料等。各向异性材料不是本书的研究内容。

（4）小变形假设 **认为固体材料在外力作用下产生的变形量远远小于其原始尺寸。** 材料力学所研究的问题大部分只限于这种情况。这样在研究平衡问题时就可以不考虑因变形而引起的尺寸变化，可以按其原始尺寸进行平衡分析，使计算得以简化。但对构件做强度、刚度和稳定性等问题的研究，以及对大变形平衡问题进行分析时，就不能忽略构件的变形。

综上所述，材料力学一般将实际构件看作连续、均匀和各向同性的可变形固体，并在具有弹性力学行为的小变形条件下进行研究。

4. 外力、内力和应力

（1）外力 对材料力学所研究的构件来说，其他构件与物体作用在其上的力均为**外力**，包括载荷和约束力。按照外力的作用形式，可分为表面力和体积力。作用在构件表面的力，称为**表面力**，如两物体间的接触压力；连续分布在构件内部各点的力，称为**体积力**，如重力和惯性力。

按照表面力在构件表面的分布情况，又可分为分布力和集中力。作用在构件上的外力如果作用面积远小于构件尺寸，可以简化为**集中力**，如图 4-4a 所示，单位为牛（N）或千牛（kN）。

如果力的作用范围较大时则应简化为**分布力**；简化为一条线上的连续作用的力称为**线分布力**，如长杆的重力就可以简化为作用在杆的轴线上的线分布力，如图 4-4b 所示，其大小用线分布力集度 $q(x)$ 表示，单位为 N/m 或 kN/m。$q(x)$ 是常数时称为**均布力**，或**均布载荷**，如图 4-4c 所示。图 4-4d 所示是单位宽度的水闸受到静水压力作用时沿深度方向的线性分布力的简化图。单位宽度的压力容器内的压力载荷是典型的面分布力，如图 4-4e 所示。其大小用 p 表示，单位为 Pa（$1Pa = 1N/m^2$）。

由于材料力学主要研究力与力矩的大小，以后如无特别说明，力与力矩的符号使用白体来表示。

图 4-4f 所示是**集中力偶**的示意图，单位为 N·m 或 kN·m，图 4-4g 所示则为**线分布力偶**的示意图，其单位为 N·m/m。

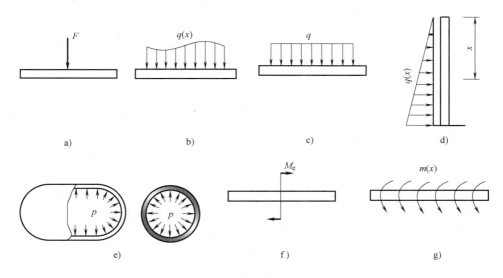

图 4-4

a）集中力（N） b）线分布力（kN/m） c）均布力（kN/m） d）线性分布力（kN/m）

e）面分布力（Pa） f）集中力偶（N·m） g）线分布力偶（N·m/m）

按照载荷是否随时间变化，载荷又可分为**静载荷**和**动载荷**。随时间变化极缓慢或不变化的载荷，称为**静载荷**。其特征是在加载过程中，构件的加速度很小可以忽略不计。例如水库静水对坝体的压力、建筑物上的雪载荷等。随时间显著变化或使构件各质点产生明显加速度的载荷，称为**动载荷**。例如，锻造时汽锤连杆受到的冲击力、汽车在行驶中对地面的作用力。构件在静载荷和动载荷作用下的力学行为不同，分析方法也有一定的差异，前者是后者的基础。

（2）内力和截面法　构件受外力作用产生变形时，其内部各部分之间产生抵抗这种变形而引起的相互作用力称为**内力**。不受外力作用时，物体内部各质点间也存在着相互作用力，在外力作用下则会引起原有相互作用力改变。材料力学中的内力，就是指这种因外力引起的物体内部各部分相互作用力的改变量。构件的强度、刚度和稳定性与内力的大小及其在构件内的分布情况密切相关。因此内力分析是解决材料力学问题的基础。

内力和截面法

内力是物体内部各相连部分相互作用的力，只有将物体假想地截开才可能把内力显露出来并进行分析计算。以图4-5a 中在平衡力系作用下的物体为例，沿截面 C 假想地将物体截为 A、B 两部分，如图 4-5b 所示。A 部分的截面上因为 B 部分对它的作用而存在着内力，按照连续性假设，在该截面上的内力应该是一个连续分布的力系。应用力系简化理论，这种分布内力可以向截面形心 O 简化，得到主矢 F_R[一] 和主矩 M_O，如图 4-5c 所示。这里将分布内力的合力称为**截面上的内力**。同理，B 部分的截面上也存在着因 A 部分对它的作用而产生的内力 F'_R 和 M'_O。

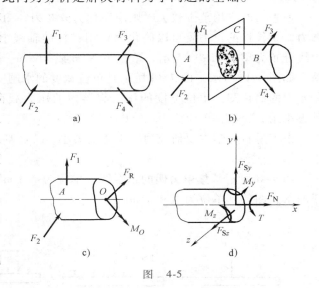

图 4-5

根据作用与反作用定律，同一截面两侧的内力必然大小相等、方向相反，即任一截面处的内力总是成对的。整个物体处于平衡状态时，若对 A、B 两部分中任意一部分进行观察，它也必然保持平衡，因此对该部分建立平衡方程就可以确定该截面上的内力。这种用假想截面把构件截开后求内力的方法称为**截面法**。

截面法是计算内力的基本方法，其步骤如下：

1）**截开**。在要求内力的截面处，沿该截面假想地把构件截分为两部分。

2）**留取**。取其中一部分作为研究对象，视计算简便与否选定。

3）**代替**。用内力代替舍弃部分对研究对象的作用力。

4）**平衡**。对研究对象建立内力和外力的平衡方程，并求解出内力。

在材料力学中，通常将构件截面上的内力（主矢 F_R 和主矩 M_O）分解为六个内力分量（见图 4-5d），即

轴力 F_N：力作用线通过截面形心并垂直于横截面；

剪力 F_S：力作用线与横截面平行，F_{Sy}、F_{Sz} 分别表示平行于 y、z 轴的剪力；

扭矩 T：力偶作用面与横截面平行，或力偶矩矢与横截面垂直；

[一] 材料力学部分不强调矢量的方向性，均用不加粗的字母表示。——编辑注

弯矩 M：力偶作用面与横截面垂直，力偶矩矢平行于 y 轴的弯矩记为 M_y，平行于 z 轴的记为 M_z。

（3）应力　内力是连续分布的，用截面法确定的内力是这种分布内力的合力。为了描述内力的分布情况，需要引入应力的概念。截面上一点处内力分布的集度，称为**应力**。如图 4-6a 所示，在截面上某一点 D 处附近微元面积 ΔA 上作用的内力为 ΔF，定义

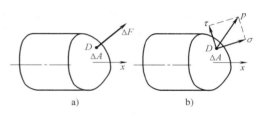

应力概念

$$p_\mathrm{m} = \frac{\Delta F}{\Delta A} \tag{4-1}$$

为 ΔA 上的平均应力。当 ΔA 逐渐缩小直至趋于零，p_m 将趋于某个极限值。于是，自然得到

$$p = \lim_{\Delta A \to 0} p_\mathrm{m} = \lim_{\Delta A \to 0} \frac{\Delta F}{\Delta A} \tag{4-2}$$

称之为 D 点应力。

应力按其作用线相对于截面的方向和位置可分为**正应力**和**切应力**，如图 4-6b 所示。作用线垂直于截面的应力称为**正应力**，用 σ 表示；作用线位于截面内的应力称为**切应力**，用 τ 表示。

应力的单位是帕斯卡，简称帕（Pa），$1\mathrm{Pa} = 1\mathrm{N/m}^2$。工程中常用应力单位为兆帕（MPa），$1\mathrm{MPa} = 10^6\,\mathrm{Pa}$。

a)　　　　b)

图　4-6

5. 位移、变形和应变

（1）位移与变形　物体受外力作用或环境温度变化时，物体内各质点的坐标会发生改变，这种坐标位置的改变量称为**位移**。位移分为**线位移**和**角位移**。**线位移**是指物体上一点位置的改变；**角位移**是指物体上一条线段或一个面转动的角度。

应变概念

由于物体内各点的位移，使物体的尺寸和形状都发生了改变，这种尺寸和形状的改变统称为**变形**。通常，物体内各部分的变形是不均匀的，为了衡量各点处的变形程度，需要引入应变的概念。

（2）线应变　假设构件由许多微小单元体（简称微元体或微元）组成，物体整体的变形则是所有微元体变形累加的结果。微元体通常为正六面体。

对于正应力作用下的微元体（见图 4-7），沿着正应力方向和垂直于正应力方向将产生伸长或缩短，这种变形称为线变形。描写物体在各点处线变形程度的量，称为**线应变**或**正应变**，用 ε 表示。根据微元体变形前后在 x 方向线段 $\mathrm{d}x$ 的相对改变量，有

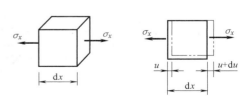

图　4-7

$$\varepsilon_x = \frac{\mathrm{d}u}{\mathrm{d}x} \tag{4-3}$$

式中，$\mathrm{d}x$ 为变形前微元体在正应力作用方向的长度；$\mathrm{d}u$ 为微元体变形后相距 $\mathrm{d}x$ 的两截面沿

正应力方向的相对位移；ε_x 的下标 x 表示正应变方向。

如果杆内各点变形是均匀的，ε_m 可以认为是杆内各点处沿杆长方向的线应变 ε。对于杆内各点变形不均匀的情况，可在各点处沿杆长方向取一微段 Δx，若该微段的长度改变量为 $\Delta\delta$，则定义该点处沿杆长方向的线应变为

$$\varepsilon = \lim_{\Delta x \to 0} \frac{\Delta\delta}{\Delta x} = \frac{\mathrm{d}\delta}{\mathrm{d}x} \tag{4-4}$$

线应变 ε 可以量度物体内各点处沿某一方向长度的相对改变。在小变形情况下，ε 是一个微小的量，长度增加为正，反之为负。

（3）切应变 在物体内一点 A 附近沿 x、y 轴方向取微线段 $\mathrm{d}x$ 和 $\mathrm{d}y$（见图 4-8）。物体变形后，原来相互垂直的两条边夹角发生变化。通过 A 点的两个互相垂直的微线段之间的直角改变量 γ 称为 A 点的**切应变**，用弧度（rad）来量度。小变形时 γ 也是一个微小的量，直角减小为正，反之为负。

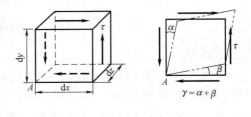

图 4-8

由此可见，构件的整体变形是由各微元体局部变形的组合结果，而微元体的局部变形则可用线应变和切应变表示。线应变 ε 和切应变 γ 是度量构件内一点处变形程度的两个基本量，以后可以注意到，它们分别与正应力 σ 和切应力 τ 相联系。线应变和切应变均为量纲为一的量。

6. 杆件变形的基本形式

杆件的受力情况和变形情况是多种多样的，但其可以看成几种基本变形之一或几种基本变形的组合。杆件的基本变形形式有四种，即**轴向拉伸或压缩、剪切、扭转和弯曲**。

（1）轴向拉伸或压缩 外力或外力合力作用线与杆件轴线重合，杆件将产生轴向伸长或缩短变形，分别如图 4-9a、b 所示。以轴向伸长或缩短为主要特征的变形形式，称为**轴向拉伸或压缩**。

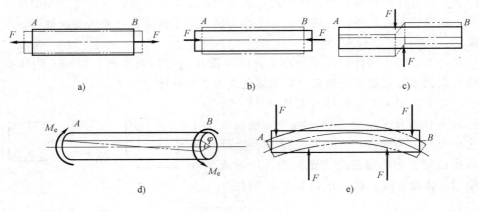

图 4-9

（2）剪切 当受到与杆件横截面平行、相距很近、大小相等、方向相反的一对外力作用，杆件沿着受剪面发生错动，如图 4-9c 所示。以横截面发生相对错动为主要特征的变形

形式，称为**剪切**。

（3）扭转 在垂直杆件轴线的平面内作用一对转向相反的外力偶，杆件横截面将绕轴线做相对转动，杆表面的纵向线将变成螺旋线，而轴线仍保持为直线，如图 4-9d 所示。以横截面绕轴线做相对旋转为主要特征的变形形式，称为**扭转**。

（4）弯曲 在垂直于轴线的外力或矩矢量垂直于轴线的外力偶作用下，杆件轴线由直线变为曲线，如图 4-9e 所示。以轴线变弯为主要特征的变形形式，称为**弯曲**。

由不同基本变形组成的变形形式，称为组合变形。本书先介绍各种基本变形的强度和刚度分析，然后再介绍它们的组合情况。

4.2 轴向拉压杆的内力与应力

作用在杆件上的外力，如果其合力作用线与杆的轴线重合，称为**轴向载荷**。当杆件只受轴向载荷作用时，发生纵向伸长或缩短变形，以这种变形为主要特征的变形形式称为**轴向拉伸**或**轴向压缩**。承受轴向拉伸载荷的杆件称为**拉杆**，承受轴向压缩载荷的杆件称为**压杆**，两者可统称为**拉压杆**。轴向拉伸或压缩变形是杆件最基本的变形形式，在工程实践中很多构件在忽略自重等次要因素后可看作拉压杆，图 4-10a 所示起重机结构中 AB 杆即可视为拉杆，图 4-10b 所示为其计算简图。图 4-11a 所示的千斤顶的顶杆可视为压杆，图 4-11b 所示为其计算简图。

本章主要研究等直杆的轴向拉伸和压缩问题。

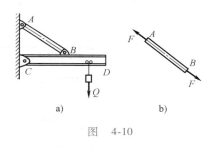

图 4-10

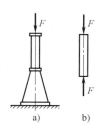

图 4-11

1. 轴力和轴力图

为了解决拉压杆的强度与刚度问题，首先需要分析拉压杆的内力。

微课

轴力与轴力图例题

（1）轴力 图 4-12a 所示拉压杆承受轴向载荷，为一共线力系。由杆件的整体平衡条件可得

$$F_2 + F_3 = F_1 + F_4 \tag{4-5}$$

即

$$F_1 - F_2 = F_3 - F_4 \tag{4-6}$$

计算拉压杆的内力采用截面法。欲求横截面 $m—m$ 上的内力，假想地用一个平面沿 $m—m$ 将杆截成两段，取左段为研究对象，建立平衡方程，如图 4-12b 所示。设该截面上内力为 F_N，其数值可由平衡方程求出：

$$\sum F_x = 0, F_N - F_1 + F_2 = 0$$
$$F_N = F_1 - F_2 \tag{4-7}$$

如前所述，F_N 的作用线与杆件的轴线重合，所以 F_N 即为**轴力**。

同样，也可取右段为研究对象（见图 4-12c），由平衡方程得截面上的轴力

$$F_N = F_3 - F_4 \qquad (4-8)$$

根据式（4-6），式（4-7）、式（4-8）所得结果相同。由此可见，拉压杆在任意横截面上的轴力，数值上等于该截面任一侧所有外力的代数和。当轴

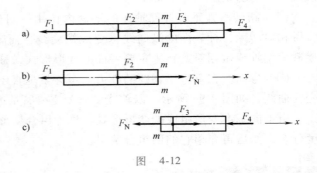

图 4-12

力背离截面时，截面附近微段变形是伸长，轴力为**拉力**；反之，当轴力指向截面时，截面附近微段变形是缩短，轴力为**压力**。

内力都是代数量。通常规定拉力为正，压力为负。求轴力时，宜先假定 F_N 为正，用平衡方程求得轴力后，若结果为正，说明轴力的确为拉力；若结果为负，则轴力为压力。

（2）轴力图　当杆件受多个轴向载荷作用时，其每段轴力各不相同，为了便于分析轴力随截面位置的变化情况，常使用**轴力图**表示轴力沿杆轴线的变化。轴力图的横坐标轴代表杆件的轴线，x 表示横截面位置，纵坐标表示相应截面的轴力值。从轴力图中可以确定杆件最大轴力 F_{Nmax} 的位置及其数值。

例 4-1 图 4-13a 所示杆 AC，在自由端 A 处受轴向载荷 F 作用，在截面 B 处受载荷 $2F$ 作用，试求：
（1）1—1、2—2 截面的轴力；（2）画轴力图。

解：（1）计算轴力。

截取 1—1、2—2 截面，取左段为研究对象，假定轴力 F_{N1}、F_{N2} 为拉力（见图 4-13b、c），由平衡方程 $\sum F_x = 0$，分别求得

$$F_{N1} - F = 0, \quad F_{N1} = F$$

$$F_{N2} - F + 2F = 0, \quad F_{N2} = -F$$

轴力结果为一正一负，表明 F_{N1} 为拉力，F_{N2} 为压力。

（2）画轴力图。

选定适当的比例尺，画出轴力图如图 4-13d 所示。

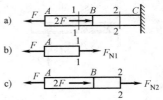

例 4-2 图 4-14a 所示杆受自重作用。已知杆长 l，单位长度自重为 ρg，试画轴力图。

解：（1）计算支反力（见图 4-14b）。

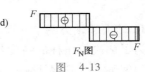

图 4-13

由

$$\sum F_x = 0$$

得

$$F_R = \rho g l$$

（2）计算轴力。

用截面法，沿任意横截面 m—m 假想截开，取上部为研究对象（见图 4-14c），列平衡方程求得

$$\sum F_x = 0, F_{N1} = -\rho g x$$

也可取下段分析（见图 4-14d），读者可以自行完成。

（3）画轴力图。

轴力图为一条斜直线（见图 4-14e）。最大值位于底面，$|F_{Nmax}| = \rho g l$。

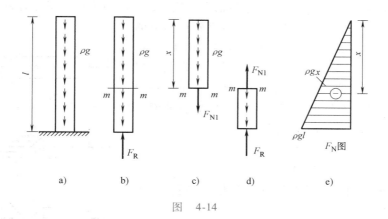

图 4-14

2. 拉压杆的应力

研究构件的强度问题时，只确定截面上的内力是不够的，还必须掌握内力在横截面上的分布情况。本节研究拉压杆横截面和斜截面上的应力。

（1）横截面上的应力 由拉压杆轴力和应力的概念可知，已知轴力，求应力的问题是不确定的，因为正应力在横截面上的分布规律还未知，需要通过研究杆的变形规律来确定。为便于观察变形，事先在杆件表面画出若干条纵向线和横向线（见图4-15a）。在杆端分别加上均匀分布的轴向拉力 F 后，可以观察到变形的规律是，各纵向线仍为平行于轴线的直线，且都发生了伸长变形；各横向线仍为直线且与纵向线垂直（见图4-15b），说明横截面上不存在剪切变形，各纵向线的伸长是相同的。

对于杆件内部的变形，若设想横向线即代表横截面，可假设变形后的横截面仍保持为平面，称为**平面假设**。按照平面假设，变形后各横截面仍垂直于杆件轴线，只是沿杆轴线做相对平移，任意两个横截面之间的所有纵向线段的伸长量均相同。这个假设已为现代实验力学所证实。

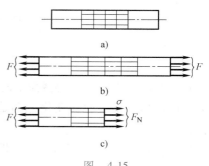

图 4-15

由上述变形规律可以推断，杆件横截面上没有切应力，只有正应力。根据材料均匀性假设，各点变形相同时，受力也应相同。由此可知，拉压杆横截面上的正应力 σ 是均匀分布的，如图 4-15c 所示。

由静力学关系（见图 4-16）有

$$F_N = \int_A \sigma \mathrm{d}A = \sigma \int_A \mathrm{d}A = \sigma A \qquad (4\text{-}9)$$

则横截面上任一点的正应力为

$$\sigma = \frac{F_N}{A} \qquad (4\text{-}10)$$

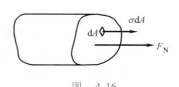

图 4-16

式中，A 为杆件横截面面积；σ 正负号与轴力一致，即拉应力为正，压应力为负。

（2）斜截面上的应力　现在进一步研究斜截面上的应力。考虑图 4-17a 所示的拉杆，用任意斜截面 1—1 将其截开。设斜截面与横截面 2—2 的夹角为 α。根据前述变形规律，杆内各点纵向变形相同，因此，平行面 1—1 与 1′—1′ 之间各纵向纤维的变形也相同，因而斜截面上各点应力相同（见图 4-17b），其大小为

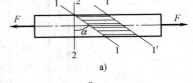

$$p_\alpha = \frac{F_N}{A_\alpha} \tag{4-11}$$

式中，A_α 为斜截面面积。设横截面面积为 A，则有 $A_\alpha = A/\cos\alpha$，代入式（4-11）得

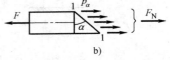

$$p_\alpha = \frac{F_N}{A}\cos\alpha$$

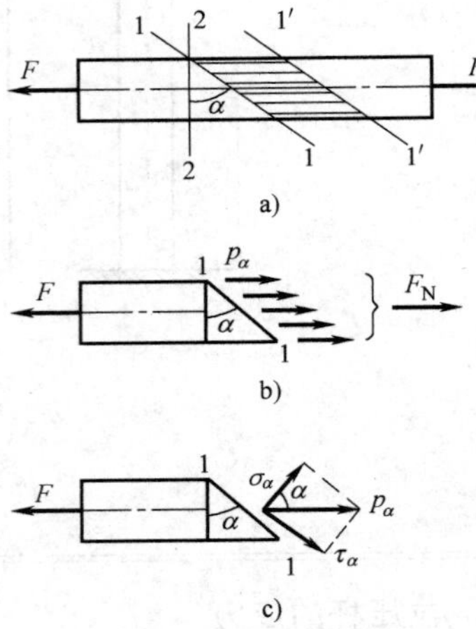

因为横截面上的正应力 $\sigma = \dfrac{F_N}{A}$，故有

图 4-17

$$p_\alpha = \sigma\cos\alpha \tag{4-12}$$

即斜截面上的应力 p_α 可以通过横截面上的正应力 σ 来表达。

根据强度分析的需要，将 p_α 正交分解为 σ_α 和 τ_α（见图 4-17c），它们分别为

$$\sigma_\alpha = p_\alpha\cos\alpha, \quad \tau_\alpha = p_\alpha\sin\alpha$$

利用式（4-12），得

$$\left. \begin{aligned} \sigma_\alpha &= \sigma\cos^2\alpha = \frac{\sigma}{2} + \frac{\sigma}{2}\cos2\alpha \\ \tau_\alpha &= \sigma\cos\alpha\sin\alpha = \frac{\sigma}{2}\sin2\alpha \end{aligned} \right\} \tag{4-13}$$

式（4-13）表明，在斜截面上既有垂直于截面的正应力 σ，又有沿截面的切应力 τ。其值随斜面倾角 α 的变化而变化，都是 α 角的有界周期函数。它们在几个特殊截面上有如下性质：

1）当 $\alpha = 0°$ 时，正应力最大，即**最大正应力发生在横截面上**，其值为

$$\sigma_{max} = \sigma \tag{4-14}$$

2）当 $\alpha = \pm45°$ 时，切应力最大，即**最大切应力发生在与杆轴线成 45° 的斜截面上**，其绝对值为

$$\tau_{max} = \frac{\sigma}{2} \tag{4-15}$$

3）当 $\alpha = 90°$ 时，正应力和切应力均为零，即**纵向截面上无应力**。

上述分析过程对拉杆、压杆都适用。

（3）圣维南原理　如果作用在杆端的轴向载荷不是均匀分布的，外力作用点附近各截面的应力也非均匀分布。**圣维南原理**指出，杆端外力的分布方式只显著影响杆端局部范围内

的应力分布，影响区的范围约等于杆的横向尺寸（见图 4-18）。这一原理已为大量实验与计算所证实。当横截面距离力作用点大于横向尺寸时，正应力趋于均匀分布。目前，圣维南原理的理论基础还在完善之中。

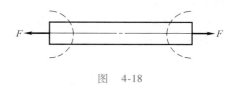

图　4-18

例 4-3　图 4-19a 所示阶梯形圆截面杆，已知 $D = 20\text{mm}$，$d = 16\text{mm}$，$F = 8\text{kN}$，试求两段杆横截面上的应力。

解：（1）求各段杆的轴力，画出轴力图（见图 4-19b）。

（2）分别计算各段杆横截面上的应力。

$$\sigma_1 = \frac{F_{N1}}{A_1} = \frac{16 \times 4 \times 10^3}{\pi \times 20^2 \times 10^{-6}}\text{Pa} = 50.93 \times 10^6 \text{Pa} = 50.93\text{MPa}$$

$$\sigma_2 = \frac{F_{N2}}{A_2} = \frac{8 \times 4 \times 10^3}{\pi \times 16^2 \times 10^{-6}}\text{Pa} = 39.79 \times 10^6 \text{Pa} = 39.79\text{MPa}$$

例 4-4　一正方形截面的阶梯形砖柱，柱顶受轴向压力 F 作用（见图 4-20a）。上下两段柱重分别为 W_1 和 W_2。已知 $F = 15\text{kN}$，$W_1 = 2.5\text{kN}$，$W_2 = 10\text{kN}$，长度尺寸 $l = 3\text{m}$。试求两段柱底截面 1—1 和 2—2 上的应力。

解：（1）轴力分析。

采用截面法，画出两段杆的分离体受力图（见图 4-20b、c），根据平衡条件 $\sum F_y = 0$ 求得轴力。

截面 1—1：$F_{N1} + F + W_1 = 0$，$F_{N1} = -15\text{kN} - 2.5\text{kN} = -17.5\text{kN}$（压力）

截面 2—2：$F_{N2} + F + W_1 + W_2 = 0$，$F_{N2} = -15\text{kN} - 2.5\text{kN} - 10\text{kN} = -27.5\text{kN}$　（压力）

（2）计算应力。

将轴力代入式（4-10），得

截面 1—1：$\sigma_1 = \dfrac{F_{N1}}{A_1} = \dfrac{-17.5 \times 10^3}{0.2 \times 0.2}\text{Pa} = -0.438 \times 10^6 \text{Pa} = -0.438\text{MPa}$（压应力）

截面 2—2：$\sigma_2 = \dfrac{F_{N2}}{A_2} = \dfrac{-27.5 \times 10^3}{0.4 \times 0.4}\text{Pa} = -0.172 \times 10^6 \text{Pa} = -0.172\text{MPa}$（压应力）

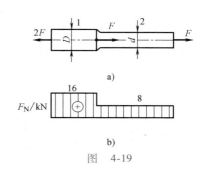

图　4-19

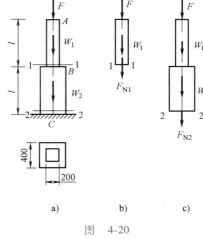

图　4-20

4.3　材料拉伸和压缩时的力学性能

工程材料在外力作用下表现出强度和变形等方面的一些特性称为材料的**力学性能**。构件的强度、刚度和稳定性都与材料的力学性能有关。力学性能主要通过拉、压试验测定。

1. 拉压试验简介

为了得到可靠而且可以比较的实验结果，待测材料需要按照规范制成标准试件。拉伸试件常做成圆形截面和矩形截面两种（见图 4-21）。为了能比较不同粗细的试件在拉断后工作段的变形程度，先在试件的中间等直部分上画两点，两点之间的一段为试件的工作段。工作段的长度称为**标距**，用 l 表示。对圆截面标准试件，工作段长度 l 与其直径 d 的标准比例有两种：

$$l = 10d \qquad 或 \qquad l = 5d$$

它们分别称为“**10 倍试件**”或“**5 倍试件**”。对矩形截面标准试件，则对其工作段长度 l 与横截面面积 A 规定为

$$l = 11.3\sqrt{A} \qquad 或 \qquad l = 5.65\sqrt{A}$$

压缩试件通常采用圆截面或正方截面的短柱体。为了避免试件在实验过程中被压弯失稳，其长度 l 与横截面直径 d 或边长 b 之比限制在小于 3 范围内。金属试件一般做成短圆柱体（长度为直径的 1.5~3 倍）（见图 4-22a），混凝土试件通常做成正方体或棱柱体（见图 4-22b）。

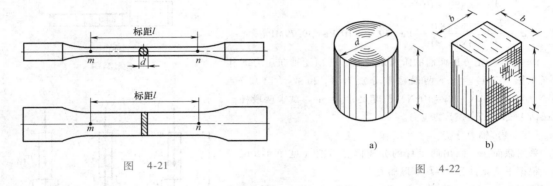

图 4-21

图 4-22

材料的力学性能测定需要在万能试验机上完成。将标准试件夹持在试验机的夹头上，通过试验机驱动夹头的运动将轴向载荷施加到试件上，同时记录所施加载荷的大小与试件的变形量。实验一般在常温下进行。加载方式为静载荷，即载荷值从零开始，缓慢增加，直至所测数值。在室温下，以缓慢平稳的加载方式进行实验，称为**常温静载实验**，是测定材料力学性能的基本实验。

2. 材料拉伸时的力学性能

（1）低碳钢拉伸时的力学性能   低碳钢的含碳量一般不超过 0.25%，是工程中应用最广泛的金属材料。低碳钢在拉伸试验中所表现出的力学性能比较全面、典型地反映了塑性材料的力学性能。为了便于比较不同材料的力学性能，对试件的形状、加工精度、加载速率、实验环境等，均有统一的国家标准[注]。一般金属材料拉伸试验的应变速率在 $0.251 \times 10^{-3}\,\text{s}^{-1} \sim 2.51 \times 10^{-3}\,\text{s}^{-1}$。

低碳钢拉伸实验

用标准试件在万能试验机上可自动绘出拉力 F 和试件标距的伸长量 Δl 的关系曲线，称为试件的**拉伸图**（见图 4-23）。

显然，试件的拉伸曲线不仅与试件的材料有关，而且与试件横截面尺寸及其标距的大小有关。为了消除试件尺寸对拉伸图的影响，将图中纵坐标拉力 F 除以试件的原始横截面面积 A，得**名义正应力** $\sigma = \dfrac{F}{A}$；将横坐标伸长量 Δl 除以试件原始标距 l，得**名义线应变** $\varepsilon = \dfrac{\Delta l}{l}$。

⊖ 中华人民共和国国家标准《金属材料　拉伸试验　第 1 部分：室温试验方法》（GB/T 228.1—2021）。——作者注

坐标变换后的曲线称为**应力-应变图**。低碳钢的应力-应变图如图 4-24 所示。图中显示拉伸过程中低碳钢的应力-应变关系可分为以下四个阶段。

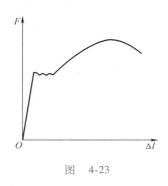

图　4-23

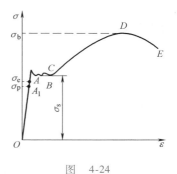

图　4-24

1）弹性阶段。试件在 OA 段的变形完全是**弹性变形**，全部卸除拉力后试件的变形可以完全消失，这一阶段称为**弹性阶段**。此阶段点 A 对应的应力 σ_e 称为材料的**弹性极限**。在弹性阶段内，OA_1 呈直线，表示应力和应变成正比。直线的最高点 A_1 对应的应力 σ_p 称为**比例极限**，σ_e 和 σ_p 数值上很接近，在工程上通常不加严格区分。当材料的应力不超过比例极限时，正应力与线应变成正比，这一范围称为线弹性范围。在线弹性范围内，有

$$\sigma = E\varepsilon \tag{4-16}$$

这个关系一般称为**胡克定律**，用于纪念英国科学家罗伯特·胡克⊖：这里，E 为与材料有关的比例常数，称为**弹性模量**。其量纲与应力相同。常用单位为 GPa（$1\text{GPa} = 10^9\text{Pa}$）。低碳钢的比例极限 $\sigma_p = 200 \sim 210\text{MPa}$，弹性模量 E 约为 200GPa。

2）屈服阶段。当应力超过弹性极限后，应力-应变曲线出现一个水平线段，应力仅有微幅波动，而应变急剧增大，这种现象称为屈服或流动，说明材料此时失去进一步抵抗变形的能力。屈服阶段的最小值——B 点应力，称为**屈服极限**，用 σ_s 表示。对于常见的低碳钢 Q235，$\sigma_s \approx$ 235MPa。

图　4-25

当材料屈服时，在光滑试件表面可观测到一些与轴线约成 45°角的纹线，称为滑移线（见图 4-25）。如前所述，45°斜截面上存在最大切应力，因此，可认为滑移线与最大切应力有关，是材料晶粒间由此产生相互位错所致。在屈服阶段，材料产生显著的塑性变形，这在工程结构中应加以限制，因此屈服极限 σ_s 是低碳钢类材料的一个重要的强度指标。

3）强化阶段。经过屈服阶段后，材料的内部结构得到了重新调整，材料又恢复了抵抗进一步变形的能力，表现为应力-应变曲线自点 C 开始继续上升，直到最高点 D 为止，这一现象称为**应变强化**或硬化。强化阶段中试件的变形主要是塑性变形，试件明显变细。曲线最高点 D 对应的应力称

⊖ 这一比例关系最早由胡克于 1678 年发表在其论文《论弹簧》中。根据老亮考证（见《力学与实践》1987 年第一期），我国东汉经学家郑玄对《考工记·弓人》中"量其力，有三均"的注中，指出弓的变形与加力的关系是："每加物一石，则张一尺"，最早提出了变形与力成正比的关系，在时间上比胡克约早 1500 年。更有人建议将该式称为"郑玄-胡克定律"，但这一说法还存在一定的争议。——作者注

为材料的**强度极限**（即抗拉强度），用 σ_b 表示。对于 Q235 钢，$\sigma_b \approx 375 \sim 460 \text{MPa}$。

4）颈缩阶段。经过点 D 以后，试件的某一局部急剧变细，收缩成颈（见图 4-26），称为**颈缩现象**。由于颈缩部分横截面面积显著减小，试件对变形的抗力也随之降低，应力-应变图呈现下降态势，到 E 点时试件从颈缩处断裂。

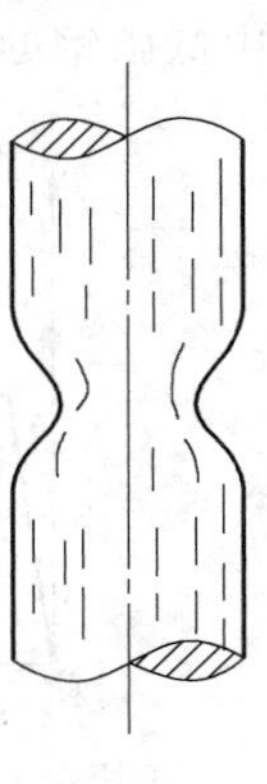

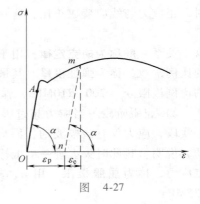

试件断裂时保留了最大的残余变形，可用来衡量材料的**塑性**。塑性是指材料能经历较大塑性变形而不断裂的能力。材料的塑性指标有以下两种。

1）断后伸长率 δ。以试件断裂后的相对伸长率来表示，即

$$\delta = \frac{l_1 - l}{l} \times 100\% \tag{4-17}$$

式中，l 为试件原始标距长度；l_1 为试件断裂后的标距长度。

图 4-26

工程上常按照断后伸长率（简称伸长率）将材料分为两大类：$\delta \geqslant 5\%$ 的材料，称为**塑性材料**或**韧性材料**，如钢、铜、铝、化纤等；$\delta < 5\%$ 的材料，称为**脆性材料**，如铸铁、混凝土、玻璃、陶瓷等。低碳钢的断后伸长率约为 $20\% \sim 30\%$。

2）**断面收缩率** ψ。以试件断裂后横截面面积的相对收缩率来表示，即

$$\psi = \frac{A - A_1}{A} \times 100\% \tag{4-18}$$

式中，A 为试件原始横截面面积；A_1 为断裂后颈缩处的横截面面积。低碳钢的断面收缩率约为 $50\% \sim 60\%$。

若自强化阶段的某一位置（见图 4-27 中的点 m）开始卸载，则应力-应变曲线沿直线 mn 变化，卸载过程 mn 基本上与加载过程 OA 平行，这种卸载时应力与应变所遵循的线性规律，称为**卸载定律**。

完全卸载后试件的残余应变 ε_p 称为塑性应变，随着卸载而消失的应变 ε_e 称为弹性应变。因此，m 点的应变包含了弹性应变 ε_e 和塑性应变 ε_p 两部分，即

$$\varepsilon = \varepsilon_e + \varepsilon_p \tag{4-19}$$

图 4-27

卸载后如果立即重新加载，σ 与 ε 将大致沿直线 nm 上升，到达点 m 后基本遵循原来的 σ-ε 关系。与没有卸载过程的试件相比，经强化阶段卸载后的材料，比例极限有所提高，塑性有所降低。这种不经热处理，通过冷拉以提高材料比例极限的方法，称为**冷作硬化**。冷作硬化有其有利的一面，也有不利的一面。起重钢索和钢筋经过冷作硬化可提高其弹性阶段的承载力，而经过初加工的零件因冷作硬化会给后续加工造成困难。材料经冷作硬化后塑性降低，这可以通过退火处理的工艺来消除。

（2）其他塑性材料拉伸时的力学性能 塑性金属材料并非都能像低碳钢那样在 σ-ε 曲线中显示出明显的四个阶段，但均可产生较大的塑性变形。图 4-28 给出了几种常用的塑性材料在拉伸时的 σ-ε 曲线，将这些曲线与低碳钢的 σ-ε 曲线相比较，可以看出：有些材料（如铝）没有屈服阶段，而其他三个阶段都很明显；另外一些材料（如低合金钢）仅有弹性阶段和强化阶段，而没有屈服阶段和颈缩阶段。但这几种材料都有一个共同的特点，即伸长率 δ 均较大，属于塑性材料。

对于没有明显屈服阶段的塑性材料，按国家标准规定，取其塑性应变为 0.2%时所对应的应力值作为**名义屈服极限**，以 $\sigma_{0.2}$ 表示（见图 4-29）。

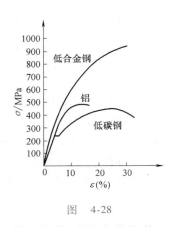

图　4-28

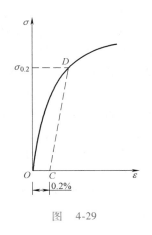

图　4-29

（3）铸铁拉伸时的力学性能　　灰口铸铁是典型的脆性材料，其拉伸时的 $\sigma\text{-}\varepsilon$ 曲线如图 4-30 所示。与低碳钢的 $\sigma\text{-}\varepsilon$ 曲线比较，它具有以下特点：伸长率 δ 很小（$\delta<0.5\%$），没有屈服、强化和颈缩现象，而且即使在低应力下也没有明显的直线段。其强度指标只有抗拉强度 σ_{b}。但由于试件的变形非常微小，在工程计算中通常将原点 O 与 $\sigma_{b}/4$ 处的点 A 连成割线，以割线的斜率来定义铸铁的弹性模量 E，称作**割线弹性模量**。

对于其他脆性材料，如混凝土、砖、石等，也是根据这一原则确定其割线弹性模量的。

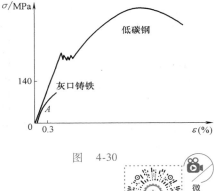

图　4-30

3. 材料压缩时的力学性能

（1）低碳钢压缩时的力学性能　　图 4-31a 所示为低碳钢压缩时的 $\sigma\text{-}\varepsilon$ 图，作为对照，图中以虚线画出拉伸时的 $\sigma\text{-}\varepsilon$ 曲线。比较可见，在屈服阶段以前，两曲线基本重合，拉伸和压缩的弹性模量和屈服极限基本相等。但进入强化阶段后，试件越压越扁，

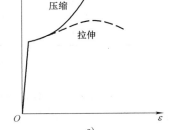

图　4-31

并因端面摩擦作用，最后变为鼓形，如图 4-31b 所示。因为受压面积越来越大，试件不可能发生断裂，因而压缩强度极限无法测定也无意义。通常，钢材的力学性能由拉伸试验确定。

（2）铸铁压缩时的力学性能　脆性材料在压缩时的力学性能与拉伸时有较大区别。图 4-32a 给出了铸铁在拉伸（虚线）和压缩（实线）时的 σ-ε 曲线。比较可见，铸铁在压缩时，抗压强度极限和伸长率 δ 都比拉伸时的大得多。铸铁试件受压破坏形式如图 4-32b 所示，大致沿与试件的轴线成 45°的斜面发生剪切错动而破坏。σ-ε 线最高点的应力值称为抗压强度极限，用 σ_{bc} 表示。图 4-32b 所示的断裂形态也说明铸铁的抗剪能力比抗压能力差。

微课
铸铁压缩

其他脆性材料，如混凝土，被压坏的形式有两种，如图 4-33a、b 所示。当压板与试件端面间不加润滑剂时，由于试件两端面与试验机压板间的摩擦阻力阻碍了试件两端材料的变形，所以试件压坏时是自中间部分开始逐渐剥落而形成两个截锥体（见图 4-33a）；施加润滑剂以后，试件两端面与试验机压板间的摩擦力很小，试件破坏时沿纵向开裂（见图 4-33b）。

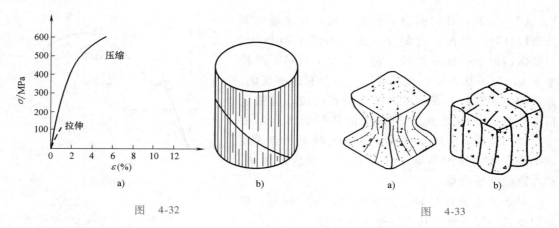

图　4-32　　　　　　　　　　　　　　　　　　图　4-33

表 4-1 列出了部分材料在常温、静载下拉伸和压缩时的力学性能。

表 4-1　部分材料在常温、静载下拉伸和压缩时的力学性能

材料名称	牌号	弹性模量 E/GPa	泊松比 μ	屈服极限 σ_s/MPa	抗拉强度 σ_b/MPa	抗压强度 σ_{bc}/MPa	伸长率 δ_5(%)
低碳钢	Q235	200~210	0.24~0.28	235	400		25~30
低合金钢	Q345	200	0.25~0.30	345			
灰口铸铁		80~150	0.23~0.27		100~300	640~1100	0.5
混凝土		15.2~36			1~3	7~50	
木材		9~12			100	32	

注：表中 δ_5 是指 $l = 5d$ 的标准试件的伸长率。

4. 温度和时间对材料力学性能的影响

前述材料力学性能都是在常温静载条件下测定的。实验表明，不同的温度、加载时间和加载方式下，材料所表现出的力学性能可能有明显的差别。

（1）温度影响　当温度高于室温时，材料的各种力学性能变化比较复杂。大多数材料随着温度的升高，σ_s（或 $\sigma_{0.2}$）和 σ_b 降低，弹性模量也减小，而塑性指标则显著增加，图

4-34 所示为铬锰合金钢在拉伸时的力学性能随温度升高而变化的曲线。个别材料如低碳钢的力学性能在某一温度段上会表现出反常的现象，低碳钢在 260℃ 以前 σ_b 升高，而 δ、ψ 等塑性指标却降低（见图 4-35）。材料力学性能的温度效应总的趋势是：**强度、弹性模量随温度的升高而降低**。因而在高应力下工作时，材料的使用温度需要有一定限制。普通结构钢限制在 400℃ 以下，热强钢限制在 800℃ 左右。2001 年"9·11"事件后，专家对纽约世贸大厦倒塌的原因进行了分析，发现其主要是由于飞机撞击楼层后航空燃油燃烧致使温度高达 1000℃，使得钢结构的强度和刚度指标急剧下降，进而支承不了上部结构的载荷而造成坍塌。

　　在低温情况下，碳钢的弹性极限和强度极限都会提高，但伸长率则相应减小。这表明在低温下，碳钢倾向于变脆。

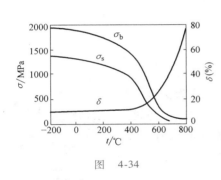

图　4-34

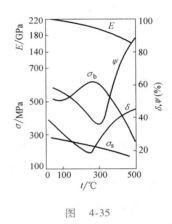

图　4-35

　　（2）高温条件下材料的蠕变与松弛　　在高温下，载荷的长期作用将显著影响材料的力学性能。实验表明，如果低于某一温度界限（对碳钢来说，在 300℃ 以下），载荷虽长期作用，但材料的力学性能并无明显变化。但当超过这一温度界限时，则材料在确定的高应力和温度下，随着时间的延续，变形将缓慢增大，这种现象称为蠕变。蠕变主体是塑性变形。一般金属材料在温度超过 $0.3T_m$（T_m 为金属熔点，用热力学温度表示）时会发生较明显的蠕变变形。某些低熔点的有色金属，如铅等，一些非金属材料如混凝土、岩土、高分子聚合物及以树脂为基体的复合材料等，在常温下就会发生蠕变变形。

　　金属材料典型的蠕变变形如图 4-36 所示。试件的蠕变变形（以 ε 表示）与加载时间 t 间的关系，可分为四个阶段。AB 段蠕变速度 $\dot{\varepsilon} = \dfrac{d\varepsilon}{dt}$ 开始较快，后来逐渐降低，称为不稳定蠕变阶段。BC 段蠕变速度比较稳定，接近常数，称为稳定阶段。CD 段蠕变速度又逐渐增加，称为加速阶段。DE 段蠕变速度急剧增加，使拉伸试件在较短时间内断裂，称为破坏阶段。通常规定构件工作时不允许进入加速阶段。不同材料在不同温度和应力下的蠕变曲线是各不相同的。

　　如果试件的总变形量在固定温度下维持不变，则材料随时间延续产生越来越大的蠕变逐渐取代其初始弹性变形，从而使试件中的应力逐渐降低，这种现象称为**应力松弛**，简称**松弛**。图 4-37 所示为铜在 165℃ 时的应力松弛曲线，初应力为 93.1MPa，维持应变不变，

1000h 后应力降低了一半多。松弛实验表明，在温度保持不变时，初始弹性应变 ε 越大，应力降低的速度越高。如果初始弹性应变相同，则温度越高，应力降低的速度就越大。

蠕变和松弛现象在高温结构中经常会遇到，在应力很高时室温下也会发生，这是工程设计不容忽视的。

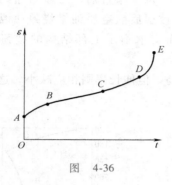

图 4-36

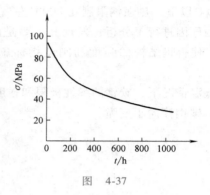

图 4-37

4.4 轴向拉压杆的强度条件

由于材料的力学行为而使构件丧失正常功能的现象，称为**失效**。当杆件中最大应力超过材料的强度极限时，将发生断裂；最大应力超过屈服极限时，则发生屈服破坏。断裂和屈服是强度不足造成的失效现象。使材料丧失工作能力时的应力称为材料的**极限应力**，以符号 σ_u 表示，其值由实验确定。

微课

拉压杆的强度条件例题

在设计构件时，为了保证构件的安全性和可靠性，必须给构件以必要的安全储备，规定构件在载荷作用下最大工作应力小于材料的**许用应力**，许用应力以符号 $[\sigma]$ 表示，即

$$[\sigma] = \frac{\sigma_u}{n} \tag{4-20}$$

式中，n 是一个大于 1 的系数，称为**安全因数**。

确定安全因数时考虑到以下几个方面：①实际载荷超越设计载荷的可能性；②材料实际强度低于标准值的可能性；③计算方法的近似性；④施工、制造和使用时的不利条件的影响等。安全因数的确定涉及工程各个方面，其取值决定结构的可靠性和经济性，在实际结构设计中，可查阅相关规范确定安全因数取值。表 4-2 中列出了几种常用材料的许用应力值。

表 4-2　几种常用材料的许用应力值

材料名称	牌号	许用拉应力/MPa	许用压应力/MPa
低碳钢	Q235	170	170
低合金钢	Q345	230	230
木材		6~10	8~16
灰口铸铁		34~54	160~200

拉压杆要满足强度要求，就必须保证最大工作应力不超过材料的许用应力，即满足如下

的**强度条件**：

$$\sigma_{\max} \leqslant [\sigma] \qquad (4\text{-}21)$$

对于等截面杆，式（4-21）可写成

$$\sigma_{\max} = \frac{F_{N\max}}{A} \leqslant [\sigma] \qquad (4\text{-}22)$$

根据强度条件式（4-21）、式（4-22），可以解决工程实际中有关强度计算的三类问题。

1）强度校核。已知杆件所受的载荷、杆件尺寸及材料的许用应力，根据式（4-21）校核该杆件是否满足强度要求。

2）截面设计。已知杆件所受的载荷及材料的许用应力，可用下式确定杆件所需的最小横截面面积：

$$A \geqslant \frac{F_{N\max}}{[\sigma]} \qquad (4\text{-}23)$$

3）确定许可载荷。已知杆件的横截面面积及材料的许用应力，确定该杆所能承受的最大轴力，其值为

$$F_{N\max} \leqslant [\sigma] A \qquad (4\text{-}24)$$

然后可根据许用轴力计算出许可载荷。

例 4-5　图 4-38a 所示两杆桁架中，钢杆 AB 的许用应力 $[\sigma]_1 = 160\text{MPa}$，横截面面积 $A_1 = 600\text{mm}^2$；木杆 AC 的许用压应力 $[\sigma]_2 = 7\text{MPa}$，横截面面积 $A_2 = 10000\text{mm}^2$。已知载荷 $F = 40\text{kN}$，试校核此结构的强度。

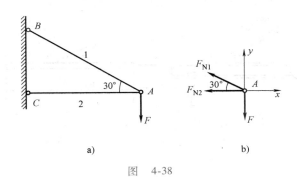

图　4-38

解：（1）两杆内力计算。

两杆均为二力杆，因此内力只有轴力。选节点 A 为研究对象，进行受力分析（见图 4-38b），轴力均假设为拉力。由平衡方程

$$\sum F_y = 0, \quad F_{N1}\sin 30^\circ - F = 0$$

$$F_{N1} = \frac{F}{\sin 30^\circ} = \frac{40\text{kN}}{0.5} = 80\text{kN}$$

$$\sum F_x = 0, \quad -F_{N1}\cos 30^\circ - F_{N2} = 0$$

$$F_{N2} = -F_{N1}\cos 30^\circ = -80\text{kN} \times 0.866 = -69.3\text{kN}(压力)$$

（2）强度校核。

由式（4-22）可得两杆横截面的应力为

AB 杆：$\sigma_1 = \dfrac{F_{N1}}{A_1} = \dfrac{80 \times 10^3}{600 \times 10^{-6}}\text{Pa} = 133 \times 10^6\text{Pa} = 133\text{MPa} < [\sigma]_1$

AC 杆：$\sigma_2 = \dfrac{F_{N2}}{A_2} = \dfrac{69.3 \times 10^3}{10000 \times 10^{-6}}\text{Pa} = 6.93 \times 10^6 \text{Pa} = 6.93\text{MPa} < [\sigma]_2$

因此，两杆均满足强度条件。

例 4-6　图 4-39a 所示结构中，已知载荷 F，AB 和 BC 杆的许用应力分别为 $[\sigma]_1$ 与 $[\sigma]_2$，试确定两杆的横截面面积 A_1 与 A_2。

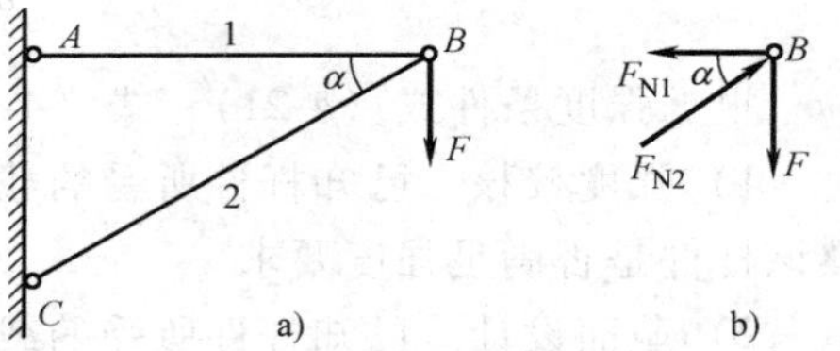

解：（1）轴力计算。

选节点 B 为研究对象，画出受力图（见图 4-39b）。计算各杆的轴力分别为

$$F_{N1} = F\cot\alpha, \qquad F_{N2} = \dfrac{F}{\sin\alpha}$$

（2）计算两杆横截面的应力分别为

$$\sigma_1 = \dfrac{F\cot\alpha}{A_1}, \qquad \sigma_2 = \dfrac{F}{A_2\sin\alpha}$$

（3）确定横截面面积 A_1 与 A_2。

由强度条件，令 $\sigma_1 = [\sigma]_1$，$\sigma_2 = [\sigma]_2$，由上式得

$$A_1 = \dfrac{F\cot\alpha}{[\sigma]_1}, \qquad A_2 = \dfrac{F}{[\sigma]_2\sin\alpha}$$

图　4-39

例 4-7　图 4-40a 所示起重机中滚轮可在横梁 CD 上移动，最大起重量 $F = 20\text{kN}$，斜杆 AB 拟由两根相同的等边角钢组成，许用应力 $[\sigma] = 140\text{MPa}$，试选择角钢型号。

解：当起重机位于 D 点时斜杆 AB 轴力最大，读者可自行分析。选 CD 杆为研究对象，作受力图如图 4-40b 所示。

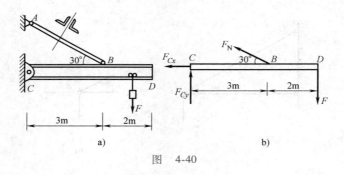

图　4-40

（1）轴力计算。

由平衡方程

$$\sum M_C = 0, \qquad F_N\sin30° \times 3\text{m} - F \times 5\text{m} = 0$$

$$F_N = \dfrac{5F}{3\sin30°} = 66.7\text{kN}（受拉）$$

（2）选择角钢型号。

每根角钢的轴力为 $F_N/2$，由式（4-23）可求出每根角钢的横截面面积

$$A \geqslant \dfrac{F_N}{2[\sigma]} = \dfrac{66.7 \times 10^3}{2 \times 140 \times 10^6}\text{m}^2 = 2.382 \times 10^{-4}\text{m}^2 = 2.382\text{cm}^2$$

由附录 B 型钢表查得 $45\text{mm} \times 45\text{mm} \times 3\text{mm}$ 等边角钢的横截面面积 $A_1 = 2.659\text{cm}^2$，可以满足要求。

例 4-8　图 4-41a 所示结构中，AC、BC 两杆均为钢杆，许用应力为 $[\sigma] = 115\text{MPa}$，横截面面积分别为 $A_1 = 200\text{mm}^2$，$A_2 = 150\text{mm}^2$，节点 C 处悬挂重物 P，试求此结构的许可载荷 $[P]$。

解：（1）轴力计算。

选节点 C 为研究对象，画受力图（见图 4-41b），由平衡方程

$$\sum F_x = 0, \quad -F_{N1}\sin 30° + F_{N2}\sin 45° = 0$$

$$\sum F_y = 0, \quad F_{N1}\cos 30° + F_{N2}\cos 45° - P = 0$$

得 $F_{N1} = 0.732P$（拉），$F_{N2} = 0.518P$（拉）。

（2）求许可载荷 $[P]$。

由 1 杆的强度条件

$$\frac{F_{N1}}{A_1} = \frac{0.732P}{A_1} \leqslant [\sigma]$$

得

$$P \leqslant \frac{[\sigma]A_1}{0.732} = \frac{115 \times 10^6 \times 200 \times 10^{-6}}{0.732} \text{N} = 31.4 \times 10^3 \text{N} = 31.4 \text{kN}$$

由 2 杆的强度条件

$$\frac{F_{N2}}{A_2} = \frac{0.518P}{A_2} \leqslant [\sigma]$$

得

$$P \leqslant \frac{[\sigma]A_2}{0.518} = \frac{115 \times 10^6 \times 150 \times 10^{-6}}{0.518} \text{N} = 33.3 \times 10^3 \text{N} = 33.3 \text{kN}$$

比较后取两者中的较小者：$[P] = 31.4 \text{kN}$。

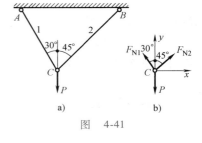

图　4-41

4.5　拉压杆的变形

微课

拉压杆的变形例题

杆件在轴向载荷作用下的主要变形是纵向伸长（或缩短），同时，其横向尺寸也会随之缩小（或增大）。设等直杆原长为 l，横向尺寸为 d，横截面面积为 A。在轴向拉力 F 作用下，长度变为 l_1，横向尺寸变为 d_1（见图 4-42a）。压缩情形如图 4-42b 所示。

杆在轴线方向的伸长量为

$$\Delta l = l_1 - l \tag{a}$$

Δl 可反映杆件的总变形量，但无法衡量其变形程度。对于均匀的变形，变形程度表示为单位长度的伸长量，即线应变，写为

$$\varepsilon = \frac{\Delta l}{l} \tag{b}$$

此外，横截面上的应力为

$$\sigma = \frac{F_N}{A} = \frac{F}{A} \tag{c}$$

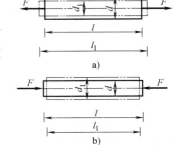

图　4-42

再依据胡克定律 $\sigma = E\varepsilon$，得到

$$\Delta l = \frac{F_N l}{EA} \tag{4-25}$$

式（4-25）为胡克定律的另一种表达形式。EA 的乘积越大，轴向变形越小，所以，EA

反映了此类杆件抵抗变形的能力，称为杆件的**抗拉（压）刚度**。式（4-25）同样适用于杆的轴向压缩变形计算。Δl 的正负号与轴力 F_N 相同，正值表示轴向伸长，负值表示缩短。

由实验知，当杆件受拉（或压）而沿轴向伸长（或缩短）的同时，其横截面的尺寸必伴随有横向缩小（或增大）。图 4-42 所示拉压杆，其横向变形为

$$\Delta d = d_1 - d \tag{4-26}$$

横向线变形与横向原始尺寸之比称为**横向线应变**，以符号 ε' 表示，即

$$\varepsilon' = \frac{\Delta d}{d} \tag{4-27}$$

显然，杆件拉伸时横向尺寸缩小，故 Δd 和 ε' 皆为负值；反之，当杆件压缩时，Δd 和 ε' 皆为正值。

在弹性变形范围内，横向线应变 ε' 与轴向线应变 ε 的比值是一个常数。此比值的绝对值称为泊松比[⊖]，用 μ 来表示，即

$$\mu = \left| \frac{\varepsilon'}{\varepsilon} \right| \tag{4-28}$$

泊松比为量纲为一的量，其值随材料而异，可由实验测定。弹性模量 E 和泊松比 μ 都是表征材料力学性能的常量。表 4-3 中列出了几种常见材料的 E、μ 值。

表 4-3　几种常见材料的弹性模量和泊松比数值

材料	钢与合金钢	铝合金	铸铁	铜及铜合金	混凝土	橡胶
E/GPa	200~220	70~72	80~160	100~120	15.2~36	0.008~0.67
μ	0.25~0.30	0.26~0.34	0.23~0.27	0.33~0.35	0.16~0.18	0.47

例 4-9　等直杆受力如图 4-43a 所示，试求杆的总变形量。

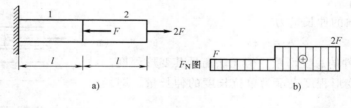

图　4-43

解：（1）画轴力图（见图 4-43b）。

（2）分段计算轴向变形。

第一段：

$$\Delta l_1 = \frac{F_{N1} l}{EA} = \frac{Fl}{EA} \text{（伸长）}$$

第二段：

$$\Delta l_2 = \frac{F_{N2} l}{EA} = \frac{2Fl}{EA} \text{（伸长）}$$

⊖ 按式（4-28）计算得到泊松比值均为正值，但随着科学技术的发展，已经出现了对负泊松比材料的研究问题。具有负泊松比效益的材料在受拉作用时垂直于外力的横截面上发生膨胀，而压缩时该截面则会发生收缩。感兴趣的读者可查阅相关文献。

总变形：
$$\Delta l = \Delta l_1 + \Delta l_2 = \frac{Fl}{EA} + \frac{2Fl}{EA} = \frac{3Fl}{EA}（伸长）$$

例 4-10 图 4-44a 所示杆受集度为 q 的均布载荷作用，试求杆的总伸长量。

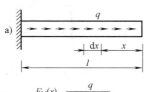

解：（1）轴力计算。

自右向左建立坐标系，由截面法计算 x 截面的轴力（见图 4-44b）。

$$F_N(x) = qx$$

（2）计算微段杆的伸长（见图 4-44c）。

由式（4-25），得

$$\Delta(\mathrm{d}x) = \frac{F_N(x)}{EA}\mathrm{d}x$$

（3）计算总伸长。

利用定积分，得

$$\Delta l = \int_0^l \frac{F_N(x)}{EA}\mathrm{d}x = \frac{1}{EA}\int_0^l F_N(x)\mathrm{d}x = \frac{1}{EA}\int_0^l qx\mathrm{d}x = \frac{ql^2}{2EA}$$

图 4-44

例 4-11 图 4-45a 所示桁架，试确定载荷 F 引起的 BC 杆的变形。已知 $F = 40\text{kN}$，$a = 400\text{mm}$，$b = 300\text{mm}$，$E = 200\text{GPa}$，BC 杆的横截面面积 $A = 150\text{mm}^2$。

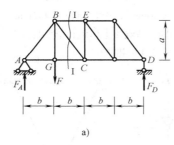 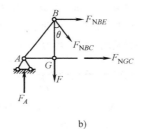

图 4-45

解：（1）求支反力。

以桁架整体为研究对象，假定两支座反力均向上（见图 4-45a），由平衡方程

$$\sum M_D = 0, \quad F \times 3b - F_A \times 4b = 0$$

求得

$$F_A = 0.75F = 30\text{kN}$$

（2）计算杆 BC 的轴力。

用截面法，从 Ⅰ—Ⅰ 处将桁架截开，取左半部分为研究对象，画受力图（见图 4-45b）。

$$\sum F_y = 0, \quad F_A - F - F_{NBC}\cos\theta = 0, \cos\theta = 0.8$$

$$F_{NBC} = -\frac{5}{16}F = -12.5\text{kN}$$

（3）计算 BC 杆的变形。

$$\Delta l_{BC} = \frac{F_{NBC}l_{BC}}{EA} = -\frac{12.5 \times 10^3 \times 500 \times 10^{-3}}{200 \times 10^9 \times 150 \times 10^{-6}}\text{m} = -0.208\text{mm}（缩短）$$

例 4-12 求图 4-46a 所示阶梯状圆截面钢杆的轴向变形，已知钢的弹性模量 $E = 200\text{GPa}$。

解：（1）内力计算，作杆的轴力图（见图 4-46b）。

$$F_{N1} = -40\text{kN}, \quad F_{N2} = 40\text{kN}$$

（2）各杆变形计算。

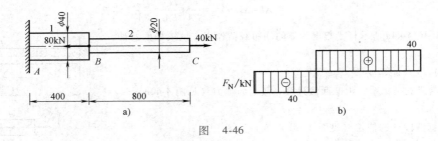

图 4-46

1、2 段的轴力 F_{N1}、F_{N2}，横截面面积 A_1、A_2，长度 l_1、l_2 均不相同，故分别计算两段变形。

AB 段：

$$\Delta l_1 = \frac{F_{N1} l_1}{EA_1} = \frac{-40 \times 10^3 \times 400 \times 10^{-3}}{200 \times 10^9 \times \frac{\pi}{4} \times 40^2 \times 10^{-6}} \text{m} = -0.064 \text{mm}$$

BC 段：

$$\Delta l_2 = \frac{F_{N2} l_2}{EA_2} = \frac{40 \times 10^3 \times 800 \times 10^{-3}}{200 \times 10^9 \times \frac{\pi}{4} \times 20^2 \times 10^{-6}} \text{m} = 0.509 \text{mm}$$

（3）总变形量计算。

$$\Delta l = \Delta l_1 + \Delta l_2 = -0.064 \text{mm} + 0.509 \text{mm} = 0.445 \text{mm}$$

计算结果表明 AB 段缩短 0.064mm，BC 段伸长 0.509mm，全杆伸长 0.445mm。

例 4-13　图 4-47a 所示结构中 AB、AC 两杆完全相同，节点 A 上作用有铅垂载荷 F，设两杆长度 l、横截面积 A_1、弹性模量 E 及杆与铅垂线夹角 α 均为已知，求节点 A 的铅垂位移 w_A。

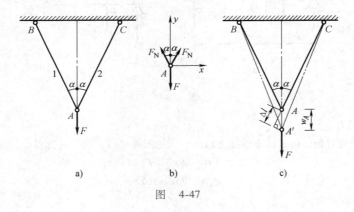

图 4-47

解：（1）轴力计算。

由对称性可知两杆的轴力相同，设两杆的轴力 F_N 为拉力，相应的变形为伸长。以节点 A 为研究对象，画出受力图（见图 4-47b），建立平衡方程求轴力，有

$$\sum F_y = 0, \quad 2F_N \cos\alpha - F = 0, \quad F_N = \frac{F}{2\cos\alpha} \tag{a}$$

（2）各杆的变形计算。

两杆变形相同，由式（4-25）有

$$\Delta l = \frac{F_N l}{EA_1} = \frac{Fl}{2EA_1 \cos\alpha} \tag{b}$$

（3）节点 A 的位移计算。

节点 A 的位移是由两杆的伸长变形引起的，若 A 点位移后的位置为 A′（见图 4-47c），则由变形协调关

系，点 A' 应为分别以点 B、C 为圆心，AB、AC 杆变形后长度为半径画出的圆弧线的交点，但由于变形微小，因而可以近似地用切线代替上述圆弧线，即从两杆伸长后的杆端分别作各杆的垂线，两垂线的交点就是点 A'（见图 4-47c），不难看出

$$w_A = \frac{\Delta l}{\cos\alpha} \tag{c}$$

将式（b）代入式（c）后，节点 A 的位移为

$$w_A = \frac{\Delta l}{\cos\alpha} = \frac{Fl}{2EA_1\cos^2\alpha}$$

结果为正，说明点 A 的位移方向与假设相同，即向下。

4.6　应力集中的概念

　　等截面直杆受轴向拉伸或压缩时，横截面上的应力是均匀分布的。然而，工程构件上往往有圆孔、螺纹、切口、轴肩等局部加工部位。这些部位由于横截面尺寸发生突然变化，受轴向载荷后平面假设不再成立，因而横截面上的应力不再是均匀分布。以图 4-48 所示中间开小孔的受拉薄板为例，在距离圆孔较远的 Ⅰ—Ⅰ 截面，正应力是均匀分布的，记为 σ。但在小孔中心所在的 Ⅱ—Ⅱ 截面上，正应力分布则不均匀，在圆孔附近的局部区域内，应力急剧增加，且孔边处正应力最大。

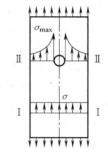

　　这种因构件截面尺寸或外形突然变化而引起的局部应力急剧增大的现象，称为**应力集中**。应力集中的程度用**应力集中因数** K 表示，其定义为

$$K = \frac{\sigma_{max}}{\sigma}$$

图　4-48

式中，σ_{max} 为最大局部应力，σ 为同一截面的名义应力，即不考虑应力集中时的计算应力。实验表明，截面尺寸改变得越急剧、角越尖、孔越小，应力集中的程度就越严重。因此，构件设计和加工中应尽可能避免带尖角的孔和槽，在阶梯轴的轴肩处用圆弧过渡，而且应尽可能使圆弧半径大一些。K 值与构件材料无关，其数值可在有关的工程手册上查到。

　　不同材料对应力集中的敏感程度是不同的，因此工程设计时要区别对待。塑性材料在静载荷作用下对应力集中不很敏感。例如，图 4-49a 所示的开有小孔的低碳钢拉杆，当孔边最大正应力 σ_{max} 达到材料的屈服极限 σ_s 后便停止增长，载荷继续增加只引起该截面附近点的应力增长，直到达到 σ_s 为止，这样塑性区不断扩大（见图 4-49b），直至整个截面全部屈服（见图 4-49c）。由此可见，材料的屈服能够缓和应力集中的作用。因此，对于具有屈服阶段的塑性材料在静载荷作用下可不考虑应力集中的影响。

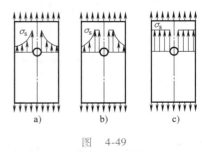

图　4-49

　　对于组织均匀的脆性材料，由于材料没有屈服阶段，所以当载荷不断增加时，最大局部应力 σ_{max} 会不停地增大直至达到材料的强度极限 σ_b 并在该处首先断裂，从而迅速导致整个

截面破坏。应力集中显著地降低了这类构件的承载能力。因此，对这类脆性材料制成的构件必须十分注意应力集中的影响。

对于组织粗糙的脆性材料，如铸铁，其内部本来就存在着大量的片状石墨、杂质和缺陷等，这些都是产生应力集中的主要因素。孔、槽等引起的应力集中并不比它们更严重，因此对构件的承载能力没有明显的影响。这类材料在静载荷作用下可以不必考虑应力集中。

4.7 拉压超静定问题

拉压杆的超静定问题例题

仅用静力平衡方程便能求解结构的全部约束力或内力的问题称为**静定问题**，这类结构称为**静定结构**。在静定结构中，所有的约束或构件都是必需的，缺少任何一个都将使结构失去保持平衡或确定的几何形状的能力。

为了提高结构的强度和刚度，有时需增加一些约束或构件，而这些约束或构件对维持结构平衡来讲是多余的，习惯上称为**多余约束**。由于多余约束的存在，使得单凭静力平衡方程不能解出全部约束力或全部内力，这类问题称为**超静定问题**。这类结构称为**超静定结构**。

1. 拉压超静定问题及解法

与多余约束对应的支反力或内力，称为**多余未知力**。一个结构如果有 n 个多余未知力，则称为 n 次**超静定结构**，n 称为**超静定次数**。显然，超静定次数等于全部未知力数与全部可列独立平衡方程数目之差。求解超静定结构时，除了独立平衡方程之外，还需要依据结构连续性需满足的变形协调条件及变形与内力间的关系，建立 n 个补充方程。本节以简单超静定结构为例来分析如何建立补充方程以求解超静定问题。

图 4-50a 所示两端固定的等直杆，在 C 截面处受到轴向载荷 F 作用。由于外力是轴向载荷，所以支反力沿轴线，分别记为 F_A 和 F_B。方向假设如图 4-50b 所示。由于共线力系只有一个独立平衡方程，而未知反力有两个，因此存在一个多余未知力，是一次超静定结构。为解此题，必须从以下三方面来研究。

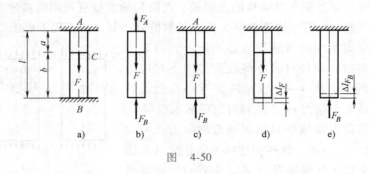

图 4-50

（1）静力平衡方面 由杆的受力图（见图 4-50b），可列出平衡方程

$$\sum F_y = 0, \quad F_A + F_B - F = 0 \tag{a}$$

（2）变形几何方面 本题有一个多余约束，取固定端 B 为多余约束，暂时将它解除，以未知力 F_B 来代替此约束对杆 AB 的作用，则得到基本静定结构（见图 4-50c）。设杆由力

F 引起的伸长量为 Δl_F（见图 4-50d），由 F_B 引起的缩短量为 Δl_{F_B}（见图 4-50e）。但由于 B 端固定，整个杆件的总伸长量为零，故应有下列几何关系成立：

$$\Delta l = \Delta l_F - \Delta l_{F_B} = 0 \tag{b}$$

上述关系是保证结构连续性所满足的变形几何关系，称为变形协调条件，或变形协调方程。每个多余约束都存在相应的变形几何关系，正确找到这些关系是求解超静定问题的关键。

（3）物理方面　如果杆件处于线弹性范围内，则材料服从胡克定律，有

$$\Delta l_F = \frac{Fa}{EA}, \quad \Delta l_{F_B} = \frac{F_B l}{EA} \tag{c}$$

称为物理方程，反映杆件变形和力之间的关系。将式（c）代入式（b），化简得

$$Fa = F_B l \tag{d}$$

即补充方程，表达了多余未知力与已知力之间的关系。

联立解方程（a）和式（d），得支座约束力为

$$F_A = \frac{Fb}{l}, \quad F_B = \frac{Fa}{l} \tag{e}$$

求得约束力 F_A 和 F_B 后，即可用截面法求出 AC 段和 BC 段的轴力分别为

$$\left. \begin{array}{c} F_{NAC} = F_A = \dfrac{Fb}{l} \\[2mm] F_{NBC} = -F_B = -\dfrac{Fa}{l} \end{array} \right\} \tag{f}$$

并可继续按照静定问题进行后续的应力或变形计算。

至此，可以将超静定问题的一般解法总结如下：

1）判断超静定次数 n；

2）根据静力平衡条件列出平衡方程；

3）根据变形与约束条件列出变形几何方程；

4）列出应有的物理方程，通常是胡克定律；

5）将物理方程代入几何方程得到补充方程；

6）联立解平衡方程与补充方程，即可得出全部未知力。

求解 n 次超静定结构需要建立 n 个补充方程，一般要综合静力学条件、几何方程和物理方程三个方面求解。

例 4-14　图 4-51a 所示结构中三杆铰接于点 K，其中 1、2 两杆的长度 l、横截面面积 A、材料弹性模量 E 完全相同，3 杆的横截面面积为 A_3，弹性模量为 E_3。求在铅垂载荷 F 作用下各杆的轴力。

解：取节点 K 为研究对象，进行受力分析如图 4-51b 所示，各杆轴力与载荷组成平面汇交力系，独立平衡方程只有两个，未知力有三个，故该结构为一次超静定结构，需建立一个补充方程。为此，从下列三方面来分析。

（1）静力学方面。

设三杆均受拉力（见图 4-51b），根据对称性，设节点 K 移动到点 K'，如图 4-51c 所示，这时三杆均伸长。

$$\sum F_x = 0, \quad F_{N1} = F_{N2} \tag{a}$$

$$\sum F_y = 0, \quad F_{N1}\cos\alpha + F_{N2}\cos\alpha + F_{N3} - F = 0 \tag{b}$$

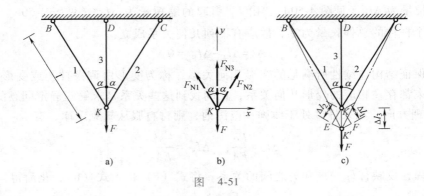

图 4-51

（2）变形几何方面。

设想将三根杆从点 K 拆开，各自伸长 Δl_1、Δl_2、Δl_3 后，应用小变形条件，使三杆端点画出的线段重新交于点 K'（见图 4-51c）。于是几何方程为

$$\Delta l_1 = \Delta l_2 = \Delta l_3 \cos\alpha \tag{c}$$

（3）物理方面。

根据胡克定律，有

$$\Delta l_1 = \frac{F_{N1} l}{EA}, \quad \Delta l_2 = \frac{F_{N2} l}{EA}, \quad \Delta l_3 = \frac{F_{N3} l \cos\alpha}{E_3 A_3} \tag{d}$$

将式（d）代入式（c），得补充方程为

$$F_{N1} = F_{N2} = F_{N3} \frac{EA}{E_3 A_3} \cos^2\alpha \tag{e}$$

（4）求解未知力。

联立式（a）、式（b）、式（e）解得

$$F_{N1} = F_{N2} = \frac{F}{2\cos\alpha + \dfrac{E_3 A_3}{EA\cos^2\alpha}}$$

$$F_{N3} = \frac{F}{1 + 2\dfrac{EA}{E_3 A_3}\cos^3\alpha}$$

结果为正，表明假设正确，三杆轴力均为拉力。

上例结果表明，超静定结构的内力分配与各杆的刚度比有关，刚度大的杆内力也大，这是超静定结构的特点之一。

例 4-15　图 4-52a 所示结构，AB 为水平刚性杆，由两根弹性杆 1、2 固定，已知杆 1、2 的横截面面积均为 A，弹性模量均为 E，试求当杆 AB 受载荷 F 作用时 1、2 两杆的轴力。

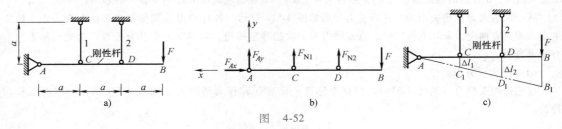

图 4-52

解：（1）静力学方面。

取刚性杆 AB 为研究对象，受力分析，如图 4-52b 所示，设两杆的轴力均为拉力，分别为 F_{N1} 和 F_{N2}。欲求这两个未知力，首先建立平衡方程

$$\sum M_A = 0, \quad F_{N1} \times a + F_{N2} \times 2a - F \times 3a = 0$$

$$F_{N1} + 2F_{N2} = 3F \tag{a}$$

（2）变形几何方面。

刚性杆 AB 在力 F 作用下，将绕点 A 顺时针转动，由此，杆 1 和杆 2 伸长。由于是小变形，可认为 C、D 两点沿铅垂线向下移动到点 C_1 和 D_1。设杆 1 的伸长量为 $CC_1 = \Delta l_1$，杆 2 的伸长量为 $DD_1 = \Delta l_2$，由图 4-52c 可知，几何关系为

$$2\Delta l_1 = \Delta l_2 \tag{b}$$

（3）物理方面。

根据胡克定律，有

$$\Delta l_1 = \frac{F_{N1} a}{EA}, \quad \Delta l_2 = \frac{F_{N2} a}{EA} \tag{c}$$

将式（c）代入式（b），得

$$\frac{2F_{N1} a}{EA} = \frac{F_{N2} a}{EA}$$

$$2F_{N1} = F_{N2} \tag{d}$$

式（d）即为补充方程。

（4）将式（a）与式（d）联立，解得杆 1 和杆 2 的轴力分别为

$$F_{N1} = \frac{3}{5}F, \quad F_{N2} = \frac{6}{5}F$$

2. 装配应力

在构件制造过程中，难免存在微小的误差。对静定结构，这种误差不会引起内力；而对超静定结构，由于多余约束的存在，必须通过某种强制方式才能将其装配，从而引起杆件在未承载时就存在初始内力，相应的应力称为**装配应力**。装配应力是超静定结构的又一特点，它是载荷作用之前构件内已有的应力，是一种**初应力**或**预应力**。

在工程实际中，常利用初应力进行某些构件的装配（例如将轮圈套装在轮毂上），或提高某些构件的承载能力（例如钢筋预应力混凝土的设计和应用）。但是，预应力处理不当也会给工程造成危害。一般装配应力也会对工程结构带来不利影响。

计算装配应力仍需要综合静力学、几何方程和物理关系三方面求解。

例 4-16　在图 4-53a 所示的结构中，杆 3 比设计的长度 l 短一个小量 δ。已知三根杆的材料相同，弹性模量均为 E，横截面面积均为 A。现将此三杆装配在一起，求各杆的装配应力。

解：设装配后三杆交于点 K'，如图 4-53a 所示，杆 3 伸长，杆 1、2 缩短。对应地设杆 3 受拉力，杆 1、2 受压力，三杆轴力组成平面汇交力系如图 4-53b 所示，平衡方程只有两个，未知力为三个，因此是一次超静定问题。

（1）平衡方程。

$$\sum F_x = 0, \quad F_{N1} = F_{N2} \tag{a}$$

$$\sum F_y = 0, \quad F_{N3} - F_{N1}\cos\alpha - F_{N2}\cos\alpha = 0 \tag{b}$$

（2）变形几何方程。

由图 4-53c 可得

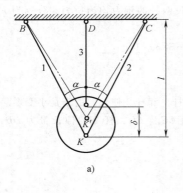 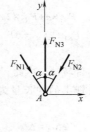 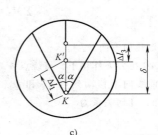

a) b) c)

图 4-53

$$\Delta l_3 + \frac{\Delta l_1}{\cos\alpha} = \delta \qquad (c)$$

（3）物理关系。

当材料服从胡克定律时，

$$\Delta l_1 = \frac{F_{N1} l_1}{EA} = \frac{F_{N1} l}{EA\cos\alpha}, \quad \Delta l_3 = \frac{F_{N3} l}{EA} \qquad (d)$$

将式（d）代入式（c），得补充方程为

$$\frac{F_{N3} l}{EA} + \frac{F_{N1} l}{EA\cos^2\alpha} = \delta \qquad (e)$$

（4）求解未知力。

联立解式（a）、式（b）、式（e），得

$$F_{N1} = F_{N2} = \frac{\delta EA\cos^2\alpha}{l(1+2\cos^3\alpha)} （压力）, \quad F_{N3} = \frac{2\delta EA\cos^3\alpha}{l(1+2\cos^3\alpha)} （拉力）$$

结果为正，表明假设正确，即杆 1、2 受压力，杆 3 受拉力。

（5）求装配应力。

各杆横截面上的应力为

$$\sigma_1 = \sigma_2 = \frac{F_{N1}}{A} = \frac{\delta E\cos^2\alpha}{l(1+2\cos^3\alpha)} （压应力）, \quad \sigma_3 = \frac{F_{N3}}{A} = \frac{2\delta E\cos^3\alpha}{l(1+2\cos^3\alpha)} （拉应力）$$

如果 $\frac{\delta}{l} = 0.001$，$E = 200\text{GPa}$，$\alpha = 30°$，那么由上式可以计算出 $\sigma_1 = \sigma_2 = 65.2\text{MPa}$（压），$\sigma_3 = 113\text{MPa}$（拉），可见微小的制造误差能够引起很大的装配应力。

---

3. 温度应力

环境温度的变化会引起杆件伸长或缩短。设杆件原长为 l，材料的线膨胀系数为 α，则当温度变化 ΔT 时，杆长的改变量为

$$\Delta l_T = \alpha l \Delta T \qquad (4-29)$$

对静定结构，如图 4-54 所示，杆件可以自由变形，因此温度改变不会在杆件中引起应力。对超静定结构，如图 4-55 所示，因多余约束限制了杆件的变形，所以温度改变会在杆内引起应力，这种因温度变化而引起的应力，称为**温度应力**，

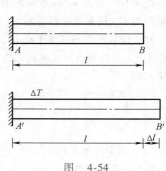

图 4-54

或热应力，对应的内力称**温度内力**。

例 4-17 图 4-55a 所示两端固定等直杆 AB，长度为 l，横截面面积为 A，材料的弹性模量为 E，线膨胀系数为 α，求温度均匀改变 ΔT 后杆内应力。

解：（1）变形几何方程。

引起该杆件变形的因素有两个，一个是温度变化，另一个是温度内力，它们引起的变形分别记为 Δl_T、Δl_F（见图 4-55b、c）。杆的两端固定，因此杆长始终不变，即

$$\Delta l = \Delta l_T + \Delta l_F = 0 \tag{a}$$

（2）物理方程。

$$\Delta l_T = \alpha l \Delta T, \quad \Delta l_F = \frac{F_N l}{EA} \tag{b}$$

式中，F_N 为温度内力。

（3）温度应力。

将式（b）代入式（a），得

$$\Delta l = \Delta l_T + \Delta l_F = \alpha l \Delta T + \frac{F_N l}{EA} = 0$$

解得横截面上的温度应力为

$$\sigma = \frac{F_N}{A} = -\alpha E \Delta T$$

图 4-55

负号表示温度应力与 ΔT 相反，如温度升高时温度应力为压应力。

若此杆是钢杆，$\alpha = 1.2 \times 10^{-5} \mathrm{K}^{-1}$，$E = 210\mathrm{GPa}$，当温度升高 $\Delta T = 40℃$，可求得杆内温度应力为 $\sigma = 100.8\mathrm{MPa}$，可见环境温度变化较大的超静定结构，其温度应力是不容忽视的。

例 4-18 图 4-56a 中 OB 为一刚性杆，1、2 两杆长度均为 l，拉压刚度均为 EA，线膨胀系数为 α，试求当环境温度均匀升高 ΔT 时 1、2 两杆的内力。

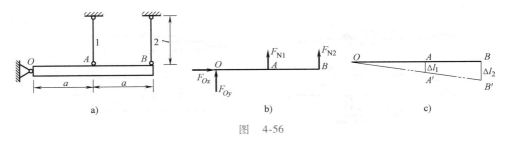

图 4-56

解：设 OB 移动到 OB' 位置，这相当于两杆都伸长，伸长量分别用 Δl_1、Δl_2 表示，对应的两杆轴力为拉力，如图 4-56b 所示。

（1）平衡方程。

$$\sum M_O = 0, \quad F_{N1} a + 2F_{N2} a = 0 \tag{a}$$

（2）几何方程。

$$\Delta l_2 = 2\Delta l_1 \tag{b}$$

（3）物理方程。

$$\Delta l_1 = \frac{F_{N1} l}{EA} + \alpha l \Delta T, \quad \Delta l_2 = \frac{F_{N2} l}{EA} + \alpha l \Delta T \tag{c}$$

将式（c）代入式（b），得补充方程为

$$F_{N2} - 2F_{N1} = EA\alpha\Delta T \tag{d}$$

（4）求各杆的温度内力。

联立求解式（a）、式（d），得

$$F_{N1} = -\frac{2}{5}EA\alpha\Delta T（压力），\quad F_{N2} = \frac{1}{5}EA\alpha\Delta T（拉力）$$

F_{N1} 为负值，说明 1 杆内力与假设相反，实为压力。

4.8 剪切和挤压的实用计算

剪切与挤压的
实用计算例题

在实际工程中，一些构件通过某些元件相互连接组成结构，这些元件称为**连接件**，如螺栓、销钉、键块、焊缝和铆钉等，如图 4-57 所示。剪切破坏和挤压破坏是连接件的主要破坏形式。由于被连接件的开孔处受到削弱，因此，连接强度计算应包括连接件和被连接件两部分。

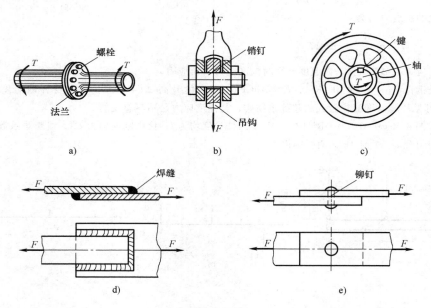

图 4-57

应当指出，连接件一般为非细长构件，在外力作用下，除产生剪切变形外，还伴有其他形式的变形，其应力分布复杂，精确的分析难度大且不实用。工程中为了便于应用，在直接实验的基础上，提出了简化的计算方法，称为**实用计算法**。

1. 剪切的实用计算

现以铆钉连接为例，介绍相关概念与计算方法。图 4-58a 表示两块钢板由铆钉连接。当钢板受拉力 F 作用后，铆钉的受力如图 4-58b 所示，两侧面上受到的分布力的合力是大小相等、方向相反、作用线不在一条直线上，但相距很近的一对力，铆钉沿着剪切面发生相对错动。

为了研究铆钉在剪切面处的应力，首先求出剪切面上的内力。采用截面法，假想用一截面在 m—m 处将铆钉截为两段，并取下段为研究对象（见图4-59a）。该部分受外力 F 作用，设 m—m 面上的内力为 F_S，沿截面作用。根据平衡方程

$$\sum F_x = 0, \quad F - F_S = 0$$

得

$$F_S = F$$

图 4-58

在剪切面上的切向内力 F_S，称为剪力。与剪力相对应的应力为切应力 τ（见图4-59b）。采用实用计算法，即只考虑主要内力 F_S，忽略其他次要因素，并假定切应力在剪切面上均匀分布。铆钉剪切面上的计算切应力，或名义切应力为

$$\tau = \frac{F_S}{A} \tag{4-30}$$

式中，F_S 为剪切面上的剪力；A 为剪切面面积。切应力 τ 的方向与剪力 F_S 相同。式（4-30）也适用于其他连接构件切应力的计算。

基于剪切破坏试验，可建立剪切强度条件。剪切试验装置的简图如图4-60a所示。由于剪切面有两个，故称双剪试验。施加外力将试件剪断（见图4-60b），剪断时的力 F_b 除以剪切面面积 $2A$，得剪切强度极限 τ_b 的平均值，即

$$\tau_b = \frac{F_b}{2A}$$

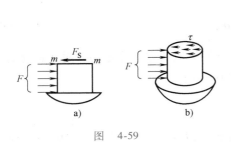

图 4-59

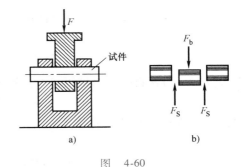

图 4-60

适当地考虑安全因数 n，即得到许用切应力为

$$[\tau] = \frac{\tau_b}{n} \tag{4-31}$$

与轴向拉伸和压缩的强度条件形式相似，连接件的剪切强度条件为

$$\tau = \frac{F_S}{A} \leqslant [\tau] \tag{4-32}$$

其中，许用切应力的数值，可查阅相关设计规范，或根据实验结果，按钢材的许用正应力 $[\sigma]$ 来估计：

$$[\tau] = (0.6 \sim 0.8)[\sigma] \tag{4-33}$$

2. 挤压的实用计算

挤压应力是指连接件与被连接件之间直接接触面上的局部应力。图 4-61 所示为铆接接头中的铆钉与孔在挤压下的塑性变形，孔边被挤压后可能出现褶皱（见图 4-61a），铆钉被挤压后可能变扁（见图 4-61b），因而使连接松动，导致破坏。

两接触面上的正压力称为挤压力，用 F_{bs} 表示。其接触面称为挤压面，用 A_{bs} 表示。挤压面上产生的挤压应力，用 σ_{bs} 表示。在承压面上，尤其是非平面情况，挤压应力的分布比较复杂。例如，铆钉受挤压时，承压面为半圆柱面，挤压应力 σ_{bs} 的大致分布情况如图 4-62a 所示，其中 σ_{bsmax} 为最大挤压应力。

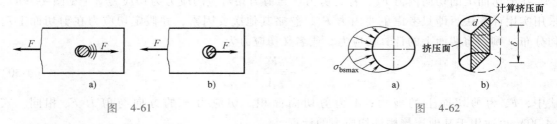

图　4-61　　　　　　　　　　　　　图　4-62

为了简化计算，在实用计算中取承压面在直径平面上的投影面积 A_{bs}^* 为计算挤压面面积（见图 4-62b），则相应的挤压应力

$$\sigma_{bs} = \frac{F_{bs}}{A_{bs}^*} \tag{4-34}$$

图 4-62 中，A_{bs}^* 为板厚 δ 与钉孔直径 d 的乘积，即

$$A_{bs}^* = \delta d$$

在式（4-34）的基础上，结合许用应力，即可建立挤压强度条件

$$\sigma_{bs} = \frac{F_{bs}}{A_{bs}^*} \leqslant [\sigma_{bs}] \tag{4-35}$$

式中，$[\sigma_{bs}]$ 为材料的许用挤压应力，是采用与 $[\tau]$ 类似的方法确定的。对于钢材有

$$[\sigma_{bs}] = (1.7 \sim 2.0)[\sigma]$$

式中，$[\sigma]$ 为钢材的许用正应力。

例 4-19 某接头部分的销钉如图 4-63 所示，已知连接处的受力 $F = 100\text{kN}$，几何尺寸为 $D = 45\text{mm}$，$d_1 = 32\text{mm}$，$d_2 = 34\text{mm}$，$\delta = 12\text{mm}$。试计算销钉的切应力 τ 和挤压应力 σ_{bs}。

解： 首先进行内力分析，然后分析剪切面和挤压面。这是一个共线力系，有 $F_S = F_{bs} = F$。

（1）销钉的剪切面是个圆柱面，其面积为

$$A = \pi d_1 \delta = \pi \times 32\text{mm} \times 12\text{mm} = 1206\text{mm}^2$$

（2）销钉的挤压面是个圆环，其面积为

$$A_{bs}^* = \frac{\pi}{4}(D^2 - d_2^2) = \frac{\pi}{4} \times (45^2\text{mm}^2 - 34^2\text{mm}^2) = 683\text{mm}^2$$

（3）销钉的切应力和挤压应力分别为

$$\tau = \frac{F_S}{A} = \frac{100 \times 10^3}{1206 \times 10^{-6}}\text{Pa} = 82.9 \times 10^6\text{Pa} = 82.9\text{MPa}$$

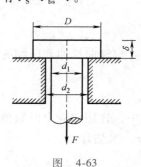

图　4-63

$$\sigma_{bs} = \frac{F_{bs}}{A_{bs}^*} = \frac{100 \times 10^3}{683 \times 10^{-6}} Pa = 146.4 \times 10^6 Pa = 146.4 MPa$$

例 4-20 某起重机吊具中的吊钩与吊板通过销轴连接，如图 4-64a 所示，起吊力为 F。已知：$F = 40kN$，销轴直径 $d = 22mm$，吊钩厚度 $\delta = 20mm$。销轴许用应力 $[\tau] = 60MPa$，$[\sigma_{bs}] = 120MPa$。试校核该销轴的强度。

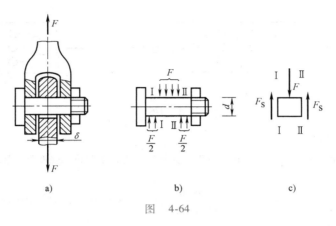

图 4-64

解：（1）剪切强度校核。

销轴的受力情况如图 4-64b 所示，剪切面为 Ⅰ—Ⅰ 和 Ⅱ—Ⅱ。截取两截面间的部分作为研究对象（见图 4-64c），两剪切面上的剪力为

$$F_S = \frac{F}{2}$$

应用式（4-30），将有关数据代入，得

$$\tau = \frac{F_S}{A} = \frac{F}{2A} = \frac{F}{2 \times \frac{\pi d^2}{4}} = \frac{40 \times 10^3}{2 \times \frac{3.14}{4} \times 22^2 \times 10^{-6}} Pa = 52.6 \times 10^6 Pa = 52.6 MPa < [\tau]$$

（2）挤压强度校核。

销轴与吊钩及吊板均有接触，所以其上、下两个面为挤压面。设两板的厚度之和比吊钩厚度大，则只校核销轴与吊钩之间的挤压应力即可。

由式（4-34）得

$$\sigma_{bs} = \frac{F_{bs}}{A_{bs}^*} = \frac{F}{\delta d} = \frac{40 \times 10^3}{20 \times 22 \times 10^{-6}} Pa = 90.9 \times 10^6 Pa = 90.9 MPa < [\sigma_{bs}]$$

所以，该销轴满足强度要求。

例 4-21 钢板拼接采用相同材料的两块盖板和铆钉群连接，如图 4-65a 所示。图上尺寸单位为 mm。已知铆钉的许用应力 $[\tau] = 120MPa$，$[\sigma_{bs}] = 300MPa$，钢板的许用应力 $[\sigma] = 170MPa$，试校核此接头的强度。

解：（1）校核铆钉的剪切强度。

研究表明，当铆钉群连接区域沿传力方向的尺寸不超过一定长度，各铆钉直径相同，材料相同，且沿轴线对称分布时，各铆钉的受力差别不大，可以假定每个铆钉的受力相同。连接的每一侧共有 10 个剪切面（见图 4-65b），按照剪切强度条件计算：

$$\tau = \frac{F_S}{A} = \frac{\frac{F}{5 \times 2}}{A} = \frac{200 \times 10^3}{10 \times \frac{\pi \times 16^2 \times 10^{-6}}{4}} Pa = 99.5 \times 10^6 Pa = 99.5 MPa < [\tau]$$

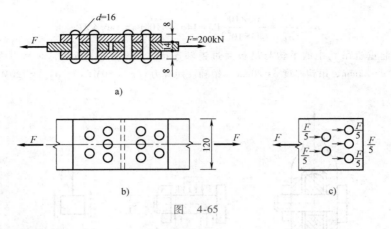

图 4-65

（2）校核铆钉的挤压强度。

考虑铆钉与被连接钢板的接触面，该处具有最大挤压应力，按照挤压强度条件计算：

$$\sigma_{bs} = \frac{F_{bs}}{A_{bs}^*} = \frac{\frac{F}{5}}{A_{bs}^*} = \frac{F}{5\delta d} = \frac{200 \times 10^3}{5 \times 14 \times 16 \times 10^{-6}} Pa = 178.6 \times 10^6 Pa = 178.6 MPa < [\sigma_{bs}]$$

（3）校核钢板的抗拉强度。

首先进行钢板的内力分析，画出接头一侧钢板的受力图（见图 4-65c），钢板有两个截面分别被两个和三个铆钉孔削弱，根据分析，这两个截面的轴力分别为 F 和 $\frac{3}{5}F$，其截面面积分别为 A' 和 A''，按照抗拉强度条件进行计算。

第一排孔处：

$$\sigma = \frac{F}{A'} = \frac{200 \times 10^3}{(120 - 2 \times 16) \times 14 \times 10^{-6}} Pa = 162.3 \times 10^6 Pa = 162.3 MPa < [\sigma]$$

第二排孔处：

$$\sigma = \frac{3F/5}{A''} = \frac{3 \times 200 \times 10^3 / 5}{(120 - 3 \times 16) \times 14 \times 10^{-6}} Pa = 119.1 \times 10^6 Pa = 119.1 MPa < [\sigma]$$

综合以上分析，该接头满足强度要求。

例 4-22 图 4-66a 所示带轮与轴用平键连接，轴的直径 $d = 80$mm，键长 $l = 100$mm，宽 $b = 10$mm，高 $h = 20$mm，材料的许用应力 $[\tau] = 60$MPa，$[\sigma_{bs}] = 100$MPa。当传递的扭转力偶矩 $M_e = 2$kN·m 时，试校核该键的连接强度。

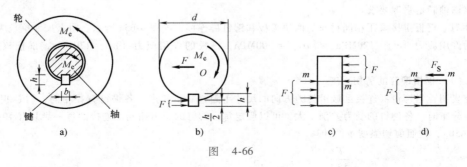

图 4-66

解：（1）键的剪切强度校核。

取轴和平键为研究对象，做受力分析（见图 4-66b），求出外力 F。

$$\sum M_O = 0, \quad F \cdot \frac{d}{2} - M_e = 0$$

$$F = \frac{2M_e}{d} = \frac{2 \times 2}{80 \times 10^{-3}} \text{kN} = 50 \text{kN}$$

再取平键为研究对象，受力如图 4-66c 所示，剪切面 m—m 上的剪力、切应力分别为

$$F_S = F = 50 \text{kN}$$

$$\tau = \frac{F_S}{A} = \frac{F}{bl} = \frac{50 \times 10^3}{10 \times 100 \times 10^{-6}} \text{Pa} = 50 \times 10^6 \text{Pa} = 50 \text{MPa} < [\tau]$$

（2）键的挤压强度校核。

由图 4-66d，可求得键受到的挤压力为 $F_{bs} = F = 2M_e/d$，键的挤压面为平面，挤压面面积为 $A_{bs}^* = lh/2$，所以挤压应力为

$$50 \text{MPa} < [\sigma_{bs}]$$

因此，键满足强度要求。

 习 题

4-1   混凝土圆柱两端受压力而破坏，此时高度方向的平均线应变为 -1200×10^{-6}，若圆柱高度为 400mm，试求破坏前圆柱缩短了多少。

4-2   试计算图 4-67 所示结构 m—m 截面上的各内力分量。

4-3   减振机构如图 4-68 所示，若已知刚性臂向下移位了 0.01mm，试求橡皮的平均切应变。

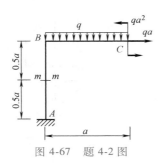
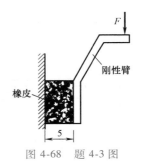

图 4-67   题 4-2 图   图 4-68   题 4-3 图

4-4   从某构件中的三点 A、B、C 取出的微块如图 4-69 所示。受力前后的微块分别用实线和虚线表示，试求各点的切应变。

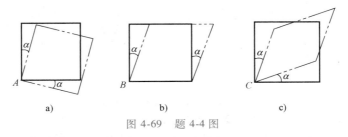

a)   b)   c)

图 4-69   题 4-4 图

4-5   如图 4-70 所示均质矩形薄板，A 点在 AB、AC 面上的平均切应变为 1000×10^{-6}。虚线表示变形后的形状。试求 B 点的水平线位移 BB' 为多少。

4-6   图 4-71 所示三角形薄板 ABC 受力变形后，B 点垂直向上位移 0.03mm，AB'、B'C 仍保持为直线

（虚线）。试求：（1）沿 OB 方向的平均线应变；（2）沿 CB 方向的平均线应变；（3）B 点沿 AB、BC 的切应变。

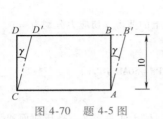

图 4-70　题 4-5 图

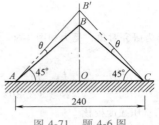

图 4-71　题 4-6 图

4-7　试求图 4-72 所示各杆 1—1、2—2、3—3 截面上的轴力，并作轴力图。

4-8　图 4-73 所示钢筋混凝土柱长 $l=4m$，正方形截面边长 $a=400mm$，单位体积的重量 $\gamma=24kN/m^3$，在四分之三柱高处作用集中力 $F=20kN$。考虑自重，试求 1—1、2—2 截面的轴力并作轴力图。

4-9　如图 4-74 所示，试指出该阶梯状直杆的危险截面位置、计算相应的轴力及危险截面上的应力。已知各段横截面面积分别为 $A_1=400mm^2$，$A_2=300mm^2$，$A_3=150mm^2$。

4-10　图 4-75 所示直杆中间部分开有对称于轴线的矩形槽，两端受拉力 F 作用，图中尺寸单位为 mm。试计算杆内最大正应力。

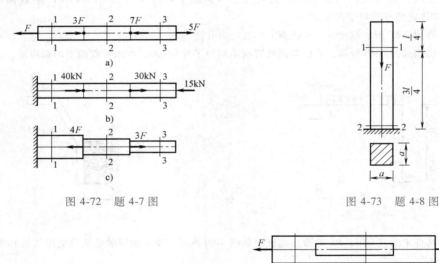

图 4-72　题 4-7 图

图 4-73　题 4-8 图

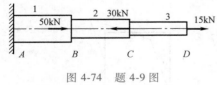

图 4-74　题 4-9 图

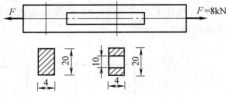

图 4-75　题 4-10 图

4-11　如图 4-76 所示，石砌承重柱高 $h=8m$，横截面为矩形，边长分别为 3m、4m。集中载荷 $F=1000kN$，石柱单位体积的重量 $\gamma=23kN/m^3$。试求石柱底部横截面上的应力。

4-12　图 4-77 所示结构中的两根截面为 $100mm\times100mm$ 的木柱，分别受到由横梁传来的外力作用。不计自重，试求两柱上、中、下三段横截面上的应力。

4-13　如图 4-78 所示，油缸内直径 $D=75mm$，活塞杆直径 $d=18mm$，许用应力 $[\sigma]=50MPa$，若油缸内最大工作压力 $p=2MPa$，试校核活塞杆的强度。

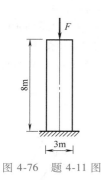

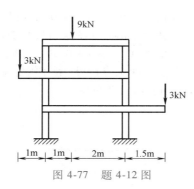

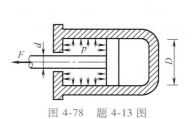

图 4-76　题 4-11 图　　　　　图 4-77　题 4-12 图　　　　　图 4-78　题 4-13 图

4-14　托架受力如图 4-79 所示。其中 AB 为圆截面钢杆，许用应力 $[\sigma]_1 = 160\mathrm{MPa}$；AC 为正方形截面木杆，许用压应力 $[\sigma]_2 = 4\mathrm{MPa}$。试按强度条件设计钢杆的直径和木杆的边长。

4-15　图 4-80 所示三角架 ABC 由 AC 和 BC 两杆组成。杆 AC 由两根型号为 12.6 的槽钢组成，许用应力为 $[\sigma]_1 = 160\mathrm{MPa}$；杆 BC 为一根型号为 22a 的工字钢，许用应力为 $[\sigma]_2 = 100\mathrm{MPa}$。求载荷 F 的许用值。

4-16　图 4-81 所示等截面圆杆直径 $d = 10\mathrm{mm}$，材料的弹性模量 $E = 200\mathrm{GPa}$。试求杆端 A 的水平位移。

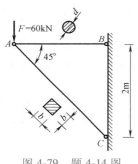

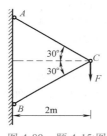

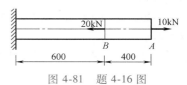

图 4-79　题 4-14 图　　　　　图 4-80　题 4-15 图　　　　　图 4-81　题 4-16 图

4-17　某阶梯状钢杆如图 4-82 所示，材料的弹性模量 $E = 200\mathrm{GPa}$。试求杆横截面上的最大正应力和杆的总伸长量。

4-18　直径 $d = 16\mathrm{mm}$ 的圆截面杆，长 $l = 1.5\mathrm{m}$，承受轴向拉力 $F = 30\mathrm{kN}$ 作用，测得杆的弹性变形总伸长 $\Delta l = 1.1\mathrm{mm}$，试求杆材料的弹性模量 E。

4-19　矩形截面试件尺寸如图 4-83 所示，在轴向拉力 $F = 20\mathrm{kN}$ 作用下发生弹性变形。测得截面高度 h 缩小了 0.005mm，长度增加了 1mm，试求杆件材料的弹性模量 E 和泊松比 μ。

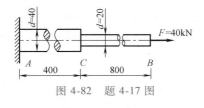

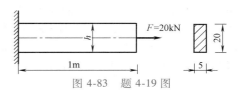

图 4-82　题 4-17 图　　　　　　　　图 4-83　题 4-19 图

4-20　由钢和铜两种材料组成的阶梯状直杆如图 4-84 所示，已知钢和铜的弹性模量分别为 $E_1 = 200\mathrm{GPa}$，$E_2 = 100\mathrm{GPa}$，横截面面积之比为 2：1。若杆的弹性变形总伸长 $\Delta l = 0.68\mathrm{mm}$，试求载荷 F 及杆内最大正应力。

4-21　电子秤的传感器主体为一圆筒，如图 4-85 所示。

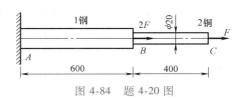

图 4-84　题 4-20 图

已知弹性模量 $E=200$GPa，若测得筒壁轴向线应变 $\varepsilon=-49.8\times10^{-6}$，试求相应的轴向载荷 F。

4-22 图 4-86 所示结构中 AB、AC 两杆材料相同，横截面面积 $A=200$mm^2，弹性模量 $E=200$GPa。今测得弹性变形后两杆纵向线应变分别为 $\varepsilon_1=2.0\times10^{-4}$，$\varepsilon_2=4.0\times10^{-4}$，试求载荷 F 及其方位角 θ。

4-23 图 4-87 所示结构 AB、AC 两杆长度相同，均为 l，拉压刚度分别为 $2EA$ 和 EA，试求当角度 θ 为何值时，节点 A 在载荷 F 的作用下只产生向右的水平位移。

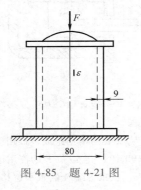

图 4-85 题 4-21 图

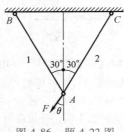

图 4-86 题 4-22 图

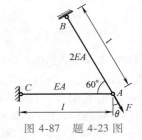

图 4-87 题 4-23 图

4-24 正方形平面桁架中五根杆的抗拉（压）刚度相同，均为 EA，杆 1～4 的长度相同，均为 l，在图 4-88 所示节点载荷作用下试求 A、C 两点的相对线位移。

4-25 图 4-89 所示结构中 AB 为刚性杆，两杆材料相同，许用应力 $[\sigma]=170$MPa，弹性模量 $E=210$GPa；二杆均为圆截面杆，直径分别为 $d_1=25$mm，$d_2=18$mm。（1）试校核两杆的强度；（2）求刚性杆上力作用点 G 的铅垂位移。

4-26 图 4-90 所示结构中杆 AB 的重量及变形可忽略不计。钢杆 1 和铜杆 2 均为圆截面杆，直径分别 $d_1=20$mm，$d_2=25$mm，弹性模量分别为 $E_1=200$GPa，$E_2=100$GPa。试求：（1）使杆 AB 保持水平状态时载荷 F 的位置 x；（2）若此时 $F=30$kN，分别求两杆横截面上的正应力。

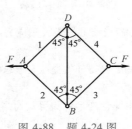

图 4-88 题 4-24 图

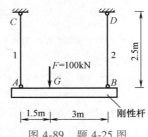

图 4-89 题 4-25 图

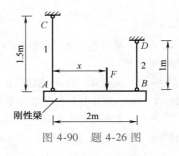

图 4-90 题 4-26 图

4-27 气缸结构如图 4-91 所示。已知活塞杆直径 $d=80$mm，材料的屈服极限 $\sigma_s=240$MPa。气缸内直径 $D=350$mm，内压 $p=1.5$MPa。气缸盖与气缸的连接用螺栓直径 $d_1=20$mm，许用应力 $[\sigma]=60$MPa。试求：（1）活塞杆强度的安全因数 n；（2）气缸盖与气缸体单侧连接所需的螺栓个数 N。

4-28 刚性梁 AB 由三根相同的弹性杆悬吊，受力如图 4-92 所示。若尺寸 a、l，力 F，弹性模量 E 和横

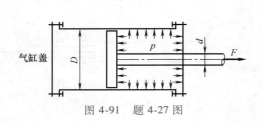

图 4-91 题 4-27 图

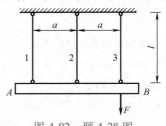

图 4-92 题 4-28 图

截面面积 A 均为已知，试求三杆的轴力。

4-29 图 4-93 所示两块钢板由一个螺栓连接。已知螺栓直径 $d = 24$mm，每块板的厚度 $\delta = 12$mm，拉力 $F = 27$kN，螺栓许用切应力 $[\tau] = 60$MPa，许用挤压应力 $[\sigma_{bs}] = 120$MPa。试校核螺栓强度。

4-30 图 4-94 所示为一横截面为正方形的混凝土柱，其边长 $a = 200$mm，竖立在边长为 $l = 1$m 的正方形混凝土基础板上，柱顶承受轴向压力 $F = 100$kN。如果地基对混凝土板的支承约束力是均匀分布的，混凝土的许用切应力为 $[\tau] = 1.5$MPa。试确定混凝土板的最小厚度 δ。

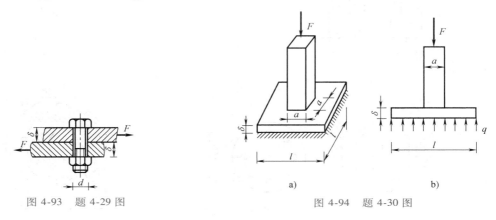

图 4-93 题 4-29 图　　　　　　　图 4-94 题 4-30 图

4-31 一带肩杆件如图 4-95 所示，已知直径 $D = 200$mm，$d = 100$mm，$\delta = 35$mm。若杆件材料的许用切应力 $[\tau] = 100$MPa，许用挤压应力 $[\sigma_{bs}] = 320$MPa，被连接件材料的许用拉应力 $[\sigma] = 160$MPa。试求许可载荷 $[F]$。

4-32 图 4-96 所示一铆接接头，已知钢板宽 $b = 200$mm，主板厚 $\delta_1 = 20$mm，盖板厚 $\delta_2 = 12$mm。铆钉直径 $d = 30$mm，接头受拉力 $F = 400$kN。试计算：（1）铆钉切应力 τ 值；（2）铆钉与板之间的挤压应力 σ_{bs} 值；（3）板的最大拉应力 σ_{max} 值。

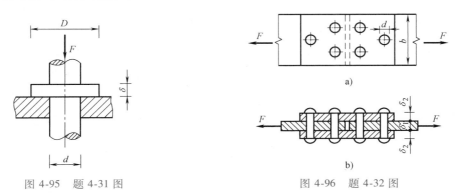

图 4-95 题 4-31 图　　　　　　　图 4-96 题 4-32 图

4-33 图 4-97 所示冲床的冲头，在力 F 作用下冲剪钢板。设板厚 $\delta = 10$mm。板材料的剪切强度极限 $\tau_b = 360$MPa。试计算冲剪一个直径 $d = 20$mm 的圆孔所需的冲力 F。

4-34 图 4-98 所示齿轮与传动轴用平键连接，已知轴的直径 $d = 80$mm，键长 $l = 50$mm，宽 $b = 20$mm，$h = 12$mm，$h' = 7$mm，材料的许用切应力 $[\tau] = 60$MPa，许用挤压应力 $[\sigma_{bs}] = 100$MPa，试确定此键所能传递的最大扭转力偶矩 M_e。

4-35 图 4-99 所示联轴器传递的力偶矩 $M_e = 50$kN·m，用八个分布于直径 $D = 450$mm 的圆周上的螺栓连接，若螺栓的许用切应力 $[\tau] = 80$MPa，试求螺栓的直径 d。

4-36 图 4-100 所示机床花键轴的截面有八个齿，轴与轮毂的配合长度 $l = 50$mm，靠花键侧面传递的力

偶矩 $M_e = 3.5\text{kN·m}$，花键材料的许用挤压应力为 $[\sigma_{bs}] = 140\text{MPa}$，试校核该花键的挤压强度。

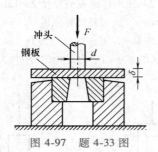

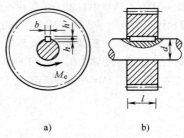

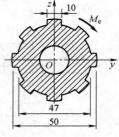

图 4-97　题 4-33 图

a)　　　　　b)

图 4-98　题 4-34 图

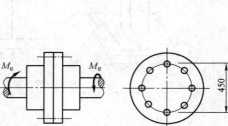
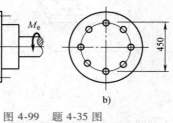

a)　　　　　b)

图 4-99　题 4-35 图

图 4-100　题 4-36 图

第 5 章 扭转

5.1 概述

工程中有这样一类杆件，如钻杆、搅拌机轴、传动轴（见图 5-1a）等，可以简化成图 5-1b 或图 5-2 所示的力学模型。在该模型中，垂直于杆轴线的平面受到一对大小相等、方向相反的力偶作用，在这种力偶作用下，杆件两横截面之间产生绕轴线转动的相对扭转角 φ。这种以横截面绕轴线做相对旋转为主要特征的变形形式，称为**扭转**，以扭转变形为主的杆件称为**轴**。图 5-2 中 φ_{BA} 表示 B 截面对 A 截面的**相对扭转角**。本章重点研究等直圆轴的扭转强度和变形。

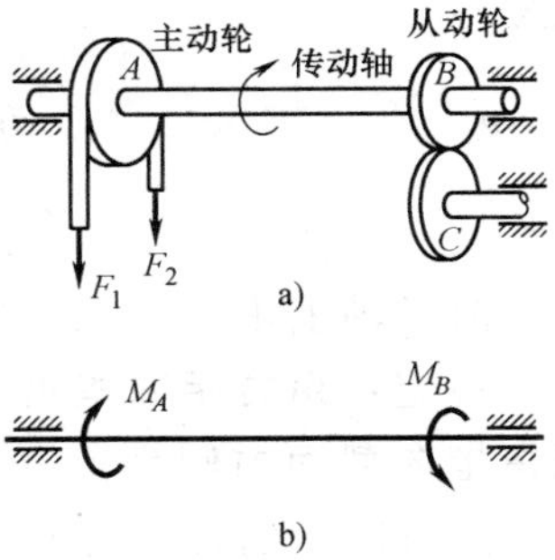

图 5-1

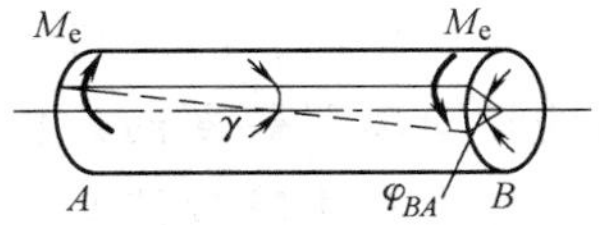

图 5-2

5.2 传动轴的外力偶矩、扭矩和扭矩图

微课

扭矩及扭矩图例题

1. 传动轴上的外力偶矩

在研究传动轴的扭转变形之前，首先要分析传动轴的受力情况。通常情况下，传动轴传递的功率 P（单位：kW）及轴的转速 n（单位：r/min，表示每分钟转数）是已知的，则传动轴每分钟所做的功为

$$W = P\times1000\times60 \tag{a}$$

传动轴上外力偶矩每分钟所做的功为

$$W' = M_e\varphi = M_e \times 2\pi n \tag{b}$$

式中，W、W' 的单位为 N·m。

由于 $W = W'$，可得作用在传动轴上的外力偶矩为

$$M_e = \frac{P \times 1000 \times 60}{2\pi n} = 9.55\frac{P}{n} \times 10^3 (\text{N·m}) = 9.55\frac{P}{n}(\text{kN·m})$$

即

$$M_e = 9550\frac{P}{n}(\text{N·m}) \tag{5-1}$$

式中，P 为输出功率，单位为 kW；n 为转速，单位为 r/min。例如，一钻探机的输出功率 $P = 10$kW，传动轴的转速 $n = 180$r/min，由式（5-1），作用在钻杆上的外力偶矩为

$$M_e = 9550\frac{P}{n} = \left(9550 \times \frac{10}{180}\right)\text{N·m} = 530\text{N·m}$$

2. 扭矩及扭矩图

（1）扭矩　扭转外力偶作用面平行于轴的横截面，横截面上的内力只有扭矩 T。轴上的载荷（外力偶矩）确定后，即可通过截面法求出任意横截面的扭矩。

例如，图 5-3a 所示等直圆轴 AB，在外力偶矩 M_e 作用下处于平衡状态。欲计算 C 截面上的扭矩 T，可假想地在该截面处将圆轴截成两段，取左段作为研究对象，由于整个轴处于平衡状态，则左段轴也应保持平衡（见图 5-3b）。由平衡方程

$$\sum M_x = 0, \quad T - M_e = 0, \quad T = M_e$$

若取右段为研究对象，由平衡方程同样可得横截面内的扭矩 $T = M_e$，这样得到

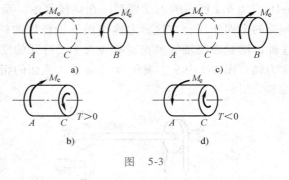

图　5-3

了同一截面内扭矩大小相等、转向相反。为使左、右两段轴上求得的同一截面上的扭矩数值相等、正负号也相同，故对扭矩的正负号做如下规定：**用右手四指沿扭矩的转向握住轴，若拇指的指向离开截面向外侧为正，反之拇指指向截面内侧为负**。上述判断扭矩正负号的方法，称为**右手螺旋法则**。图 5-3b、d 中 C 截面所示的扭矩分别为正的和负的扭矩。

（2）扭矩图　为了清晰地表示各段轴上扭矩的大小，效仿拉压杆画轴力图的方法，作轴的扭矩图。下面举例说明扭矩的计算及扭矩图的做法。

例 5-1　传动轴如图 5-4a 所示，A 轮为主动轮，输入功率 $P_A = 40$kW，从动轮 B、C 的输出功率为 $P_B =$

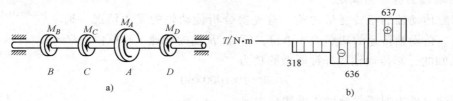

图　5-4

$P_C = 10\text{kW}$，从动轮 D 的输出功率为 $P_D = 20\text{kW}$，轴的传速为 $n = 300\text{r/min}$。试作此轴的扭矩图。

解：（1）计算各轮的外力偶矩。

$$M_A = 9550\frac{P}{n} = \left(9550 \times \frac{40}{300}\right)\text{N} \cdot \text{m} = 1273\text{N} \cdot \text{m}$$

$$M_B = M_C = 9550\frac{P}{n} = \left(9550 \times \frac{10}{300}\right)\text{N} \cdot \text{m} = 318\text{N} \cdot \text{m}$$

$$M_D = 9550\frac{P}{n} = \left(9550 \times \frac{20}{300}\right)\text{N} \cdot \text{m} = 637\text{N} \cdot \text{m}$$

（2）计算各段轴的扭矩。

$$T_{BC} = -M_B = -318\text{N} \cdot \text{m}$$

$$T_{CA} = -(M_B + M_C) = -2 \times 318\text{N} \cdot \text{m} = -636\text{N} \cdot \text{m}$$

$$T_{AD} = M_D = 637\text{N} \cdot \text{m}$$

（3）作扭矩图（见图 5-4b）。

从图中可知 $T_{\max} = 637\text{N} \cdot \text{m}$。若将 A、D 轮互换位置，将得到 $T_{\max} = 1273\text{N} \cdot \text{m}$，显然这种轮的布局更换不合理。因此，在布置主动轮和从动轮位置时，应考虑尽可能降低轴上的最大扭矩。

5.3　纯剪切、切应力互等定理和剪切胡克定律

首先研究薄壁圆筒的扭转，这是扭转最简单的情况，由此可以引出圆轴扭转分析中的一些必要的概念，如纯剪切、切应力和切应变的规律，以及切应力和切应变的关系。

1. 薄壁圆筒扭转时横截面上的切应力

薄壁圆筒指的是壁厚 t 远小于其平均半径 r 的圆筒（见图 5-5a），若圆筒两端承受外力偶矩 M_e（见图 5-5b），圆轴任意横截面上的内力只有扭矩 $T = M_e$，故在横截面上不可能有垂直于横截面的正应力，只有平行于横截面的切应力（见图 5-5c）。

薄壁圆筒扭转

为了得到横截面上切应力的分布规律，在圆筒表面画上等间距的圆周线和纵向线，在圆筒两端施加扭转外力偶（力偶矩为 M_e）以后，观察圆筒表面纵向线和圆周线的变化。从实验过程中可以观察到，在线弹性范围内，圆周线保持不变，纵向线发生倾斜，且在小变形时纵向线仍为直线。

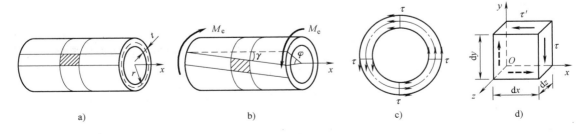

图　5-5

由此可设想，薄壁圆筒扭转变形后，横截面保持原状，圆筒的长度不变，任意两横截面绕圆筒的轴线发生相对转动，相应的角度 φ 称为**相对扭转角**（见图 5-5b）。圆筒表面上圆周

线与纵向线相交所成的直角发生改变，相应的改变量 γ 即为**切应变**（见图 5-5b）。从图中可知，相对扭转角与两横截面间的距离有关，而圆筒表面上各点处的切应变是相同的。

根据上述变形的观察和分析可知，圆筒横截面上任意一点处的切应力可近似看作相等，且方向与各点所在半径垂直（见图 5-5c）。由横截面上的切应力与扭矩之间的静力学关系可得

$$T = \int_A \tau r \mathrm{d}A = \tau r \int_A \mathrm{d}A = \tau r A$$

即

$$\tau = \frac{T}{2\pi r^2 t} \qquad (5\text{-}2)$$

令 $A_0 = \pi r^2$，A_0 为以圆筒平均半径所作圆的面积。代入式（5-2）中得

$$\tau = \frac{T}{2A_0 t} \qquad (5\text{-}3)$$

2. 切应力互等定理

在图 5-5a 所示的圆筒表面，取一微元体（见图 5-5d），微元体左右两面为圆筒的横截面，上下两面为径向面，前后面为周向面。由变形可知前后面上无应力。圆筒横截面上有切应力作用，所以微元体左右面内有一对大小相等、方向相反的切应力 τ。由于微元体平衡需满足平衡方程 $\sum M_z = 0$，故在微元体的上表面必存在另一个切应力 τ'（见图 5-5d），使

切应力互等定理

$$(\tau' \mathrm{d}z \mathrm{d}x)\mathrm{d}y = (\tau \mathrm{d}z \mathrm{d}y)\mathrm{d}x$$

$$\tau' = \tau \qquad (5\text{-}4)$$

又由 $\sum F_x = 0$ 可知，单元体上、下面上应为一对大小相等、方向相反的切应力 τ'。由此可知：两个互相垂直平面上垂直于截面交线的切应力大小相等，其方向同时指向（或背离）两个平面的交线，称为**切应力互等定理**。该定理具有普遍意义，在同时有正应力的情况下也同样成立。图 5-5d 所示的在互相垂直平面上只有切应力而无正应力微元体的应力状态，通常称为**纯剪切应力状态**。

3. 剪切胡克定律

微元体在切应力作用下，会发生如图 5-6a 所示的切应变。对薄壁圆筒做扭转试验，图 5-6b 所示为切应力 τ 与切应变 γ 之间关系的实验曲线。图中直线段最高点的切应力值为剪切比例极限 τ_p，当切应力不超过 τ_p 时，τ 与 γ 之间呈线性关系，这一范围称为线弹性范围。在线弹性范围内，有

$$\tau = G\gamma \qquad (5\text{-}5)$$

式（5-5）称为材料的**剪切胡克定律**，式中 G 称为材料的**切变模量**或**剪切弹性模量**，其量纲与弹性模量 E 相同。钢材的切变模量值约为 80GPa。

至此，我们已引入材料的三个弹性常量，即弹性模量 E、泊松比 μ 和切变模量 G。可以证明（见例 9-7），对于各向同性材料，在线弹性范围内，三个弹性常量之间存在以下关系：

$$G = \frac{E}{2(1+\mu)} \qquad (5\text{-}6)$$

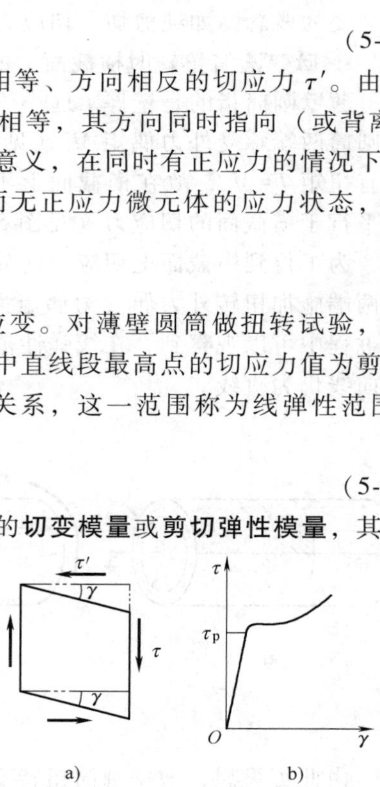

a)　　　　　b)

图 5-6

可见，三个弹性常量并非是完全独立的，只要知道了任意两个，即可由式（5-6）确定另一个。

5.4 圆轴扭转时的应力及强度条件

1. 圆轴扭转时横截面上的应力

扭转切应力
公式推导

工程中最常见的轴为圆形截面。为分析圆轴扭转时横截面上的应力，需要从几何、物理、静力学三个方面综合考虑。

（1）变形几何方面　在圆轴表面上画上若干条纵向线和圆周线（见图 5-7a），两端作用扭转外力偶后可观测到轴发生扭转变形：圆周线的形状、大小、间距均不变，绕轴线转过一个角度，纵向线产生倾斜角 γ（见图 5-7b）。根据观察到的现象，可对轴内变形做出如下**平面假设**：在扭转变形过程中，各横截面就像刚性平面一样绕轴线转动。在此假设前提下，推导得到的应力和变形公式都已被实验结果和弹性力学所证实。

沿距离为 dx 的两横截面和相邻两个通过轴线的径向面截取研究对象（见图 5-8a），放大后如图 5-8b 所示。左右两横截面间相对扭转角为 $d\varphi$，距轴线为 ρ 的点在垂直于它所在半径 OA 的平面内的切应变为 γ_ρ，小变形时有

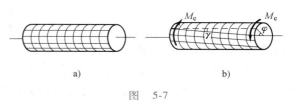

图　5-7

$$\overline{bb'} = \gamma_\rho dx = \rho d\varphi$$

$$\gamma_\rho = \rho \frac{d\varphi}{dx} \tag{5-7}$$

式中，$\dfrac{d\varphi}{dx}$ 为单位长度扭转角。对于一个给定的横截面，它为常量。由式（5-7）可知，在指定截面上，同一半径 ρ 的圆周上各点处的切应变 γ_ρ 均相同，γ_ρ 的大小与 ρ 成正比。

（2）物理方面　由剪切胡克定律可知，当切应力不超过材料的比例极限 τ_ρ 时，即在线弹性范围内，切应力与切应变成正比，并将式（5-7）代入，得

$$\tau_\rho = G\gamma_\rho = G\rho \frac{d\varphi}{dx} \tag{5-8}$$

式（5-8）为切应力在横截面上分布的表达式。与切应变的分布规律相同，在同一半径 ρ 的圆周上各点的切应力 τ_ρ

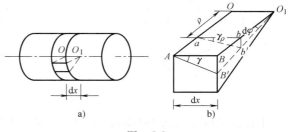

图　5-8

均相同，τ_ρ 值与 ρ 成正比。切应力的方向垂直于半径，其分布如图 5-9a 所示，在形心处 $\tau_\rho = 0$，在横截面外边缘处 τ_ρ 值最大。图 5-9b 所示为圆环轴横截面的切应力分布规律，内边缘应力最小，外边缘应力最大。

（3）静力学方面　按照静力学关系，横截面上的扭矩 T，等于所有微元面积 $\mathrm{d}A$ 上的力 $(\tau_\rho\mathrm{d}A)$ 对形心 O 的力矩之和（见图 5-10），即

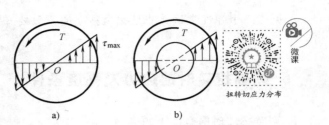

$$T = \int_A \rho\tau_\rho\mathrm{d}A \qquad (5\text{-}9)$$

将式（5-8）代入式（5-9），整理得

$$T = G\frac{\mathrm{d}\varphi}{\mathrm{d}x}\int_A \rho^2\mathrm{d}A \qquad (5\text{-}10)$$

图 5-9

a）圆截面　b）圆环截面

令 $I_\mathrm{p} = \int_A \rho^2\mathrm{d}A$，$I_\mathrm{p}$ 称作截面的极惯性矩，单位为 m^4 或 mm^4，代入式（5-10）后得

$$\frac{\mathrm{d}\varphi}{\mathrm{d}x} = \frac{T}{GI_\mathrm{p}} \qquad (5\text{-}11)$$

此即圆轴扭转变形的基本公式。

将式（5-11）代入式（5-8），得等直圆轴扭转时横截面上任意一点切应力的计算公式为

$$\tau_\rho = \frac{T\rho}{I_\mathrm{p}} \qquad (5\text{-}12)$$

此即圆轴扭转切应力的一般公式。

在式（5-12）中，横截面内的扭矩可根据外力偶矩求得，ρ 为横截面内所求点到圆心的距离，当 ρ 等于轴的半径 r 时，即为圆轴横截面外表面点处的切应力，也是该截面上的最大切应力 $\tau_{\max}$。

下面讨论圆截面的**极惯性矩** I_p 的计算。由于 $I_\mathrm{p} = \int_A \rho^2\mathrm{d}A$，在距圆心为 ρ 处取厚度为 $\mathrm{d}\rho$ 的面积元素，如图 5-11a 所示，则 $\mathrm{d}A = 2\pi\rho\mathrm{d}\rho$，积分得

$$I_\mathrm{p} = \int_0^{\frac{d}{2}} 2\pi\rho^3\mathrm{d}\rho = \frac{\pi d^4}{32} \qquad (5\text{-}13)$$

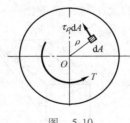

图 5-10

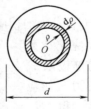

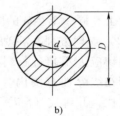

图 5-11

对空心圆轴（见图 5-11b），如内径为 d、外径为 D，则极惯性矩为

$$I_\mathrm{p} = \int_A \rho^2\mathrm{d}A = \int_{\frac{d}{2}}^{\frac{D}{2}} 2\pi\rho^3\mathrm{d}\rho = \frac{\pi}{32}(D^4 - d^4) = \frac{\pi D^4}{32}(1 - \alpha^4) \qquad (5\text{-}14)$$

式中，$\alpha = d/D$。

通常在计算轴的强度时，$\tau_{\max} = \dfrac{Tr}{I_\mathrm{p}} = \dfrac{T}{I_\mathrm{p}/r}$，将 I_p/r 用**抗扭截面系数** W_t 表示，则最大切应

力为

$$\tau_{\max} = \frac{T_{\max}}{W_t} \tag{5-15}$$

由此得到简单实用的计算表达式。

实心圆截面的抗扭截面系数

$$W_t = \frac{I_p}{r} = \frac{\pi d^3}{16} \tag{5-16}$$

空心圆截面的抗扭截面系数

$$W_t = \frac{\pi D^3}{16}(1 - \alpha^4) \tag{5-17}$$

例 5-2　图 5-12 所示圆轴直径 $D = 100\text{mm}$，承受扭矩 $T = 19\text{kN} \cdot \text{m}$ 作用。试计算横截面上距圆心 $\rho = 40\text{mm}$ 处点 K 的切应力及轴上的最大切应力。

解：（1）计算点 K 的切应力。

将已知条件代入式（5-12）中，得

$$\tau_K = \frac{T\rho}{I_p} = \frac{19 \times 10^3 \times 40 \times 10^{-3}}{\dfrac{\pi \times 100^4 \times 10^{-12}}{32}} \text{Pa} = 77.4 \times 10^6 \text{Pa} = 77.4 \text{MPa}$$

（2）计算最大切应力。

将已知条件代入式（5-15）中，得

$$\tau_{\max} = \frac{T}{W_t} = \frac{19 \times 10^3}{\dfrac{\pi \times 100^3 \times 10^{-9}}{16}} \text{Pa} = 96.8 \times 10^6 \text{Pa} = 96.8 \text{MPa}$$

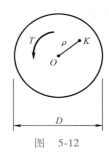

图　5-12

由于切应力与点到圆心的距离成正比，所以也可根据比例关系求解 $\tau_{\max}$，即

$$\frac{\tau_K}{\rho} = \frac{\tau_{\max}}{r}$$

$$\tau_{\max} = \tau_K \frac{r}{\rho} = \left(77.4 \times \frac{50}{40}\right) \text{MPa} = 96.8 \text{MPa}$$

圆截面切应力的计算公式（5-12）和式（5-15）具有普遍性，用此公式计算薄壁圆筒横截面上任意点的切应力可以认为是精确的，而式（5-3）是在假设薄壁圆筒横截面上切应力均匀分布的前提下推导出的，故是近似算法。经计算，当壁厚与平均直径的比值为 0.05 时，计算误差为 4.52%。因此在圆筒壁相对很薄时，切应力沿壁厚均匀分布的假设是合理的。

值得注意的是，根据切应力分布规律，轴心附近处的应力很小，对实心轴而言，轴心附近处的材料没有较好地发挥其作用，故采用空心轴较为合理。然而，空心轴虽然比实心轴省材料，但会增加加工成本。此外，筒壁过薄的轴在受扭时，可能会因失稳使筒壁局部出现褶皱，降低承载能力。因此，截面形状的选择需要综合考虑。

2. 圆轴扭转时斜截面上的应力

分析圆轴扭转时斜截面上的应力，可以采用微元体局部平衡的方法。如图 5-13a 所示，在圆轴上取微元体 $abcd$（见图 5-13b），其各边边长均为无穷小量。微元体的左右侧面为横截面，其切应力设为 τ。根据切应力互等定理，微元体上下面也存在数值为 τ 的切应力。此外微元体各面再无其他应力。这样的微元体即属于纯剪切。

为研究斜截面上的应力，可在微元体上任取一斜截面 ae，如图 5-14a 所示，其方位可由其方向角 α 表示。α 角定义为斜截面外法线 n 与 x 轴正向的夹角，且自 x 轴逆时针转到 n 为正向。

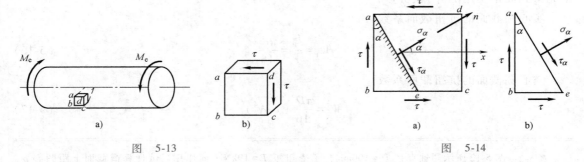

图 5-13

图 5-14

沿 ae 将微元体切开，取其一部分研究，如图 5-14b 所示，斜截面的应力设为 σ_α、τ_α，均设为正。切应力 τ 对作用面内部的实体产生顺时针转动为正，反之为负。根据平衡条件可解得

$$\left.\begin{array}{l}\sigma_\alpha = -\tau\sin2\alpha\\\tau_\alpha = \tau\cos2\alpha\end{array}\right\} \tag{5-18}$$

从式（5-18）可知，σ_α 和 τ_α 都随 α 变化而变化，其极值及所在截面的方位为（见图 5-15）

$$\sigma_{\max} = \tau \qquad （当 \alpha = 135° 或 -45° 时）$$
$$\sigma_{\min} = -\tau \qquad （当 \alpha = 45° 或 -135° 时）$$
$$\tau_{\max} = \tau \qquad （当 \alpha = 0° 或 180° 时）$$
$$\tau_{\max} = -\tau \qquad （当 \alpha = ±90° 时）$$

上述结论可以用来解释图 5-16 所示的两种材料扭转破坏现象。低碳钢的抗剪强度低于其抗拉强度，所以扭转破坏发生在切应力最大的横截面上，破坏从外向内依次发生；铸铁的抗拉强度低于抗剪强度，所以扭转破坏发生在拉应力最大的截面上，破坏面与轴线夹角成 45° 左右。

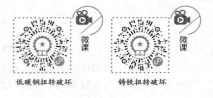

低碳钢扭转破坏　　铸铁扭转破坏

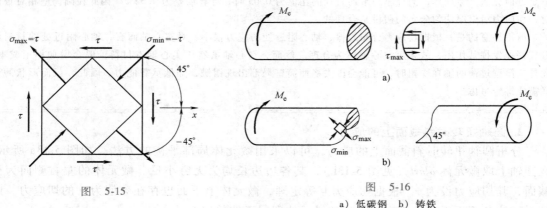

图 5-15

图 5-16
a）低碳钢　b）铸铁

上述情况表明，轴在扭转作用下的失效方式为屈服或断裂。对于塑性材料，试件扭转屈服时横截面上的最大切应力，称为**扭转屈服应力**；对于脆性材料，试件扭转断裂时横截面上的最大切应力，称为**扭转强度极限**。扭转屈服应力与强度极限，统称为**扭转极限应力**，并用 τ_u 表示。

3. 强度条件

将材料的扭转极限应力 τ_u 除以安全因数 n，得到扭转许用切应力

微课

$$[\tau] = \frac{\tau_u}{n} \tag{5-19}$$

圆轴扭转的强度条件例题

为保证受扭圆轴工作时不致因强度不够而破坏，最大扭转切应力不得超过扭转许用切应力 $[\tau]$，即要求

$$\tau_{max} \leq [\tau] \tag{5-20}$$

此即圆轴的**扭转强度条件**。按此式可校核受扭圆轴的强度，将式（5-15）代入式（5-20）得

$$\frac{T_{max}}{W_t} \leq [\tau] \tag{5-21}$$

根据式（5-21），可以解决强度计算的三类问题：强度校核、截面设计和确定许可载荷。

理论与实验研究证明，材料在纯剪切时的许用切应力 $[\tau]$ 与许用正应力 $[\sigma]$ 之间有如下关系：

塑性材料 $[\tau] = (0.5 \sim 0.6)[\sigma]$

脆性材料 $[\tau] = (0.8 \sim 1.0)[\sigma]$

因此，许用切应力 $[\tau]$ 也可以通过材料的许用正应力 $[\sigma]$ 来估计。

例 5-3 已知某传动轴的转速 $n = 100\text{r/min}$，传递功率 $P = 10\text{kW}$，材料的许用切应力 $[\tau] = 80\text{MPa}$，试分别选择所需的实心轴和空心轴（$d/D = 0.5$）的直径，并比较两轴的重量。

解：（1）扭矩计算。

由式（5-1）得

$$T = M_e = 9550\frac{P}{n} = \left(9550 \times \frac{10}{100}\right) \text{N} \cdot \text{m} = 955\text{N} \cdot \text{m}$$

（2）按强度条件确定实心轴直径：

$$D_0 \geq \sqrt[3]{\frac{16T}{\pi[\tau]}} = \sqrt[3]{\frac{16 \times 955}{\pi \times 80 \times 10^6}}\text{m} = 39.3\text{mm}$$

圆直径取整数后，直径取 $D_0 = 40\text{mm}$。

（3）按强度条件确定空心轴直径：

$$D \geq \sqrt[3]{\frac{16T}{\pi(1-\alpha^4)[\tau]}} = \sqrt[3]{\frac{16 \times 955}{\pi(1-0.5^4) \times 80 \times 10^6}}\text{m} = 40.2\text{mm}$$

圆直径取整数后，外径取 $D = 41\text{mm}$，内径取 $d = 0.5D = 20.5\text{mm}$。

（4）比较两者的重量：

$$\frac{D^2 - d^2}{D_0^2} = \frac{41^2 - 20.5^2}{40^2} = 0.79$$

即节约材料 21%。

例 5-4 图 5-17a 所示阶梯薄壁圆轴，已知轴长 $l = 1\text{m}$，AB 段的平均半径 $R_{01} = 30\text{mm}$，壁厚 $t_1 = 3\text{mm}$；

BC 段的平均半径 $R_{02} = 20$mm，壁厚 $t_2 = 2$mm。作用在轴上的集中力偶矩和分布力偶矩分别为 $M_e = 920$N·m，$m = 160$N·m/m。材料的许用切应力 $[\tau] = 80$MPa，试校核该轴的强度。

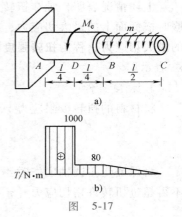

解：（1）绘制扭矩图（见图 5-17b）。

确定危险截面在 AD 段和 B 截面右侧。

（2）计算 τ_{max} 并校核强度。

AD 段：

$$\tau_{1max} = \frac{T_{1max}}{2\pi R_{01}^2 t_1} = \frac{1000}{2\pi \times 30^2 \times 3 \times 10^{-9}}\text{Pa} = 58.9\text{MPa} < [\tau]$$

截面 B 右侧：

$$\tau_{2max} = \frac{T_{2max}}{2\pi R_{02}^2 t_2} = \frac{80}{2\pi \times 20^2 \times 2 \times 10^{-9}}\text{Pa} = 15.9\text{MPa} < [\tau]$$

所以，该轴满足强度要求。

图 5-17

5.5 圆轴扭转时的变形及刚度条件

1. 圆轴扭转变形

上一节在观察扭转变形后做出了平面假设，即轴在扭转变形中，横截面仍为平面，其大小、形状不变，绕轴线转过一个角度。相距为 dx 的两个横截面的相对扭转角可由式（5-11）计算，即

$$d\varphi = \frac{T}{GI_p}dx$$

上式两边积分，得距离 l 的两横截面之间的相对扭转角为

$$\varphi = \int_l d\varphi = \int_l \frac{T}{GI_p}dx$$

若 l 长度内等直圆轴的材料和扭矩为常量，则上式积分结果为

$$\varphi = \frac{Tl}{GI_p} \tag{5-22}$$

式（5-22）为计算扭转变形的公式。式中，GI_p 为圆轴的**抗扭刚度**，表示轴抵抗扭转变形的能力。GI_p 越大，轴发生的扭转变形越小。

2. 圆轴扭转刚度条件

工程上通常用单位长度扭转角 θ 来量度轴的刚度，即

$$\theta = \frac{d\varphi}{dx} = \frac{T}{GI_p} \tag{5-23}$$

微课

圆轴扭转的刚度条件例题

等直圆轴在扭转时，除了要满足强度条件外，还需满足刚度要求。例如，某些机床传动轴工作过程中若变形过大，会严重影响加工精度。因此，应通过刚度条件对轴的扭转变形程度加以限制，即单位长度扭转角不超过许用的单位长度扭转角

$$\theta_{max} \leqslant [\theta] \tag{5-24}$$

将式（5-23）代入式（5-24）中，得

$$\frac{T_{max}}{GI_p} \times \frac{180°}{\pi} \leqslant [\theta] \tag{5-25}$$

式中，$[\theta]$ 的单位为°/m。为使两边单位一致，故在左边乘以 $\dfrac{180°}{\pi}$。根据式（5-24）或式（5-25），可对实心或空心圆轴进行刚度计算：包括刚度校核、截面选择和确定许可载荷。

例 5-5　图 5-18a 所示的实心圆轴，在 B、C 截面分别受力偶矩 M_B、M_C 作用，且 $M_B = 2M_C = 2M$。已知轴材料的切变模量为 G，轴长为 $2l$，轴的极惯性矩为 I_p，求 C 截面相对于 A 截面的扭转角。

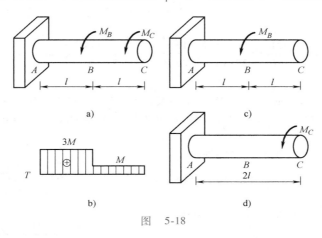

图　5-18

解：由截面法可求得 AB 段和 BC 段轴的扭矩分别为 $T_{AB} = 3M$，$T_{BC} = M$（见图 5-18b）。分段求解相对扭转角：

$$\varphi_{CB} = \frac{T_{BC}l}{GI_p} = \frac{Ml}{GI_p}$$

$$\varphi_{BA} = \frac{T_{AB}l}{GI_p} = \frac{3Ml}{GI_p}$$

C 截面相对于 A 截面的扭转角为

$$\varphi_{CA} = \varphi_{CB} + \varphi_{BA} = \frac{4Ml}{GI_p}$$

上述计算方法为分段求解法。此类问题还可用叠加法求解，即分别考虑两力偶 M_B、M_C 单独作用，然后将扭转变形的结果叠加。具体解法如下。

只有 M_B 单独作用时，C 截面相对于 A 截面的扭转角为（见图 5-18c）

$$\varphi' = \frac{2Ml}{GI_p}$$

只有 M_C 单独作用时，C 截面相对于 A 截面的扭转角为（见图 5-18d）

$$\varphi'' = \frac{2Ml}{GI_p}$$

M_B、M_C 同时作用时，C 截面相对于 A 截面的扭转角为

$$\varphi_C = \varphi' + \varphi'' = \frac{4Ml}{GI_p}$$

截面 C 的转向与 M_C 相同。在本题中，如果两段轴的截面不同，即 GI_p 不同，则应分段计算扭转角。

例 5-6　图 5-19a 所示阶梯实心圆轴，已知 $D = 20\text{mm}$，$l = 0.5\text{m}$，

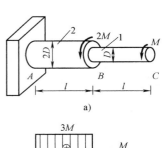

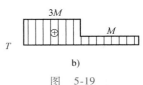

图　5-19

$M=10\text{N}\cdot\text{m}$，切变模量 $G=80\text{GPa}$，许用单位长度扭转角 $[\theta]=0.5°/\text{m}$，试画扭矩图，并校核此轴的刚度。

解：(1) 绘出扭矩图（见图 5-19b）。

(2) 两段轴的单位长度扭转角分别为

BC 段：
$$\theta_1=\frac{T_1}{GI_{p1}}=\frac{32M}{G\pi D^4}$$

AB 段：
$$\theta_2=\frac{T_2}{GI_{p2}}=\frac{6M}{G\pi D^4}$$

(3) 校核刚度。

$$\theta_{max}=\theta_1=\frac{32M}{G\pi D^4}=\left(\frac{32\times10}{80\times10^9\times\pi\times20^4\times10^{-12}}\ \frac{1}{\text{m}}\right)\times\frac{180°}{\pi}=0.46(°/\text{m})<[\theta]$$

所以，该轴满足刚度要求。

例 5-7 图 5-20a 中传动轴的转速为 300r/min，A 轮输入功率 $P_A=40\text{kW}$，其余各轮输出功率分别为 $P_B=10\text{kW}$，$P_C=12\text{kW}$，$P_D=18\text{kW}$。材料的切变模量为 80GPa，$[\tau]=50\text{MPa}$，$[\theta]=0.3°/\text{m}$。试设计轴的直径 d。

解：(1) 扭转外力偶矩的计算（见图 5-20b）。

$$M_A=9550\frac{P}{n}=\left(9550\times\frac{40}{300}\right)\text{N}\cdot\text{m}=1273\text{N}\cdot\text{m}$$

$$M_B=9550\frac{P}{n}=\left(9550\times\frac{10}{300}\right)\text{N}\cdot\text{m}=318\text{N}\cdot\text{m}$$

$$M_C=9550\frac{P}{n}=\left(9550\times\frac{12}{300}\right)\text{N}\cdot\text{m}=382\text{N}\cdot\text{m}$$

$$M_D=9550\frac{P}{n}=\left(9550\times\frac{18}{300}\right)\text{N}\cdot\text{m}=573\text{N}\cdot\text{m}$$

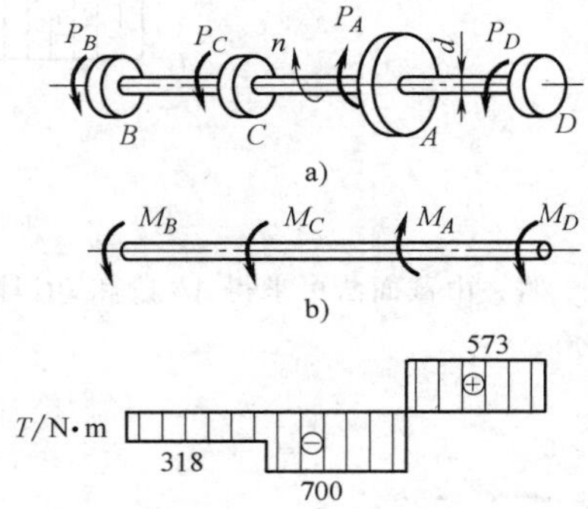

图 5-20

(2) 内力分析。作扭矩图（见图 5-20c），最大扭矩数值为

$$T_{max}=700\text{N}\cdot\text{m}$$

(3) 按强度条件设计直径。由

$$\tau_{max}=\frac{T_{max}}{W_t}=\frac{16T_{max}}{\pi d^3}\leqslant[\tau]$$

得
$$d\geqslant\sqrt[3]{\frac{16T_{max}}{\pi[\tau]}}=\sqrt[3]{\frac{16\times700}{\pi\times50\times10^6}}\text{m}=41.5\text{mm}$$

(4) 按刚度条件设计直径。由

$$\theta_{max}=\frac{T_{max}}{GI_p}\times\frac{180°}{\pi}=\frac{32T_{max}}{G\pi d^4}\times\frac{180°}{\pi}\leqslant[\theta]$$

得
$$d\geqslant\sqrt[4]{\frac{32T_{max}}{G\pi[\theta]}\times\frac{180°}{\pi}}=\sqrt[4]{\frac{32\times700\times180°}{80\times10^9\times\pi^2\times0.3°}}\text{m}=64.2\text{mm}$$

综合以上结果，应取 $d=64.2\text{mm}$。

习题

5-1 试求图 5-21 所示等直圆轴各截面的扭矩。

5-2 试作图 5-22 所示等直圆轴的扭矩图。

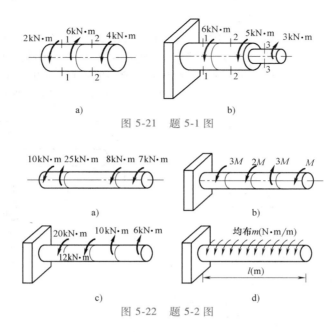

图 5-21　题 5-1 图

图 5-22　题 5-2 图

5-3　图 5-23 所示传动轴转速为 $n=200\text{r/min}$，主动轮 B 输入功率 $P_B=60\text{kW}$，从动轮 A、C、D 的输出功率分别为 $P_A=22\text{kW}$、$P_C=20\text{kW}$ 和 $P_D=18\text{kW}$。试作该轴扭矩图。

5-4　某钻机功率为 $P=10\text{kW}$，转速 $n=180\text{r/min}$。钻入土层的钻杆长度 $l=40\text{m}$，若把土对钻杆的阻力看成沿杆长均匀分布力偶，如图 5-24 所示，试求此轴分布力偶的集度 m，并作该轴的扭矩图。

5-5　直径 $d=400\text{mm}$ 的实心圆轴扭转时，其截面上最大切应力为 100MPa，试求图 5-25 所示阴影区域所承担的部分扭矩。

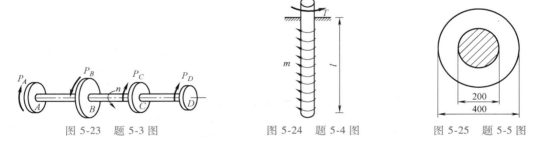

图 5-23　题 5-3 图　　　　图 5-24　题 5-4 图　　　　图 5-25　题 5-5 图

5-6　一钢制阶梯状轴如图 5-26 所示，已知：$M_1=10\text{kN}\cdot\text{m}$，$M_2=7\text{kN}\cdot\text{m}$，$M_3=3\text{kN}\cdot\text{m}$，试计算轴上最大切应力值。

5-7　图 5-27 所示传动轴转速为 $n=200\text{r/min}$，主动轮 A 输入功率 $P_A=30\text{kW}$，从动轮 B、C 输出功率分别为 $P_B=17\text{kW}$、$P_C=13\text{kW}$。轴的许用切应力 $[\tau]=60\text{MPa}$，$d_1=60\text{mm}$，$d_2=40\text{mm}$，试校核该轴的强度。

图 5-26　题 5-6 图　　　　　　图 5-27　题 5-7 图

5-8　试设计一空心钢轴，其内直径与外直径之比为 $1:1.2$，已知轴的转速 $n=75\text{r/min}$，传递功率 $P=$

200kW，材料的许用切应力 $[\tau]=43$MPa。

5-9　直径 $d=50$mm 的圆轴，转速 $n=120$r/min，材料的许用切应力 $[\tau]=60$MPa。试求它许可传递的功率。

5-10　图 5-28 所示阶梯状圆轴，材料切变模量为 $G=80$GPa，试求 A、C 两端相对的扭转角。

5-11　图 5-29 所示折杆 AB 段直径 $d=40$mm，长 $l=1$m，材料的许用切应力 $[\tau]=70$MPa，切变模量为 $G=80$GPa。BC 段视为刚性杆，$a=0.5$m。当 $F=1$kN 时，试校核 AB 段的强度，并求 C 截面的铅垂位移。

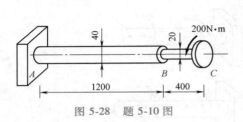
图 5-28　题 5-10 图

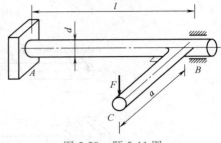
图 5-29　题 5-11 图

5-12　如图 5-30 所示，圆截面橡胶棒的直径 $d=40$mm，受扭后，原来表面上互相垂直的圆周线和纵向线间夹角变为 $86°$，如棒长 $l=300$mm，试求端截面的扭转角。如果材料的切变模量 $G=2.7$MPa，试求橡胶棒横截面上的最大切应力和棒上的外力偶矩 M_e。

5-13　一传动轴如图 5-31 所示，轴转速 $n=208$r/min，主动轮 B 的输入功率 $P_B=6$kW，两个从动轮 A、C 的输出功率分别为 $P_A=4$kW、$P_C=2$kW。轴的许用切应力 $[\tau]=300$MPa，许用单位长度扭转角 $[\theta]=1°/$m，切变模量 $G=80$GPa，试按强度条件和刚度条件设计轴的直径 d。

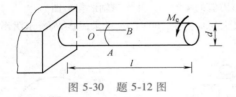
图 5-30　题 5-12 图

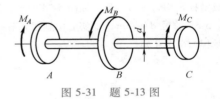
图 5-31　题 5-13 图

5-14　从受扭转力偶 M_e 作用的圆轴中，截取出如图 5-32b 所示部分作为研究对象，试说明此研究对象是如何平衡的。

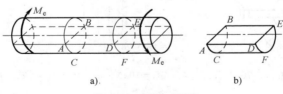

a)　　　　　　　　　　　b)

图 5-32　题 5-14 图

5-15　图 5-33 所示空心圆轴外直径 $D=50$mm，AB 段内直径 $d_1=25$mm，BC 段内直径 $d_2=38$mm，材料的许用切应力 $[\tau]=70$MPa，试求此轴所能承受的允许扭转外力偶矩 M_e。若要求 $\varphi_{AB}=\varphi_{BC}$，试确定长度尺寸 a 和 b。

5-16　有一直径 $D=50$mm，长 $l=1$m 的实心铝轴，切变模量 $G=28$GPa。现拟用一根同样长度和外径的钢管代替它，要求它与原铝轴承受同样的扭矩并具有同样的总扭转角，已知钢的切变模量 $G=84$GPa。试求钢管内直径 d。

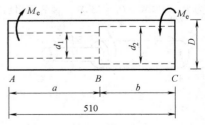
图 5-33　题 5-15 图

第6章
弯曲内力

6.1 平面弯曲梁的计算简图

1. 弯曲的概念

当杆件受到垂直于杆轴线的横向外力作用，或在其轴线平面内作用外力偶时，杆的轴线由直线变成曲线，任意两横截面绕各自截面内某一轴做相对转动，这种变形称为弯曲变形。以弯曲变形为主的杆件称为梁。

对梁系统的研究是从17世纪初由伽利略开始的，并经过马略特、胡克、纳维、铁木辛柯等人近三百多年的努力，最后形成较为成熟的理论。

作为一类常用的构件，梁几乎在各类工程中都占有重要地位。例如，桥式起重机的大梁（见图6-1a）、火车轮轴（见图6-2a）等，都可以看作梁。它们的计算简图分别如图6-1b和图6-2b所示。

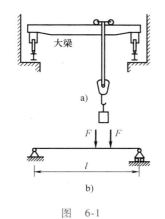

图 6-1

a）桥式起重机的大梁 b）大梁计算简图

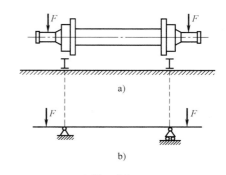

图 6-2

a）火车轮轴 b）轮轴计算简图

2. 梁的支座形式与支反力

作用在梁上的外力主要包括两部分，即载荷和支座对梁的支反力。下面对常见的几种支座及其支反力进行讨论。

（1）活动铰支座 如图6-3a所示。活动铰支座仅限制梁在支承处垂直于支承平面的线位移，与此相应，仅存在垂直于支承平面的支反力 F_R。

（2）**固定铰支座**　如图 6-3b 所示。固定铰支座限制梁在支承处沿任何方向的线位移，因此，相应支反力可用两个分力表示，即梁轴线方向的支反力 F_{Rx} 与垂直于梁轴线的支反力 F_{Ry}。

（3）**固定端**　如图 6-3c 所示。固定端限制梁端截面的线位移与角位移，因此，对于平面力系的情况，相应支反力可用三个分量表示，即沿梁轴线方向的支反力 F_{Rx}、垂直于梁轴线的支反力 F_{Ry} 和位于梁轴线平面内的支反力偶 M。

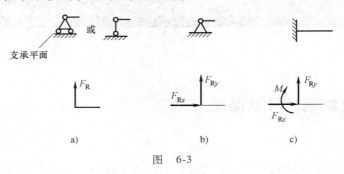

图　6-3

3. 梁的基本类型

梁的支反力仅利用静力平衡方程便可全部求出，这样的梁称为**静定梁**。根据约束的特点，常见的静定梁有以下三种：

（1）**简支梁**　梁的一端为固定铰支座，另一端为活动铰支座，如图 6-4a 所示。

（2）**悬臂梁**　梁的一端固定，另一端自由，如图 6-4b 所示。

（3）**外伸梁**　简支梁的一端或两端身处支座之外，如图 6-4c 所示。

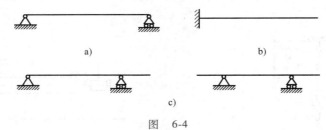

图　6-4

a）简支梁　b）悬臂梁　c）外伸梁

梁的支座间距（对于悬臂梁就是梁的长度）称为**跨长**。

梁发生弯曲变形后轴线所在平面与外力所在平面相重合，称为**平面弯曲**。工程中常见的梁截面多为矩形、圆形、工字形等。这些横截面至少具有一根对称轴。由横截面的纵向对称轴与梁轴线所构成的平面称为梁的**纵向对称平面**。当梁上的所有外力的合力都作用在此对称面内时（见图 6-5），梁弯曲变形后的轴线是位于纵向对称平面内的一条平面曲线，这种弯曲称为**对称弯曲**。

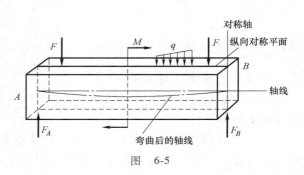

图　6-5

对称弯曲是平面弯曲的特例，是弯曲问题中最常见也是最基本的情况。本章及随后两章主要讨论垂直梁的对称弯曲问题，并分别研究梁的内力、应力和变形。

6.2 剪力和弯矩

当梁上所有外力（载荷和支反力）均为已知时，可用截面法计算梁横截面上的内力。以图 6-6a 所示的简支梁为例，求距 A 端 x 处的横截面 m—m 上的内力。在 m—m 处假想地把梁截分成两段，取左段梁作为研究对象。如图 6-6b 所示，作用于左段梁上的力有外力 F_1 和 F_A，以及右段梁作用于横截面 m—m 上的内力。

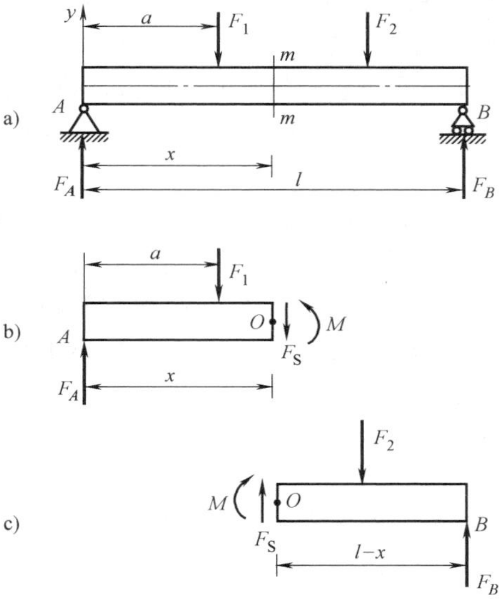

为满足左段梁的平衡条件，横截面 m—m 上需要存在两个内力分量，即沿该截面与 y 轴平行的剪力 F_S 和位于载荷平面内的弯矩 M。它们均可利用平衡方程求得。

根据左段梁在垂直方向上的力平衡方程

$$\sum F_y = 0, \quad F_A - F_1 - F_S = 0$$

得

$$F_S = F_A - F_1$$

即剪力数值上等于左段梁上所有横向外力的代数和。

再由力矩平衡方程，所有力对截面 m—m 的形心 O 取矩

$$\sum M_O = 0, \quad M + F_1(x-a) - F_A x = 0$$

得

$$M = F_A x - F_1(x-a)$$

即弯矩数值上等于左段梁上所有横向外力与外力偶对截面形心 O 的力矩的代数和。

图 6-6

截面 m—m 上的剪力与弯矩，也可利用右段梁的平衡条件求得，研究对象如图 6-6c 所示。用两种方式求得同一截面的一对剪力 F_S 和弯矩 M 的大小相等、方向相反，为作用力与反作用力。

为了保证同一截面的一对剪力和弯矩具有相同的正负号，可把剪力和弯矩的正负号规则与梁的变形相联系，规定如下：**如图 6-7a 所示的微段梁变形，即左端截面向上、右端截面向下的相对错动变形时，该截面上相应的剪力为正，反之为负；如图 6-7b 所示的微段梁变形，即弯曲为下凸而使底面伸长时，该截面上相应的弯矩为正，反之为负。** 依此规定，图 6-6b、c 中的剪力和弯矩均设为正。

综上所述，采用截面法计算剪力与弯矩的主要步骤如下：

1）在需求内力的横截面处用假想平面将梁截为两段，任选其中一段为研究对象；

2）画所选梁段的受力图，图中未知的剪力 F_S 和弯矩 M 都假设为正；

3）由平衡方程 $\sum F_y = 0$ 计算剪力，由平衡方程 $\sum M_O = 0$ 计算弯矩，其中 O 是所截横截

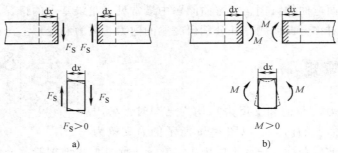

图 6-7

面的形心。

用截面法求得梁上某一截面上的剪力和弯矩，总是与该截面任一侧梁上的外力相平衡。因此，有如下结论：

1）梁任意横截面上的剪力，数值上等于该截面任一侧（左侧或右侧）梁上全部横向外力的代数和。当横向力对该截面形心产生顺时针转向的力矩时，该项剪力取正号，反之为负。

2）梁任意横截面上的弯矩，数值上等于该截面任一侧（左侧或右侧）梁上全部外力对该截面形心力矩（力偶矩）的代数和。向上的外力产生正弯矩，反之为负。截面左侧顺时针的外力偶产生正弯矩，逆时针的外力偶产生负弯矩。截面右侧的外力偶则相反。

利用上述结论，可直接根据梁上的外力计算梁任意横截面的剪力和弯矩。

微课

梁弯曲内力
的求解例题

例 6-1　简支梁 AB 受集中载荷 F、集中力偶 M_e 及一段均布载荷 q 的作用（见图 6-8a），q、a 均已知，试求梁 1—1、2—2 截面上的剪力和弯矩。

解：（1）计算支反力。

设支座 A 与 B 处的竖直支反力分别为 F_A 和 F_B，则由全梁平衡方程可求得

$$F_A = \frac{9qa}{4}, \quad F_B = \frac{3qa}{4}$$

（2）计算 1—1 截面上的剪力和弯矩。

采用截面法，沿 1—1 截面截开，取左段梁为研究对象。假设截面上的剪力 F_{S1} 和弯矩 M_1 均为正（见图 6-8b）。由平衡方程 $\sum F_y = 0$ 和 $\sum M_E = 0$（矩心 E 为 1—1 截面形心）得

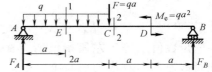

$$F_A - qa - F_{S1} = 0, \quad F_{S1} = \frac{5qa}{4}$$

$$M_1 + qa \cdot \frac{a}{2} - F_A \cdot a = 0, \quad M_1 = \frac{7qa^2}{4}$$

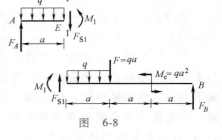

图　6-8

所得结果为正，说明所设的剪力和弯矩的方向是正确的，均为正值。同样，也可以取右段梁为研究对象（见图 6-8c）来计算剪力 F_{S1} 和弯矩 M_1。

（3）求 2—2 截面上的剪力和弯矩。

直接根据 2—2 截面右侧梁上的外力计算内力（见图 6-8a），可得

$$F_{S2} = -F_B = -\frac{3qa}{4}$$

$$M_2 = F_B \cdot 2a + M_e = \frac{3qa}{4} \cdot 2a + qa^2 = \frac{5qa^2}{2}$$

6.3 剪力图和弯矩图

一般情况下，梁横截面上的剪力和弯矩随截面位置的不同而变化，若以梁的轴线为 x 轴，坐标 x 表示横截面的位置，则可将剪力和弯矩表示为 x 的函数，即

$$F_S = F_S(x), \qquad M = M(x)$$

以上函数表达式分别为剪力和弯矩沿梁轴线变化的解析表达式，称为**剪力方程**和**弯矩方程**。根据这两个方程，仿照轴力图和扭矩图的做法，画出剪力和弯矩沿梁轴线变化的图线，分别称为**剪力图**和**弯矩图**，简称 F_S 图和 M 图。

在列剪力方程和弯矩方程时，可根据计算方便的原则，将坐标轴 x 的原点取在梁的左端或右端。在绘制剪力图和弯矩图时，一般规定：带**正号的剪力画在 x 轴的上侧，带负号的剪力画在 x 轴下侧；正弯矩也画在 x 轴上侧，负弯矩画在 x 轴下侧**。

研究剪力和弯矩沿梁轴线变化的规律，是解决梁的强度和刚度问题必要的前提。因此，剪力方程和弯矩方程以及剪力图和弯矩图是研究弯曲问题的重要基础。

例 6-2　图 6-9a 所示的悬臂梁 AB，在自由端 A 受集中载荷 F 的作用。试作梁的剪力图和弯矩图。

解：（1）列剪力方程和弯矩方程。

取梁的左端 A 点为坐标原点（见图 6-9a），根据 x 截面左侧梁上的外力可写出剪力方程和弯矩方程分别为

$$F_S(x) = -F(0 < x < l) \tag{a}$$

$$M(x) = -Fx(0 < x < l) \tag{b}$$

（2）作剪力图和弯矩图。

式（a）表明剪力 F_S 为负常数，故剪力图为 x 轴下方的一条水平直线（见图 6-9b）。式（b）表明弯矩 M 是 x 的一次函数，故弯矩图为一斜直线，只需确定该直线上两个点便可画出图线。弯矩图如图 6-9c 所示。由图可知，$|M|_{max} = Fl$，位于固定端左侧截面上。

例 6-3　图 6-10a 所示的简支梁 AB，全梁受均布载荷 q 作用。试作梁的剪力图和弯矩图。

解：（1）求支反力。

根据载荷及支座受力的对称性，可得

$$F_A = F_B = \frac{ql}{2}$$

（2）列剪力方程和弯矩方程。

取梁左端 A 点为坐标原点，根据 x 截面左侧梁上的外力可写出剪力方程和弯矩方程为

$$F_S(x) = F_A - qx = \frac{ql}{2} - qx(0 < x < l) \tag{a}$$

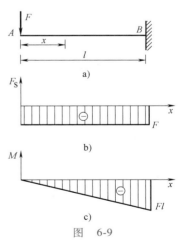

图　6-9

$$M(x) = F_A x - qx \cdot \frac{x}{2} = \frac{ql}{2}x - \frac{qx^2}{2} \quad (0 < x < l) \tag{b}$$

（3）作剪力图和弯矩图。

式（a）表明剪力图是一条斜直线，由两点（$x=0$ 处，$F_S = ql/2$；$x=l$ 处，$F_S = -ql/2$）做出剪力图（见图 6-10b）；式（b）表明弯矩 M 是 x 的二次函数，故弯矩图为一抛物线。在确定两端点和顶点处的弯矩数值后，作出弯矩图（见图 6-10c）。

由图可知，最大剪力位于两支座内侧横截面上，其数值均为 $|F_S|_{\max} = ql/2$；最大弯矩位于梁的跨中截面上，其值为 $M_{\max} = ql^2/8$。

例 6-4 图 6-11a 所示简支梁 AB，在 C 截面处作用一集中力 F。试作该梁的剪力图和弯矩图。

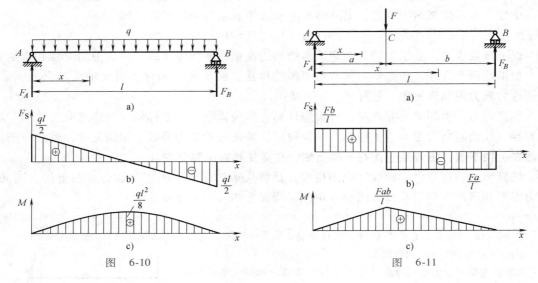

图 6-10 图 6-11

解：（1）求支反力。

由梁的平衡方程得

$$F_A = \frac{Fb}{l}(\uparrow), \quad F_B = \frac{Fa}{l}(\uparrow)$$

（2）列剪力方程和弯矩方程。

由于 C 截面处受集中力 F 作用，AC 与 BC 两段的剪力方程和弯矩方程不同，因此要分段列方程和作图。

梁的剪力方程为

$$F_S(x) = \begin{cases} \dfrac{Fb}{l} & (0 < x < a) \tag{a} \\[3mm] -\dfrac{Fa}{l} & (a < x < l) \tag{b} \end{cases}$$

梁的弯矩方程为

$$M(x) = \begin{cases} \dfrac{Fb}{l}x & (0 \le x \le a) \tag{c} \\[3mm] \dfrac{Fa}{l}(l-x) & (a \le x \le l) \tag{d} \end{cases}$$

（3）作剪力图和弯矩图。

由式（a）、式（b）作出剪力图（见图 6-11b）。由图可见，在集中力 F 作用处剪力图发生突变，突变值等于该集中力的大小。当 $a<b$ 时，$F_{Smax}=Fb/l$，位于 AC 段梁的各横截面。

由式（c）、式（d）作出弯矩图（见图 6-11c）。由图可见，在集中力 F 作用处，弯矩图出现斜率改变的转折点，此截面出现最大值 $M_{max}=Fab/l$。

例 6-5 图 6-12a 所示简支梁 AB，在 C 截面处作用一集中力偶 M_e。试作梁的剪力图和弯矩图。

解：（1）求支反力。

由梁的平衡方程得

$$F_A=\frac{M_e}{l}(\uparrow)，\quad F_B=\frac{M_e}{l}(\downarrow)$$

（2）列剪力方程和弯矩方程。

剪力方程为

$$F_S(x)=F_A=\frac{M_e}{l}\qquad(0<x<l)\qquad(a)$$

弯矩方程为

$$M(x)=\begin{cases}F_Ax=\dfrac{M_ex}{l} & (0\leqslant x<a)\qquad(b)\\[3mm] -F_B(l-x)=-\dfrac{M_e(l-x)}{l} & (a<x\leqslant l)\qquad(c)\end{cases}$$

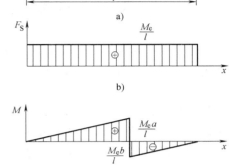

b)

（3）作剪力图和弯矩图。

根据剪力方程和弯矩方程作出梁的剪力图（见图 6-12b）和弯矩图（见图 6-12c）。由图可知全梁 $F_{Smax}=M_e/l$；若 $a>b$，最大弯矩位于 C 的左邻截面上，其值为 $M_{max}=M_ea/l$。由弯矩图还可以看到，在集中力偶 M_e 作用处，弯矩图发生突变，突变值等于集中力偶矩的大小。

图 6-12

例 6-6 试作图 6-13a 所示简支梁 AB 的剪力图和弯矩图。

解：（1）求支反力。

由平衡方程得

$$F_A=\frac{qa}{4}(\uparrow)，\quad F_B=\frac{3qa}{4}(\uparrow)$$

（2）列剪力方程和弯矩方程。

对于 AC 段，坐标原点取 A 点，用 x_1 表示横截面的位置，对于 BC 段，为简单起见，取 B 点为坐标原点，用 x_2 表示横截面的位置。梁的剪力方程为

$$F_S(x_1)=F_A=\frac{qa}{4}\qquad(0<x_1\leqslant a)\qquad(a)$$

$$F_S(x_2)=-F_B+qx_2=-\frac{3qa}{4}+qx_2\qquad(0<x_2\leqslant a)\qquad(b)$$

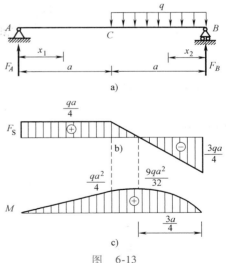

梁的弯矩方程为

$$M(x_1)=F_Ax_1=\frac{qax_1}{4}\qquad(0\leqslant x_1\leqslant a)\qquad(c)$$

$$M(x_2)=F_Bx_2-\frac{qx_2^2}{2}=\frac{3qax_2}{4}-\frac{qx_2^2}{2}\qquad(0\leqslant x_2\leqslant a)\qquad(d)$$

图 6-13

由式（a）、式（b）作出梁的剪力图（见图 6-13b），由式（c）、式（d）作出弯矩图（见图 6-13c）。

AC 段弯矩图为斜直线，在 $x_1=a$ 处（C 截面）弯矩值为 $qa^2/4$。CB 段弯矩图为抛物线，令 $\dfrac{dM(x_2)}{dx_2}=0$，得

$x_2 = \dfrac{3a}{4}$，即在 $x_2 = \dfrac{3a}{4}$ 处，弯矩有极值

$$M_{max} = \frac{3qa}{4} \times \frac{3a}{4} - \frac{q}{2} \times \left(\frac{3a}{4}\right)^2 = \frac{9}{32}qa^2$$

一般来说，梁的内力图与坐标系的选取无关，因此以后画内力图时可以不画坐标轴，画成图 6-13b、c 所示那样即可。

6.4 剪力、弯矩和分布载荷集度间的微分关系

微课

弯曲内力微分
关系的推导

梁在载荷作用下会产生剪力和弯矩。下面通过研究剪力、弯矩与载荷集度间的相互关系，绘制剪力图和弯矩图。

1. 剪力、弯矩与分布载荷集度间的微分关系

设直梁上作用有任意载荷（见图 6-14a），其中分布载荷集度 $q(x)$ 是 x 的连续函数，并规定向上为正。坐标轴的选取如图 6-14a 所示。在 x 截面处截出长为 dx 的微段（见图 6-14b）进行研究。设截面 $m—m$ 的剪力和弯矩分别为 $F_S(x)$ 和 $M(x)$，截面 $n—n$ 上的剪力和弯矩分别为 $F_S(x) + dF_S(x)$ 和 $M(x) + dM(x)$，它们均设为正值。微段梁上的分布载荷可视为均匀分布。

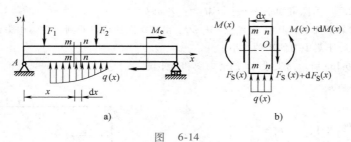

图 6-14

在上述各力的作用下，微段梁处于平衡状态，平衡方程为

$$\sum F_y = 0, \quad F_S(x) + q(x)dx - [F_S(x) + dF_S(x)] = 0$$

从而得到

$$\frac{dF_S(x)}{dx} = q(x) \tag{6-1}$$

以及

$$\sum M_O = 0, \quad [M(x) + dM(x)] - M(x) - F_S(x)dx - q(x)dx\frac{dx}{2} = 0$$

略去二阶微量，即得

$$\frac{dM(x)}{dx} = F_S(x) \tag{6-2}$$

由式（6-1）、式（6-2）又可得

$$\frac{d^2M(x)}{dx^2} = q(x) \tag{6-3}$$

以上三式就是弯矩 $M(x)$、剪力 $F_S(x)$ 和载荷集度 $q(x)$ 之间的微分关系式。这些**微分关系的几何意义**是：剪力图某点处的切线斜率等于梁上对应截面处的载荷集度；弯矩图某点处的切线斜率等于梁上对应截面处的剪力；弯矩图某点处的二阶导数，即斜率的变化率等于梁上对应截面处的载荷集度。

上述微分关系式实际上代表微段梁的平衡方程，反映的是梁的内力与连续分布外力之间的关系。有了这些关系，就使得我们可以根据梁上外力直接画出梁的剪力图和弯矩图，而不必再写剪力方程和弯矩方程。这对梁的内力分析很有意义。

2. 利用微分关系绘制剪力图和弯矩图

根据上述微分关系式，可以得出梁上载荷、剪力图和弯矩图之间的如下规律。

（1）梁上某段无分布载荷作用 在无分布载荷作用的梁段上，由于 $q(x)=0$，从而有 $F_S(x)=$ 常数，$M(x)$ 是 x 的一次函数。因此，此段梁的剪力图为平行于梁轴的直线，弯矩图为斜直线。若 $F_S>0$，M 图斜率为正，该直线向右上方倾斜；若 $F_S<0$，M 图斜率为负，该直线向右下方倾斜。

因此当梁上没有分布载荷作用时，剪力图和弯矩图一定是由直线构成的。

（2）梁上某段受均布载荷作用 在均布载荷作用的梁段，由于 $q(x)=$ 常数，此时 F_S 为 x 的一次函数，$M(x)$ 为 x 的二次函数。因此，剪力图为斜直线，弯矩图为抛物线。

若 $q>0$（即 q 向上）时，F_S 图斜率为正，M 图为开口朝上的抛物线。若 $q<0$（即 q 向下）时，F_S 图斜率为负，M 图为开口朝下的抛物线。对应于 $F_S=0$ 的截面，弯矩图有极值点。但应注意，极值弯矩对全梁而言不一定是弯矩最大（或最小）值。

上述关系也可用于对梁的剪力图、弯矩图进行校核。

例 6-7 外伸梁受力如图 6-15a 所示，试利用弯矩、剪力与分布载荷集度之间的微分关系作梁的剪力图和弯矩图。

解：（1）计算支反力。

由梁的平衡方程求得

$$F_A=F_B=\frac{F}{2}(\uparrow)$$

（2）作剪力图。

根据外力间断情况，将梁分为 AB 和 BC 两段，自左至右作剪力图。

AB 段：由 $q(x)=0$，F_S 图为水平线。由 $F_{SA右}=F_A=F/2$，作水平线至 B 截面左侧。

BC 段：仍有 $q(x)=0$，F_S 图为水平线。由 $F_{SB右}=F$，作水平线至 C 截面。B 处剪力的突变值等于 F_B。

由剪力图（见图 6-15b）可见，A、B、C 三处剪力的突变值分别等于 A、B、C 三处集中力 F_A、F_B、F 的值。$F_{S\max}=F$，位于 BC 段梁的任一横截面。

（3）作弯矩图。

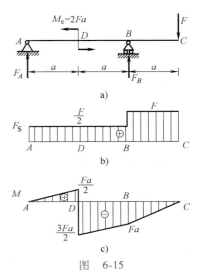

图 6-15

133

根据外力间断情况，将梁分为 AD、DB 和 BC 三段，各段梁的剪力图均为水平直线，弯矩图应为斜直线。将各段的起点和终点称为控制截面，计算各控制截面的弯矩值，分别为

$$M_A = 0, \quad M_{D左} = \frac{Fa}{2}, \quad M_{D右} = -\frac{3Fa}{2}, \quad M_B = -Fa, \quad M_C = 0$$

根据以上数值确定相应的点，依次连直线，即得到梁的弯矩图，如图 6-15c 所示。

由弯矩图可见，在 D 截面处弯矩突变值等于该处外力偶矩的大小，而 AD 和 DB 段梁的剪力相同，故两段弯矩图斜率相同，是两条互相平行的斜直线。B 截面剪力图发生突变，弯矩图的斜率也相应地发生改变，使弯矩图在 B 处出现一个折点。$|M|_{max} = 3Fa/2$，位于 D 截面右侧。

例 6-8 试利用 M、F_S 与 q 之间的微分关系作图 6-16a 所示外伸梁的剪力图和弯矩图。

解：（1）计算支反力。

由梁的平衡方程求得

$$F_A = 8kN(\uparrow), \quad F_B = 3kN(\uparrow)$$

（2）作剪力图。

根据外力间断情况，将梁分为三段，自左至右作图。

CA 段：$q(x) = 0$，F_S 图为水平线。由 $F_{SC右} = -3kN$，作水平线至 A 截面左侧。

AD 段：仍有 $q(x) = 0$，F_S 图为水平线。由 $F_{SA右} = 5kN$，作水平线至 D 截面。A 处剪力的突变值等于 F_A。

DB 段：梁上有向下的均布载荷，F_S 图应为负斜率直线，由 $F_{SD} = 5kN$，$F_{SB左} = -3kN$ 可连成该直线。集中力偶作用处剪力无变化。

由剪力图（见图 6-16b）可见，最大剪力位于 AD 段的任一横截面，其值为 $F_{Smax} = 5kN$。

（3）作弯矩图。

CA 段和 AD 段都无分布载荷作用，M 图应为直线，计算各控制截面的弯矩值，分别为

$$M_C = 0, M_A = -3kN \cdot m, \quad M_{D左} = 2kN \cdot m$$

将对应各点依次用直线相连，即得到 CAD 段的 M 图。

DB 段：梁上有向下均布载荷，M 图为上凸抛物线。D 截面有集中力偶 M_e，故弯矩图发生突变，$M_{D右} = -4kN \cdot m$。对应于 F_S 图上 $F_S = 0$ 的 E 截面，弯矩有极值。利用 $F_{SE} = 0$ 的条件确定其位置，即

$$F_{SE} = -3kN + 8kN - qx = 0$$

得

$$x = 2.5m$$

$$M_E = F_B(4m - 2.5m) - q \times 1.5m \times \frac{1.5m}{2} = 2.25kN \cdot m$$

另外，有 $M_B = 0$。

根据以上数值作出弯矩图（见图 6-16c）。最大弯矩在 D 截面右侧，即 $|M|_{max} = 4kN \cdot m$。

讨论 当弯矩图为抛物线时，用平衡法计算弯矩图中极值点的弯矩值不太方便，这时通过对微分关系 $\frac{dM(x)}{dx} = F_S(x)$ 作定积分，便可快速而准确地确定该段弯矩值的增量：

$$M(b) - M(a) = \int_a^b F_S(x) dx = A_{ab}(F_S)$$

其中，a、b 分别代表一段梁两个端截面的位置，且 $a<b$。$A_{ab}(F_S)$ 代表这两个截面之间剪力图的面积，为代数值，$M(a)$、$M(b)$ 代表这两个截面上的弯矩。上式表明，梁上任意两个横截面弯矩值之差，等于这两

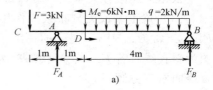

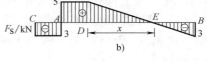

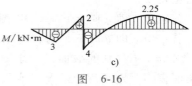

图 6-16

个横截面之间剪力图的面积；或一个截面的弯矩，等于此截面左边任一截面的弯矩值，加上这两个截面之间的剪力图面积。须注意弯矩和剪力都是代数值。现利用这种关系，计算例 6-8 中 DB 段弯矩图的极值。

由 F_S 图中 DB 段相似三角形对应边的比例关系，可得 $DE = 2.5\text{m}$，$EB = 1.5\text{m}$，DE 段 F_S 图面积 A_{DE} $(F_S) = 6.25\text{kN} \cdot \text{m}$。由 $M_E - M_D = A_{DE}(F_S)$，有

$$M_E = M_D + A_{DE}(F_S) = -4\text{kN} \cdot \text{m} + 6.25\text{kN} \cdot \text{m} = 2.25\text{kN} \cdot \text{m}$$

或者由

$$M_B - M_E = A_{EB}(F_S), \quad A_{EB}(F_S) = 1.5\text{m} \times (-3\text{kN})/2 = -2.25\text{kN} \cdot \text{m}$$

得

$$M_E = M_B - A_{EB}(F_S) = 0 - (-2.25\text{kN} \cdot \text{m})$$
$$= 2.25\text{kN} \cdot \text{m}$$

例 6-9 图 6-17a 所示多跨静定梁是在 C 处利用中间铰连接而成的。试作该梁的剪力图和弯矩图。

解：（1）求支反力。

从中间铰 C 处将多跨静定梁拆分成 AC 和 CD 两部分，以 F_{Cx} 和 F_{Cy} 表示两部分间的相互作用力（见图 6-17b、c）。

根据 CD 部分（见图 6-17b）的平衡条件可求得

$$F_{Cx} = 0, \quad F_{Cy} = \frac{qa}{2}, \quad F_B = qa(\uparrow)$$

再根据 AC 部分（见图 6-17c）的平衡条件求得

$$F_A = \frac{3qa}{2}(\uparrow), \quad M_A = -qa^2$$

（2）作剪力图。

AC 段 $q<0$，F_S 图为右下斜直线，CB 段和 BD 段 $q=0$，F_S 图均为水平直线。由下列控制截面的剪力值

$$F_{SA右} = \frac{3qa}{2}, \quad F_{SC} = -\frac{qa}{2}, \quad F_{SB左} = -\frac{qa}{2},$$

$$F_{SB右} = \frac{qa}{2}, \quad F_{SD左} = \frac{qa}{2}$$

可作出剪力图（见图 6-17d）。$F_{S\max} = 3qa/2$，位于 A 截面右侧。

（3）作弯矩图。

AC 段 $q<0$，M 为上凸抛物线，对应于 $F_S = 0$ 的 E 截面处 M 有极值。由 AC 段剪力图得

$$AE = \frac{3a}{2}$$

故

$$M_E = M_A + A_{AE}(F_S) = -qa^2 + \frac{9qa^2}{8} = \frac{qa^2}{8}$$

由下列控制截面的弯矩值可作出 AC 段的弯矩图。

$$M_{A右} = -qa^2, \quad M_E = \frac{qa^2}{8}, \quad M_C = 0$$

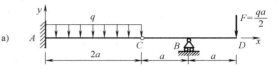

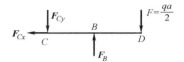

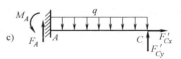

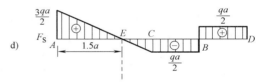

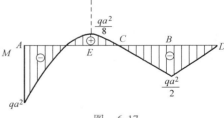

图 6-17

CB 段和 BD 段 $q=0$，M 图都为斜直线，由下列控制截面的弯矩值可作出这两段梁的弯矩图。

$$M_C = 0, \quad M_B = -qa^2, \quad M_D = 0$$

由全梁的弯矩图（见图 6-17e）可知，最大弯矩位于 A 截面右侧，其值为 $|M|_{max} = qa^2$。

3. 叠加法作弯矩图

在小变形条件下，当梁上有几个载荷共同作用时，任意横截面上的内力与各载荷呈线性关系（见图 6-18）。每一载荷引起的弯矩与其他载荷无关。梁在几个载荷共同作用下产生的内力等于各载荷单独作用产生的内力的代数和，此即为内力的**叠加原理**。

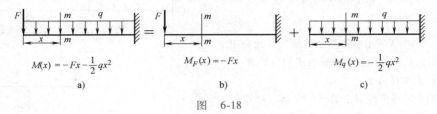

图 6-18

梁的弯矩可根据叠加原理求得，弯矩图也可依此原理做出，即几个载荷共同作用下的弯矩图等于每个载荷单独作用下弯矩图之和。这种作图方法称为**叠加法**。用叠加法作弯矩图可为后续梁的变形计算提供方便。

例 6-10 简支梁受载荷如图 6-19a 所示，试用叠加法作 M 图，并求梁的最大弯矩。

解：（1）作弯矩图。

将梁上的分布载荷分解为两部分，跨中部分载荷单独作用下（见图 6-19b）的弯矩图如图 6-19e 所示，两端外伸段载荷单独作用下（见图 6-19c）的弯矩图如图 6-19f 所示。这两个弯矩图正负号相反，叠加时两图重合的部分正负抵消（见图 6-19d）。剩下的部分即代表叠加后的弯矩值，仍为抛物线。将重叠部分删除后即为通常形式的弯矩图（见图 6-19g）。

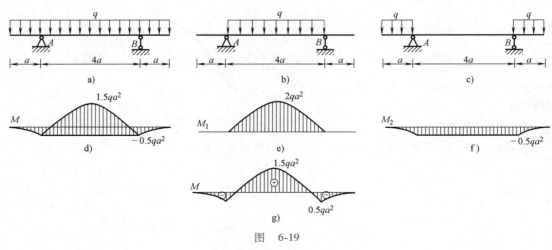

图 6-19

（2）求最大弯矩。

由图 6-19g 可知，$M_{max} = 3qa^2/2$。

习 题

6-1 试求图 6-20 所示各梁中指定截面上的剪力和弯矩。

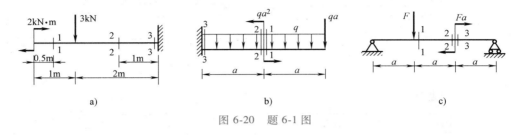

图 6-20 题 6-1 图

6-2 试写出图 6-21 所示各梁的剪力方程和弯矩方程，并作剪力图和弯矩图，求 $|F_S|_{max}$ 和 $|M|_{max}$。

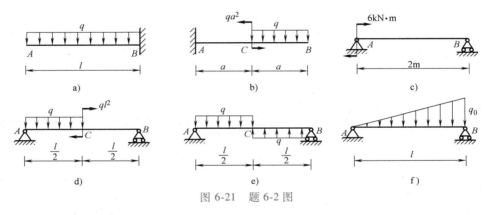

图 6-21 题 6-2 图

6-3 利用弯矩 M、剪力 F_S 和载荷集度 q 之间的微分关系作图 6-22 所示各梁的剪力图和弯矩图，并求

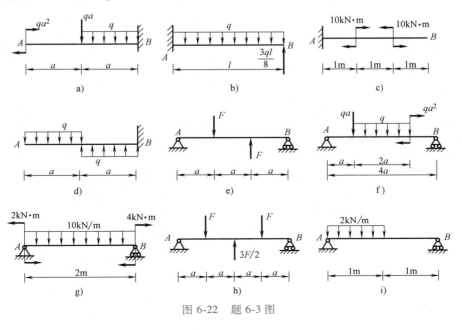

图 6-22 题 6-3 图

$|F_S|_{max}$ 和 $|M|_{max}$。

6-4 试作图 6-23 所示各多跨静定梁的剪力图和弯矩图。

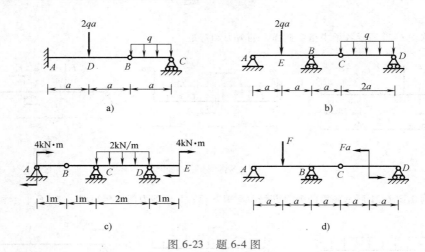

a)   b)

c)   d)

图 6-23 题 6-4 图

6-5 试检查图 6-24 所示各梁的剪力图和弯矩图，指出并改正图中的错误。

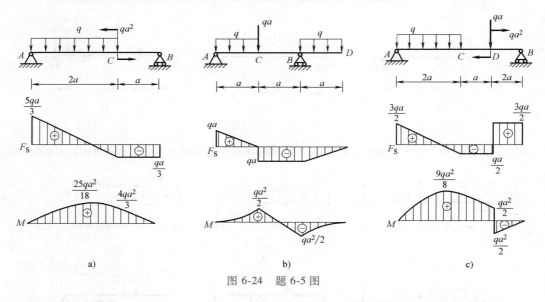

a)   b)   c)

图 6-24 题 6-5 图

6-6 已知梁的剪力图如图 6-25 所示，试作梁的载荷图和弯矩图。已知梁上没有集中力偶作用。

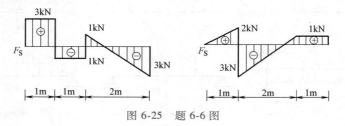

图 6-25 题 6-6 图

6-7 已知梁的弯矩图如图 6-26 所示，试作梁的载荷图和剪力图。

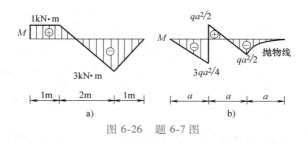

图 6-26　题 6-7 图

6-8　已知右端 B 为固定端的悬臂梁的剪力图如图 6-27 所示，梁上除支反力偶外，无其他力偶作用。试作此梁的弯矩图和载荷图，求出支反力和支反力偶，并在载荷图上标注出其方向或转向。

6-9　用钢绳起吊一根单位长度上自重为 q、长度为 l 的等截面钢筋混凝土如图 6-28 所示。试问吊点 x 的合理取值为多少？

6-10　一端外伸梁在其全长上受均布载荷 q 作用，如图 6-29 所示。欲使梁的最大弯矩值为最小，试求相应的外伸端长 a 与梁长 l 之比。

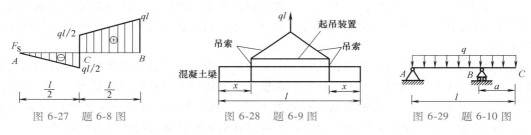

图 6-27　题 6-8 图　　　　图 6-28　题 6-9 图　　　　图 6-29　题 6-10 图

6-11　桥式起重机的大梁 AB 如图 6-30 所示，梁上的小车可沿梁移动，两个轮子对梁的压力分别为 F_1、F_2，且 $F_1 > F_2$。试问：

（1）小车位置 x 为何值时，梁内的弯矩最大？最大弯矩等于多少？

（2）小车位置 x 为何值时，梁的支反力最大？最大支反力和最大剪力各等于多少？

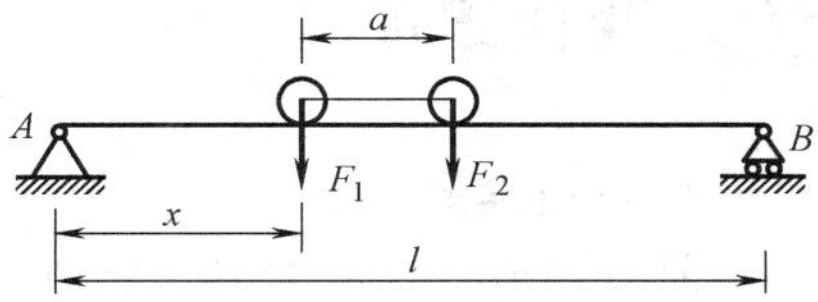

6-12　试用叠加法作图 6-31 所示各梁的 M 图。

图 6-30　题 6-11 图

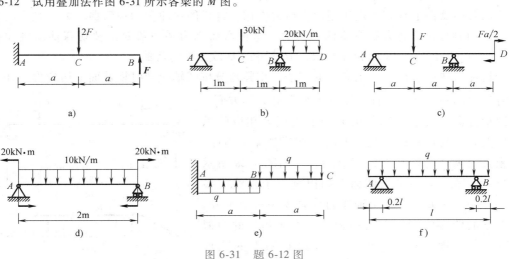

图 6-31　题 6-12 图

7 第7章 弯曲应力

7.1 引言

上一章讨论了梁弯曲时的内力——剪力和弯矩。但是，要解决梁的弯曲强度问题，只了解梁的内力是不够的，还必须研究梁的弯曲应力，必须知道梁在弯曲时，横截面上各点应力的分布情况。

在一般情况下，横截面上有两种内力——剪力和弯矩。由于剪力是横截面上切向内力系的合力，所以它必然与切应力有关；而弯矩是横截面上法向内力系的合力偶矩，所以它必然与正应力有关。由此可见，梁横截面上有剪力 F_S 时，就必然有切应力 τ；有弯矩 M 时，就必然有正应力 σ。为了解决梁的强度问题，本章将分别研究正应力与切应力的规律。

7.2 弯曲正应力

1. 纯弯曲梁的正应力

由前节知道，正应力只与横截面上的弯矩有关，而与剪力无关。因此，先从横截面上只有弯矩，而无剪力作用的弯曲情况入手，来讨论弯曲正应力问题。

梁的各横截面上只有弯矩作用而无剪力作用，这样的弯曲称为**纯弯曲**。如果在梁的各横截面上，同时存在着剪力和弯矩两种内力，这种弯曲称为**横力弯曲**或**剪切弯曲**。例如在图 7-1 所示的简支梁中，*BC* 段为纯弯曲，*AB* 段和 *CD* 段为横力弯曲。

分析纯弯曲梁横截面上正应力的方法、步骤与分析圆轴扭转时横截面上切应力一样，需要综合考虑问题的变形方面、物理方面和静力学方面。

变形方面 为了研究与横截面上正应力相应的纵向线应变，首先观察梁在纯弯曲时的变形现象。为此，取一根具有纵向对称平面的等直梁，例如图 7-2a 所示的矩形截面梁，并在梁的侧面上画出垂直于轴线的横向线 *m—m*、*n—n* 和平行于轴线的纵向线 *a—a*、*b—b*。然后在梁的两端施加一对大小相等、方向相反的力偶 *M*，使梁产生纯弯曲。此时可以观察到如下的变形现象。

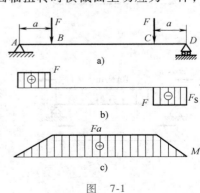

图　7-1

纵向线弯曲后变成了弧线 $a'a'$、$b'b'$，靠顶面的 aa 线缩短，靠底面的 bb 线伸长。横向线 $m—m$、$n—n$ 在梁变形后仍为直线，但相对转过了一定的角度，且仍与弯曲后的纵向线保持正交，如图 7-2b 所示。

梁内部的变形情况无法直接观察，但根据梁表面的变形现象对梁内部的变形进行如下假设：

（1）**平面假设**　梁所有的横截面变形后仍为平面，且仍垂直于变形后的梁的轴线。

（2）**单向受力假设**　梁由许许多多根纵向纤维组成，各纤维之间没有相互挤压，每根纤维均处于简单拉伸或压缩的单向受力状态。

纯弯曲变形
的特点

根据平面假设，前面由实验观察到的变形现象已经可以推广到梁的内部。即梁在纯弯曲变形时，横截面保持平面并相对转动，相应于图 7-2，靠近上半部的纵向纤维缩短，靠近下半部的纵向纤维伸长。由于变形的连续性，中间必有一层纵向纤维既不伸长也不缩短，这层纤维称为**中性层**（见图 7-3）。中性层与横截面的交线称为**中性轴**。由于外力偶作用在梁的纵向对称平面内，因此梁的变形也应对称于此平面，在横截面上就是对称于对称轴。所以中性轴必然垂直于对称轴，但具体在哪个位置，目前还不能确定。

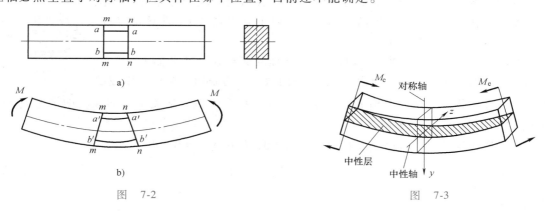

图　7-2　　　　　　　　　　　　　图　7-3

考察纯弯曲梁某一微段 $\mathrm{d}x$ 的变形（见图 7-4）。设弯曲变形以后，微段左右两横截面的相对转角为 $\mathrm{d}\theta$，则距中性层为 y 处的任一层纵向纤维 bb 变形后的弧长为

$$b'b' = (\rho+y)\,\mathrm{d}\theta$$

式中，ρ 为中性层的曲率半径。该层纤维变形前的长度 OO 与中性层处纵向纤维 $O'O'$ 长度相等，又因为变形前、后中性层内纤维 OO 的长度不变，故有

$$bb = OO = O'O' = \rho\mathrm{d}\theta$$

由此得距中性层为 y 处的任一层纵向纤维的线应变

$$\varepsilon = \frac{b'b'-bb}{bb} = \frac{(\rho+y)\,\mathrm{d}\theta-\rho\mathrm{d}\theta}{\rho\mathrm{d}\theta} = \frac{y}{\rho} \tag{a}$$

式（a）表明，线应变 ε 随 y 按线性规律变化。

物理方面　根据单向受力假设，且材料在拉伸及压缩时的弹性模量 E 相等，则由胡克定律，得

$$\sigma = E\varepsilon = E\,\frac{y}{\rho} \tag{b}$$

式（b）表明，纯弯曲时的正应力按线性规律变化，横截面上中性轴处，$y=0$，因而 $\sigma=0$，中性轴两侧，一侧受拉应力，另一侧受压应力，与中性轴距离相等各点的正应力数值相等（见图 7-5）。

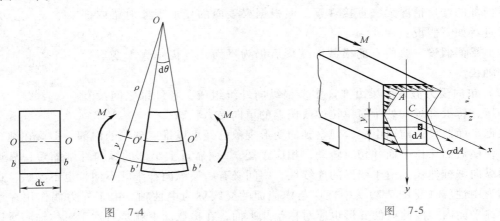

图 7-4　　　　　　　　　　　　　　　　图 7-5

静力学方面　虽然已经求得了由式（b）表示的正应力分布规律，但因曲率半径 ρ 和中性轴的位置尚未确定，所以不能用式（b）计算正应力，还必须用静力学关系来解决。

在图 7-5 中，取中性轴为 z 轴，过 z、y 轴的交点并沿横截面外法线方向的轴为 x 轴，作用于微元面积 $\mathrm{d}A$ 上的法向微内力为 $\sigma\mathrm{d}A$。在整个横截面上，各微元面积上的微内力构成一个空间平行力系。由静力学关系可知，应满足 $\sum F_x=0$，$\sum M_y=0$，$\sum M_z=0$ 三个平衡方程。

由于所讨论的梁横截面上没有轴力，$F_N=0$，故由 $\sum F_x=0$，得

$$F_N=\int_A \sigma\mathrm{d}A=0 \tag{c}$$

将式（b）代入式（c），得

$$\int_A \sigma\mathrm{d}A=\int_A E\frac{y}{\rho}\mathrm{d}A=\frac{E}{\rho}\int_A y\mathrm{d}A=\frac{E}{\rho}S_z=0$$

式中，E/ρ 不为零，故必有静矩 $S_z=\int_A y\mathrm{d}A=0$，由附录 A 平面图形的几何性质知道，只有当 z 轴通过截面形心时，静矩 S_z 才等于零。由此可得结论：中性轴 z 通过横截面的形心。这样就完全确定了中性轴在横截面上的位置。

由于所讨论的梁横截面上没有内力偶 M_y，因此由 $\sum M_y=0$，得

$$M_y=\int_A z\sigma\mathrm{d}A=0 \tag{d}$$

将式（b）代入式（d），得

$$\int_A z\sigma\mathrm{d}A=\frac{E}{\rho}\int_A yz\mathrm{d}A=\frac{E}{\rho}I_{yz}=0$$

上式中，由于 y 轴为对称轴，故 $I_{yz}=0$，平衡方程 $\sum M_y=0$ 自然满足。

纯弯曲时各横截面上的弯矩 M 均相等。因此，由 $\sum M_z=M$，得

$$M = \int_A y\sigma \mathrm{d}A \qquad\qquad (\text{e})$$

将式（b）代入式（e），得

$$M = \int_A yE\frac{y}{\rho}\mathrm{d}A = \frac{E}{\rho}\int_A y^2 \mathrm{d}A = \frac{E}{\rho}I_z \qquad\qquad (\text{f})$$

由式（f）得

$$\frac{1}{\rho} = \frac{M}{EI_z} \qquad\qquad (7\text{-}1)$$

式中，$1/\rho$ 为中性层的曲率；EI_z 为**抗弯刚度**，弯矩相同时，梁的抗弯刚度越大，梁的曲率越小。最后，将式（7-1）代入式（b），导出横截面上的弯曲正应力公式为

$$\sigma = \frac{My}{I_z} \qquad\qquad (7\text{-}2)$$

式中，M 为横截面上的弯矩；I_z 为横截面对中性轴的惯性矩；y 为横截面上待求应力点的 y 坐标。应用此公式时，也可将 M、y 均代入绝对值，σ 是拉应力还是压应力可根据梁的变形情况直接判断。以后例题分析均采用这种方法，以中性轴为界，梁的凸出一侧为拉应力，凹入一侧为压应力。

以上分析中，虽然把梁的横截面画成矩形，但在导出公式的过程中，并没有使用矩形的几何性质。所以，只要梁横截面有一个对称轴，而且载荷作用于对称轴所在的纵向对称平面内，式（7-1）和式（7-2）就适用。

由式（7-2）可见，横截面上的最大弯曲正应力发生在距中性轴最远的点上。用 $y_{\max}$ 表示最远点至中性轴的距离，则最大弯曲正应力为

$$\sigma_{\max} = \frac{My_{\max}}{I_z}$$

上式可改写为

$$\sigma_{\max} = \frac{M}{W_z} \qquad\qquad (7\text{-}3)$$

其中

$$W_z = \frac{I_z}{y_{\max}} \qquad\qquad (7\text{-}4)$$

为**抗弯截面系数**，是仅与截面形状及尺寸有关的几何量，量纲为 L^3。高度为 h、宽度为 b 的矩形截面梁，其抗弯截面系数为

$$W_z = \frac{bh^3/12}{h/2} = \frac{bh^2}{6}$$

直径为 D 的圆形截面梁的抗弯截面系数为

$$W_z = \frac{\pi D^4/64}{D/2} = \frac{\pi D^3}{32}$$

工程中常用的各种型钢，其抗弯截面系数可从附录 B 型钢表中查得。当横截面对中性轴不对称时，其最大拉应力及最大压应力将不相等。用式（7-3）计算最大拉应力时，可在式（7-4）中取 $y_{\max}$ 等于最大拉应力点至中性轴的距离；计算最大压应力时，在式（7-4）中应

取 y_{max} 等于最大压应力点至中性轴的距离。

例 7-1 受纯弯曲的空心圆截面梁如图 7-6a 所示。已知：弯矩 $M = 1kN \cdot m$，外径 $D = 50mm$，内径 $d = 25mm$。试求横截面上 a、b、c 及 d 四点的应力，并绘制过 a、b 两点的直径线及过 c、d 两点弦线上各点的应力分布图。

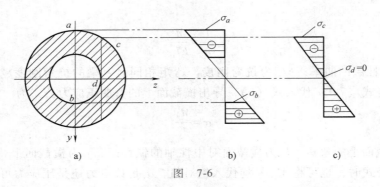

图 7-6

解：（1）求 I_z。

$$I_z = \frac{\pi(D^4 - d^4)}{64} = \left[\frac{\pi(50^4 - 25^4)}{64} \times (10^{-3})^4 \right] m^4 = 2.88 \times 10^{-7} m^4$$

（2）求 σ。

a 点：

$$y_a = \frac{D}{2} = 25mm$$

$$\sigma_a = \frac{M}{I_z} y_a = \left(\frac{1 \times 10^3}{2.88 \times 10^{-7}} \times 25 \times 10^{-3} \right) Pa = 86.8MPa (压应力)$$

b 点：

$$y_b = \frac{d}{2} = 12.5mm$$

$$\sigma_b = \frac{M}{I_z} y_b = \left(\frac{1 \times 10^3}{2.88 \times 10^{-7}} \times 12.5 \times 10^{-3} \right) Pa = 43.4MPa (拉应力)$$

c 点：

$$y_c = \left(\frac{D^2}{4} - \frac{d^2}{4} \right)^{\frac{1}{2}} = \left(\frac{50^2}{4} - \frac{25^2}{4} \right)^{\frac{1}{2}} mm = 21.7mm$$

$$\sigma_c = \frac{M}{I_z} y_c = \left(\frac{1 \times 10^3}{2.88 \times 10^{-7}} \times 21.7 \times 10^{-3} \right) Pa = 75.3MPa (压应力)$$

d 点：

$$y_d = 0$$

$$\sigma_d = \frac{M}{I_z} y_d = 0$$

给定的弯矩为正值，梁是凹的，故 a 及 c 点是压应力，而 b 点是拉应力。过 a、b 的直径线及过 c、d 的弦线上的应力分布图如图 7-6b、c 所示。

2. 横力弯曲梁的正应力

式（7-2）是纯弯曲情况下以两个假设为基础导出的。工程上最常见的弯曲问题是横力弯曲。在此情况下，梁的横截面上不仅有弯矩，而且有剪力。由于剪力的影响，弯曲变形后，梁的横截面将不再保持为平面，即发生所谓的"翘曲"现象，如图 7-7a 所示。但当剪力为常量时，各横截面的翘曲情况完全相同，因而纵向纤维的伸长和缩短与纯弯曲时没有差异。图 7-7b 表示从变形后的横力弯曲梁上截取的微段，由图可见，截面翘曲后，任一层纵向纤维的弧长 $A'B'$，与横截面保持平面时该层纤维的弧长完全相等，即 $A'B' = AB$。所以，

对于剪力为常量的横力弯曲，纯弯曲正应力公式（7-2）仍然适用。当梁上作用有分布载荷，横截面上的剪力连续变化时，各横截面的翘曲情况有所不同。此外，由于分布载荷的作用，使得平行于中性层的各层纤维之间存在挤压应力。但理论分析结果表明，对于横力弯曲梁，当跨度与高度之比 l/h 大于 5 时，纯弯曲正应力计算公式（7-2）仍然是适用的，其结果能够满足工程精度要求。

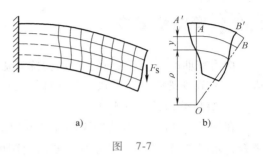

图　7-7

例 7-2　槽形截面梁如图 7-8a 所示，试求梁横截面上的最大拉应力。

解： 绘 M 图，得 B、E 两截面的弯矩 $M_B = -10\text{kN·m}$，$M_E = 7.5\text{kN·m}$，如图 7-8b 所示。

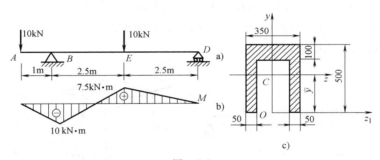

图　7-8

求截面的形心及对形心轴的惯性矩，取参考坐标系 Oz_1y，如图 7-8c 所示，得截面形心 C 的纵坐标

$$\bar{y} = \frac{350 \times 500 \times 250 - 250 \times 400 \times 200}{350 \times 500 - 250 \times 400}\text{mm} = 317\text{mm}$$

因 y 为对称轴，故

$$\bar{z}_1 = 0$$

过形心 C 取 z 轴，截面对 z 轴的惯性矩为

$$I_z = \left\{ \frac{1}{12} \times 350 \times 500^3 + 350 \times 500 \times (317-250)^2 - \right.$$
$$\left. \left[\frac{1}{12} \times 250 \times 400^3 + 250 \times 400 \times (317-200)^2 \right] \right\}\text{mm}^4$$
$$= 1728 \times 10^6 \text{mm}^4$$

B 截面的最大拉应力为

$$\sigma_{tB} = \frac{|M_B|}{I_z}y_{\max} = \frac{10 \times 10^3 \times (500-317) \times 10^{-3}}{1728 \times 10^6 \times (10^{-3})^4}\text{Pa} = 1.06\text{MPa}$$

E 截面的最大拉应力为

$$\sigma_{tE} = \frac{M_E}{I_z} y_{max} = \frac{7.5 \times 10^3 \times 317 \times 10^{-3}}{1728 \times 10^6 \times (10^{-3})^4} Pa = 1.38 MPa$$

可见，梁的最大拉应力发生在 E 截面的下部边缘线上。

7.3 弯曲切应力

横力弯曲时，梁横截面上的内力除弯矩外还有剪力，因而在横截面上除正应力外还有切应力。本节按梁截面的形状，分几种情况讨论弯曲切应力。

1. 矩形截面梁的切应力

矩形截面梁
弯曲切应力

在图 7-9a 所示矩形截面梁的任意截面上，剪力 F_S 皆与截面的对称轴 y 重合，如图 7-9b 所示。现分析横截面内距中性轴为 y 处的某一横线，ss' 上的切应力分布情况。

根据切应力互等定理可知，在截面两侧边缘的 s 和 s' 处，切应力的方向一定与截面的侧边相切，即与剪力 F_S 的方向一致。而由对称关系知，横线中点处切应力的方向，也必然与剪力 F_S 的方向相同。因此可认为横线 ss' 上各点处切应力都平行于剪力 F_S。由以上分析，可对切应力的分布规律做以下两点假设：

1）横截面上各点切应力的方向均与剪力 F_S 的方向平行。

2）切应力沿截面宽度均匀分布。

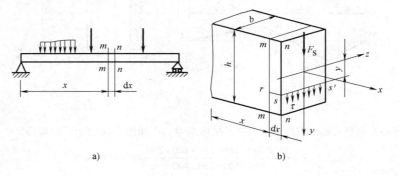

a)   b)

图　7-9

现以横截面 m—m 和 n—n 从图 7-9a 所示梁中取出长为 dx 的微段，如图 7-10a 所示。设作用于微段左、右两侧横截面上的剪力为 F_S，弯矩分别为 M 和 $M+dM$，再用距中性层为 y 的 rs 截面取出一部分 $mnsr$，如图 7-10b 所示。该部分的左右两个侧面 mr 和 ns 上分别作用有由弯矩 M 和 $M+dM$ 引起的正应力 σ_{mr} 及 σ_{ns}。除此之外，两个侧面上还作用有切应力 τ。根据切应力互等定理，截出部分顶面 rs 上也作用有切应力 τ'，其值与距中性层为 y 处横截面上的切应力 τ 数值相等，如图 7-10b、c 所示。设截出部分 $mnsr$ 的两个侧面 mr 和 ns 上的法向微内力 $\sigma_{mr}dA$ 和 $\sigma_{ns}dA$ 合成的在 x 轴方向的法向内力分别为 F_{N1} 及 F_{N2}，则 F_{N2} 可表示为

$$F_{N2} = \int_{A_1} \sigma_{ns} dA = \int_{A_1} \frac{M+dM}{I_z} y_1 dA = \frac{M+dM}{I_z} \int_{A_1} y_1 dA = \frac{M+dM}{I_z} S_z^* \qquad (a)$$

同理

$$F_{N1} = \frac{M}{I_z} S_z^*$$ (b)

式中，A_1 为截出部分 $mnsr$ 侧面 ns 或 mr 的面积，以下简称为部分面积；S_z^* 为 A_1 对中性轴的静矩。

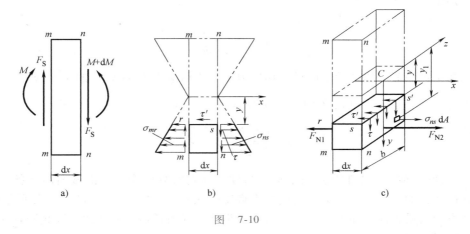

图 7-10

考虑截出部分 $mnsr$ 的平衡，如图 7-10c 所示。由 $\sum F_x = 0$，得

$$F_{N2} - F_{N1} - \tau' b \mathrm{d}x = 0$$ (c)

将式（a）及式（b）代入式（c），化简后得

$$\tau' = \frac{\mathrm{d}M}{\mathrm{d}x} \frac{S_z^*}{I_z b}$$

注意到上式中 $\frac{\mathrm{d}M}{\mathrm{d}x} = F_S$，并注意到 τ' 与 τ 数值相等，于是矩形截面梁横截面上的切应力计算公式为

$$\tau = \frac{F_S S_z^*}{I_z b}$$ (7-5)

式中，F_S 为横截面上的剪力；b 为截面宽度；I_z 为横截面对中性轴的惯性矩；S_z^* 为横截面上部分面积对中性轴的静矩。

对于给定的高为 h、宽为 b 的矩形截面（见图 7-11），计算出部分面积对中性轴的静矩如下：

$$S_z^* = \int_{A_1} y_1 \mathrm{d}A = \int_y^{h/2} b y_1 \mathrm{d}y_1 = \frac{b}{2}\left(\frac{h^2}{4} - y^2\right)$$

将上式代入式（7-5），得

$$\tau = \frac{F_S}{2I_z}\left(\frac{h^2}{4} - y^2\right)$$ (7-6)

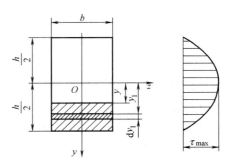

图 7-11

由式（7-6）可见，切应力沿截面高度按抛物线规律变化。当 $y = \pm h/2$ 时，$\tau = 0$，即截

面的上、下边缘线上各点的切应力为零。当 $y=0$ 时，切应力 τ 有极大值，这表明最大切应力发生在中性轴上，其值为

$$\tau_{\max}=\frac{F_S h^2}{8I_z}$$

将 $I_z=bh^3/12$ 代入上式，得

$$\tau_{\max}=\frac{3}{2}\frac{F_S}{bh} \tag{7-7}$$

可见，矩形截面梁横截面上的最大切应力为平均切应力 $F_S/(bh)$ 的 1.5 倍。

根据剪切胡克定律，由式（7-6）可知切应变

$$\gamma=\frac{\tau}{G}=\frac{F_S}{2GI_z}\left(\frac{h^2}{4}-y^2\right) \tag{7-8}$$

式（7-8）表明，横截面上的切应变沿截面高度按抛物线规律变化。沿截面高度各点具有按非线性规律变化的切应变，这就说明横截面将发生翘曲。由式（7-8）可见，当剪力 F_S 为常量时，横力弯曲梁各横截面上对应点的切应变相等，因而各横截面翘曲情况相同。这一情况已在之前做了说明。

例 7-3　矩形截面梁及横截面尺寸如图 7-12 所示。集中力 $F=88\mathrm{kN}$，试求 1—1 截面上的最大切应力以及 a、b 两点的切应力。

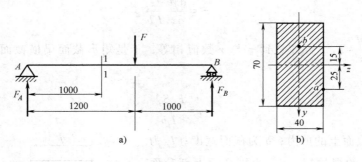

图　7-12

解：支反力 F_A、F_B 分别为 $F_A=40\mathrm{kN}$，$F_B=48\mathrm{kN}$。

1—1 截面上的剪力

$$F_{S1}=F_A=40\mathrm{kN}$$

截面对中性轴的惯性矩

$$I_z=\left[\frac{40\times70^3}{12}\times(10^{-3})^4\right]\mathrm{m}^4=1.143\times10^{-6}\mathrm{m}^4$$

截面上的最大切应力

$$\tau_{\max}=\frac{3}{2}\frac{F_{S1}}{A}=\frac{3\times40\times10^3}{2\times40\times70\times10^{-6}}\mathrm{Pa}=21.4\mathrm{MPa}$$

a 点的切应力

$$S_{az}^* = A_a y_a = \left\{ 40 \times \left(\frac{70}{2} - 25 \right) \times 10^{-6} \times \left[25 + \frac{1}{2} \times \left(\frac{70}{2} - 25 \right) \right] \times 10^{-3} \right\} m^3 = 1.2 \times 10^{-5} m^3$$

$$\tau_a = \frac{F_{S1} S_{az}^*}{I_z b} = \frac{40 \times 10^3 \times 1.2 \times 10^{-5}}{1.143 \times 10^{-6} \times 40 \times 10^{-3}} Pa = 10.5 MPa$$

b 点的切应力

$$S_{bz}^* = A_b y_b = \left\{ 40 \times \left(\frac{70}{2} - 15 \right) \times 10^{-6} \times \left[15 + \frac{1}{2} \times \left(\frac{70}{2} - 15 \right) \right] \times 10^{-3} \right\} m^3 = 2 \times 10^{-5} m^3$$

$$\tau_b = \frac{F_{S1} S_{bz}^*}{I_z b} = \frac{40 \times 10^3 \times 2 \times 10^{-5}}{1.143 \times 10^{-6} \times 40 \times 10^{-3}} Pa = 17.5 MPa$$

2. 工字形截面梁的切应力

工字形截面由上、下翼缘及腹板构成，如图 7-13a 所示，现分别研究腹板及翼缘上的切应力。

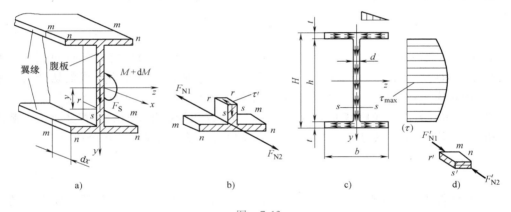

图　7-13

（1）工字形截面腹板部分的切应力　腹板是狭长矩形，因此关于矩形截面梁切应力分布的两个假设完全适用。在工字形截面梁上，用截面 m—m 和 n—n 截取 dx 长的微段，并在腹板上用距中性层为 y 的 rs 平面在微段上截取出一部分 $mnsr$，如图 7-13b、c 所示，考虑 $mnsr$ 部分的平衡，可得腹板的切应力计算公式

$$\tau = \frac{F_S S_z^*}{I_z d} \tag{7-9}$$

式（7-9）与式（7-5）形式完全相同，式中 d 为腹板厚度。

计算出部分面积 A_1 对中性轴的静矩

$$S_z^* = \frac{1}{2} \left(\frac{H}{2} + \frac{h}{2} \right) b \left(\frac{H}{2} - \frac{h}{2} \right) + \frac{1}{2} \left(\frac{h}{2} + y \right) d \left(\frac{h}{2} - y \right)$$

代入式（7-9）整理，得

$$\tau = \frac{F_S}{8I_z d}\left[b(H^2 - h^2) + 4d\left(\frac{h^2}{4} - y^2\right) \right] \tag{7-10}$$

由式（7-10）可见，工字形截面梁腹板上的切应力 τ 按抛物线规律分布，如图 7-13c 所示。以 $y=0$ 及 $y=\pm h/2$ 分别代入式（7-10）得中性层处的最大切应力及腹板与翼缘交界处的最小切应力分别为

$$\tau_{max} = \frac{F_S}{8I_z d}\left[bH^2 - (b-d)h^2 \right]$$

$$\tau_{min} = \frac{F_S}{8I_z d}(bH^2 - bh^2)$$

由于工字形截面的翼缘宽度 b 远大于腹板厚度 d，即 $b \gg d$，所以由以上两式可以看出，τ_{max} 与 τ_{min} 实际上相差不大。因而，可以认为腹板上切应力大致是均匀分布的。若以图 7-13c 中应力分布图的面积乘以腹板厚度 d，可得腹板上的剪力 F_{S1}。计算结果表明，F_{S1} 约等于 $(0.95 \sim 0.97)F_S$。可见，横截面上的剪力 F_S 绝大部分由腹板承担。因此，工程上通常将横截面上的剪力 F_S 除以腹板面积近似得出工字形截面梁腹板上的切应力为

$$\tau = \frac{F_S}{hd} \tag{7-11}$$

（2）工字形截面翼缘部分的切应力　现进一步讨论翼缘上的切应力分布问题。在翼缘上有两个方向的切应力：平行于剪力 F_S 方向的切应力和平行于翼缘边缘线的切应力。平行于剪力 F_S 的切应力数值极小，无实际意义，通常忽略不计。在计算与翼缘边缘平行的切应力时，可假设切应力沿翼缘厚度大小相等，方向与翼缘边缘线相平行，根据在翼缘上截出部分的平衡，由图 7-13d 可以得出与式（7-9）形式相同的翼缘切应力计算公式

$$\tau = \frac{F_S S_z^*}{I_z t} \tag{7-12}$$

式中，t 为翼缘厚度，图 7-13c 中绘有翼缘上的切应力分布图。工字形截面梁翼缘上的最大切应力一般均小于腹板上的最大切应力。

从图 7-13c 可以看出，当剪力 F_S 的方向向下时，横截面上切应力的方向，由上边缘的外侧向里，通过腹板，最后指向下边缘的外侧，好像水流一样，故称为"切应力流"。所以在根据剪力 F_S 的方向确定了腹板的切应力方向后，就可由"切应力流"确定翼缘上切应力的方向。对于其他的 L 形、T 形和 Z 形等薄壁截面，也可利用"切应力流"来确定截面上切应力方向。

3. 圆形截面梁的切应力

在圆形截面梁的横截面上，除中性轴处切应力与剪力平行外，其他点的切应力并不平行于剪力。考虑距中性轴为 y 处长为 b 的弦线 AB 上各点的切应力如图 7-14a 所示。根据切应力互等定理，弦线两个端点处的切应力必与圆周相切，且切应力作用线交于 y 轴的某点 p。弦线中点处切应力作用线由对称性可知也通过 p 点。因而可以假设 AB 线上各点切应力作用线都通过同一点 p，并假设各点沿 y 方向的切应力分量 τ_y 相等，则可沿用前述方法计算圆截面梁的切应力分量 τ_y，求得 τ_y 后，根据已设定的总切应力方向即可求得总切应力 τ。

圆形截面梁切应力分量 τ_y 的计算公式与矩形截面梁切应力计算公式形式相同。即

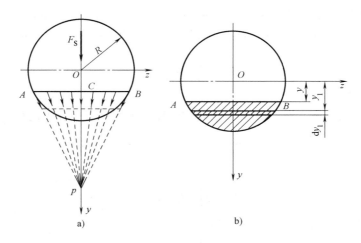

图　7-14

$$\tau_y = \frac{F_S S_z^*}{I_z b} \tag{7-13}$$

式中，b 为弦线长度，$b = 2\sqrt{R^2 - y^2}$；S_z^* 仍表示部分面积 A_1 对中性轴的静矩，如图 7-14b 所示。

圆形截面梁的最大切应力发生在中性轴上，且中性轴上各点的切应力分量 τ_y 与总切应力 τ 大小相等、方向相同，其值为

$$\tau_{\max} = \frac{4}{3} \frac{F_S}{\pi R^2} \tag{7-14}$$

由式（7-14）可见，圆截面的最大切应力 $\tau_{\max}$ 为平均切应力 $\dfrac{F_S}{\pi R^2}$ 的 4/3 倍。

4. 环形截面梁的切应力

图 7-15a 所示为一环形截面梁，已知壁厚 t 远小于平均半径 R，现讨论其横截面上的切应力。环形截面内、外圆周线上各点的切应力与圆周线相切。由于壁厚很小，可以认为沿圆环厚度方向切应力均匀分布并与圆周切线相平行。据此即可用研究矩形截面梁切应力的方法分析环形截面梁的切应力。在环形截面上截取 dx 长的微段，并用与纵向对称平面夹角 θ 相

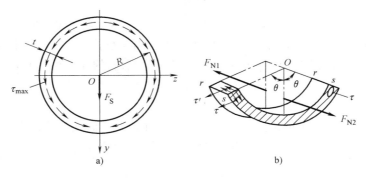

图　7-15

同的两个径向平面在微段中截取出一部分如图 7-15b 所示，由于对称性，两个 rs 面上的切应力 τ' 相等。考虑截出部分的平衡，如图 7-15b 所示，可得环形截面梁切应力的计算公式

$$\tau_y = \frac{F_S S_z^*}{2tI_z} \tag{7-15}$$

式中，t 为环形截面的厚度。

环形截面的最大切应力发生在中性轴处。计算出半圆环对中性轴的静矩

$$S_z^* = \int_{A_1} y\mathrm{d}A \approx 2\int_0^{\pi/2} R\cos\theta tR\mathrm{d}\theta = 2R^2 t$$

以及环形截面对中性轴的惯性矩

$$I_z = \int_A y^2\mathrm{d}A \approx 2\int_0^{2\pi} R^2\cos^2\theta tR\mathrm{d}\theta = \pi R^3 t$$

将上式代入式（7-15）得环形截面最大切应力

$$\tau_{\max} = \frac{F_S(2R^2 t)}{2t\pi R^3 t} = \frac{F_S}{\pi Rt} \tag{7-16}$$

注意式（7-16）等号右端分母 πRt 为环形横截面面积的一半，可见环形截面梁的最大切应力为平均切应力的两倍。

7.4 弯曲强度计算

弯曲正应力强度
条件例题

梁在受横力弯曲时，横截面上既存在正应力又存在切应力，下面分别讨论与这两种应力相应的强度条件。

1. 弯曲正应力强度条件

横截面上最大的正应力位于横截面边缘线上，一般来说，该处切应力为零。有些情况下，该处即使有切应力其数值也较小，可以忽略不计。所以，梁弯曲时，最大正应力作用点可视为处于单向应力状态。因此，梁的弯曲正应力强度条件为

$$\sigma_{\max} = \left(\frac{M}{W_z}\right)_{\max} \leqslant [\sigma] \tag{7-17}$$

对等截面梁，最大弯曲正应力发生在最大弯矩所在截面上，这时弯曲正应力强度条件为

$$\sigma_{\max} = \frac{M_{\max}}{W_z} \leqslant [\sigma] \tag{7-18}$$

式（7-17）、式（7-18）中，$[\sigma]$ 为许用弯曲正应力，可近似地用简单拉伸（压缩）时的许用应力来代替，具体数值可从有关设计规范或手册中查得。对于抗拉、抗压性能不同的材料，例如铸铁等脆性材料，则要求最大拉应力和最大压应力都不超过各自的许用值。其强度条件为

$$\sigma_{t\max} \leqslant [\sigma_t], \quad \sigma_{c\max} \leqslant [\sigma_c] \tag{7-19}$$

2. 弯曲切应力强度条件

一般来说，梁横截面上的最大切应力发生在中性轴处，而该处的正应力为零。因此最大切应力作用点处于纯剪切应力状态。这时弯曲切应力强度条件为

$$\tau_{\max} = \left(\frac{F_S S_z^*}{I_z b}\right)_{\max} \leqslant [\tau] \tag{7-20}$$

对等截面梁，最大切应力发生在最大剪力所在的截面上。弯曲切应力强度条件为

$$\tau_{max} = \frac{F_{Smax} S_{zmax}^*}{I_z b} \leqslant [\tau] \tag{7-21}$$

许用切应力 $[\tau]$ 通常取纯剪切时的许用切应力。

对于梁来说，要满足弯曲强度要求，必须同时满足弯曲正应力强度条件和弯曲切应力强度条件。也就是说，影响梁的强度的因素有两个：一为弯曲正应力，一为弯曲切应力。对于细长的实心截面梁或非薄壁截面的梁来说，横截面上的正应力往往是主要的，切应力通常只占次要地位。例如图 7-16 所示的受均布载荷作用的矩形截面梁，其最大弯曲正应力为

$$\sigma_{max} = \frac{M_{max}}{W_z} = \frac{\dfrac{ql^2}{8}}{\dfrac{bh^2}{6}} = \frac{3ql^2}{4bh^2}$$

而最大弯曲切应力为

$$\tau_{max} = \frac{3}{2} \frac{F_{Smax}}{A} = \frac{3}{2} \frac{\dfrac{ql}{2}}{bh} = \frac{3ql}{4bh}$$

二者比值为

$$\frac{\sigma_{max}}{\tau_{max}} = \frac{\dfrac{3ql^2}{4bh^2}}{\dfrac{3ql}{4bh}} = \frac{l}{h}$$

即，该梁横截面上的最大弯曲正应力与最大弯曲切应力之比等于梁的跨度 l 与截面高度 h 的比。当 $l \gg h$ 时，最大弯曲正应力将远大于最大弯曲切应力。因此，一般对于细长的实心截面梁或非薄壁截面梁，只要满足了正应力强度条件，无须再进行切应力强度计算。但是，对于薄壁截面梁或梁的弯矩较小而剪力却很大时，在进行正应力强度计算的同时，还需检查切应力强度条件是否满足。

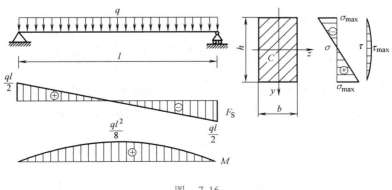

图 7-16

另外，需要指出，对某些薄壁截面（如工字形、T 形等）梁，在其腹板与翼缘连接处，同时存在相当大的正应力和切应力，这样的点也必须进行强度校核。

例 7-4　T 形截面铸铁梁的载荷和截面尺寸如图 7-17a 所示，铸铁抗拉许用应力为 $[\sigma_t]=30\mathrm{MPa}$，抗压许用应力为 $[\sigma_c]=140\mathrm{MPa}$。已知截面对形心轴 z 的惯性矩为 $I_z=763\mathrm{cm}^4$，且 $|y_1|=52\mathrm{mm}$，试校核梁的强度。

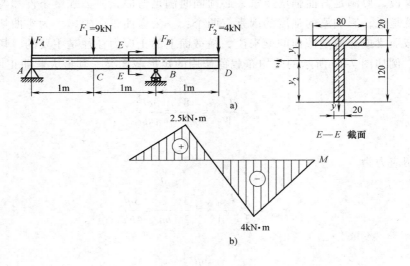

图　7-17

解：由静力平衡方程求出梁的支反力为

$$F_A=2.5\mathrm{kN},\quad F_B=10.5\mathrm{kN}$$

作弯矩图如图 7-17b 所示。最大正弯矩在截面 C 上，$M_C=2.5\mathrm{kN\cdot m}$，最大负弯矩在截面 B 上，$M_B=-4\mathrm{kN\cdot m}$。T 形截面对中性轴不对称，同一截面上的最大拉应力和压应力并不相等。在截面 B 上，弯矩是负的，最大拉应力发生于上边缘各点，且

$$\sigma_{tB}=\frac{M_B y_1}{I_z}=\frac{4\times10^3\times52\times10^{-3}}{763\times(10^{-2})^4}\mathrm{Pa}=27.3\mathrm{MPa}$$

最大压应力发生于下边缘各点，且

$$\sigma_{cB}=\frac{M_B y_2}{I_z}=\frac{4\times10^3\times(120+20-52)\times10^{-3}}{763\times(10^{-2})^4}\mathrm{Pa}=46.1\mathrm{MPa}$$

在截面 C 上，虽然弯矩 M_C 的绝对值小于 M_B，但 M_C 是正弯矩，最大拉应力发生于截面的下边缘各点，而这些点到中性轴的距离却比较远，因而就有可能发生比截面 B 还要大的拉应力，其值为

$$\sigma_{tC}=\frac{M_C y_2}{I_z}=\frac{2.5\times10^3\times(120+20-52)\times10^{-3}}{763\times(10^{-2})^4}\mathrm{Pa}=28.8\mathrm{MPa}$$

所以，最大拉应力是在截面 C 的下边缘各点处，但从所得结果看出，无论是最大拉应力或最大压应力都未超过许用应力，强度条件是满足的。

由本例可见，当截面上的中性轴为非对称轴时，且材料的抗拉、抗压许用应力数值不等时，最大正弯矩、最大负弯矩所在的两个截面均可能为危险截面，因而都要进行强度校核。

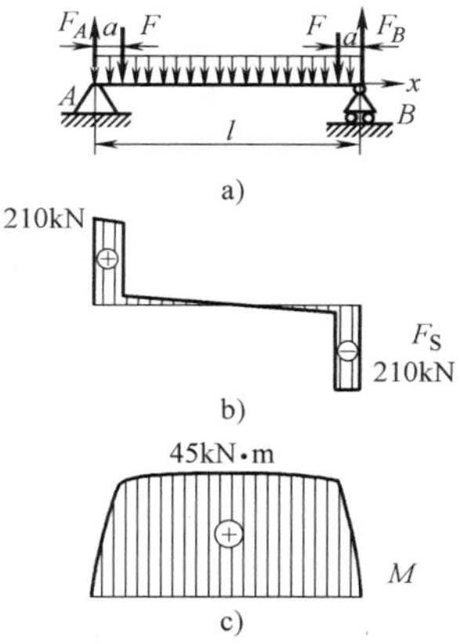

例 7-5 简支梁 *AB* 如图 7-18a 所示。$l = 2\,\text{m}$，$a = 0.2\,\text{m}$。梁上的载荷为 $q = 10\,\text{kN/m}$，$F = 200\,\text{kN}$。材料许用应力为 $[\sigma] = 160\,\text{MPa}$，$[\tau] = 100\,\text{MPa}$。试选择适用的工字钢型号。

解： 计算梁的支反力，然后作剪力图和弯矩图，如图 7-18b、c 所示。根据最大弯矩选择工字钢型号，$M_{max} = 45\,\text{kN·m}$，由弯曲正应力强度条件，有

$$W_z = \frac{M_{max}}{[\sigma]} = \frac{45 \times 10^3}{160 \times 10^6}\,\text{m}^3 = 281\,\text{cm}^3$$

图 7-18

查附录 B 型钢表，选用 22a 工字钢，其 $W_z = 309\,\text{cm}^3$。校核梁的切应力。由表中查出，$\dfrac{I_z}{S_z^*} = 18.9\,\text{cm}$，腹板厚度 $d = 0.75\,\text{cm}$。由剪力图 $F_{Smax} = 210\,\text{kN}$。代入切应力强度条件

$$\tau_{max} = \frac{210 \times 10^3}{18.9 \times 10^{-2} \times 0.75 \times 10^{-2}}\,\text{Pa} = 148\,\text{MPa} > [\tau]$$

τ_{max} 超过 $[\tau]$ 很多，应重新选择更大的截面。现以 25b 工字钢进行试算。由表查出，$\dfrac{I_z}{S_z^*} = 21.27\,\text{cm}$，$d = 1\,\text{cm}$。再次进行切应力强度校核。

$$\tau_{max} = \frac{210 \times 10^3}{21.27 \times 10^{-2} \times 1 \times 10^{-2}}\,\text{Pa} = 98.7\,\text{MPa} < [\tau]$$

因此，要同时满足正应力和切应力强度条件，应选用型号为 25b 的工字钢。

7.5 提高弯曲强度的一些措施

前面曾经指出，弯曲正应力是控制弯曲强度的主要因素。因此，讨论提高梁弯曲强度的措施，应以弯曲正应力强度条件为主要依据。由 $\sigma_{max} = \dfrac{M_{max}}{W_z} \leqslant [\sigma]$ 可以看出，为了提高梁的强度，可以从以下三方面考虑。

1. 合理安排梁的支座和载荷

从正应力强度条件可以看出，在抗弯截面系数 W_z 不变的情况下，M_{max} 越小，梁的承载能力越高。因此，应合理地安排梁的支承及加载方式，以降低最大弯矩值。例如图 7-19a 所示简支梁，受均布载荷 q 作用，梁的最大弯矩为 $M_{max} = \dfrac{1}{8}ql^2$。

如果将梁两端的铰支座各向内移动 $0.2l$，如图 7-19b 所示，则最大弯矩变为 $M_{max} = \dfrac{1}{40}ql^2$，仅为前者的 $1/5$。

由此可见，在可能的条件下，适当地调整梁的支座位置，可以降低最大弯矩值，提高梁的承载能力。例如，门式起重机的大梁（见图 7-20a）、锅炉筒体（见图 7-20b）等，就是采用上述措施，以达到提高强度，节省材料的目的。

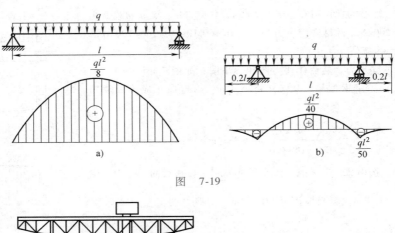

图 7-19

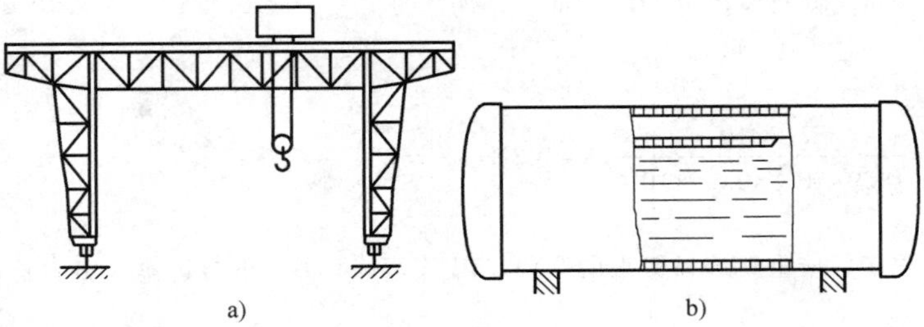

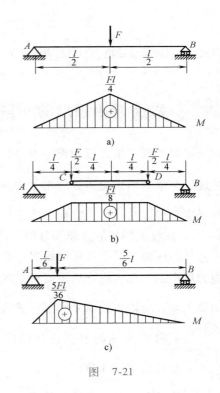

图 7-20

再如，图 7-21a 所示的简支梁 AB，在集中力 F 作用下梁的最大弯矩为

$$M_{\max} = \frac{1}{4}Fl$$

如果在梁的中部安置一长为 $l/2$ 的辅助梁 CD（见图 7-21b），使集中载荷 F 分散成两个 $F/2$ 的集中载荷作用在 AB 梁上，此时梁 AB 内的最大弯矩为

$$M_{\max} = \frac{1}{8}Fl$$

如果将集中载荷 F 靠近支座，如图 7-21c 所示，则梁 AB 上的最大弯矩为

$$M_{\max} = \frac{5}{36}Fl$$

由上例可见，使集中载荷适当分散和使集中载荷尽可能靠近支座均能达到降低最大弯矩的目的。

2. 采用合理的截面形状

由正应力强度条件可知，梁的抗弯能力还取决于抗弯截面系数 W_z。为提高梁的弯曲强度，应找到一个合理的截面以达到既提高强度，又节省材料的目的。

图 7-21

比值 W_z/A 可作为衡量截面是否合理的尺度，W_z/A 值越大，截面越趋于合理。例如图 7-22 所示的尺寸及材料完全相同的两个矩形截面悬臂梁，由于安放位置不同，抗弯能力也不同。

竖放时，

$$\frac{W_z}{A} = \frac{\dfrac{bh^2}{6}}{bh} = \frac{h}{6}$$

平放时，

$$\frac{W_z}{A} = \frac{\dfrac{b^2 h}{6}}{bh} = \frac{b}{6}$$

当 $h > b$ 时，竖放时的 W_z/A 大于平放时的 W_z/A，因此，矩形截面梁竖放比平放更为合理。在房屋建筑中，矩形截面梁几乎都是竖放的，道理就在于此。

表 7-1 列出了几种常用截面的 W_z/A 值，由此看出，工字形截面和槽形截面最为合理，而圆形截面是其中最差的一种，从弯曲正应力的分布规律来看，也容易理解这一事实。以图 7-23 所示截面面积及高度均相等的矩形截面及工字形截面为例说明如下：梁横截面上的正应力是按线性规律分布的，离中性轴越远，正应力越大。工字形截面有较多面积分布在距中性轴较远处，作用着较大的应力，而矩形截面有较多面积分布在中性轴附近，作用着较小的应力。因此，当两种截面上的最大应力相同时，工字形截面上的应力所形成的弯矩将大于矩形截面上的弯矩。即在许用应力相同的条件下，工字形截面抗弯能力较强。同理，圆形截面由于大部分面积分布在中性轴附近，其抗弯能力就更差了。

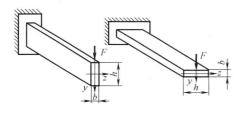

图　7-22

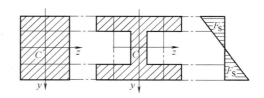

图　7-23

表 7-1　几种常用截面的 W_z/A 值

截面形状	矩形	圆形	槽钢	工字钢
W_z/A	$0.167h$	$0.125d$	$(0.27 \sim 0.31)h$	$(0.27 \sim 0.31)h$

以上只是从弯曲强度的角度讨论问题。工程实际中选用梁的合理截面，还必须综合考虑刚度、稳定性以及结构、工艺等方面的要求，才能最后确定。

在讨论截面的合理形状时，还应考虑材料的特性。对于抗拉和抗压强度相等的材料，如各种钢材，宜采用对称于中性轴的截面，如圆形、矩形和工字形等。这种横截面上、下边缘最大拉应力和最大压应力数值相同，可同时达到许用应力值。对抗拉和抗压强度不相等的材料，如铸铁，则宜采用非对称于中性轴的截面，如图 7-24 所示。我们知道铸铁之类的脆性材料，抗拉能力低于抗压能力，所以在设计梁的截面时，应使中性轴偏于受拉应力一侧，通过调整截面尺寸，如能使 y_1 和 y_2 之比接近下列关系：

$$\frac{\sigma_{tmax}}{\sigma_{cmax}} = \frac{\dfrac{M_{max}y_1}{I_z}}{\dfrac{M_{max}y_2}{I_z}} = \frac{y_1}{y_2} = \frac{[\sigma_t]}{[\sigma_c]}$$

则最大拉应力和最大压应力可同时接近许用应力，式中 $[\sigma_t]$ 和 $[\sigma_c]$ 分别表示拉伸和压缩许用应力。

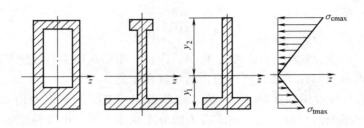

图 7-24

3. 采用等强度梁

横力弯曲时，梁的弯矩是随截面位置变化而变化的，若按式（7-18）设计成等截面梁，则除最大弯矩所在截面外，其他各截面上的正应力均未达到许用应力值，材料强度得不到充分发挥。为了减少材料消耗、减轻重量，可把梁制成截面随位置变化的变截面梁。若截面变化比较平缓，前述弯曲应力计算公式仍可近似使用。当变截面梁各横截面上的最大弯曲正应力相同，并与许用应力相等时，即

$$\sigma_{max} = \frac{M(x)}{W_z(x)} = [\sigma]$$

时，称为**等强度梁**。等强度梁的抗弯截面系数随截面位置的变化规律为

$$W_z(x) = \frac{M(x)}{[\sigma]} \qquad (7\text{-}22)$$

由式（7-22）可见，确定了弯矩随截面位置的变化规律，即可求得等强度梁横截面的变化规律，下面举例说明。

设图 7-25a 所示受集中力 F 作用的简支梁为矩形截面的等强度梁，若截面高度 h 为常数，则宽度 b 为截面位置 x 的函数，即 $b = b(x)$，矩形截面的抗弯截面系数为

$$W_z(x) = \frac{b(x)h^2}{6}$$

弯矩方程为

$$M(x) = \frac{F}{2}x, \qquad 0 \leqslant x \leqslant \frac{L}{2}$$

将以上两式代入式（7-22），化简后得

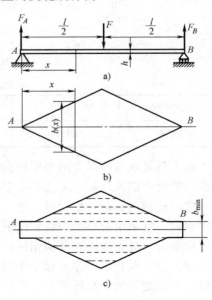

图 7-25

$$b(x) = \frac{3F}{h^2[\sigma]}x \tag{a}$$

可见，截面宽度 $b(x)$ 为 x 的线性函数。由于约束与载荷均对称于跨度中点，因而截面形状也对跨度中点对称（见图 7-25b）。在左、右两个端点处截面宽度 $b(x) = 0$，这显然不能满足抗剪强度要求。为了能够承受切应力，梁两端的截面应不小于某一最小宽度 b_{min}，如图 7-25c 所示。由弯曲切应力强度条件

$$\tau_{max} = \frac{3}{2}\frac{F_{Smax}}{A} = \frac{3}{2}\frac{\frac{F}{2}}{b_{min}h} \leqslant [\tau]$$

得

$$b_{min} = \frac{3F}{4h[\tau]} \tag{b}$$

若设想把这一等强度梁分成若干狭条，然后叠置起来，并使其略微拱起，这就是汽车以及其他车辆上经常使用的叠板弹簧，如图 7-26 所示。

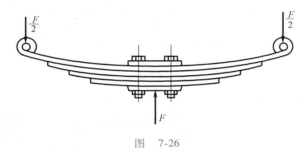

图　7-26

若上述矩形截面等强度梁的截面宽度 b 为常数，而高度 h 为 x 的函数，即 $h = h(x)$，用完全相同的方法可以求得

$$h(x) = \sqrt{\frac{3Fx}{b[\sigma]}} \tag{c}$$

$$h_{min} = \frac{3F}{4b[\tau]} \tag{d}$$

按式（c）和式（d）确定的梁形状如图 7-27a 所示。如果把梁做成图 7-27b 所示的形式，就

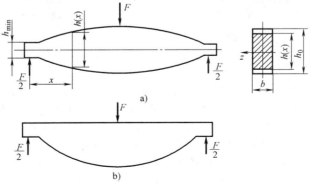

图　7-27

是厂房建筑中广泛使用的"鱼腹梁"。

使用式（7-17），也可求得圆截面等强度梁的截面直径沿轴线的变化规律。但考虑到加工方便及结构上的要求，常用阶梯形状的变截面梁（阶梯轴）来代替理论上的等强度梁，如图7-28所示。

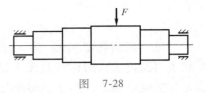

图 7-28

 习 题

7-1 如图7-29所示，把直径 $d=1$mm 的钢丝绕在直径 $D=2$m 的轮缘上，已知材料的弹性模量 $E=200$GPa，试求钢丝内的最大弯曲正应力。

7-2 简支梁受均布载荷如图7-30所示。若分别采用截面面积相等的实心和空心圆截面，且 $D_1=40$mm，$\dfrac{d_2}{D_2}=\dfrac{3}{5}$。试分别计算它们的最大弯曲正应力。并问空心截面比实心截面的最大弯曲正应力减小了百分之几？

7-3 图7-31所示圆轴的外伸部分是空心圆截面，试求轴内的最大弯曲正应力。

7-4 某操纵系统中的摇臂如图7-32所示，右端所受的力 $F_1=8.5$kN，截面1—1和2—2均为高宽比 $h/b=3$ 的矩形，材料的许用应力 $[\sigma]=50$MPa。试确定1—1和2—2两个横截面的尺寸。

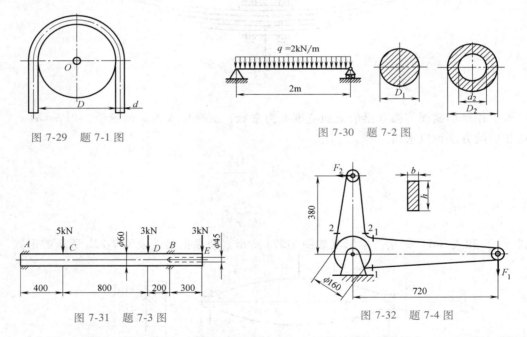

图 7-29 题 7-1 图

图 7-30 题 7-2 图

图 7-31 题 7-3 图

图 7-32 题 7-4 图

7-5 如图7-33所示，桥式起重机大梁 AB 的跨长 $l=16$m，原设计最大起重量为100kN。若在大梁上距 B 端为 x 的 C 点悬挂一根钢索，绕过装在重物上的滑轮，将另一端再挂在小车的吊钩上。使小车驶到 C 点的对称位置 D。这样就可吊运150kN的重物。试问 x 的最大值为多少？设只考虑大梁的正应力强度。

7-6 图7-34所示轧辊轴直径 $D=280$mm，$L=1000$mm，$l=450$mm，$b=100$mm，轧辊材料的弯曲许用应力 $[\sigma]=100$MPa。试求轧辊能承受的最大轧制力 $F(F=qb)$。

7-7 割刀在切割工件时，受到 $F=1$kN 的切削力作用。割刀尺寸如图7-35所示。试求割刀内的最大弯曲正应力。

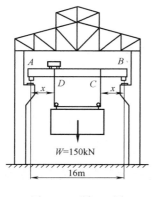

图 7-33 题 7-5 图

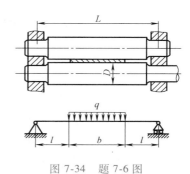

图 7-34 题 7-6 图

7-8 图 7-36 所示为一承受纯弯曲的铸铁梁，其截面为 T 形，材料的拉伸和压缩许用应力之比 $\dfrac{[\sigma_{\mathrm{t}}]}{[\sigma_{\mathrm{c}}]} = 1/4$。求水平翼板的合理宽度 b。

7-9 T 形截面铸铁悬臂梁，尺寸及载荷如图 7-37 所示。若材料的许用拉伸应力 $[\sigma_{\mathrm{t}}] = 40\mathrm{MPa}$，许用压缩应力 $[\sigma_{\mathrm{c}}] = 160\mathrm{MPa}$，截面对形心轴 z_C 的惯性矩 $I_{zC} = 10180\ \mathrm{cm}^4$，$h_1 = 9.64\mathrm{cm}$，试计算该梁的许可载荷 $[F]$。

图 7-35 题 7-7 图

图 7-36 题 7-8 图

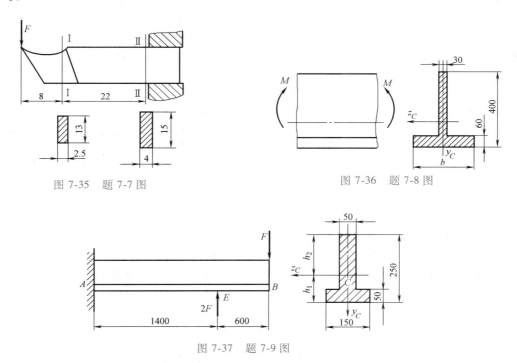

图 7-37 题 7-9 图

7-10 如图 7-38 所示，当 20b 槽钢受纯弯曲变形时，测出 A、B 两点间长度的改变量 $\Delta l = 27 \times 10^{-3}\,\mathrm{mm}$，材料的 $E = 200\mathrm{GPa}$，试求梁截面上的弯矩 M。

7-11 如图 7-39 所示，梁 AB 的截面为 10 工字钢，B 点由圆钢杆 BC 支承，已知圆杆的直径 $d = 20\mathrm{mm}$，梁及杆的 $[\sigma] = 160\mathrm{MPa}$，试求许可均布载荷 $[q]$。

7-12 某起重机用 28b 工字钢制成，其上、下各焊有 75mm×6mm×5200mm 的钢板，如图 7-40 所示。已

知 $[\sigma_t]=100$MPa，试求起重机的许可载荷 $[F]$。

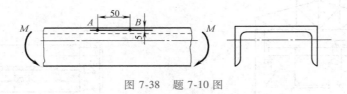

图 7-38　题 7-10 图

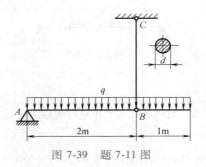

图 7-39　题 7-11 图

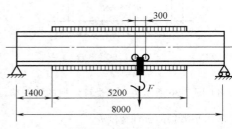

图 7-40　题 7-12 图

7-13　设梁的横截面为矩形，高 300mm，宽 50mm，截面上正弯矩的数值为 240kN·m。材料的抗拉弹性模量 E_t 为抗压弹性模量 E_c 的 1.5 倍，如图 7-41 所示。若应力未超过材料的比例极限，试求最大拉应力与最大压应力。

7-14　铸铁梁的载荷及横截面尺寸如图 7-42 所示。许用拉应力 $[\sigma_t]=40$MPa，许用压应力 $[\sigma_c]=160$MPa。试按正应力强度条件校核梁的强度。若载荷不变，将 T 形横截面倒置，是否合理？何故？

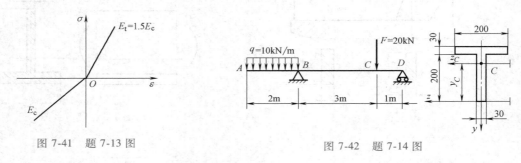

图 7-41　题 7-13 图　　　　　　　　　图 7-42　题 7-14 图

7-15　图 7-43 所示为一用钢板加固的木梁。已知木材的弹性模量 $E_1=10$GPa，钢的弹性模量 $E_2=210$GPa，若木梁与钢板之间不能相互滑动，试求木材及钢板中的最大正应力。

7-16　图 7-44 所示为用两根尺寸、材料均相同的矩形截面直杆组成的悬臂梁，试求下列两种情况下梁所能承受的均布载荷集度的比值：

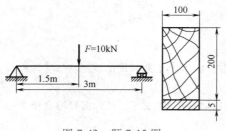

图 7-43　题 7-15 图

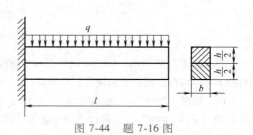

图 7-44　题 7-16 图

（1）两杆固结成整体。

（2）两杆叠置在一起，交界面上摩擦可忽略不计。

7-17 试计算图7-45所示矩形截面简支梁的1—1截面上 *a* 点和 *b* 点的正应力和切应力。

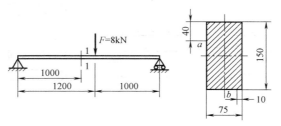

图 7-45 题 7-17 图

7-18 图7-46所示圆形截面简支梁，受均布载荷作用。试计算梁内的最大弯曲正应力和最大弯曲切应力，并指出它们发生于何处。

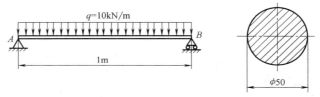

图 7-46 题 7-18 图

7-19 试计算图7-47所示工字形截面梁内的最大正应力和最大切应力。

7-20 如图7-48所示，起重机下的梁由两根工字钢组成，起重机自重 $W_1 = 50\text{kN}$，起重量 $W_2 = 10\text{kN}$。许用应力 $[\sigma] = 160\text{MPa}$，$[\tau] = 100\text{MPa}$。若暂不考虑梁的自重，试按正应力强度条件选定工字钢型号，然后再按切应力强度条件进行校核。

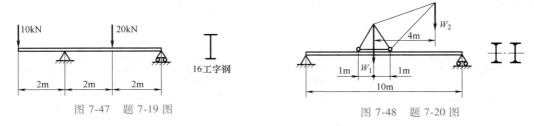

图 7-47 题 7-19 图   图 7-48 题 7-20 图

7-21 由三根木条胶合而成的悬臂梁截面尺寸如图7-49所示。跨度 $l = 1\text{m}$。若胶合面上的许用切应力为 $[\tau] = 0.34\text{MPa}$，木材的许用弯曲正应力 $[\sigma] = 10\text{MPa}$，许用切应力为 $[\tau] = 1\text{MPa}$，试求许可载荷 $[F]$。

7-22 在图7-50a中，若以虚线所示的纵向面和横向面从梁中截出一部分，如图7-50b所示。试求在纵向面 *abcd* 上由 $\tau\text{d}A$ 组成的内力系的合力，并说明它与什么力平衡。

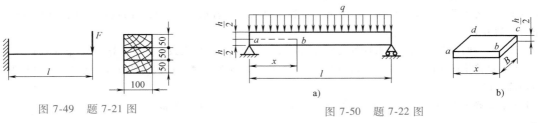

图 7-49 题 7-21 图   图 7-50 题 7-22 图

7-23 用螺钉将四块木板连接而成的箱形梁如图 7-51 所示。每块木板的横截面都为 150mm×25mm。若每一螺钉的许可剪力为 1.1kN，试确定螺钉的间距 s。设 $F=5.5$kN。

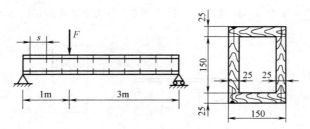

图 7-51 题 7-23 图

7-24 图 7-52 所示梁由两根 36a 工字钢铆接而成。铆钉的间距为 $s=150$mm，直径 $d=20$mm，许用切应力 $[\tau]=90$MPa。梁横截面上的剪力 $F_S=40$kN，试校核该铆钉的剪切强度。

7-25 截面为正方形的梁按图 7-53 所示两种方式放置。试问按哪种方式比较合理？

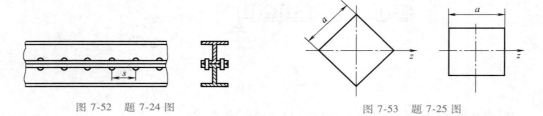

图 7-52 题 7-24 图   图 7-53 题 7-25 图

7-26 如图 7-54 所示，为改善载荷分布，在主梁 AB 上安置辅助梁 CD。设主梁和辅助梁的抗弯截面系数分别为 W_1 和 W_2，材料相同，试求辅助梁的合理长度 a。

7-27 如图 7-55 所示，在 18 工字梁上作用着可移动载荷 F。为提高梁的承载能力，试确定 a 和 b 的合理数值及相应的许可载荷。其中 $[\sigma]=160$MPa。

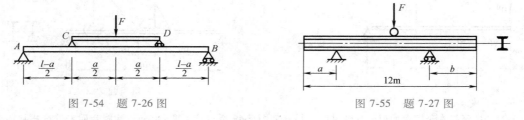

图 7-54 题 7-26 图   图 7-55 题 7-27 图

7-28 我国制造规范中，对矩形截面梁给出的尺寸比例是 $h:b=3:2$，如图 7-56 所示。试用弯曲正应力强度证明：从圆木锯出的矩形截面梁，上述尺寸比例接近最佳比值。

7-29 均布载荷作用下的简支梁由圆管及实心圆杆套合而成，如图 7-57 所示。变形后两杆仍密切接触。两杆材料的弹性模量分别为 E_1 和 E_2，且 $E_1=2E_2$。试求两杆各自承受的弯矩。

7-30 以力 F 将置放于地面的钢筋提起，如图 7-58 所示。若钢筋单位长度的重量为 W，当 $b=2a$ 时，试求所需的力 F。

7-31 试判断图 7-59 所示各截面的切应力流的方向和弯曲中心的大致位置。设剪力 F_S 铅垂向下。

7-32 试确定图 7-60 所示箱形开口薄壁截面梁弯曲中心 A 的位置。设截面的壁厚 t 为常量，且壁厚及开口切缝都很小。

7-33 试确定图 7-61 所示薄壁截面梁弯曲中心 A 的位置，设壁厚 t 为常量。

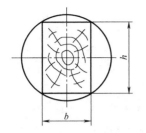

图 7-56　题 7-28 图

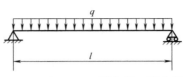

图 7-57　题 7-29 图

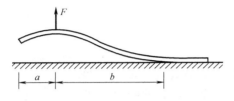

图 7-58　题 7-30 图

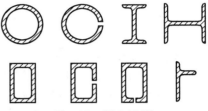

图 7-59　题 7-31 图

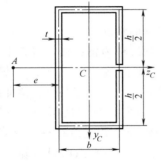

图 7-60　题 7-32 图

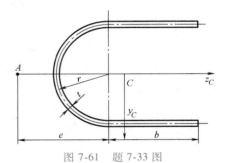

图 7-61　题 7-33 图

第8章
梁的弯曲变形

8.1 梁的变形和位移

梁在载荷作用下，即使具有足够的强度，如果其变形过大，也可能影响梁的正常功能。例如：齿轮传动轴的变形过大，会影响齿轮的啮合（见图 8-1）；吊车大梁的变形过大，会在起重机行驶时发生剧烈的振动等。因此，对梁的变形有时需要加以限制，使它满足刚度的要求。

微课

变曲变形

为了解决上述问题，需要研究梁的变形。

本章将只研究平面弯曲下梁的变形，并主要限于等直梁的情况。

首先说明工程计算中如何度量梁的变形。梁弯曲后的轴线称为**挠曲线**。对于平面弯曲下的梁，其挠曲线是一条在外力作用平面内的光滑连续的平面曲线（见图 8-2）。梁变形时，轴线上的点即横截面的形心将产生线位移。由于工程中梁的变形一般都很小，挠曲线为一平坦的曲线，因而此位移沿变形前梁轴方向的分量与其铅垂方向分量相比很小，可以忽略不计。这样就可认为梁轴线上点的线位移垂直于梁变形前的轴线，此线位移称为该点的**挠度**。例如，图 8-2 中的 CC' 为梁变形前轴线上 C 点的挠度用 w 表示。由平面假设可知，梁的横截面在梁变形后仍保持为平面，它绕中性轴发生转动，但仍垂直于梁变形后的轴线即挠曲线。这说明梁变形时，除了横截面形心有线位移外，横截面本身还有角位移，此角位移称为横截面的**转角**。例如，图 8-2 中的 θ_C 为横截面 C 的转角。转角和挠度这两种位移都能反映梁弯曲变形的大小，故工程计算中就用它们来度量梁的变形。

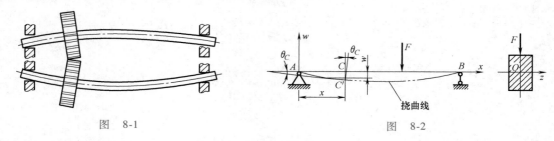

图　8-1　　　　　　　　　　　　　　　图　8-2

为了描述梁的挠度和转角，须选用一定的坐标系统。一般将坐标原点取在梁的左端，并取梁变形前的轴线为 x 轴，与它垂直且在挠曲线所在平面内的轴为 w 轴，于是，梁的挠曲线可以用函数

$$w = f(x) \tag{a}$$

来表示。式（a）表示了梁变形前轴线上任一点的横坐标 x 与该点挠度 w 之间的关系，通常称为**挠曲线方程**。

由几何学原理及转角定义可知，距原点为 x 处的横截面的转角就等于挠曲线在同一 x 坐标处切线的倾角（见图 8-2 中的 θ_C），而此倾角的正切值与挠曲线函数有下述关系：

$$\tan\theta = \frac{\mathrm{d}w}{\mathrm{d}x} = \frac{\mathrm{d}f(x)}{\mathrm{d}x} \tag{b}$$

因为挠曲线为一平坦的曲线，θ 值很小，故有

$$\theta \approx \tan\theta \tag{c}$$

即梁横截面的转角应为

$$\theta = \frac{\mathrm{d}w}{\mathrm{d}x} \tag{d}$$

式（d）表明转角 θ 可以足够精确地从挠曲线方程（a）对 x 求一次导数得到。它表示了梁横截面位置的 x 与该截面的转角 θ 之间的关系，通常称为**转角方程**。

在图 8-2 所示的坐标系中，挠度 w 以向上为正，向下为负；转角 θ 则以逆时针转向为正，顺时针转向为负。

8.2　挠曲线微分方程及积分法

8.2.1　挠曲线微分方程

为了具体地求得梁的挠曲线方程和转角方程，还必须建立梁的变形与载荷之间的物理关系。

在第 7 章中已经得到了梁在纯弯曲情况下和线弹性范围内用曲率表示的梁轴线的弯曲变形公式

$$\frac{1}{\rho} = \frac{M}{EI}$$

式中，I 表示梁的横截面对其中性轴的惯性矩，即 I_z。

在横力弯曲情况下，梁的横截面上除了有弯矩，还有剪力，对常见的细长梁来说，剪力引起的附加的弯曲变形可以忽略不计，故上式仍可应用于横力弯曲。但应注意，此时弯矩和曲率半径 ρ 都是 x 的函数，即

$$\frac{1}{\rho(x)} = \frac{M(x)}{EI} \tag{a}$$

式中，弯矩 $M(x)$ 是梁任一横截面上的弯矩表达式，它是由梁上载荷表达的。

为了从式（a）建立弯矩与挠度、转角之间的关系，必须先将曲率与挠度、转角联系起来。由高等数学可知，平面曲线上任一点的曲率为

$$\frac{1}{\rho(x)} = \pm \frac{\dfrac{\mathrm{d}^2 w}{\mathrm{d}x^2}}{\left[1 + \left(\dfrac{\mathrm{d}w}{\mathrm{d}x}\right)^2\right]^{3/2}} \tag{b}$$

将式（b）的关系代入式（a），可得

$$\pm\frac{\dfrac{\mathrm{d}^2 w}{\mathrm{d}x^2}}{\left[1+\left(\dfrac{\mathrm{d}w}{\mathrm{d}x}\right)^2\right]^{3/2}}=\frac{M(x)}{EI} \tag{c}$$

式（c）是二阶非线性微分方程。在平坦的挠曲线中，转角 $\theta=\dfrac{\mathrm{d}w}{\mathrm{d}x}$ 是个很小的量，故 $\left(\dfrac{\mathrm{d}w}{\mathrm{d}x}\right)^2$ 与 1 相比就可以忽略不计，于是式（c）可简化为

$$\pm\frac{\mathrm{d}^2 w}{\mathrm{d}x^2}=\frac{M(x)}{EI} \tag{d}$$

现在讨论式（d）中正、负号的选择问题。式中的 $\dfrac{\mathrm{d}^2 w}{\mathrm{d}x^2}$ 的正、负号只与坐标轴方向有关，而与弯矩 $M(x)$ 的正、负号没有内在的联系。因此，应根据弯矩正、负号规定与选定的坐标系来确定式（d）中的正、负号。由图 8-3a 可见，当弯矩为正值时，挠曲线凸向下，故 $\dfrac{\mathrm{d}^2 w}{\mathrm{d}x^2}$ 为正值；由图 8-3b 可见，当弯矩为负值时，挠曲线凸向上，故 $\dfrac{\mathrm{d}^2 w}{\mathrm{d}x^2}$ 为负值。由此可见，对于所选定的坐标系，M 与 $\dfrac{\mathrm{d}^2 w}{\mathrm{d}x^2}$ 恒为同号。显然在式（d）中应取正号。于是得

$$\frac{\mathrm{d}^2 w}{\mathrm{d}x^2}=\frac{M(x)}{EI} \tag{8-1a}$$

通常称此式为梁的**挠曲线近似微分方程**。

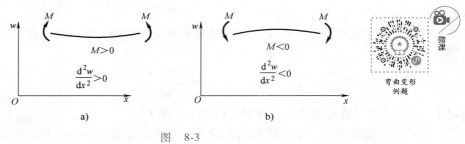

图 8-3

8.2.2 积分法

对于等直梁 EI 为常量，式（8-1a）也常改写为

$$EI\frac{\mathrm{d}^2 w}{\mathrm{d}x^2}=M(x) \tag{8-1b}$$

还可由 8.1 节中的式（d）和式（8-1b）得

$$EI\frac{\mathrm{d}\theta}{\mathrm{d}x}=M(x) \tag{8-1c}$$

将式（8-1c）两边各乘以 $\mathrm{d}x$，然后积分一次，可得

$$EI\theta = \int M(x)\,\mathrm{d}x + C \qquad\qquad (8\text{-}2\mathrm{a})$$

将 $\theta = \dfrac{\mathrm{d}w}{\mathrm{d}x}$ 代入此式，仿照上述方法再积分一次，即得

$$EIw = \int\left[\int M(x)\,\mathrm{d}x\right]\mathrm{d}x + Cx + D \qquad\qquad (8\text{-}2\mathrm{b})$$

上面两式中的积分常数 C、D 可以通过梁上的已知位移（挠度或转角）条件来确定。这种已知条件称为梁的**边界条件**。例如，梁在固定端处的挠度和横截面的转角都等于零，在铰支座截面处的挠度等于零。

积分常数确定以后，将它们代入式（8-2a）和式（8-2b），即分别得到梁的转角方程和挠曲线方程。于是可进一步确定梁上任一横截面的转角和轴线上任一点的挠度。工程中对于梁在指定截面处的挠度常用 f 表示。

例 8-1　一悬臂梁如图 8-4a 所示。梁的抗弯刚度 EI 为常数。试求梁的转角方程和挠曲线方程，画出挠曲线的大致形状并确定梁的最大转角和最大挠度。

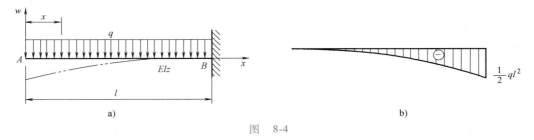

图　8-4

解：为了应用式（8-1b）求解，首先须列出弯矩方程，再将结果代入式（8-1b），然后进行两次积分，再由梁的边界条件确定积分常数。

（1）列弯矩方程。

$$M(x) = -\frac{qx^2}{2} \qquad (0 \leqslant x \leqslant l) \qquad\qquad (\mathrm{a})$$

（2）建立挠曲线近似微分方程并进行积分。

将式（a）所表示的弯矩代入式（8-1b），得此梁的挠曲线近似微分方程为

$$EI\frac{\mathrm{d}^2 w}{\mathrm{d}x^2} = -\frac{qx^2}{2} \qquad\qquad (\mathrm{b})$$

对式（b）积分一次，得

$$EI\theta = EI\frac{\mathrm{d}w}{\mathrm{d}x} = -\frac{qx^3}{6} + C \qquad\qquad (\mathrm{c})$$

对式（c）积分一次，得

$$EIw = -\frac{qx^4}{24} + Cx + D \qquad\qquad (\mathrm{d})$$

（3）确定积分常数。

在悬臂梁中，已知边界条件为固定端处的挠度和截面转角均等于零，即

$$x = l \text{ 处}, \quad \theta = 0, \quad w = 0$$

将这两个边界条件分别代入式（c）和式（d）可解得

$$C = \frac{ql^3}{6}$$

$$D = -\frac{ql^4}{8}$$

（4）求转角方程和挠曲线方程。

将求得的积分常数 C 和 D 代入式（c）和式（d），即分别得转角方程和挠曲线方程为

$$\theta = -\frac{1}{EI}\left(\frac{qx^3}{6} - \frac{ql^3}{6}\right) \tag{e}$$

$$w = -\frac{1}{EI}\left(\frac{qx^4}{24} - \frac{ql^3}{6}x + \frac{ql^4}{8}\right) \tag{f}$$

（5）画挠曲线的大致形状。

由式（8-1a）可知，弯矩的正或负反映了挠曲线的凸向下或凸向上，因此为了画出挠曲线的大致形状，可先作出弯矩图（见图 8-4b）。由此图可见，各横截面上的弯矩均为负值，故此梁的挠曲线应全部凸向上。再根据此梁的边界条件，可得挠曲线的大致形状如图 8-4a 所示。必须注意，固定端处的截面转角为零，故挠曲线在此处应与梁变形前的轴线相切。

（6）求梁的最大转角和最大挠度。

由图 8-4a 可见，此梁的最大转角和最大挠度都发生在自由端 A，将 $x = 0$ 代入式（e）和式（f），可分别求得最大转角和最大挠度为

$$\theta_{\max} = \frac{ql^3}{6EI} \tag{g}$$

$$f_{\max} = -\frac{ql^4}{8EI} \tag{h}$$

求得的转角为正值，说明梁变形时 A 截面是按逆时针方向转动的；求得的挠度为负值，说明梁变形时 A 点是向下移动的。

讨论：

为了对梁的转角和挠度有一个数量的概念，下面计算一个数值的例子。设在本例题中已知 $q = 20\text{kN/m}$，$l = 2\text{m}$，梁由 20a 工字钢制成，其 $I = 2370\text{cm}^4 = 2370 \times 10^{-8}\text{m}^4$，$E = 200\text{GPa}$。将这些数值代入式（g）和式（h），可分别得

$$\theta_{\max} = \frac{20 \times 10^3 \times 2^3}{6 \times 200 \times 10^9 \times 2370 \times 10^{-8}}\text{rad} = 0.00563\text{rad}$$

$$f_{\max} = \frac{20 \times 10^3 \times 2^4}{8 \times 200 \times 10^9 \times 2370 \times 10^{-8}}\text{m} = 0.00844\text{m} = 8.44\text{mm}$$

所得结果说明梁的变形是微小的，尤其是转角 $\theta_{\max}$ 的平方与 1 相比，确实很小，可见采用梁的挠曲线近似微分方程求解转角和挠度是足够精确的。

例 8-2 图 8-5 所示简支梁 AB 承受矩为 M_e 的集中力偶作用。试建立梁的转角与挠度方程，并计算截面 A 的转角，画出挠曲线的大致形状，设抗弯刚度 EI 为常数。

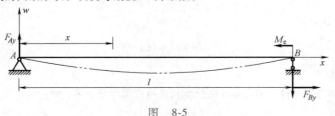

图 8-5

解：（1）建立挠曲线微分方程并积分。

A 端和 B 端的支反力大小为

$$F_{Ay} = F_{By} = \frac{M_e}{l}$$

梁的弯矩方程为

$$M(x) = \frac{M_e}{l}x$$

所以，挠曲线的近似微分方程为

$$\frac{d^2 w}{dx^2} = \frac{M_e}{EIl}x$$

积分，得

$$\frac{dw}{dx} = \frac{M_e}{2EIl}x^2 + C \qquad (a)$$

$$w = \frac{M_e}{6EIl}x^3 + Cx + D \qquad (b)$$

（2）确定积分常数。

梁的位移边界条件为

$$在 \ x = 0 \ 处，\ w = 0$$
$$在 \ x = l \ 处，\ w = 0$$

将上述条件分别代入式（b），得

$$D = 0, \quad C = -\frac{M_e l}{6EI}$$

（3）求转角方程、挠度方程与截面 A 的转角。

将所得 C 和 D 值代入式（a）与式（b），于是得梁的转角与挠度方程分别为

$$\theta = \frac{M_e}{6EIl}(3x^2 - l^2) \qquad (c)$$

$$w = \frac{M_e x}{6EIl}(x^2 - l^2) \qquad (d)$$

将 $x = 0$ 代入式（c），即得截面 A 的转角为

$$\theta_A = -\frac{M_e l}{6EI}$$

所得 θ_A 为负，说明挠曲线在 A 点的斜率为负，即截面 A 沿顺时针方向转动。

（4）画挠曲线的大致形状。

由于各横截面上的弯矩均为正值，故此梁的挠曲线应凸向下。再根据此梁的边界条件，可得挠曲线的大致形状如图 8-5 所示。

（5）确定梁的最大挠度。

简支梁的最大挠度应根据函数求极值的原理来求解，它应发生在 $\theta = \frac{dw}{dx} = 0$ 处，这表示挠曲线在最大挠度处的切线与梁变形前的轴线平行。

令式（c）中 $\theta = 0$，即可解得

$$x = \frac{\sqrt{3}}{3}l = 0.577l$$

将此 x 值代入式（d），可求得

$$w_{\max} = 0.0642 \frac{M_e l^2}{EI}$$

现在讨论简支梁的最大挠度值的近似计算问题。为此，计算此梁跨度中点的挠度，将 $x = l/2$ 代入式（d），可得

$$w_C = \frac{M_e l^2}{16EI} = 0.0625 \frac{M_e l^2}{EI}$$

由此可见 w_C 与 $w_{\max}$ 相差很小，还不到最大挠度 $w_{\max}$ 的 3%，其原因在于梁有两个支座，梁的挠曲线是平坦的，而且挠曲线上无拐点。由此可以得知，对于简支梁，只要挠曲线上无拐点，则不论梁上受什么载荷作用，都可以近似地用梁跨中点挠度值来代替最大挠度值，其精确度是工程计算中所允许的。

当梁上的载荷不连续时，弯矩方程必须分段列出，因而挠曲线的近似微分方程也必须分段建立。对各段梁的近似微分方程分别进行积分时，每段都将出现两个积分常数。要确定这些积分常数，除了要利用梁在支座处的边界条件以外，还需要利用相邻两段梁在分界处变形的连续条件。由于挠曲线是光滑连续的曲线，故此条件就是相邻两段梁在分界点处转角相等和挠度相等。

例 8-3 齿轮轴如图 8-6a 所示。在安装齿轮的 C 截面作用有齿轮加于轴的铅垂径向力 F，试求其转角方程和挠曲线方程，设 EI 为常数。

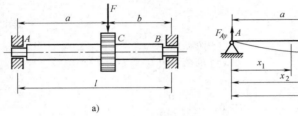

图 8-6

解： 该齿轮轴可简化为一个简支梁，如图 8-6b 所示。

（1）列弯矩方程。

由平衡方程求得支座反力

$$F_{Ay} = \frac{Fb}{l}, \quad F_{By} = \frac{Fa}{l}$$

分段列弯矩方程

$$AC \text{ 段} \quad M(x_1) = F_{Ay} x_1 = \frac{Fb}{l} x_1 \, (0 \leqslant x_1 \leqslant a)$$

$$CB \text{ 段} \quad M(x_2) = F_{Ay} x_2 - F(x_2 - a) = \frac{Fb}{l} x_2 - F(x_2 - a) \, (a \leqslant x_2 \leqslant l)$$

（2）列挠曲线近似微分方程并积分。

由于 AC 和 CB 两段的弯矩方程不同，所以挠曲线近似微分方程也要分段列出，然后再分别积分。

AC 段：

$$EIw_1''(x_1) = \frac{Fb}{l} x_1$$

$$EI\theta_1(x_1) = \frac{Fb}{2l} x_1^2 + C_1 \tag{a}$$

$$EIw_1(x_1) = \frac{Fb}{6l} x_1^3 + C_1 x_1 + D_1 \tag{b}$$

CB 段：

$$EIw_2''(x_2) = \frac{Fb}{l}x_2 - F(x_2 - a)$$

$$EI\theta_2(x_2) = \frac{Fb}{2l}x_2^2 - \frac{F}{2}(x_2 - a)^2 + C_2 \qquad (c)$$

$$EIw_2(x_2) = \frac{Fb}{6l}x_2^3 - \frac{F}{6}(x_2 - a)^3 + C_2 x_2 + D_2 \qquad (d)$$

（3）确定积分常数。

在上述积分过程中，有四个积分常数 C_1、C_2 和 D_1、D_2，可由如下条件确定：

边界条件，在两端处，挠度为零，即

$$x_1 = 0 \text{ 处}, w_1 = 0 \qquad (1)$$

$$x_2 = l \text{ 处}, w_2 = 0 \qquad (2)$$

光滑连续条件，梁的挠曲线是一条光滑、连续曲线，在 AC、CB 两段所共有的 C 点，应具有唯一的转角和挠度（否则，挠曲线在该点将出现折点或间断，这是不可能或不允许的），即在 $x_1 = x_2 = a$ 处，

$$\theta_1 = \theta_2 \qquad (3)$$

$$w_1 = w_2 \qquad (4)$$

现在由四个条件来确定四个积分常数。利用条件（3），将 $x_1 = a$ 代入式（a），将 $x_2 = a$ 代入式（c），并令两式相等，即有

$$\frac{Fb}{2l}a^2 + C_1 = \frac{Fb}{2l}a^2 + C_2$$

于是求得 $C_1 = C_2$。

同样，利用条件（4），将 $x_2 = a$ 代入式（b），将 $x_2 = a$ 代入式（d），并令两式相等，即有

$$\frac{Fb}{6l}a^3 + C_1 a + D_1 = \frac{Fb}{6l}a^3 + C_2 a + D_2$$

考虑到 $C_1 = C_2$，故求得 $D_1 = D_2$。

将条件（1）代入式（b），即在 $x_1 = 0$ 处，

$$\frac{Fb}{6l} \cdot 0 + C_1 \cdot 0 + D_1 = 0$$

于是求得 $D_1 = D_2 = 0$。

将条件（2）代入式（d），即在 $x_2 = l$ 处，

$$\frac{Fb}{6l}l^3 - \frac{F}{6}(l - a)^3 + C_2 l = 0$$

于是求得

$$C_1 = C_2 = -\frac{Fb}{6l}(l^2 - b^2)$$

（4）求转角方程和挠曲线方程。

将确定的积分常数分别代入式（a）~式（d），即可求得在 AC 段和 CB 段的转角方程和挠曲线方程。

AC 段：

$$EI\theta(x_1) = -\frac{Fb}{6l}(l^2 - 3x_1^2 - b^2)$$

$$EIw(x_1) = -\frac{Fbx_1}{6l}(l^2 - x_1^2 - b^2)$$

CB 段：

$$EI\theta(x_2) = -\frac{Fb}{6l}\left[(l^2 - b^2 - 3x_2^2) + \frac{3l}{b}(x_2 - a)^2\right]$$

$$EIw(x_2) = -\frac{Fb}{6l}\left[(l^2-b^2-x_2^2)x_2 + \frac{l}{b}(x_2-a)^3\right]$$

由上述方案不难求出最大转角和最大挠度，读者不妨自行练习。

8.3 叠加法求梁的转角和挠度

从上一节几个例题可以看出，梁的转角和挠度是梁上载荷的线性齐次式，这是由于梁的变形通常很小，梁变形后，仍可按原始尺寸进行计算，而且梁的材料符合胡克定律。在此情况下，当梁上同时有几个载荷作用时，由每一个载荷所引起的转角和挠度不受其他载荷的影响。这样，就可应用叠加法。用叠加法求梁的转角和挠度的过程是：先分别计算每个载荷单独作用下所引起的转角和挠度，然后分别求它们的代数和，即得这些载荷共同作用时梁的转角和挠度。叠加法虽然不是一个独立的方法，但对于计算几个载荷作用下梁指定截面的转角或指定点的挠度是比较简便的。为了便于应用，表8-1给出的就是一些常见梁和简单梁的转角和挠度计算公式。

表 8-1 简单载荷作用下梁的挠度和转角

序号	梁的简图	挠曲线方程	端截面转角	最大挠度
1		$w = -\dfrac{M_e x^2}{2EI}$	$\theta_B = -\dfrac{M_e l}{EI}$	$w_B = -\dfrac{M_e l^2}{2EI}$
2		$w = -\dfrac{Fx^2}{6EI}(3l-x)$	$\theta_B = -\dfrac{Fl^2}{2EI}$	$w_B = -\dfrac{Fl^3}{3EI}$
3		$w = -\dfrac{Fx^2}{6EI}(3a-x)$ $(0\leqslant x\leqslant a)$ $w = -\dfrac{Fa^2}{6EI}(3x-a)$ $(a\leqslant x\leqslant l)$	$\theta_B = -\dfrac{Fa^2}{2EI}$	$w_B = -\dfrac{Fa^2}{6EI}(3l-a)$
4		$w = -\dfrac{qx^2}{24EI}(x^2-4lx+6l^2)$	$\theta_B = -\dfrac{ql^3}{6EI}$	$w_B = -\dfrac{ql^4}{8EI}$
5		$w = -\dfrac{M_c x}{6EIl}(l-x)(2l-x)$	$\theta_A = -\dfrac{M_e l}{3EI}$ $\theta_B = \dfrac{M_e l}{6EI}$	$x = \left(1-\dfrac{1}{\sqrt{3}}\right)l,$ $w_{max} = -\dfrac{M_e l^2}{9\sqrt{3}\,EI}$ $x = \dfrac{l}{2}, w_{l/2} = -\dfrac{M_e l^2}{16EI}$

（续）

序号	梁的简图	挠曲线方程	端截面转角	最大挠度
6		$w = -\dfrac{M_e x}{6EIl}(l^2 - x^2)$	$\theta_A = -\dfrac{M_e l}{6EI}$ $\theta_B = \dfrac{M_e l}{3EI}$	$x = \dfrac{l}{\sqrt{3}}$, $w_{max} = -\dfrac{M_e l^2}{9\sqrt{3}\,EI}$ $x = \dfrac{l}{2}$, $w_{l/2} = -\dfrac{M_e l^2}{16EI}$
7		$w = -\dfrac{M_e x}{6EIl}(l^2 - 3b^2 - x^2)$ $(0 \leqslant x \leqslant a)$ $w = -\dfrac{M_e}{6EIl}[-x^3 + 3l(x-a)^2 + (l^2 - 3b^2)x]$ $(a \leqslant x \leqslant l)$	$\theta_A = -\dfrac{M_e}{6EIl}(l^2 - 3b^2)$ $\theta_B = \dfrac{M_e}{6EIl}(l^2 - 3a^2)$	—
8		$w = -\dfrac{Fx}{48EI}(3l^2 - 4x^2)$ $(0 \leqslant x \leqslant \dfrac{l}{2})$	$\theta_A = -\theta_B = -\dfrac{Fl^2}{16EI}$	$w_{max} = -\dfrac{Fl^3}{48EI}$
9		$w = -\dfrac{Fbx}{6EIl}(l^2 - x^2 - b^2)$ $(0 \leqslant x \leqslant a)$ $w = -\dfrac{Fb}{6EIl}\left[\dfrac{l}{b}(x-a)^3 + (l^2 - b^2)x - x^3\right]$ $(a \leqslant x \leqslant l)$	$\theta_A = -\dfrac{Fab(l+b)}{6EIl}$ $\theta_B = \dfrac{Fab(l+a)}{6EIl}$	设 $a>b$, 在 $x = \sqrt{\dfrac{l^2-b^2}{3}}$ 处, $w_{max} = -\dfrac{Fb(l^2-b^2)^{3/2}}{9\sqrt{3}\,EIl}$ 在 $x=l/2$ 处, $w_{l/2} = -\dfrac{Fb(3l^2-4b^2)}{48EI}$
10		$w = -\dfrac{qx}{24EI}(l^3 - 2lx^2 + x^3)$	$\theta_A = -\theta_B = -\dfrac{ql^3}{24EI}$	$w_{max} = -\dfrac{5ql^4}{384EI}$

　　下面就一些常见的引起弯曲变形的因素，以实例的形式，应用叠加法计算梁在一些特殊点处的转角或挠度。

1. 多个载荷作用在梁上的情况

　　此种情况下只需将每个载荷引起的梁的变形进行叠加即可。

　　例 8-4　求图 8-7a 所示梁中点 C 的挠度 w_C，已知梁的抗弯刚度为 EI。

175

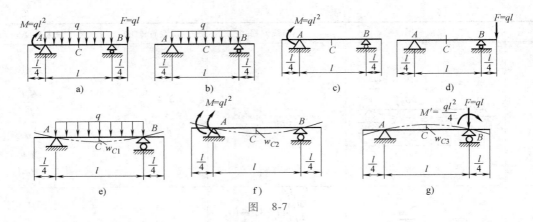

图 8-7

解：原梁可分解为图 8-7b、c、d 所示三个简单梁的叠加，每根梁只受单一载荷的作用。下面分别计算三种情况下梁在中点 C 处的挠度。

图 8-7b 所示梁在中点的挠度就是简支梁受均布载荷的情况，如图 8-7e 所示，由表 8-1 可查得

$$w_{C1} = -\frac{5ql^4}{384EI} \quad （向下）$$

图 8-7c 所示梁，集中力偶作用在外伸段的任何位置，其在梁中点产生的挠度都是相同的。所以图 8-7c 所示梁在中点的挠度就是简支梁在支座处受集中力偶作用的情况，如图 8-7f 所示，由表 8-1 可查得

$$w_{C2} = -\frac{Ml^2}{16EI} = -\frac{ql^4}{16EI} \quad （向下）$$

图 8-7d 所示梁，计算梁中点的挠度时，可将外伸端的集中力等效移动到支座处，而作用在支座处的集中力不会引起梁的变形，所以图 8-7d 所示梁在中点的挠度就是简支梁在支座处受集中力偶作用的情况，如图 8-7g 所示，由表 8-1 可查得

$$w_{C3} = \frac{M'l^2}{16EI} = \frac{ql^4}{64EI} \quad （向上）$$

由叠加法，原梁在中点的挠度为

$$w_C = w_{C1} + w_{C2} + w_{C3} = -\frac{5ql^4}{384EI} - \frac{ql^4}{16EI} + \frac{ql^4}{64EI} = -\frac{23ql^4}{384EI} \quad （向下）$$

2. 梁支承为弹性支承的情况

当梁的支承为弹性支承时，梁在支承点将发生位移。此种情况下应将弹性支座移动引起的梁的转角和挠度与载荷所引起的梁的转角和挠度进行叠加。

例 8-5 求图 8-8a 所示梁中点的挠度和支座处的转角，已知梁的抗弯刚度为 EI，刚度系数为 k。

解：梁的变形可认为是分两步完成的（见图 8-8b）。第一步是支座 B 产生一个竖向位移 Δ_B，从而引起了梁中点的挠度为 w_{C1}（向下），同时还引起了梁所有截面转动一个角度 θ（顺时针）；第二步是载荷引起梁中点的挠度为 w_{C2}，梁支座 A、B 处的转角分别为 θ_{A2}、θ_{B2}。

因此，原梁可以看成如图 8-8c 所示的两梁的叠加，即支座 B 存在竖向位移的无载荷空梁和在中点受集中力作用的简支梁叠加。

梁的支反力为

$$F_A = F_B = \frac{F}{2}$$

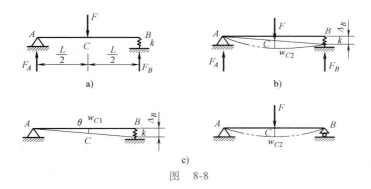

图　8-8

空梁：

支座 B 的竖向位移

$$\Delta_B = -\frac{F_B}{k} = -\frac{F}{2k} \quad (\text{向下})$$

梁中点的挠度为

$$w_{C1} = -\frac{\Delta_B}{2} = -\frac{F}{4k} \quad (\text{向下})$$

梁支座 A、B 处的转角分别为

$$\theta_{A1} = \theta_{B1} = -\theta = -\frac{\Delta_B}{L} = -\frac{F}{2kL} \quad (\text{顺时针})$$

简支梁：

梁中点的挠度为

$$w_{C2} = -\frac{FL^3}{48EI} \quad (\text{向下})$$

梁支座 A、B 处的转角分别为

$$\theta_{A2} = -\frac{FL^2}{16EI} \quad (\text{顺时针}), \quad \theta_{B2} = \frac{FL^2}{16EI} \quad (\text{逆时针})$$

由叠加法，原梁中点的挠度为

$$w_C = w_{C1} + w_C = -\left(\frac{F}{4k} + \frac{FL^3}{48EI}\right) \quad (\text{向下})$$

梁支座 A 处的转角为

$$\theta_A = \theta_{A1} + \theta_{A2} = -\left(\frac{F}{2kL} + \frac{FL^2}{16EI}\right) \quad (\text{顺时针})$$

梁支座 B 处的转角为

$$\theta_B = \theta_{B1} + \theta_{B2} = -\frac{F}{2kL} + \frac{FL^2}{16EI} \quad (\text{逆时针})$$

3. 多种因素引起所考察点变形的情况

此种情况下应将各种因素引起的所考察点的转角和挠度进行逐项叠加。

例 8-6　求图 8-9a 所示悬臂梁自由端的挠度和转角，已知梁的抗弯刚度为 EI。

解：明显梁段 CB 中没有内力，因此该段梁没有变形，但是 AC 段梁的变形将引起 CB 段梁产生挠度和转角。

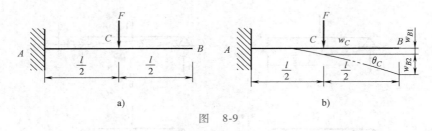

图 8-9

如图 8-9b 所示，所考察点 B 的挠度和转角是由于 AC 段梁的变形所引起的，B 点的挠度由 AC 段梁的两种变形因素引起，即 C 点的挠度引起的 B 点的挠度为 w_{B1}，C 截面的转角引起的 B 点的挠度为 w_{B2}，所以有

$$w_{B1} = w_C = \frac{F(l/2)^3}{3EI} = \frac{Fl^3}{24EI} \quad （向下）$$

$$w_{B2} = \frac{l}{2}\tan\theta_C = \frac{l}{2}\theta_C = \frac{F(l/2)^2}{2EI} \cdot \frac{l}{2} = \frac{Fl^3}{16EI} \quad （向下）$$

$$w_B = w_{B1} + w_{B2} = \frac{Fl^3}{24EI} + \frac{Fl^3}{16EI} = \frac{5Fl^3}{48EI} \quad （向下）$$

由于 CB 段梁始终保持为直线，所以 C 截面的转角就等于 B 截面的转角，所以有

$$\theta_B = \theta_C = \frac{F(l/2)^2}{2EI} = \frac{Fl^2}{8EI} \quad （顺时针）$$

8.4 梁的刚度校核及提高梁的刚度的一些措施

8.4.1 梁的刚度校核

为了保证梁能正常工作，除了应使其满足强度要求外，有时还应使它满足刚度要求。这就要求梁的最大挠度值 w_{max} 或最大转角值 θ_{max} 或某一指定截面的转角值不得超过它们许用值 $[w]$、$[\theta]$，即

$$w_{max} \leq [f] \tag{8-3}$$

$$\theta_{max} \leq [\theta] \tag{8-4}$$

式（8-3）和式（8-4）即梁的刚度条件。在各类工程中，根据梁的工作要求，在设计规范中对 $[w]$ 或 $[\theta]$ 一般都有具体的规定。例如，吊车大梁的许用挠度 $[w] = \left(\dfrac{1}{750} \sim \dfrac{1}{400}\right)L$，$L$ 为梁的跨度。

在工程计算中，一般是根据强度条件选择梁的截面，然后再对梁进行刚度校核。

例 8-7 由 45a 工字钢制成的吊车大梁如图 8-10 所示。材料的许用应力 $[\sigma] = 140\text{MPa}$，弹性模量 $E = 200\text{GPa}$，梁的许用挠度 $[w] = \dfrac{1}{500}L$。若不考虑梁的自重，试校核梁的强度和刚度。

解：查型钢表得 $q = 80.4\text{kg/m} = 80.4 \times 9.8\text{N/m} = 0.788\text{kN/m}$，$W = 1430\text{cm}^3 = 1430 \times 10^{-6}\text{m}^3$，$I = 32200\text{cm}^4 = 32200 \times 10^{-8}\text{m}^4$。

（1）校核梁的正应力强度。

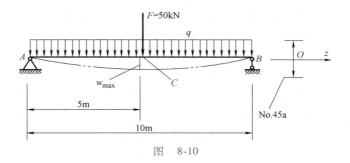

图　8-10

$$M_{\max} = \frac{FL}{4} + \frac{qL^2}{8} = \frac{50 \times 10^3 \times 10}{4} \text{N} \cdot \text{m} + \frac{0.788 \times 10^3 \times 10^2}{8} \text{N} \cdot \text{m}$$

$$= 125 \times 10^3 \text{N} \cdot \text{m} + 9.85 \times 10^3 \text{N} \cdot \text{m} \approx 134.85 \times 10^3 \text{N} \cdot \text{m}$$

梁的最大正应力为

$$\sigma_{\max} = \frac{M_{\max}}{W} = \frac{134.85 \times 10^3}{1430 \times 10^{-6}} \text{Pa} \approx 94.3 \text{MPa} < [\sigma]$$

（2）校核梁的刚度。

由表 8-1 序号 8 和 10 用叠加法可算得梁跨度中点的最大挠度为

$$w_{\max} = |w_C| = \frac{5qL^4}{384EI} + \frac{FL^3}{48EI}$$

$$= \left[\frac{1}{200 \times 10^9 \times 32200 \times 10^{-8}} \times \left(\frac{5 \times 0.788 \times 10^3 \times 10^4}{384} + \frac{50 \times 10^3 \times 10^3}{48} \right) \right] \text{m}$$

$$= 17.77 \times 10^{-3} \text{m} = 17.77 \text{mm}$$

许用挠度 $[w] = \frac{1}{500}L = \frac{1}{500} \times 10\text{m} = \frac{2}{100}\text{m} = 20\text{mm}$。可见

$$w_{\max} < [w]$$

由以上结果可见，45a 工字钢满足强度和刚度条件。

8.4.2　提高梁的刚度的一些措施

当梁的刚度不足时，可以根据影响梁变形大小的各有关因素，采取如下一些措施来提高梁的刚度。

1. 增大梁的抗弯刚度

梁的抗弯刚度包含横截面的惯性矩 I 和材料的弹性模量 E 两个因素，下面对它们分别进行讨论。

梁的变形与横截面的惯性矩成反比，故增大惯性矩可以提高梁的刚度，如可采用工字形、箱形、环形等合理截面。这与提高梁的强度的办法是类似的。但两者也有区别。为了提高梁的强度，可以将梁的局部截面的惯性矩增大，即采用变截面梁，但这对提高梁的刚度则收效不大。这是因为梁的最大正应力只决定于最大弯矩所在的截面的大小，而梁在任意指定截面处的位移则与全梁的变形大小有关。因此，为了提高梁的刚度，必须使全梁的变形减小，因而应增大全梁或较大部分梁的截面惯性矩才能达到目的。梁的变形还与材料的弹性模量 E 成反比。采用 E 值较大的材料可以提高梁的刚度。但必须注意，在常用的钢梁中，为了提高强度可以采用高强度合金钢，而为了提高刚度，采取这种措施就没有什么意义了。这是因为与普通碳素钢相比，高强度合金钢的许用应力值虽较大，但弹性模量 E 值则是比较接近的。

2. 调整跨度

梁的转角和挠度与梁的跨度的 n 次方成正比，跨度减小时，转角和挠度就会有更大程度的减小。例如，均布载荷作用下的简支梁，其最大挠度与跨度的四次方成正比，当其跨度减小为原跨度的 1/2 时，最大挠度将减小为原挠度的 1/16。故减小跨度是提高梁的刚度的一种有效措施。在有些情况下，可以增设梁的中间支座，以减小梁的跨度，从而可显著地减小梁的挠度。但这样就使梁成为超静定梁。图 8-11a、b 分别画出了均布载荷作用下的简支梁与三支点的超静定梁的挠曲线大致形状，可以看出后者的挠度远较前者为小。在有可能时，还可将简支梁改为两端外伸的梁。这样，既减小了跨度，而且外伸端的自重与两支座间向下的载荷将分别使轴线上每一点产生相反方向的挠度（见图 8-12a、b），从而相互抵消一部分，这也就提高了梁的刚度。

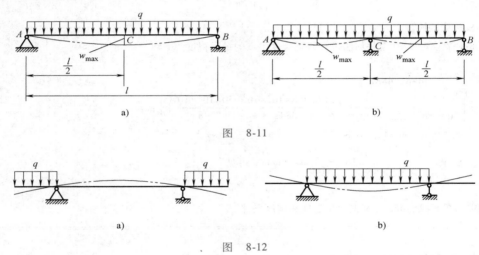

图　8-11

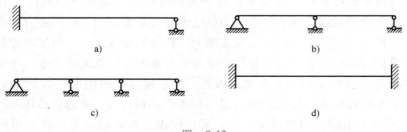

图　8-12

8.5　简单超静定梁的解法

超静定梁与静定梁相比，支座增多了，相应的约束也增多了。这种增多的约束也就是所谓的多余约束。相应于多余约束的约束力称为多余支反力。通常把具有几个多余约束的梁称为几次超静定梁。图 8-13c、d 所示的梁分别为二次和三次超静定梁。

a)

b)

c)

d)

图　8-13

为了求得超静定梁的全部支反力，与求解拉压超静定问题类似，需要综合考虑梁的变形、物理和静力学三个方面。支反力求得以后，其余的计算与静定梁完全相同。

下面以图 8-14a 所示的等直梁为例，说明超静定梁的解法。

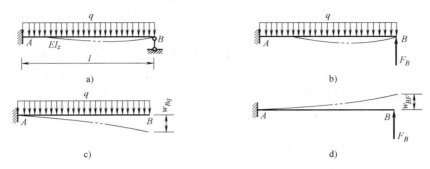

图　8-14

此梁具有一个多余约束，故为一次超静定梁。假设支座 B 为多余约束，并设想将它去掉，而代之以未知的多余支反力 F_B。这样就得到受均布载荷和多余支反力 F_B 作用的悬臂梁（见图 8-14b）了。这种去除多余约束后，受原来的载荷及多余支反力作用的静定梁称为原超静定梁的相当系统。要使相当系统与原超静定梁完全一致，就必须使它们两者的变形情况相同。由于原超静定梁在多余约束 B 处与约束情况相协调的变形条件是该处的挠度等于零，故悬臂梁在 B 点处的挠度也应等于零，即

$$w_B = 0 \tag{a}$$

上述悬臂梁 B 点处的挠度 w_B 可以采用叠加法计算。以 w_{Bq} 和 w_{BF} 分别表示均布载荷和 F_B 单独作用时 B 点的挠度（见图 8-14c、d），则

$$w_B = w_{Bq} + w_{BF} \tag{b}$$

将式（b）的关系代入式（a）得

$$w_{Bq} + w_{BF} = 0 \tag{c}$$

这就是本问题的变形几何方程，式中的 w_{Bq} 和 w_{BF} 可以由表 8-1 求得为

$$w_{Bq} = -\frac{ql^4}{8EI} \tag{d}$$

$$w_{BF} = \frac{F_B l^3}{3EI} \tag{e}$$

式（d）、式（e）两式就是本问题的物理关系。将它们代入式（c），得补充方程为

$$-\frac{ql^4}{8EI} + \frac{F_B l^3}{3EI} = 0 \tag{f}$$

由此式解得多余支反力为

$$F_B = \frac{3}{8}ql$$

多余支反力求得以后，其余的支反力 F_{Ay} 和 M_A（见图 8-15a）即可在相当系统上按静力平衡方程求得为

$$F_{Ay} = \frac{5}{8}ql \ , \ M_A = \frac{1}{8}ql^2$$

应该指出，各个支反力求得以后，即可作梁的剪力图和弯矩图（见图 8-15b、c），并进一步求最大应力。至于变形的计算也可在相当系统上进行，这与前面对静定梁的变形计算完全相同。

在超静定梁中，多余约束是可以任意选取的，其原则是便于求解。对于同一超静定梁，如果选取的多余约束不同，则相应的相当系统、变形几何方程也随之不同，但解得的全部支反力则是相同的。例如，对上述超静定梁，也可以选取 A 端阻止转动的约束为多余约束，其相应的多余支反力为固定端的支反力偶 M_A。将此约束去除后，其相当系统为图 8-16 所示的简支梁。根据原超静定梁 A 端横截面转角 $\theta_A = 0$ 这一变形条件，即可进而建立补充方程以求解 M_A。建议读者按此自行算出全部结果。

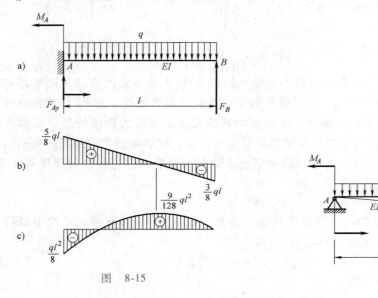

图 8-15

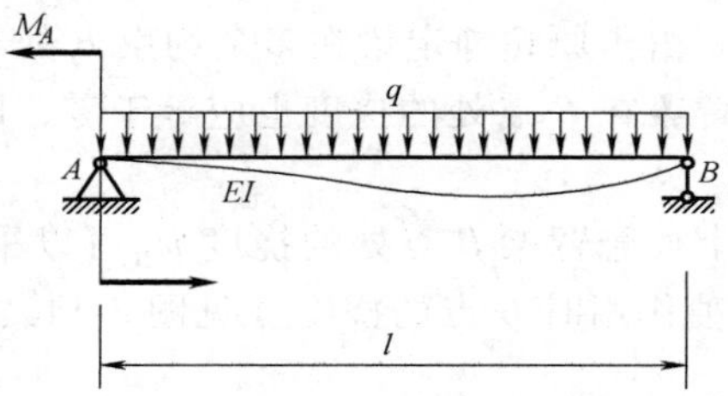

图 8-16

例 8-8　三支点梁 ABC 受力如图 8-17a 所示。梁的抗弯刚度 EI 为常数。试作梁的剪力图和弯矩图。

解：此梁具有一个多余约束，故为一次超静定梁。不难看出，在本题中选取支座 C 为多余约束，利用

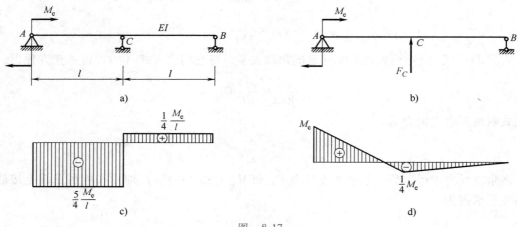

图 8-17

表 8-1 中的简支梁挠度公式求解较为简便，与此相应的多余支反力为 F_C。去除支座 C 后，得到如图 8-17b 所示的相当系统，即一简支梁。

（1）变形几何方程。

根据变形条件 $w_C = 0$，可得变形几何方程为

$$w_C = w_{CM} + w_{CF} = 0 \tag{a}$$

（2）物理关系。

式（a）中的挠度 w_{CM} 和 w_{CF} 可以利用表 8-1 求得，于是得本题物理关系式为

$$w_{CM} = -\frac{M_e(2l)^2}{16EI} = -\frac{M_e l^2}{4EI} \tag{b}$$

$$w_{CF} = \frac{F_C(2l)^3}{48EI} = \frac{F_C l^3}{6EI} \tag{c}$$

（3）补充方程。

将式（b）、式（c）的关系代入式（a），即得补充方程为

$$-\frac{M_e l^2}{4EI} + \frac{F_C l^3}{6EI} = 0 \tag{d}$$

由此式解得

$$F_C = \frac{3M_e}{2l}$$

（4）平衡方程。

多余支反力 F_C 求得后，即可对相当系统（见图 8-17b），由静力平衡方程求得其余的支反力为

$$F_{Ay} = \frac{4M_e}{5l}$$

$$F_B = \frac{M_e}{4l}$$

它们的指向均向下。

各支反力求得以后，即可作出梁的剪力图和弯矩图如图 8-17c、d 所示。

 习 题

8-1 写出图 8-18 所示各梁的边界条件。在图 8-18c 中支座 B 的刚度系数为 k。

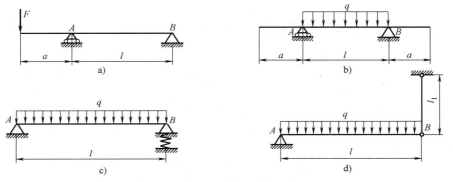

图 8-18 题 8-1 图

8-2 等截面梁如图 8-19 所示，试用积分法求解梁 C 截面的转角、挠度。

8-3 材料相同的悬臂梁 Ⅰ、Ⅱ，所受载荷及截面尺寸如图 8-20 所示，试计算两梁的挠度比。

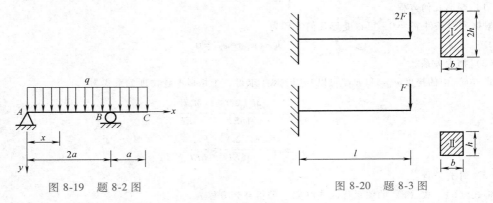

图 8-19 题 8-2 图   图 8-20 题 8-3 图

8-4 用积分法求图 8-21 所示各梁的挠曲线方程、端截面转角 θ_A 和 θ_B、跨度中点的挠度和最大挠度。设 EI 为常量。

8-5 计算图 8-22 所示悬臂梁最大挠度。

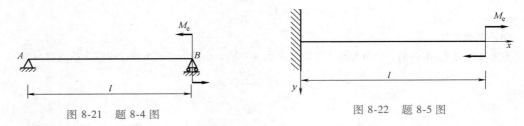

图 8-21 题 8-4 图   图 8-22 题 8-5 图

8-6 画出图 8-23 所示各梁挠曲线的大致形状（画在原图上），并写出用积分法求解位移时，应分为几段？写出必要的边界条件和连续条件。

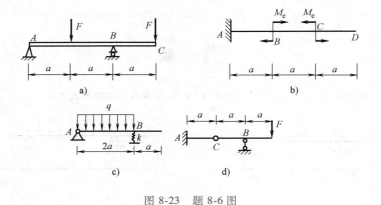

图 8-23 题 8-6 图

8-7 求图 8-24 所示悬臂梁的挠曲线方程及自由端的挠度和转角。设 $EA =$ 常量。求解时应注意到梁在 CB 段内无载荷，故 CB 仍为直线。

8-8 用叠加法求图 8-25 所示梁截面 A 的挠度和截面 B 的转角。EI 为已知常数。

8-9 用叠加法求图 8-26 所示外伸梁外伸端的挠度和转角。设 EI 为常数。

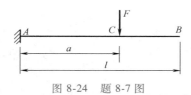

图 8-24　题 8-7 图

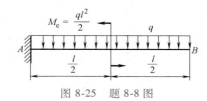

图 8-25　题 8-8 图

8-10　图 8-27 所示等截面梁，抗弯刚度 EI。设梁下有一曲面 $y = -Ax^3$，欲使梁变形后恰好与该曲面密合，且曲面不受压力。试问梁上应加什么载荷？并确定载荷的大小和方向。

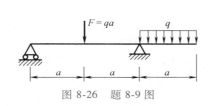

图 8-26　题 8-9 图

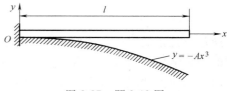

图 8-27　题 8-10 图

8-11　如图 8-28 所示，直角拐 AB 与 AC 刚性连接，A 处为一轴承，允许 AC 轴的端截面在轴承内自由转动，但不能上下移动。已知 $F = 60\text{N}$，$E = 210\text{GPa}$，$G = 0.4E$。试求截面 B 的垂直位移。

8-12　图 8-29 所示悬臂梁 AD 和 BE 的抗弯刚度都为 $EI = 24 \times 10^6 \text{N} \cdot \text{m}^2$。由钢杆 CD 相连接。CD 杆 $l = 5\text{m}$，$A = 3 \times 10^{-4} \text{m}^2$，$E = 200\text{GPa}$。若 $F = 50\text{kN}$，试求悬臂梁 AD 在 D 点的挠度。

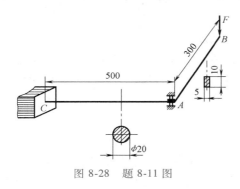

图 8-28　题 8-11 图

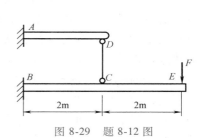

图 8-29　题 8-12 图

第 9 章
应力状态与强度理论

通过前几章的讨论，我们已经了解了杆件发生基本变形时横截面上的应力情况。实际上一点的应力情况除与点的位置有关，还与过该点所截取的截面方位有关。为了讨论一点在不同截面上的应力情况，也为后面讨论组合变形打下一定理论基础，本章主要介绍：应力状态的概念、应力状态分析、复杂应力状态下一点的应力与应变的关系——广义胡克定律、复杂应力状态下的变形比能。在此基础上，介绍强度理论的概念及常用的四种强度理论。

9.1 应力状态的概念

1. 一点处的应力状态

受力构件内任意一点，在不同方位截面上的应力情况，称为该点处的应力状态。判断一个受力构件的强度，必须了解此构件内各点的应力状态，即了解各个点处不同截面的应力情况，从而找出哪个面上、哪个点处正应力最大，或切应力最大。据此建立构件的强度条件，这就是研究应力状态的目的。

2. 通过单元体分析一点的应力状态

如上所述，应力随点的位置和截面方位不同而改变，若围绕所研究的点取出一个单元体（如微元正六面体），因为单元体三个方向的尺寸均为无穷小，所以可以认为：单元体每个面上的应力都是均匀分布的，且单元体相互平行的面上的应力都是相等的，它们就是该点在这个方位截面上的应力。所以，可通过单元体来分析一点的应力状态。

3. 主应力及应力状态的分类

围绕受力构件内某点所截取出的单元体，一般来说，各个面上既有正应力，又有切应力（见图 9-1a）。以下根据单元体各面上的应力情况，介绍应力状态的几个基本概念。

（1）主平面　如果单元体的某个面上只有正应力，而无切应力，则此平面称为主平面。

（2）主应力　主平面上的正应力称为主应力。

（3）主单元体　若单元体三个相互垂直的面都为主平面，则这样的单元体称为主单元体。可以证明：从受力构件某点处，以不同方位截取的诸单元体中，必有一个单元体为主单元体。主单元体在主平面上的主应力按代数值的大小排列，分别用 σ_1、σ_2 和 σ_3 表示，即 $\sigma_1 \geqslant \sigma_2 \geqslant \sigma_3$（见图 9-1b）。

（4）应力状态的类型　若在一个点的三个主应力中，只有一个主应力不为零，则这样的应力状态称为单向应力状态。若三个主应力中有两个不为零，则称为二向应力状态或平面应力状态。若三个主应力皆不为零，则称为三向应力状态或空间应力状态。单向应力状态也称为简单应力状态。二向和三向应力状态统称为复杂应力状态。关于单向应力状态，已在第 4 章中讨论过，本章的重点是介绍二向应力状态。

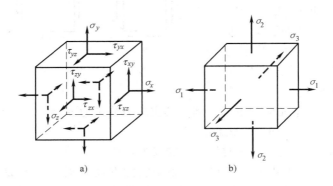

图 9-1　应力状态的一般情况和已知三个主应力的应力状态

9.2 应力状态的实例

1. 直杆轴向拉伸时的应力状态

直杆轴向拉伸时（见图 9-2a），围绕杆内任一点 A 以纵横六个截面取出单元体（见图 9-2b），其平面图则表示在图 9-2c 中，单元体的左右两侧面是杆件横截面的一部分，其面上的应力皆为 $\sigma = F/A$。单元体的顶、底、前、后四个面都是平行于轴线的纵向面，面上皆无任何应力。根据主单元体的定义，知此单元体为主单元体，且三个垂直面上的主应力分别为

$$\sigma_1 = \frac{F}{A}, \quad \sigma_2 = 0, \quad \sigma_3 = 0$$

围绕 A 点也可用与杆轴线成 ±45° 的截面和纵向面截取单元体（见图 9-2d），前、后面为纵向面，面上无任何应力，而在单元体的外法

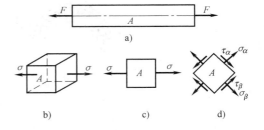

图 9-2　直杆轴向拉伸时杆内任一点的应力状态

线与杆轴线成 ±45° 的斜面上既有正应力又有切应力（见第 4 章）。因此，这样截取的单元体不是主单元体。

由此可见，描述一点的应力状态按不同的方位截取的单元体，单元体各面上的应力也就不同，但它们均可表示同一点的应力状态。

2. 圆轴扭转时，轴的表面上任一点 A 的应力状态

围绕圆轴表面 A 点（见图 9-3a）仍以纵横六个截面截取单元体（见图 9-3b）。单元体的左、右两侧面为横截面的一部分，正应力为零，而切应力为 $\tau = T/W_t$，由切应力互等定理，知在单元体的顶、底两侧面上，有 $\tau' = \tau$。因为单元体的前面为圆轴的自由面，故单元体的

前、后两面上无任何应力。单元体受力如图 9-3c 所示。由此可见，圆轴受扭时，A 点的应力状态为纯剪切应力状态。

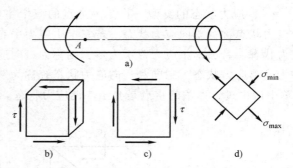

进一步的分析表明（见本章例 9-1），若围绕着 A 点沿与轴线成 $\pm45°$ 的截面截取一单元体（见图 9-3d），则其 $\pm45°$ 斜截面上的切应力皆为零。在外法线与轴线成 $\pm45°$ 的截面上，有压应力，其值为 $-\tau$。在外法线与轴线成 $-45°$ 的截面上有拉应

图 9-3　受扭圆轴表面点 A 的应力状态

力，其值为 $+\tau$。考虑到前、后面无任何应力，故图 9-3d 所示的单元体为主单元体。其主应力分别为 $\sigma_1 = \tau$，$\sigma_2 = 0$，$\sigma_3 = -\tau$。由此可见，纯剪切应力状态为二向应力状态。

3. 薄壁圆筒容器承受内压作用时任一点的应力状态

当圆筒形容器（见图 9-4a）的壁厚 t 远小于它的直径 D 时（如 $t<D/20$），称为薄壁圆筒。若封闭的薄壁圆筒承受的内压力为 p，则沿圆筒轴线方向作用于筒底的总压力为 F（见图 9-4b），且

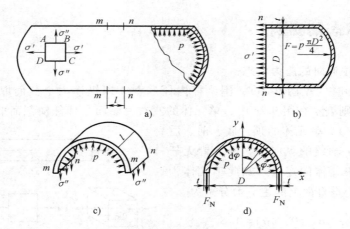

图 9-4　薄壁圆筒承受内压时，壁上任一点 A 的应力状态分析

$$F = p \cdot \frac{\pi D^2}{4}$$

薄壁圆筒的横截面面积为 $\pi D t$，因此圆筒横截面上的正应力 σ' 为

$$\sigma' = \frac{F}{A} = \frac{p \cdot \dfrac{\pi D^2}{4}}{\pi D t} = \frac{pD}{4t} \tag{9-1}$$

用相距为 l 的两个横截面和通过直径的纵向平面，从圆筒中截取一部分（见图 9-4c）。设圆筒纵向截面上的内力为 F_N，正应力为 σ''，则

$$\sigma'' = \frac{F_N}{tl}$$

取圆筒内壁上的微元面积 $dA = lD\,d\varphi/2$，内压 p 在微元面积上的压力为 $plD\,d\varphi/2$。它在 y 轴方向的投影为 $pl(D/2)\,d\varphi\sin\varphi$。通过积分求出上述投影的总和为

$$\int_0^\pi pl\frac{D}{2}\,d\varphi\sin\varphi = plD$$

积分结果表明：截取部分在纵向平面上的投影面积 lD 与 p 的乘积，就等于内压力在 y 轴方向投影的合力。考虑截取部分在 y 轴方向的平衡（见图 9-4d），得

$$\sum F_y = 0, \quad 2F_N - plD = 0$$

$$F_N = \frac{plD}{2}$$

将 F_N 代入 σ'' 表达式中，得

$$\sigma'' = \frac{F_N}{tl} = \frac{pD}{2t} \tag{9-2}$$

从式（9-1）和式（9-2）看出，纵向截面上的应力 σ'' 是横截面上应力 σ' 的两倍。

由于内压力是轴对称载荷，所以在纵向截面上没有切应力。又由切应力互等定理知，在横截面上也没有切应力。围绕薄壁圆筒任一点 A，沿纵、横截面截取的单元体为主平面。此外，在单元体 $ABCD$ 面上，有作用于内壁的内压力 p 或作用于外壁的大气压力，它们都远小于 σ' 和 σ''，可以认为等于零［见式（9-1）和式（9-2），考虑到 $t \ll D$，易得上述结论］。由此可见，A 点的应力状态为二向应力状态，其三个主应力分别为 σ''、σ' 和 0。

4. 在车轮压力作用下，车轮与钢轨接触点 A 处的应力状态

围绕着车轮与钢轨接触点（见图 9-5a），以垂直和平行于压力 F 的平面截取单元体，如图 9-5b 所示。在车轮与钢轨的接触面上，有接触应力 σ_3。由于 σ_3 的作用，单元体将向四周膨胀，于是引起周围材料对它的约束压应力 σ_1 和 σ_2（理论计算表明，周围材料对单元体的约束应力的绝对值小于由 F 引起的应力绝对值 $|\sigma_3|$，因为是压应力，故用 σ_1 和 σ_2 表示）。所取单元体的三个相互垂直的面皆为主平面，且三个主应力皆不等于零，因此，A 点的应力状态为三向应力状态。

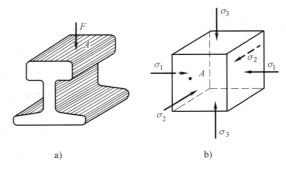

图 9-5　车轮钢轨接触点 A 的应力状态

9.3　二向应力状态分析——解析法

平面应力
状态分析

1. 二向应力状态下斜截面上的应力

二向应力状态分析，就是在二向应力状态下，通过一点的某些截面上的应力，确定通过这一点的其他截面上的应力，从而进一步确定该点的主平面、主应力和最大切应力。

从构件内某点截取的单元体如图 9-6a 所示。单元体前、后两个面上无任何应力，故前、后两个面为主平面，且这个面上的主应力为零，所以，它是二向应力状态。

在图 9-6a 所示的单元体的各面上，设应力分量 σ_x、σ_y、τ_{xy} 和 τ_{yx} 皆为已知。关于应力的符号规定为：正应力以拉应力为正，压应力为负；切应力以对单元体内任意点的矩为顺时针时，规定为正，反之为负。应力第一个下标表示作用面法向，第二个下标表示指向。

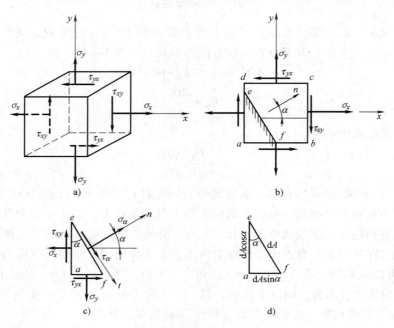

图 9-6　二向应力状态分析

现研究单元体任意斜截面 ef 上的应力（见图 9-6b）。该截面外法线 n 与 x 轴的夹角为 α，且规定：由 x 轴转到外法线 n 逆时针时，α 为正。以斜截面 ef 把单元体假想截开，考虑任一部分的平衡，根据平衡方程 $\sum F_n = 0$ 和 $\sum F_t = 0$，则

$$\sigma_\alpha \mathrm{d}A + (\tau_{xy}\mathrm{d}A\cos\alpha)\sin\alpha - (\sigma_x\mathrm{d}A\cos\alpha)\cos\alpha +$$
$$(\tau_{yx}\mathrm{d}A\sin\alpha)\cos\alpha - (\sigma_y\mathrm{d}A\sin\alpha)\sin\alpha = 0$$
$$\tau_\alpha \mathrm{d}A - (\tau_{xy}\mathrm{d}A\cos\alpha)\cos\alpha - (\sigma_x\mathrm{d}A\cos\alpha)\sin\alpha +$$
$$(\sigma_y\mathrm{d}A\sin\alpha)\cos\alpha + (\tau_{yx}\mathrm{d}A\sin\alpha)\sin\alpha = 0$$

考虑到切应力互等定理，τ_{xy} 和 τ_{yx} 在数值上相等，以 τ_{xy} 代替 τ_{yx}，简化以上平衡方程最后得出

$$\sigma_\alpha = \frac{\sigma_x + \sigma_y}{2} + \frac{\sigma_x - \sigma_y}{2}\cos2\alpha - \tau_{xy}\sin2\alpha \tag{9-3}$$

$$\tau_\alpha = \frac{\sigma_x - \sigma_y}{2}\sin2\alpha + \tau_{xy}\cos2\alpha \tag{9-4}$$

上述两式表明：σ_α 和 τ_α 都是 α 的函数，即任意斜截面上的正应力 σ_α 和切应力 τ_α 随截面方位的改变而变化。

2. 主应力及主平面的方位

为求正应力的极值，可将式（9-3）对 α 取导数，得

$$\frac{\mathrm{d}\sigma_\alpha}{\mathrm{d}\alpha} = -2\left(\frac{\sigma_x - \sigma_y}{2}\sin2\alpha + \tau_{xy}\cos2\alpha\right)$$

若 $\alpha = \alpha_0$ 时，导数 $\mathrm{d}\sigma_\alpha/\mathrm{d}\alpha = 0$，则在方位角 α_0 所确定的截面上，正应力为极值。以 α_0 代入上式，并令其等于零，则

$$\frac{\sigma_x - \sigma_y}{2}\sin 2\alpha_0 + \tau_{xy}\cos 2\alpha_0 = 0$$

可得

$$\tan 2\alpha_0 = -\frac{2\tau_{xy}}{\sigma_x - \sigma_y} \tag{9-5}$$

式（9-5）有两个解：α_0 和 $\alpha_0 \pm 90°$。因此，由式（9-5）可以求出相差 90° 的两个角度 α_0，在它们所确定的两个互相垂直的平面上，正应力取得极值。在这两个互相垂直的平面中，一个是最大正应力所在的平面，另一个是最小正应力所在的平面。从式（9-5）求出 $\sin 2\alpha_0$ 和 $\cos 2\alpha_0$，代入式（9-3），可得最大或最小正应力为

$$\left.\begin{array}{c}\sigma_{\max}\\\sigma_{\min}\end{array}\right\} = \frac{\sigma_x + \sigma_y}{2} \pm \sqrt{\left(\frac{\sigma_x - \sigma_y}{2}\right)^2 + \tau_{xy}^2} \tag{9-6}$$

至于 α_0 确定的两个平面中哪一个对应着最大正应力，可按下述方法确定。

若 σ_x 为两个正应力中代数值较大的一个，则式（9-5）确定的两个角度 α_0 和 $\alpha_0 \pm 90°$，绝对值较小的一个对应着最大正应力 $\sigma_{\max}$ 所在的平面；反之，绝对值较大的一个对应着最大正应力 $\sigma_{\max}$ 所在的平面。此结论可由二向应力状态分析的图解法得到验证。

现在进一步讨论在正应力取得极值的两个互相垂直的平面上切应力的情况。为此，将 α_0 代入式（9-4），求出该面上的切应力 τ_{α_0}，并与 $\mathrm{d}\sigma_{\alpha_0}/\mathrm{d}\alpha = 0$ 的表达式比较，得 τ_{α_0} 为零。这就是说，正应力为最大或最小所在的平面，就是主平面。所以，主应力就是最大或最小的正应力。

3. 切应力的极值及其所在平面

为了求得切应力的极值及其所在平面的方位，将式（9-4）对 α 取导数

$$\frac{\mathrm{d}\tau_\alpha}{\mathrm{d}\alpha} = (\sigma_x - \sigma_y)\cos 2\alpha - 2\tau_{xy}\sin 2\alpha$$

若 $\alpha = \alpha_1$ 时，导数 $\mathrm{d}\tau_\alpha/\mathrm{d}\alpha = 0$，则在方位角 α_1 所确定的截面上，切应力取得极值。以 α_1 代入上式且令其等于零，得

$$(\sigma_x - \sigma_y)\cos 2\alpha_1 - 2\tau_{xy}\sin 2\alpha_1 = 0$$

由此求得

$$\tan 2\alpha_1 = \frac{\sigma_x - \sigma_y}{2\tau_{xy}} \tag{9-7}$$

由式（9-7）也可以解出两个角度值 α_1 和 $\alpha_1 \pm 90°$，它们也相差 90°，从而可以确定两个相互垂直的平面，在这两个平面上分别作用最大或最小切应力。由式（9-7）解出 $\sin 2\alpha_1$ 和 $\cos 2\alpha_1$，代入式（9-4），求得切应力的最大值和最小值是

$$\left.\begin{array}{c}\tau_{\max}\\\tau_{\min}\end{array}\right\} = \pm\sqrt{\left(\frac{\sigma_x - \sigma_y}{2}\right)^2 + \tau_{xy}^2} \tag{9-8}$$

与正应力的极值和所在两个平面方位的对应关系相似，切应力的极值与所在两个平面方

位的对应关系是：若 $\tau_{xy}>0$，则绝对值较小的 α_1 对应最大切应力所在的平面。

4. 主应力所在平面与极值切应力所在平面之间的关系

比较式（9-5）和式（9-7），可以得到

$$\tan2\alpha_0 \cdot \tan2\alpha_1 = -1$$

所以有

$$2\alpha_1 = 2\alpha_0 + \frac{\pi}{2}, \quad \alpha_1 = \alpha_0 + \frac{\pi}{4}$$

即最大和最小切应力所在平面的外法线与主平面的外法线之间的夹角为 $45°$。

例 9-1　圆轴受扭如图 9-7a 所示，试分析轴表面任一点的应力状态，并讨论试件受扭时的破坏现象。

解：根据 9.2 节的讨论，沿纵横截面截取的单元体为纯剪切应力状态（见图 9-7b），单元体各面上的应力为

$$\sigma_x = \sigma_y = 0, \quad \tau_{xy} = -\tau_{yx} = \tau = \frac{T}{W_t}$$

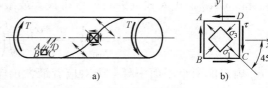

图 9-7　圆轴受扭

代入式（9-3）和式（9-4），即可得到纯剪切应力状态任意斜截面上的应力：

$$\sigma_\alpha = -\tau_{xy}\sin2\alpha = -\tau\sin2\alpha$$

$$\tau_\alpha = \tau_{xy}\cos2\alpha = \tau\cos2\alpha$$

将 $\sigma_x = \sigma_y = 0$，$\tau_{xy} = \tau$ 代入式（9-5）和式（9-6），即可得到主应力的大小和主平面的方位：

$$\left.\begin{array}{c}\sigma_{max}\\\sigma_{min}\end{array}\right\} = \frac{\sigma_x+\sigma_y}{2} \pm \sqrt{\left(\frac{\sigma_x-\sigma_y}{2}\right)^2 + \tau_{xy}^2} = \pm\tau$$

$$\tan2\alpha_0 = -\frac{2\tau_{xy}}{\sigma_x-\sigma_y} = -\infty$$

$2\alpha_0 = -90°$ 或 $270°$，即 $\alpha_0 = -45°$ 或 $-135°$。以上结果表明以 x 轴量起，由 $\alpha_0 = -45°$ 所确定的主平面上的主应力为 $\sigma_{max} = \tau$，而 $\alpha_0 = -135°$（或 $\alpha_0 = +45°$）所确定的主平面上的主应力为 $\sigma_{min} = -\tau$，如图 9-7b 所示，考虑到前后面为主平面，且该平面上的主应力为零，故有

$$\sigma_1 = \tau, \quad \sigma_2 = 0, \quad \sigma_3 = -\tau$$

即纯剪切的两个主应力相等，都等于切应力 τ，但一为拉应力，一为压应力。

根据上述讨论，即可说明材料在扭转试验中出现的现象。低碳钢试件扭转时的屈服现象是材料沿横截面产生滑移的结果，最后沿横截面断开，这说明低碳钢扭转破坏是横截面上最大切应力作用的结果。即对于低碳钢这种塑性材料来说，其抗剪能力小于抗拉或抗压能力。铸铁试件扭转时，大约沿与轴线成 $45°$ 螺旋线断裂（见图 5-16），说明是最大拉应力作用的结果。即对于铸铁这种脆性材料，其抗拉能力小于抗剪和抗压能力。

例 9-2　如图 9-8a 所示，简支梁在跨度中点受集中力作用，m—m 截面点 1 至点 5 沿纵横截面截取的单元体各面上的应力方向如图 9-8b 所示，若已知点 2 各面的应力情况如图 9-8c 所示。试求点 2 的主应力的大小及主平面的方位。

解：由于垂直方向等于零的正应力是代数值较大的正应力，所以选定 x 轴的方向垂直向上。此时，

$$\sigma_x = 0, \quad \sigma_y = -70\text{MPa}, \quad \tau_{xy} = -50\text{MPa}$$

由式（9-5）得

$$\tan2\alpha_0 = -\frac{2\tau_{xy}}{\sigma_x-\sigma_y} = -\frac{2\times(-50\text{MPa})}{0-(-70\text{MPa})} = 1.429$$

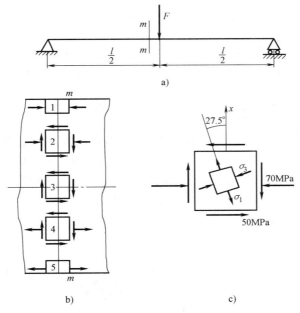

图 9-8　简支梁受力分析

$$\alpha_0 = 27.5° \text{ 或 } 117.5°$$

由于 $\sigma_x > \sigma_y$，所以绝对值较小的角度 $\alpha_0 = 27.5°$ 的主平面上有最大的主应力，而 $117.5°$ 的主平面上有最小的主应力，它们可由式（9-6）求得

$$\left.\begin{array}{r}\sigma_{\max}\\ \sigma_{\min}\end{array}\right\} = \frac{0+(-70\text{MPa})}{2} \pm \sqrt{\left(\frac{0+70}{2}\text{MPa}\right)^2 + (-50\text{MPa})^2} = \left\{\begin{array}{l}26\text{MPa}\\ -96\text{MPa}\end{array}\right.$$

所以有

$$\sigma_1 = 26\text{MPa}, \quad \sigma_2 = 0, \quad \sigma_3 = -96\text{MPa}$$

主应力及主平面位置如图 9-8c 所示。

9.4　二向应力状态分析——图解法

1. 应力圆方程及应力圆作法

由上节二向应力状态分析解析法可知，二向应力状态下，斜截面上的应力由式（9-3）和式（9-4）来确定。它们皆为 α 的函数，把 α 看作参数，为消去 α，将两式改写成

$$\sigma_\alpha - \frac{\sigma_x + \sigma_y}{2} = \frac{\sigma_x - \sigma_y}{2}\cos 2\alpha - \tau_{xy}\sin 2\alpha$$

$$\tau_\alpha = \frac{\sigma_x - \sigma_y}{2}\sin 2\alpha + \tau_{xy}\cos 2\alpha$$

将两式等号两边平方，然后再相加，得

$$\left(\sigma_\alpha - \frac{\sigma_x + \sigma_y}{2}\right)^2 + \tau_\alpha^2 = \left(\frac{\sigma_x - \sigma_y}{2}\right)^2 + \tau_{xy}^2$$

式中，σ_x、σ_y 和 τ_{xy} 皆为已知量，若建立一个坐标系：横坐标为 σ 轴，纵坐标为 τ 轴，则上式是一个以 σ_α 和 τ_α 为变量的圆周方程。圆心的横坐标为 $(\sigma_x + \sigma_y)/2$，纵坐标为零，圆周的半径为 $\sqrt{\left(\dfrac{\sigma_x - \sigma_y}{2}\right)^2 + \tau_{xy}^2}$。这个圆称作应力圆，也称莫尔圆。

因为应力圆方程是由式（9-3）和式（9-4）导出的，所以，单元体某斜截面上的应力 σ_α 和 τ_α 对应着应力圆周上的一个点。反之，应力圆周上的任一点也对应着单元体某一斜截面的应力 σ_α 和 τ_α。即它们之间有着一一对应的关系。但是，从应力圆方程中，这种对应关系并不能直接找出。以下介绍的应力圆作法，可以解决这一问题。以图 9-9a 所示的二向应力状态为例来说明应力圆的作法。

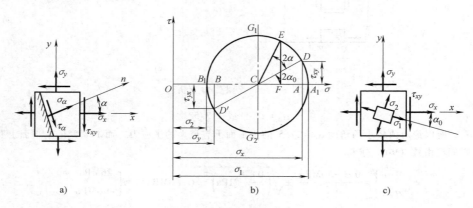

图 9-9　二向应力状态分析图解法

单元体各面上应力正负号的规定与解析法一致。按一定的比例尺量取横坐标 $\overline{OA} = \sigma_x$，纵坐标 $\overline{AD} = \tau_{xy}$，确定 D 点。D 点的坐标代表单元体右侧面上的应力。量取 $\overline{OB} = \sigma_y$，$\overline{BD'} = \tau_{yx}$，确定 D' 点。因 τ_{yx} 为负，故 D' 点在横坐标轴 σ 轴的下方。D' 点的坐标代表单元体顶面上的应力。连接 DD'，与横坐标轴交于 C 点。由于 $\tau_{xy} = \tau_{yx}$，所以 $\triangle CAD \cong \triangle CBD'$，从而 $\overline{CD}$ 等于 $\overline{CD'}$。以 C 点为圆心，以 $\overline{CD}$（或 $\overline{CD'}$）为半径作圆，如图 9-9b 所示。此圆的圆心横坐标和半径分别为

$$\overline{OC} = \frac{1}{2}(\overline{OA} + \overline{OB}) = \frac{1}{2}(\sigma_x + \sigma_y)$$

$$\overline{CD} = \sqrt{\overline{CA}^2 + \overline{AD}^2} = \sqrt{\left(\frac{\sigma_x - \sigma_y}{2}\right)^2 + \tau_{xy}^2}$$

所以，此圆即为应力圆。

若确定图 9-9a 所示斜截面上的应力，则在应力圆上，从 D 点（代表以 x 轴为法线的面上的应力）也按逆时针方向沿应力圆周移到 E 点，且使 DE 弧所对的圆心角为实际单元体转过的 α 角的两倍，则 E 点的坐标就代表了以 n 为法线的斜截面上的应力（见图 9-9b）。现证

明如下：E 点的横、纵坐标分别为

$$\overline{OF}=\overline{OC}+\overline{CE}\cos(2\alpha_0+2\alpha)=\overline{OC}+\overline{CE}\cos2\alpha_0\cos2\alpha-\overline{CE}\sin2\alpha_0\sin2\alpha$$

$$\overline{FE}=\overline{CE}\sin(2\alpha_0+2\alpha)=\overline{CE}\sin2\alpha_0\cos2\alpha+\overline{CE}\cos2\alpha_0\sin2\alpha$$

因为 $\overline{CE}$ 和 $\overline{CD}$ 同为圆周的半径，可以互相代替，故有

$$\overline{CE}\cos2\alpha_0=\overline{CD}\cos2\alpha_0=\overline{CA}=\frac{\sigma_x-\sigma_y}{2}$$

$$\overline{CE}\sin2\alpha_0=\overline{CD}\sin2\alpha_0=\overline{AD}=\tau_{xy}$$

将以上结果代入 $\overline{OF}$ 和 $\overline{FE}$ 的表达式中，并注意到 $\overline{OC}=\dfrac{1}{2}(\sigma_x+\sigma_y)$，得

$$\overline{OF}=\frac{\sigma_x+\sigma_y}{2}+\frac{\sigma_x-\sigma_y}{2}\cos2\alpha-\tau_{xy}\sin2\alpha$$

$$\overline{FE}=\frac{\sigma_x-\sigma_y}{2}\sin2\alpha+\tau_{xy}\cos2\alpha$$

与式（9-3）和式（9-4）比较，可见 $\overline{OF}=\sigma_\alpha$，$\overline{FE}=\tau_\alpha$。即 E 点的坐标代表法线倾角为 α 的斜截面上的应力。

2. 利用应力圆确定主应力、主平面和最大切应力

在应力圆中，正应力的极值点为 A_1 和 B_1 两点（见图 9-9b），而 A_1 和 B_1 点的纵坐标皆为零，因此，正应力的极值即为主应力。A_1B_1 弧对应的圆心角为 $180°$，因此，它们所对应单元体的两个主平面互相垂直。从应力圆上不难看出

$$\sigma_1=\overline{OA_1}=\overline{OC}+\overline{CA_1}, \quad \sigma_2=\overline{OB_1}=\overline{OC}-\overline{CB_1}$$

因为 OC 为圆心至原点的距离，而 $\overline{CA_1}$ 和 $\overline{CB_1}$ 皆为应力圆半径，故有

$$\left.\begin{array}{r}\sigma_1\\\sigma_2\end{array}\right\}=\frac{\sigma_x+\sigma_y}{2}\pm\sqrt{\left(\frac{\sigma_x-\sigma_y}{2}\right)^2+\tau_{xy}^2}$$

从 D 点顺时针转 $2\alpha_0$ 角至 A_1 点，故 α_0 就是单元体从 x 轴向主平面转过的角度。因为 D 点向 A_1 点是顺时针转动，因此 $\tan2\alpha_0$ 为负值，且

$$\tan2\alpha_0=\frac{\overline{AD}}{\overline{CA}}=-\frac{2\tau_{xy}}{\sigma_x-\sigma_y}$$

于是，再次得到式（9-5）和式（9-6）。

从应力圆不难看出，若 $\sigma_x>\sigma_y$，则 D 点（对应以 x 轴为法线的面上的应力）在应力圆的右半个圆周上，所以和 A_1 点构成的圆心角的绝对值小于 D 点和 B_1 点构成的圆心角的绝对值，因此，式（9-5）中，绝对值较小的 α_0 对应着最大的正应力。

应力圆上 G_1 和 G_2 两点的纵坐标分别为最大值和最小值。它们分别代表单元体与 x 轴平行的一组截面中的最大和最小切应力。因为 $\overline{CG_1}$ 和 $\overline{CG_2}$ 都是应力圆的半径，故有

$$\left.\begin{array}{r}\tau_{\max}\\\tau_{\min}\end{array}\right\}=\pm\sqrt{\left(\frac{\sigma_x-\sigma_y}{2}\right)^2+\tau_{xy}^2}$$

这就是式（9-8），又因为应力圆的半径也等于 $\frac{1}{2}$（$\sigma_1 - \sigma_2$），故切应力的极值又可表示为

$$\left.\begin{array}{r}\tau_{\max} \\ \tau_{\min}\end{array}\right\} = \pm \frac{\sigma_1 - \sigma_2}{2} \qquad (9\text{-}9)$$

在应力圆周上，由 A_1 到 G_1 所对的圆心角为逆时针转 90°，所以，在单元体内，由 σ_1 所在的主平面的法线逆时针旋转 45°，即为最大切应力所在截面的外法线。

又若 $\tau_{xy} > 0$，则 D 点（以 x 轴为法向的面上的应力）在 σ 轴上方的应力圆周上，所以，D 点到 G_1 点所对圆心角的绝对值小于 D 点到 G_2 点所对圆心角的绝对值。因此，若 $\tau_{xy} > 0$，则式（9-7）所确定的两个值中，绝对值较小的 σ_1 所确定的平面对应着最大切应力。

例 9-3 已知单元体的应力状态如图 9-10a 所示。$\sigma_x = 40\text{MPa}$，$\sigma_y = -60\text{MPa}$，$\tau_{xy} = -50\text{MPa}$，试用图解法求主应力，并确定主平面的位置。

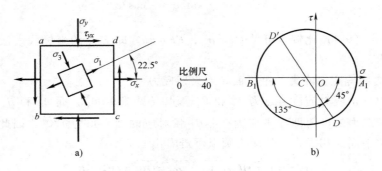

图 9-10

解：（1）作应力圆。

按选定的比例尺，以 $\sigma_x = 40\text{MPa}$，$\tau_{xy} = -50\text{MPa}$ 为坐标，确定 D 点。以 $\sigma_y = -60\text{MPa}$ $\tau_{yx} = 50\text{MPa}$ 为坐标，确定 D' 点。连接 D 和 D' 点，与横坐标轴交于 C 点。以 C 为圆心，以 $\overline{CD}$ 为半径作应力圆，如图 9-10b 所示。

（2）求主应力及主平面的位置。

在图 9-10b 所示的应力圆上，A_1 和 B_1 点的横坐标即为主应力值，按所用比例尺量出

$$\sigma_1 = \overline{OA_1} = 60.7\text{MPa}, \qquad \sigma_3 = \overline{OB_1} = -80.7\text{MPa}$$

这里另一个主应力 $\sigma_2 = 0$。

在应力圆上，由 D 点至 A_1 点为逆时针方向，且 $\angle DCA_1 = 2\alpha_0 = 45°$，所以，在单元体中，从 x 轴以逆时针方向量取 $\alpha_0 = 22.5°$，确定了 σ_1 所在主平面的法线。而 D 至 B_1 点为顺时针方向，$\angle DCB_1 = 135°$，所以，在单元体中从 x 轴以顺时针方向量取 $\alpha_0 = 67.5°$，从而确定了 σ_3 所在主平面的法线方向。

例 9-4 用图解法定性讨论图 9-11a 所示 3、4、5 点的应力状态。

解：从图 9-11a 可见，点 3 的应力状态是纯剪切应力状态。根据单元体以 x 轴为法线的截面上的应力情况 $\sigma_x = 0$，$\tau_{xy} = \tau$ 在坐标系中确定的 D 点在 τ 轴上，而根据以 y 轴为法线的截面上应力 $\sigma_y = 0$，$\tau_{yx} = -\tau$ 确定的 D' 点也在 τ 轴上，但它为负值。D 与 D' 的连线与 σ 轴交于原点 O，以 O 为圆心，以 $\overline{OD}$（或 $\overline{OD'}$）为半径，作出应力圆如图所示。由此可见，该应力圆的特点是应力圆的圆心与坐标系原点重合。从图 9-11b 可以看出：

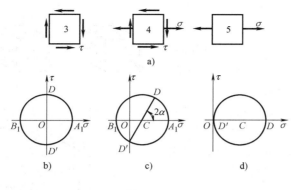

图　9-11

$$\sigma_1 = \tau, \qquad \sigma_2 = 0, \qquad \sigma_3 = -\tau, \qquad \tau_{max} = \tau$$

对于 4 点的应力状态，同样根据 $\sigma_x = \sigma$，$\tau_{xy} = \tau$ 在坐标系中确定 D 点，而根据 $\sigma_y = 0$，$\tau_{yx} = -\tau$ 确定的 D' 点在 τ 轴上，连接 $\overline{DD'}$ 交 σ 轴于 C 点，以 C 为圆心，以 $\overline{CD}$ 为半径，作出应力圆如图 9-11c 所示。可见，该应力圆的特点是应力圆总是与 τ 轴相交，故必然有 $\sigma_1 > 0$，$\sigma_2 = 0$，$\sigma_3 < 0$。根据解析法，求得三个主应力分别为

$$\left.\begin{matrix}\sigma_1 \\ \sigma_3\end{matrix}\right\} = \frac{\sigma}{2} \pm \sqrt{\left(\frac{\sigma}{2}\right)^2 + \tau^2}, \sigma_2 = 0$$

5 点的应力状态是单向应力状态，$\sigma_x = \sigma$，$\sigma_y = 0$，$\tau_{xy} = \tau_{yx} = 0$，作应力圆如图 9-11d 所示。其特点是该应力圆与 τ 轴相切。

9.5　三向应力状态

1. 三向应力圆

三向主应力状态如图 9-12 所示。在已知主应力 σ_1、σ_2、σ_3 的条件下，我们讨论单元体的最大正应力和最大切应力。

如图 9-13a 所示，设斜截面与 σ_1 平行，考虑截出部分三棱柱体的平衡，显然，沿 σ_1 方向自然满足平衡条件，故平行于 σ_1 诸斜面上的应力不受 σ_1 的影响，只与 σ_2、σ_3 有关。由 σ_2、σ_3 确定的应力圆周上的任意一点的纵横坐标表示平行于 σ_1 的某个斜面上的正应力和切应力。同理，由 σ_1、σ_3 确定的应力圆表示平行于 σ_2 诸平面上的应力情况。由 σ_1、σ_2 确定的应力圆表示平行于 σ_3 诸平面上的应力情况。这样作出的三个应力圆（见图 9-13b），称作三向应力圆。

可以证明，对于三向应力状态任意斜截面上的正应力和切应力，必然对应着图 9-13b 所示三向应力圆之间阴影线部分。对于应力圆中的某一点 D 来说，该点的纵横坐标即为该斜面上的正应力和切应力的大小。

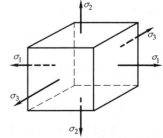

图 9-12　三向应力状态

2. 三向应力状态下正应力极值、切应力极值

从图 9-13b 看出，画阴影线的部分内，横坐标的极大值为 A_1 点，而极小值为 B_1 点，因此，单元体正应力的极值为

$$\sigma_{\max}=\sigma_1, \quad \sigma_{\min}=\sigma_3 \quad (9\text{-}10)$$

图 9-13b 中画阴影线的部分内，G_1 点为纵坐标的极值，所以最大切应力为由 σ_1、σ_3 所确定的应力圆半径，即

$$\tau_{\max}=\frac{\sigma_1-\sigma_3}{2} \quad (9\text{-}11)$$

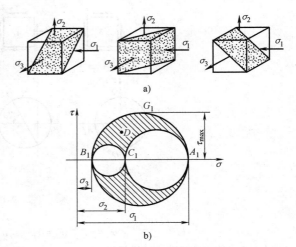

图 9-13 三向应力圆

由于 G_1 点在由 σ_1 和 σ_3 所确定的圆周上，此圆周上各点的纵横坐标就是与 σ_2 轴平行的一组斜截面上的应力，所以单元体的最大切应力所在的平面与 σ_2 轴平行，且外法线与 σ_1 轴及 σ_3 轴的夹角为 45°。

二向应力状态是三向应力状态的特殊情况，当 $\sigma_1>\sigma_2>0$，而 $\sigma_3=0$ 时，按照式（9-11）得单元体的最大切应力为

$$\tau_{\max}=\frac{\sigma_1-\sigma_3}{2}=\frac{\sigma_1}{2}$$

但是若按二向应力状态的最大切应力公式（9-9），则有

$$\tau_{\max}=\frac{\sigma_1-\sigma_2}{2}$$

此结果显然小于 $\sigma_1/2$，这是由于在二向应力状态分析中，斜截面的外法线仅限于在 σ_1、σ_2 所在的平面内，在这类平面中，切应力的最大值是 $\dfrac{\sigma_1-\sigma_2}{2}$，但若截面外法线方向是任意的，则单元体最大切应力所在的平面外法线总是与 σ_2 垂直，与 σ_1 及 σ_3 夹角为 45°，其值总是 $\dfrac{\sigma_1-\sigma_3}{2}$。

9.6 广义胡克定律

1. 广义胡克定律

在讨论轴向拉伸或压缩时，根据实验结果，曾得到当 $\sigma\leqslant\sigma_p$ 时，应力与应变成正比关系，即 $\sigma=E\varepsilon$ 或 $\varepsilon=\sigma/E$，此即单向应力状态的胡克定律。此外，由于轴向变形还将引起横向变形，根据第 4 章的讨论，横向应变 ε' 可表示为

$$\varepsilon'=-\mu\varepsilon=-\mu\frac{\sigma}{E}$$

纯剪切时，根据实验结果，曾得到当 $\tau\leqslant\tau_p$ 时，切应力与切应变成正比，即

$$\tau = G\gamma \quad \text{或} \quad \gamma = \frac{\tau}{G}$$

此即剪切胡克定律。

一般情况下，描述一点处的应力状态需要九个应力分量（见图 9-14）。根据切应力互等定理，τ_{xy} 和 τ_{yx}、τ_{yz} 和 τ_{zy}、τ_{zx} 和 τ_{xz} 分别在数值上相等。所以九个应力分量中，只有六个是独立的。对于这样一般情况，可以看作三组单向应力状态和三组纯剪切状态的组合。可以证明，对于各向同性材料，在小变形及线弹性范围内，线应变只与正应力有关，而与切应力无关；切应变只与切应力有关，而与正应力无关，满足应用叠加原理的条件。所以，我们利用单向应力状态和纯剪切应力状态的胡克定律，分别求出各应力分量相对应的应变，然后再进行叠加。正应力分量分别在 x、y 和 z 方向对应的应变见表 9-1。

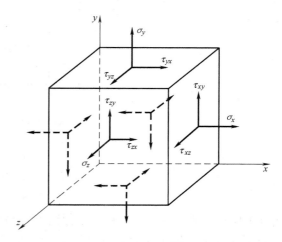

图 9-14   三向应力状态的一般情况

表 9-1   正应力分量在不同方向对应的应变

	σ_x	σ_y	σ_z
ε_x	$\dfrac{1}{E}\sigma_x$	$-\dfrac{\mu}{E}\sigma_y$	$-\dfrac{\mu}{E}\sigma_z$
ε_y	$-\dfrac{\mu}{E}\sigma_x$	$\dfrac{1}{E}\sigma_y$	$-\dfrac{\mu}{E}\sigma_z$
ε_z	$-\dfrac{\mu}{E}\sigma_x$	$-\dfrac{\mu}{E}\sigma_y$	$\dfrac{1}{E}\sigma_z$

根据表 9-1，得出 x、y 和 z 方向的线应变表达式为

$$\left.\begin{aligned}
\varepsilon_x &= \frac{1}{E}\left[\sigma_x - \mu(\sigma_y + \sigma_z)\right] \\
\varepsilon_y &= \frac{1}{E}\left[\sigma_y - \mu(\sigma_z + \sigma_x)\right] \\
\varepsilon_z &= \frac{1}{E}\left[\sigma_z - \mu(\sigma_x + \sigma_y)\right]
\end{aligned}\right\} \tag{9-12}$$

根据剪切胡克定律，在 x-y、y-z、z-x 三个面内的切应变分别是

$$\left.\begin{aligned}
\gamma_{xy} &= \frac{1}{G}\tau_{xy} \\
\gamma_{yz} &= \frac{1}{G}\tau_{yz} \\
\gamma_{zx} &= \frac{1}{G}\tau_{zx}
\end{aligned}\right\} \tag{9-13}$$

式（9-12）和式（9-13）称作广义胡克定律。

当单元体为主单元体时，且使 x、y 和 z 的方向分别与 σ_1、σ_2 和 σ_3 的方向一致，这时 $\sigma_x = \sigma_1$，$\sigma_y = \sigma_2$，$\sigma_z = \sigma_3$，$\tau_{xy} = \tau_{yz} = \tau_{zx} = 0$，将它们代入式（9-12）和式（9-13），则广义胡克定律化为

$$\left. \begin{aligned} \varepsilon_1 &= \frac{1}{E}[\sigma_1 - \mu(\sigma_2 + \sigma_3)] \\ \varepsilon_2 &= \frac{1}{E}[\sigma_2 - \mu(\sigma_3 + \sigma_1)] \\ \varepsilon_3 &= \frac{1}{E}[\sigma_3 - \mu(\sigma_1 + \sigma_2)] \end{aligned} \right\} \tag{9-14a}$$

$$\left. \begin{aligned} \gamma_{xy} &= 0 \\ \gamma_{yz} &= 0 \\ \gamma_{zx} &= 0 \end{aligned} \right\} \tag{9-14b}$$

式（9-14）表明，在三个坐标系平面内的切应变皆等于零。根据主应变的定义，ε_1、ε_2 和 ε_3 就是主应变。即主应力的方向与主应变的方向重合。因为广义胡克定律建立在材料为各向同性、小变形且线弹性范围的基础上，所以，以上关于主应力的方向与主应变的方向重合这一结论，同样也建立在此基础上。

2. 体积应变及与应力的关系

图 9-15 所示的主单元体，边长分别是 $\mathrm{d}x$、$\mathrm{d}y$ 和 $\mathrm{d}z$。在三个互相垂直的面上有主应力 σ_1、σ_2 和 σ_3。变形前单元体的体积为

$$V = \mathrm{d}x\mathrm{d}y\mathrm{d}z$$

变形后，三个棱边的长度变为

$$\mathrm{d}x + \varepsilon_1\mathrm{d}x = (1 + \varepsilon_1)\mathrm{d}x$$
$$\mathrm{d}y + \varepsilon_2\mathrm{d}y = (1 + \varepsilon_2)\mathrm{d}y$$
$$\mathrm{d}z + \varepsilon_3\mathrm{d}z = (1 + \varepsilon_3)\mathrm{d}z$$

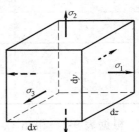

图 9-15 体积应变与
应力的关系

所以，变形后的体积为

$$V_1 = (1 + \varepsilon_1)(1 + \varepsilon_2)(1 + \varepsilon_3)\mathrm{d}x\mathrm{d}y\mathrm{d}z$$

将上式展开，略去含二阶以上微量的各项，得

$$V_1 = (1 + \varepsilon_1 + \varepsilon_2 + \varepsilon_3)\mathrm{d}x\mathrm{d}y\mathrm{d}z$$

于是，单元体单位体积的改变为

$$\theta = \frac{V_1 - V}{V} = \varepsilon_1 + \varepsilon_2 + \varepsilon_3$$

θ 称为体积应变，是量纲为一的量。

将广义胡克定律表达式（9-14a）代入上式，得到以应力表示的体积应变

$$\theta = \varepsilon_1 + \varepsilon_2 + \varepsilon_3 = \frac{1 - 2\mu}{E}(\sigma_1 + \sigma_2 + \sigma_3) \tag{9-15}$$

将式（9-15）稍做变化，有

$$\theta = \frac{3(1 - 2\mu)}{E}\frac{\sigma_1 + \sigma_2 + \sigma_3}{3} = \frac{\sigma_\mathrm{m}}{K} \tag{9-16}$$

式中，

$$K = \frac{E}{3(1-2\mu)}, \quad \sigma_m = \frac{1}{3}(\sigma_1+\sigma_2+\sigma_3)$$

K 称为体积模量；σ_m 是三个主应力的平均值。由式（9-16）看出，体积应变 θ 只与平均应力 σ_m 有关，或者说只与三个主应力之和有关，而与三个主应力之间的比值无关。式（9-16）还表明，体积应变 θ 与平均应力 σ_m 成正比，称为体积胡克定律。

例 9-5 在一体积较大的钢块上开一个贯穿的槽，其宽度和深度都是 10mm。在槽内紧密无隙地嵌入一铝质立方块，尺寸是 10mm×10mm×10mm。假设钢块不变形，铝的弹性模量 $E=70$GPa，$\mu=0.33$。当铝块受到压力 $F=6$kN 时（见图 9-16），试求铝块的三个主应力及相应的应变。

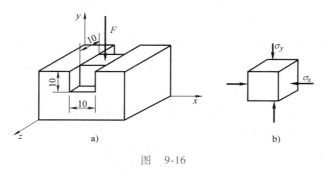

图 9-16

解：（1）铝块的受力分析。

为分析方便，建立如图所示坐标系，在力 F 作用下，铝块内水平面上的应力为

$$\sigma_y = -\frac{F}{A} = -\frac{6\times10^3}{10\times10\times10^{-6}}\text{Pa} = -60\times10^6\text{Pa} = -60\text{MPa}$$

由于钢块不变形，它阻止了铝块在 x 方向的膨胀，所以，$\varepsilon_x=0$。铝块外法线为 z 的平面是自由表面，所以 $\sigma_z=0$。若不考虑钢槽与铝块之间的摩擦，从铝块中沿平行于三个坐标平面截取的单元体，各面上没有切应力。所以，这样截取的单元体是主单元体（见图 9-16b）。

（2）求主应力及相应变。

根据上述分析，图 9-16b 所示单元体的已知条件为

$$\sigma_y = -60\text{MPa}, \quad \sigma_z = 0, \quad \varepsilon_x = 0$$

将上述结果及 $E=70$GPa，$\mu=0.33$，代入式（9-12）中，得

$$\left.\begin{array}{l} 0 = \dfrac{1}{E}[\sigma_x-\mu(-60\text{MPa}+0)] \\[2mm] \varepsilon_y = \dfrac{1}{E}[-60\text{MPa}-\mu(0+\sigma_x)] \\[2mm] \varepsilon_z = \dfrac{1}{E}[0-\mu(\sigma_x-60\text{MPa})] \end{array}\right\}$$

联立求解上述三个方程得

$$\sigma_x = -19.8\text{MPa}, \quad \varepsilon_y = -7.64\times10^{-4}, \quad \varepsilon_z = 3.76\times10^{-4}$$

即

$$\sigma_1 = \sigma_z = 0, \quad \sigma_2 = \sigma_x = -19.8\text{MPa}, \quad \sigma_3 = \sigma_y = -60\text{MPa}$$

$$\varepsilon_1 = \varepsilon_z = 3.76\times10^{-4}, \quad \varepsilon_2 = \varepsilon_x = 0, \quad \varepsilon_3 = \varepsilon_y = -7.64\times10^{-4}$$

例 9-6 将图 9-17a 所示的应力状态分解成图 9-17b、c 所示两种应力状态。图中 $\sigma_1 = \sigma_1' + \sigma_m$，$\sigma_2 = \sigma_2' +$

201

σ_{m}，$\sigma_3=\sigma_3'+\sigma_{\mathrm{m}}$，$\sigma_{\mathrm{m}}=\dfrac{1}{3}(\sigma_1+\sigma_2+\sigma_3)$。试分别计算图 9-17b、c 所示两种应力状态下的体积应变。

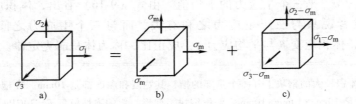

图 9-17　应力状态的分解

解：（1）图 9-17c 所示应力状态的体积应变。

图 9-17c 中，$\sigma_1'=\sigma_1-\sigma_{\mathrm{m}}$，$\sigma_2'=\sigma_2-\sigma_{\mathrm{m}}$，$\sigma_3'=\sigma_3-\sigma_{\mathrm{m}}$，将其代入式（9-16），得

$$\theta=\frac{1-2\mu}{E}\left[(\sigma_1-\sigma_{\mathrm{m}})+(\sigma_2-\sigma_{\mathrm{m}})+(\sigma_3-\sigma_{\mathrm{m}})\right]=\frac{1-2\mu}{E}(\sigma_1+\sigma_2+\sigma_3-3\sigma_{\mathrm{m}})=0$$

所以图 9-17c 所示应力状态，体积应变为零。一般情况下，$\sigma_1'\neq\sigma_2'\neq\sigma_3'$，所以，单元体三个互相垂直方向的线应变也互不相等。这说明此种应力状态的单元体，体积没有发生变化，但单元体的形状发生了变化。

（2）图 9-17b 所示应力状态的体积应变。

图 9-17b 中，三个主应力皆为 σ_{m}，将其代入式（9-16），得

$$\theta=\frac{1-2\mu}{E}(\sigma_{\mathrm{m}}+\sigma_{\mathrm{m}}+\sigma_{\mathrm{m}})=\frac{3(1-2\mu)}{E}\sigma_{\mathrm{m}}=\frac{\sigma_{\mathrm{m}}}{K}$$

即图 9-17b 所示的体积应变等于图 9-17a 所示的体积应变。现再考虑图 9-17b 所示单元体的三个主应变

$$\varepsilon_1=\varepsilon_2=\varepsilon_3=\frac{1}{E}\left[\sigma_{\mathrm{m}}-\mu(\sigma_{\mathrm{m}}+\sigma_{\mathrm{m}})\right]=\frac{1-2\mu}{E}\sigma_{\mathrm{m}}$$

设变形前，单元体的三个棱边长度之比为 $\mathrm{d}x:\mathrm{d}y:\mathrm{d}z$，由于三个方向的应变相同，则变形后三个棱边的长度之比保持不变。所以，单元体变形前后的形状不变，只是体积发生改变。

9.7　复杂应力状态下的比能

1. 复杂应力状态下的比能

在轴向拉伸或压缩的单向应力状态下，当应力 σ 与应变 ε 满足线性关系时，不难得到外力功和应变能在数值上相等的关系，从而导出比能的计算公式为

$$u=\frac{1}{2}\sigma\varepsilon=\frac{\sigma^2}{2E}$$

本节将讨论复杂应力状态下（已知主应力 σ_1、σ_2 和 σ_3）的比能。在此情况下，弹性体储存的应变能在数值上仍与外力所做的功相等。但在计算应变能时，需要注意以下两点。

1）应变能的大小只决定于外力和变形的最终数值，而与加载次序无关。这是因为若应变能与加载次序有关，那么，按一个储存能量较多的次序加载，而按另一个储存能量较小的次序卸载，完成一个循环后，弹性体内将增加能量，显然，这与能量守恒原理相矛盾。

2）应变能的计算不能采用叠加原理。这是因为应变能与载荷不是线性关系，而是载荷的二次函数，从而不满足叠加原理的应用条件。

鉴于以上两点，对复杂应力状态的比能计算，我们选择一个便于计算比能的加载次序。为此，假定应力按 $\sigma_1:\sigma_2:\sigma_3$ 的比例同时从零增加到最终值，在线弹性情况下，每一主应力与相应的主应变之间仍保持线性关系，因而与每一主应力相应的比能仍可按 $u=\sigma\varepsilon/2$ 计算，于是，复杂应力状态下的比能是

$$u=\frac{1}{2}\sigma_1\varepsilon_1+\frac{1}{2}\sigma_2\varepsilon_2+\frac{1}{2}\sigma_3\varepsilon_3 \tag{9-17}$$

在式（9-17）中，ε_1（或 ε_2、ε_3）是在主应力 σ_1、σ_2 和 σ_3 共同作用下产生的应变。将广义胡克定律表达式（9-14a）代入上式，经过整理后得出

$$u=\frac{1}{2E}[\sigma_1^2+\sigma_2^2+\sigma_3^2-2\mu(\sigma_1\sigma_2+\sigma_2\sigma_3+\sigma_3\sigma_1)] \tag{9-18}$$

2. 体积改变比能和形状改变比能

根据上节例9-6知道，单元体的变形一方面表现为体积的改变（见图9-17b），另一方面表现为形状的改变（见图9-17c）。对于单元体的应变能也可以认为是由以下两部分组成的：①因体积改变而储存的比能 u_v，称作体积改变比能；②体积不变，只因形状改变而储存的比能 u_f，称作形状改变比能。因此，

$$u=u_\text{v}+u_\text{f}$$

对于图9-17b所示的应力状态（只发生体积改变），将平均应力 σ_m 代入式（9-18），得到单元体的体积改变比能为

$$u_\text{v}=\frac{1}{2E}(3\sigma_\text{m}^2-2\mu\times3\sigma_\text{m}^2)=\frac{1-2\mu}{2E}3\sigma_\text{m}^2 \tag{9-19}$$

将 $\sigma_\text{m}=\frac{1}{3}(\sigma_1+\sigma_2+\sigma_3)$ 代入上式，得

$$u_\text{v}=\frac{1-2\mu}{6E}(\sigma_1+\sigma_2+\sigma_3)^2$$

对于图9-17c所示应力状态（只发生形状改变），根据 $u=u_\text{v}+u_\text{f}$，有

$$u_\text{f}=u-u_\text{v}$$

将式（9-18）和式（9-19）代入上式，得

$$u_\text{f}=\frac{1+\mu}{3E}(\sigma_1^2+\sigma_2^2+\sigma_3^2-\sigma_1\sigma_2-\sigma_2\sigma_3-\sigma_3\sigma_1)=\frac{1+\mu}{6E}[(\sigma_1-\sigma_2)^2+(\sigma_2-\sigma_3)^2+(\sigma_3-\sigma_1)^2] \tag{9-20}$$

考虑特殊情况，在单向应力状态下（例如：$\sigma_1\neq0$，$\sigma_2=\sigma_3=0$），单元体的形状改变比能为

$$u_\text{f}=\frac{1+\mu}{6E}(\sigma_1^2+0+\sigma_1^2)=\frac{1+\mu}{3E}\sigma_1^2 \tag{9-21}$$

例9-7 导出各向同性材料在线弹性范围内，弹性常数 E、G、μ 之间的关系。

解：对于纯剪切应力状态，我们已经导出以切应力表示的比能为

$$u_1=\frac{\tau^2}{2G}$$

另一方面，对于纯剪切应力状态，单元体的三个主应力分别为 $\sigma_1=\tau$，$\sigma_2=0$，$\sigma_3=-\tau$。把主应力代入式（9-18），可算出比能为

$$u_2 = \frac{1}{2E}[\tau^2 + 0 + \tau^2 - 2\mu(0 + 0 - \tau^2)] = \frac{1+\mu}{E}\tau^2$$

按两种方式算出的比能同为纯剪切应力状态的比能。所以，$u_1 = u_2$，即

$$G = \frac{E}{2(1+\mu)}$$

9.8 强度理论的概念

1. 基本变形时构件的强度条件建立在实验的基础上

杆件轴向拉压时，材料处于单向应力状态，它的强度条件为

$$\sigma_{max} = \frac{F_N}{A} \leqslant [\sigma]$$

式中，材料的许用应力 $[\sigma]$ 是直接通过拉伸试验测出材料的失效应力，再除以安全因数 n 而获得的。圆轴扭转时，材料处于纯剪切应力状态，它的强度条件为

$$\tau_{max} = \frac{T_{max}}{W_t} \leqslant [\tau]$$

式中，许用应力 $[\tau]$ 也是直接通过扭转试验测出材料的失效应力，再除以安全因数 n 而获得的。至于横力弯曲时，弯曲正应力和弯曲切应力的强度条件之所以可以分别表示为

$$\sigma_{max} = \frac{M_{max}}{W} \leqslant [\sigma], \quad \tau_{max} = \frac{F_{Smax}S_{zmax}^*}{I_z b} \leqslant [\tau]$$

这是由于弯曲正应力的危险点和弯曲切应力的危险点分别是单向应力状态和纯剪切应力状态，故横力弯曲时的强度条件仍以实验为基础。

2. 复杂应力状态下强度理论的提出

进行复杂应力状态的实验，要比单向拉伸或压缩试验困难得多。常用的方法是把材料加工成薄壁圆筒加上封头（见图9-18），在内压力 p 作用下，筒壁为二向应力状态。如再配以轴向拉力 F，可使两个主应力之比等于各种预定的数值。除此之外，有时还在筒壁两端作用扭转力偶矩，这样还可得到更普遍的情况。尽管如此，也不能说，利用这种方法可以获得任意的二向应力状态（例如周向应力为压应力的情况）。此外，虽还有一些实现复杂应力状态的其他实验方法，但完全实现实际中遇到的各种复杂应力状态，并不容易。

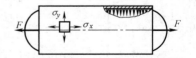

图9-18 复杂应力状态测试失效的常用方法实例

复杂应力状态下单元体的三个主应力可以具有任意的比值 $\sigma_1 : \sigma_2 : \sigma_3$。在某一种比值下得出的实验结果对其他比值的情况并不适用。因此，由实验来确定失效状态，建立强度条件，则必须对各种应力比值一一进行实验，然后建立强度条件。显然，这种方法是行不通的。

如上所述，不能直接由实验的方法来建立复杂应力状态下的强度条件。因此，解决这类问题，就出现了以失效的形式分析，提出材料失效原因的假说，从而建立强度条件的

理论。

不同材料的失效形式是不同的。对于塑性材料，如低碳钢，以发生屈服，出现塑性变形作为失效的标志，相应的失效应力为 σ_s（轴向拉、压）或 τ_s（圆轴扭转）。对脆性材料，则是以断裂作为标志，相应的失效应力为 σ_b（轴向拉、压）或 τ_b（圆轴扭转）。复杂应力状态下，材料的失效现象虽然比较复杂，但是，因强度不足引起的失效现象仍然可以分为两类，即：一是屈服，二是断裂。同时，衡量危险点受力和变形的量又有应力（σ_1、σ_2、σ_3 和 τ_{max}）、应变（ε_1、ε_2、ε_3 和 γ_{max}）和比能（u_v 和 u_f）。因此，某种材料以某种形式失效（屈服或断裂）与以上提到的应力、应变和比能这些因素中的一个或几个因素有关。

人们在长期的生产实践中，综合分析材料强度的失效现象，提出了各种不同的假说。各种假说尽管有差异，但它们都认为：材料之所以按某种方式失效（屈服或断裂），是由于应力、应变和比能等诸因素中的某一因素引起的。按照这种假说，无论单向还是复杂应力状态，造成失效的原因都是相同的，通常也就把这类假说称为强度理论。

由于轴向拉压试验最容易实现，且又能获得失效时的应力、应变和比能等数值，所以，便可由简单应力状态的实验结果，来建立复杂应力状态的强度条件。

既然强度理论是一种假说，因此，它的正确与否，在什么情况下适用，必须通过实践来检验。

9.9　常用的四种强度理论

四个强度理论　　古典强度理论例题

本节介绍的四种强度理论都是在常温、静载荷下，适用于连续、均匀、各向同性材料。

强度失效的形式主要有两种，即屈服与断裂。故强度理论也应分成两类：一类是解释断裂失效的，其中有最大拉应力理论和最大伸长线应变理论。另一类是解释屈服失效的，其中有最大切应力理论和形状改变比能理论。

1. 第一强度理论（最大拉应力理论）

这一理论认为：不论材料处在什么应力状态，引起材料发生脆性断裂的原因是最大拉应力（$\sigma_{max} = \sigma_1 > 0$）达到了某个极限值（$\sigma^0$）。

根据这一理论，可利用单向拉伸试验结果建立复杂应力状态下的强度计算准则。如果在单向拉伸的情况下，横截面上的拉应力达到 σ^0 时（单向拉伸时，横截面上的拉应力即为单向应力状态中的最大拉应力），材料发生断裂，那么，根据上述理论即可预测：在复杂应力状态下，当单元体内的最大拉应力（$\sigma_{max} = \sigma_1$）增大到同样的 σ^0 时，也会发生脆性断裂。即断裂准则为

$$\sigma_1 = \sigma^0$$

脆性材料轴向拉伸断裂时，$\sigma^0 = \sigma_b$，同时考虑到一定的安全储备，根据这一强度理论建立的强度条件为

$$\sigma_1 \leqslant \frac{\sigma^0}{n} = \frac{\sigma_b}{n} = [\sigma] \tag{9-22}$$

式中，σ_1 为第一主应力，且必须是拉应力。

利用第一强度理论可以很好地解释铸铁等脆性材料在轴向拉伸和扭转时的破坏情况。铸

铁在单向拉伸下，沿最大拉应力所在的横截面发生断裂，在扭转时，沿最大拉应力所在的斜截面发生断裂。这些都与最大拉应力理论相一致。但是，这一理论没有考虑其他两个主应力的影响，且对没有拉应力的应力状态（如单向压缩、三向压缩等）也无法解释。

2. 第二强度理论（最大伸长线应变理论）

这一理论认为，不论材料处在什么应力状态，引起材料发生脆性断裂的原因是由于最大拉应变（$\varepsilon_{\max} = \varepsilon_1 > 0$）达到了某个极限值（$\varepsilon^0$）。

根据这一理论，便可利用单向拉伸时的实验结果来建立复杂应力状态下的强度计算准则。在单向拉伸时，最大伸长线应变的方向为轴线方向。材料发生脆性断裂时，失效应力为 σ_b，则在断裂时轴线方向的线应变（最大伸长线应变）为 $\varepsilon^0 = \sigma_b/E$。那么，根据这一强度理论可以预测：在复杂应力状态下，当单元体的最大伸长线应变（$\varepsilon_{\max} = \varepsilon_1$）也增大到 ε^0 时，材料就发生脆性断裂。于是，这一理论的断裂准则为

$$\varepsilon_1 = \varepsilon^0 = \frac{\sigma_b}{E}$$

对于复杂应力状态，可由广义胡克定律公式（9-14a）求得

$$\varepsilon_1 = \frac{1}{E}[\sigma_1 - \mu(\sigma_2 + \sigma_3)]$$

于是，这一理论的强度条件为

$$\sigma_1 - \mu(\sigma_2 + \sigma_3) \leqslant [\sigma] \tag{9-23}$$

这一强度理论与石料、混凝土等脆性材料的轴向压缩试验结果相符合。这些材料在轴向压缩时，如在试验机与试件的接触面上添加润滑剂，以减小摩擦力的影响，试件将沿垂直于压力的方向裂开。裂开的方向就是 ε_1 的方向。铸铁在拉、压二向应力，且压应力较大的情况下，实验结果也与这一理论接近。但是，对于二向受压状态（在试件压力垂直的方向上再加压力），这时的 ε_1 与单向受力时不同，强度也应不同。但混凝土、石料的实验结果却表明，两种受力情况的强度并无明显的差别。与此相似，按照这一理论，铸铁在二向拉伸时应比单向拉伸安全，但这一结论与实验结果并不完全符合。

3. 第三强度理论（最大切应力理论）

这一理论认为：不论材料处在什么应力状态，材料发生屈服的原因是由于最大的切应力（$\tau_{\max}$）达到了某个极限值（τ^0）。

根据这一理论，在单向应力状态下引起材料屈服的原因是 45° 斜截面上的最大切应力（$\tau_{\max} = \sigma/2$）达到了极限数值 $\tau^0 = \sigma_s/2$，即此时 $\tau_{\max} = \sigma_s/2 = \tau^0$。因此，当复杂应力状态下的最大切应力达到此极限值时，也发生屈服，即

$$\tau_{\max} = \tau^0 = \frac{\sigma_s}{2}$$

三向应力状态下的最大切应力为 $\tau_{\max} = (\sigma_1 - \sigma_3)/2$，代入上式，简化后得到这一理论的屈服准则为 $\sigma_1 - \sigma_3 = \sigma_s$，因此，这一强度理论的强度条件为

$$\sigma_1 - \sigma_3 \leqslant [\sigma] \tag{9-24}$$

最大切应力理论较为满意地解释了塑性材料的屈服现象。低碳钢拉伸时在与轴线成 45° 的斜截面上切应力最大，也正是沿这些平面的方向出现滑移线，表明这是材料内部沿这一方向滑移的痕迹。这一理论既解释了材料出现塑性变形的现象，且又形式简单，概念明确，在

机械工程中得到了广泛的应用。但是，这一理论忽略了第二主应力 σ_2 的影响，且计算的结果与实验相比，偏于保守。

4. 第四强度理论（形状改变比能理论）

这一理论认为：不论材料处在什么应力状态，材料发生屈服的原因是由于形状改变比能（u_f）达到了某个极限值（u_f^0）。

根据式（9-21）知，单向拉伸时，形状改变比能为

$$u_f = \frac{1+\mu}{3E}\sigma_1^2$$

当工作应力达到 σ_s 时，材料发生屈服，此时的形状改变比能为

$$u_f^0 = \frac{1+\mu}{3E}\sigma_s^2$$

那么，按照这一理论，复杂应力状态的形状改变比能 u_f 达到这一极限值 $\frac{1+\mu}{3E}\sigma_s^2$ 时，材料发生屈服，即

$$u_f = \frac{1+\mu}{3E}\sigma_s^2$$

根据式（9-20），复杂应力状态的形状改变比能为

$$u_f = \frac{1+\mu}{6E}\left[(\sigma_1-\sigma_2)^2+(\sigma_2-\sigma_3)^2+(\sigma_3-\sigma_1)^2\right]$$

将此结果代入上式，得到这一理论的屈服准则为

$$\frac{1+\mu}{6E}\left[(\sigma_1-\sigma_2)^2+(\sigma_2-\sigma_3)^2+(\sigma_3-\sigma_1)^2\right]=\frac{1+\mu}{3E}\sigma_s^2$$

化简后有

$$\sqrt{\frac{1}{2}\left[(\sigma_1-\sigma_2)^2+(\sigma_2-\sigma_3)^2+(\sigma_3-\sigma_1)^2\right]}=\sigma_s$$

因此，这一理论的强度条件为

$$\sqrt{\frac{1}{2}\left[(\sigma_1-\sigma_2)^2+(\sigma_2-\sigma_3)^2+(\sigma_3-\sigma_1)^2\right]}\leqslant[\sigma] \tag{9-25}$$

根据几种塑性材料（钢、铜、铝）的薄管试验资料，表明第四强度理论比第三强度理论更符合实验结果。在纯剪切下，按第三强度理论和第四强度理论的计算结果差别最大，这时，由第三强度理论的屈服条件得出的结果比第四强度理论的计算结果大 15%。

5. 强度理论的应用

综合上述讨论，四大强度理论的强度条件可概括写成统一的形式

$$\sigma_r \leqslant [\sigma] \tag{9-26}$$

σ_r 称为相当应力。四大强度理论的相当应力分别为

$$\left.\begin{array}{l}\sigma_{r1}=\sigma_1 \\ \sigma_{r2}=\sigma_1-\mu(\sigma_2+\sigma_3) \\ \sigma_{r3}=\sigma_1-\sigma_3 \\ \sigma_{r4}=\sqrt{\dfrac{1}{2}\left[(\sigma_1-\sigma_2)^2+(\sigma_2-\sigma_3)^2+(\sigma_3-\sigma_1)^2\right]}\end{array}\right\} \quad (9\text{-}27)$$

相当应力是危险点的三个主应力按一定形式的组合，并非是真实的应力。

第一、第二强度理论是解释断裂失效的强度理论，第三、第四强度理论是解释屈服失效的强度理论。因为一般情况下，脆性材料常发生断裂失效，故常用第一、第二强度理论，而塑性材料常发生屈服失效，所以，常采用第三和第四强度理论。应当指出的是：材料强度失效的形式虽然与材料本身性质有关，但它同时又与应力状态有关，即同一种材料，在不同的应力状态下，失效的形式有可能不同，因此在选择强度理论时也应不同对待。例如，三向拉伸且三个主应力数值接近时，则不论是脆性材料还是塑性材料，均以断裂的形式失效。故这时宜采用第一或第二强度理论。当三向压缩且三个主应力数值接近时，则不论是脆性材料还是塑性材料，均以屈服的形式失效，故宜采用第三或第四强度理论。

例 9-8 试按第三和第四强度理论建立如图 9-19 所示应力状态的强度条件。

解：（1）求主应力。

图示应力状态的主应力已在本章例 9-4 中求出，即

$$\left.\begin{array}{l}\sigma_1 \\ \sigma_3\end{array}\right\}=\dfrac{\sigma}{2}\pm\sqrt{\left(\dfrac{\sigma}{2}\right)^2+\tau^2},\qquad \sigma_2=0$$

（2）求相当应力 σ_r，将以上主应力分别代入式（9-27）中的第三个和第四个式子得

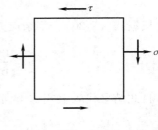

图 9-19

$$\sigma_{r3}=\sigma_1-\sigma_3$$

$$\sigma_{r4}=\sqrt{\dfrac{1}{2}\left[(\sigma_1-\sigma_2)^2+(\sigma_2-\sigma_3)^2+(\sigma_3-\sigma_1)^2\right]}=\sqrt{\sigma^2+3\tau^2}$$

（3）强度条件。这种应力状态的第三和第四强度理论的强度条件为

$$\sigma_{r3}=\sqrt{\sigma^2+4\tau^2}\leqslant[\sigma]$$

$$\sigma_{r4}=\sqrt{\sigma^2+3\tau^2}\leqslant[\sigma]$$

在横力弯曲、弯扭组合变形及拉（压）扭组合变形中，危险点就是此种应力状态，会经常要用本例的结果。

 习 题

9-1 试从图 9-20 所示各构件中 A 点和 B 点处取出单元体，并标明单元体各面上的应力。

9-2 有一拉伸试件，横截面为 40mm×5mm 的矩形。在与轴线成 $\alpha=45°$ 角的面上切应力 $\tau=150$MPa 时，

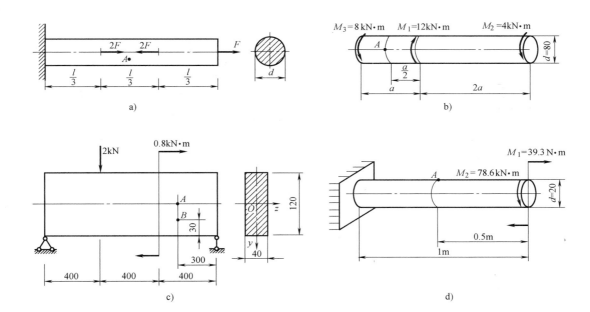

图 9-20 题 9-1 图

试件上将出现滑移线。试求试件所受的轴向拉力 F。

9-3 一拉杆由两段沿 m—n 面胶合而成。由于实用的原因，图 9-21 中的 α 角限于 $0 \sim 60°$ 范围内。作为"假定计算"，对胶合缝做强度计算时，可以把其上的正应力和切应力分别与相应的许用应力比较。现设胶合缝的许用切应力 $[\tau]$ 为许用拉应力 $[\sigma]$ 的 $3/4$，且这一拉杆的强度由胶合缝强度控制。为了使杆能承受最大的载荷 F，试问 α 角的值应取多大？

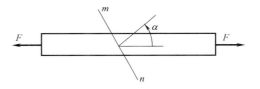

图 9-21 题 9-3 图

9-4 若上题中拉杆胶合缝的许用应力 $[\tau] = 0.5[\sigma]$，而 $[\tau] = 7\text{MPa}$，$[\sigma] = 14\text{MPa}$，则 α 值应取多大？若杆的横截面面积为 1000mm^2，试确定其最大许可载荷。

9-5 试根据相应的应力圆上的关系，写出图 9-22 所示单元体任一斜截面 m—n 上正应力及切应力的计算公式。设截面 m—n 的法线与 x 轴成 α 角如图所示（作图时可设 $|\sigma_y| > |\sigma_x|$）。

9-6 某建筑物地基中的一单元体如图 9-23 所示，$\sigma_y = -0.2\text{MPa}$，$\sigma_x = -0.05\text{MPa}$。试用应力圆求法线与 x 轴成顺时针 $60°$ 夹角且垂直于纸面上的斜面上的正应力及切应力，并利用习题 9-5 中得到的公式进行校核。

9-7 试用应力圆的几何关系求图 9-24 所示悬臂梁距离自由端为 0.72m 的截面上，在顶面以下 40mm 的一点处的最大及最小主应力，并求最大主应力与 x 轴之间的夹角。

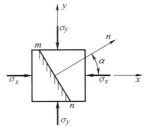

图 9-22 题 9-5 图

9-8 各单元体面上的应力如图 9-25 所示。试利用应力圆的几何关系求：

（1）指定截面上的应力；

（2）主应力的数值；

（3）在单元体上绘出主平面的位置及主应力的方向。

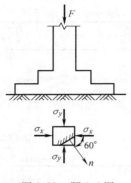

图 9-23　题 9-6 图

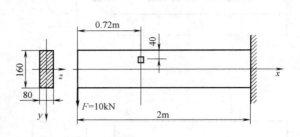

图 9-24　题 9-7 图

9-9　各单元体如图 9-26 所示。试利用应力圆的几何关系求：

（1）主应力的数值；

（2）在单元体上绘出主平面的位置及主应力的方向。

9-10　已知平面应力状态下某点处的两个截面的应力如图 9-27 所示。试利用应力圆求该点处的主应力值和主平面方位，并求出两截面间的夹角 α 值。

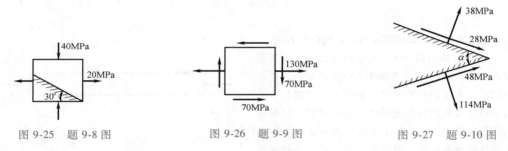

图 9-25　题 9-8 图　　　　图 9-26　题 9-9 图　　　　图 9-27　题 9-10 图

9-11　某点处的应力如图 9-28 所示，设 σ_α、τ_α 及 σ_y 值为已知，试考虑如何根据已知数据直接作出应力圆。

9-12　一焊接钢板梁的尺寸及受力情况如图 9-29 所示，梁的自重略去不计。试求 m—m 上 a、b、c 三点处的主应力。

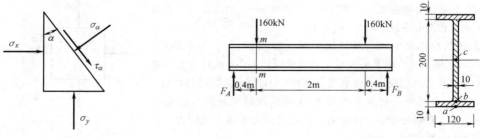

图 9-28　题 9-11 图　　　　　　　图 9-29　题 9-12 图

9-13　在一块钢板上先画上直径 $d = 300\,\text{mm}$ 的圆，然后在板上加上应力，如图 9-30 所示。试问所画的圆将变成何种图形？并计算其尺寸。已知钢板的弹性模量 $E = 206\,\text{GPa}$，$\mu = 0.28$。

9-14　已知一受力构件表面上某点处的 $\sigma_x = 80\,\text{MPa}$，$\sigma_y = -160\,\text{MPa}$，$\sigma_z = 0$，单元体的三个面上都没有

切应力。试求该点处的最大正应力和最大切应力。

9-15　单元体各面上的应力如图 9-31 所示。试用应力圆的几何关系求主应力及最大切应力。

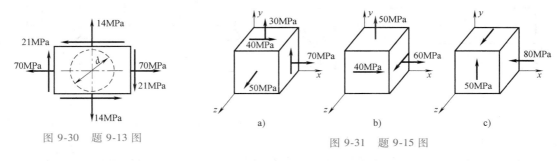

图 9-30　题 9-13 图　　　　　　　　　　图 9-31　题 9-15 图

9-16　已知一点处应力状态的应力圆如图 9-32 所示。试用单元体表示出该点处的应力状态，并在该单元体上绘出应力圆上 A 点所代表的截面。

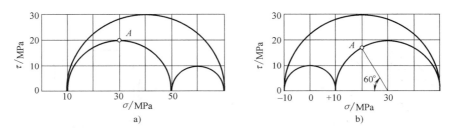

图 9-32　题 9-16 图

9-17　有一厚度为 6mm 的钢板，在两个垂直方向受拉，拉应力分别为 150MPa 及 55MPa。钢材的弹性模量为 $E = 210$GPa，$\mu = 0.25$。试求钢板厚度的减小值。

9-18　边长为 20mm 的钢立方体置于钢模中，如图 9-33 所示，在顶面上均匀地受力 $F = 14$kN 作用。已知 $\mu = 0.3$，假设钢模的变形以及立方体与钢模之间的摩擦力可略去不计。试求立方体各个面上的正应力。

9-19　在矩形截面钢拉伸试件的轴向拉力 $F = 20$kN 作用下，如图 9-34 所示，测得试件中段 B 点处与其轴线成 30°方向的线应变为 $\varepsilon_{30°} = 3.25 \times 10^{-4}$。已知材料的弹性模量 $E = 210$GPa，试求泊松比 μ。

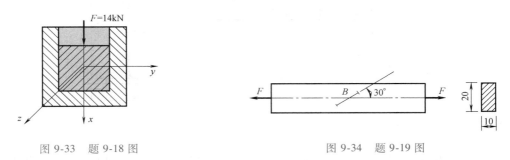

图 9-33　题 9-18 图　　　　　　　　　　　图 9-34　题 9-19 图

9-20　$D = 120$mm，$d = 80$mm 的空心圆轴，两端承受一对扭转力偶矩 M_e，如图 9-35 所示。在轴的中部表面 A 点处，测得与其母线成 45°方向的线应变为 $\varepsilon_{45°} = 2.6 \times 10^{-4}$。已知材料的弹性模量 $E = 200$GPa，$\mu = 0.3$，试求扭转力偶矩 M_e。

9-21　如图 9-36 所示，在受集中力偶 M_e 作用矩形截面简支梁中，测得中性层上 k 点处沿 45°方向的线应变为 $\varepsilon_{45°}$。已知材料的弹性模量 E、μ 和梁的横截面及相关长度尺寸 b、h、a、d、l。试求集中力偶矩 M_e。

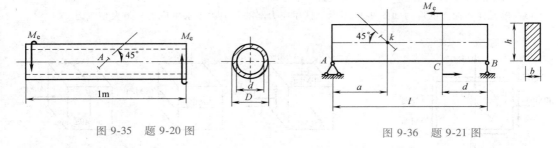

图 9-35　题 9-20 图　　　　　　　　　　　　图 9-36　题 9-21 图

9-22　一直径为 25mm 的实心钢球承受静水压力，压强为 14MPa。设钢球的 $E = 210$GPa，$\mu = 0.3$。试问其体积减小多少？

9-23　已知图 9-37 所示单元体材料的弹性模量 $E = 200$GPa，$\mu = 0.3$。试求该单元体的形状改变比能。

9-24　从某铸铁构件内的危险点取出的单元体，各面上的应力分量如图 9-38 所示。已知铸铁材料的泊松比 $\mu = 0.25$，许用拉应力 $[\sigma_1] = 30$MPa，许用压应力 $[\sigma_c] = 90$MPa。试按第一和第二强度理论校核其强度。

图 9-37　题 9-23 图　　　　　　　　　　　　图 9-38　题 9-24 图

9-25　一简支钢板梁承受载荷及截面尺寸如图 9-39 所示。已知钢材的许用应力为 $[\sigma] = 170$MPa，$[\tau] = 100$MPa。试校核梁内的最大正应力和最大切应力，并按第四强度理论校核危险截面上 a 点的强度。注：通常在计算 a 点处的应力时，近似地按 a' 点的位置计算。

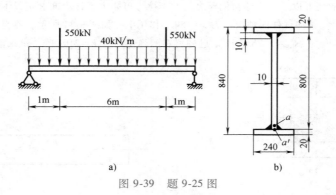

a)　　　　　　　　　b)

图 9-39　题 9-25 图

9-26　已知钢轨与火车车轮接触点处的正应力 $\sigma_1 = -650$MPa，$\sigma_2 = -700$MPa，$\sigma_3 = -900$MPa（参看图 9-5）。若钢轨的许用应力 $[\sigma] = 250$MPa。试按第三强度理论与第四强度理论校核其强度。

9-27　受内压力作用的容器，其圆筒部分任意一点 A 处的应力状态如图 9-40 所示。当容器承受最大的内压力时，用应变计测得 $\varepsilon_x = 1.88 \times 10^{-4}$，$\varepsilon_y = 7.37 \times 10^{-4}$。已知钢材的弹性模量 $E = 210$GPa，泊松比 $\mu = 0.3$，许用应力 $[\sigma] = 170$MPa。试按第三强度理论校核 A 点的强度。

9-28　设有单元体如图 9-41 所示，已知材料的许用拉应力为 $[\sigma_1] = 60$MPa。试按第一强度理论校核其

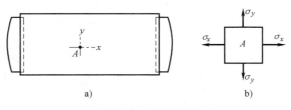

图 9-40　题 9-27 图

强度。

9-29　图 9-42 所示两端封闭的铸铁薄壁圆筒,其内径 $D = 100\text{mm}$,壁厚 $\delta = 10\text{mm}$,承受内压力 $p = 5\text{MPa}$,且两端受轴向压力 $F = 100\text{kN}$ 作用。材料的许用拉应力 $[\sigma_t] = 40\text{MPa}$,泊松比 $\mu = 0.25$。试按第二强度理论校核其强度。

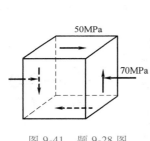

图 9-41　题 9-28 图

图 9-42　题 9-29 图

9-30　用 Q235 钢制成的实心圆截面杆,受轴向拉力 F 及扭转力偶矩 M_e 共同作用,且 $M_e = \dfrac{1}{10}Fd$。今测得圆杆表面 k 点处沿图 9-43 所示方向的线应变 $\varepsilon_{30°} = 14.33 \times 10^{-5}$。已知杆直径 $d = 10\text{mm}$,材料的弹性常数 $E = 200\text{GPa}$,$\mu = 0.3$。试求载荷 F 和 M_e。若其许用应力 $[\sigma] = 160\text{MPa}$,试按第四强度理论校核杆的强度。

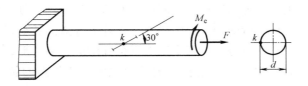

图 9-43　题 9-30 图

9-31　内径 $D = 60\text{mm}$、壁厚 $\delta = 1.5\text{mm}$、两端封闭的薄壁圆筒,用来做内压力和扭转联合作用的实验。要求内压力引起的最大正应力值等于扭转力偶矩所引起的横截面切应力值的 2 倍。当内压力 $p = 10\text{MPa}$ 时,筒壁的材料出现屈服现象,试求筒壁中的最大切应力及形状改变比能。已知材料的 $E = 210\text{GPa}$,$\mu = 0.3$。

10 第 10 章 组合变形

10.1 概述

前面几章中，我们讨论了构件在基本变形（轴向拉压、扭转、弯曲）时的强度和刚度计算，但在工程实际中，不少构件受到的是两种或两种以上的基本变形的组合，这种构件的变形称为组合变形。例如，烟囱（见图 10-1a）除自重引起的轴向压缩外，还有水平风力引起的弯曲；机械中的齿轮传动轴（见图 10-1b）在外力作用下，将发生扭转变形及在水平平面和垂直平面内的弯曲变形；厂房中起重机立柱受到的竖向载荷，其作用线与立柱的轴线并不重合（见图 10-1c），因而是偏心受压，这可以看作轴向压缩与弯曲变形的组合。本章主要研究组合变形构件的强度计算。

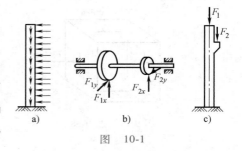

图   10-1

对于组合变形下的构件，在线弹性范围内、小变形条件下，可按构件的原始形状和尺寸进行计算。可以认为构件上所有载荷的作用，彼此是独立的，每一种载荷所引起的应力和变形都不受其他载荷的影响。于是构件在几个载荷共同作用下所产生的应力和变形，就等于将各个载荷单独作用下产生的应力和变形叠加起来，此即叠加原理。分析组合变形时，可先将外力进行简化或分解，把构件所受的外力转化成几组静力等效的载荷，其中每一组载荷对应着一种基本变形。可以分别计算每一种基本变形下构件的应力和变形，然后再叠加起来。综合考虑各基本变形的组合情况，以确定构件的危险截面、危险点的位置及危险点的应力状态，并据此进行强度计算。

若构件的组合变形超出线弹性范围，或虽在线弹性范围内但变形较大，则不能按其初始形状和尺寸进行计算，必须考虑各基本变形之间的相互影响，而不能使用叠加原理。

本章主要讨论工程中经常遇到的三种组合变形问题：①两种平面弯曲的组合（斜弯曲）；②拉伸（或压缩）与弯曲的组合以及偏心拉、压；③扭转与弯曲，或扭转与拉伸（压缩）的组合。

10.2 两相互垂直平面内的弯曲

第 7 章中曾经指出，对于横截面具有对称轴的梁，当横向外力或外力偶作用在梁的纵向对称平面内时，梁发生对称弯曲。这时，梁变形后的轴线位于外力所在的平面内，这种变形称为平面弯曲。在工程实际中，有些梁，例如木屋架上的矩形截面檩条（见图 10-2a），它所承受的屋面载荷既不在纵向对称平面内，也不通过横截面的形心。如果外力的作用线偏离横截面的形心不多，可以忽略由于偏心引起的附加扭转作用，按外力作用线通过横截面形心来简化。理论分析和实验结果均指出，当外力不作用在矩形截面梁的纵向对称平面内时，梁在变形后的轴线就不再位于外力所在的平面内，这种弯曲变形称为斜弯曲。此时，可以将外力分解为在两个相互垂直的纵向对称平面内的分力，它们分别引起平面弯曲，然后可以分别求出梁在每一平面弯曲情况下其横截面上的正应力，按叠加原理算得的正应力就等于梁在斜弯曲时横截面上的正应力，进而确定梁在危险点处的最大正应力，这样就可以根据材料的许用弯曲正应力来建立强度条件。至于横截面上的切应力，对于一般实体截面梁，因其数值较小，故在强度计算中可不必考虑。

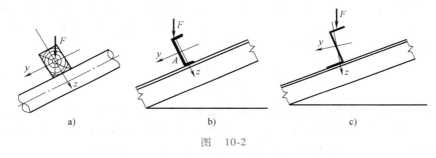

图　10-2

进一步的研究表明，对于非对称截面的梁，只有当外力通过弯曲中心（横截面剪力的合力作用点），而且作用在与梁的形心主惯性平面平行的平面内时，梁才只发生弯曲变形，而且是平面弯曲。所以，在一般情况下处理斜弯曲问题时（见图 10-2b、c），应该将外力分解为在梁的两个形心主惯性平面（上述梁的纵向对称平面也是梁的形心主惯性平面）内，再按上述的方法进行分析。

图 10-3a 所示的矩形截面梁，其弯曲中心与形心 C 重合。当在 yOz 平面内的外力 F 不与对称轴重合，而与 y 轴成一倾斜角度 φ 时，就是上述斜弯曲情况。这时可以将力 F 分解为

$$F_y = F\cos\varphi$$

$$F_z = F\sin\varphi$$

则梁在 F_y、F_z 作用下，将分别以 z、y 轴为中性轴发生平面弯曲。距自由端为 x 的任一截面上，绕 z、y 轴的弯矩分别是

$$M_z = F_y x = (F\cos\varphi)x = M\cos\varphi$$

$$M_y = F_z x = (F\sin\varphi)x = M\sin\varphi$$

式中，合成弯矩

$$M = Fx$$

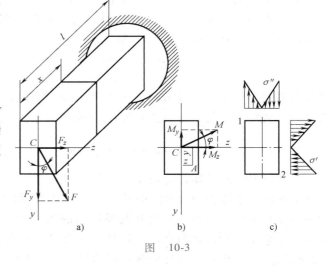

图　10-3

故斜弯曲可看成两个平面弯曲的组合。对于其中每一个平面弯曲，均可利用弯曲正应力公式。在图 10-3b 所示的 x 截面上任一点 $A(y,z)$，与弯矩 M_z、M_y 对应的正应力分别为 σ' 和 σ''，因为 σ' 和 σ'' 都是压应力，故

$$\sigma' = -\frac{M_z y}{I_z}, \qquad \sigma'' = -\frac{M_y z}{I_y}$$

再根据叠加原理，该点的正应力 $\sigma = \sigma' + \sigma''$，即

$$\sigma = -\left(\frac{M_z y}{I_z} + \frac{M_y z}{I_y}\right)$$

或

$$\sigma = -M\left(\frac{y\cos\varphi}{I_z} + \frac{z\sin\varphi}{I_y}\right) \tag{10-1}$$

式中，I_y、I_z 分别为横截面对于形心主惯性轴 y 和 z 的惯性矩；y、z 为欲求应力点的坐标；弯矩 M 已认为是正值，所以只需将横截面任一点的坐标代入，就可以计算该点的正应力的大小和符号，正、负号分别表示拉、压应力。其中 φ 角是 x 截面合成弯矩矢量 M 与 z 轴的夹角。由式（10-1）可得

$$\tan\varphi = \frac{M_y}{M_z} \tag{10-2}$$

由式（10-1）就可以确定横截面上的最大正应力。首先分析应力分布情况，在图 10-3c 画出了横截面上两个方向弯曲分别引起的应力分布图，由此图可以看出，尖角 1 点处拉应力最大，2 点处压应力最大，它们的数值相同，其数值可由下式求得：

$$\sigma_{\max} = \frac{M_y}{W_y} + \frac{M_z}{W_z} \tag{10-3}$$

注意式中的 M_y 和 M_z 为同一截面的内力数值。此式对于工字钢或槽形截面的梁也同样适用，若截面为正方形，由于 $W_y = W_z = W$，则式（10-3）可改为

$$\sigma_{\max} = \frac{M_y + M_z}{W}$$

如果梁的横截面没有外凸的尖角，例如图 10-4 所示的截面在倾斜力 F 的作用下，其最大应力点不易由观察确定。这时必须先找出斜弯曲时的中性轴（正应力为零的线）。在式（10-1）中令 $\sigma = 0$，因为 $M \neq 0$，则

$$\frac{y\cos\varphi}{I_z} + \frac{z\sin\varphi}{I_y} = 0 \tag{10-4}$$

这就是斜弯曲时中性轴的方程。由此式可见，中性轴是过横截面形心的一条直线，它与 y 轴间的夹角 α_0 可由下式求出：

$$\tan\alpha_0 = \frac{z}{y} = -\frac{I_y}{I_z}\cot\varphi \tag{10-5}$$

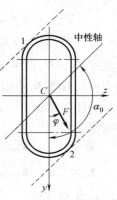

图 10-4

由式（10-5）可知，α_0 与 φ 不在同一象限内，即中性轴与力作用线不在同一象限内（见图 10-4）。确定了中性轴的位置后，可作两条与中性轴平行的直线，使其与横截面的周边相切，两切点就是横截面上离中性轴最远的点，也就是正应力最大的点；将两点的 y、z 坐标代入式（10-1），可得到横截面的最大拉、压应力。

对于横截面为圆形（或圆环），要确定最大正应力可以不需要确定中性轴的位置，把两个垂直面的弯矩 M_z、M_y 进行矢量合成，然后再按平面弯曲的应力公式计算最大正应力

$$\sigma_{max} = \frac{\sqrt{M_y^2 + M_z^2}}{W} \tag{10-6}$$

下面分析中性轴与载荷作用面的关系。当 $I_y = I_z$ 时，由式（10-5）得 $\tan\alpha_0 = -\cot\varphi$（即 $\tan\alpha_0 \cdot \tan\varphi = -1$），中性轴垂直于载荷作用面。这是因为对于像圆形、环形截面，所有经过形心的轴都具有相同的惯性矩，而且这些轴均为形心主惯性轴，这样，无论加载平面的方位如何，加载平面总是主惯性平面，而且中性轴总是垂直于它，只会发生平面弯曲而不会发生斜弯曲；当 $I_y \neq I_z$ 时，若 $\varphi = 0$，即外力与某一主惯性轴重合时，由式（10-5）得 $\alpha_0 = \pm 90°$，仍然为平面弯曲。当 $I_y \neq I_z$，而且 $\varphi \neq 0$ 时，则 $\tan\alpha_0 \neq -\cot\varphi$，说明中性轴与载荷平面不垂直，此时挠曲线平面偏离外力作用平面，所以为斜弯曲。

梁斜弯曲时的挠度也可同样按叠加原理计算。首先分别求出由力 F_y 引起的挠度 w_y 和力 F_z 引起的挠度 w_z，由于 w_y 和 w_z 相互垂直，故总的挠度为

$$w = \sqrt{w_y^2 + w_z^2} \tag{10-7}$$

若总挠度 w 与 y 轴的夹角为 α_1（见图 10-5），则

$$\tan\alpha_1 = \frac{w_z}{w_y} \tag{10-8}$$

例如对于图 10-3 所示的情况，自由端的挠度 $w_y = \dfrac{F_y l^3}{3EI_y}$，$w_z = \dfrac{F_z l^3}{3EI_z}$，代入式（10-8）得

$$\tan\alpha_1 = \frac{w_z}{w_y} = \frac{F_z I_y}{I_z F_y} = \frac{I_y}{I_z}\tan\varphi \tag{10-9}$$

由此式可知 $\alpha_1 \neq \varphi$，即斜弯曲时挠度方向与力的方向是不重合的。又由式（10-9）和式（10-5）可得 $\tan\alpha_1 \cdot \tan\alpha_0 = -1$，即挠度方向与中性轴垂直。

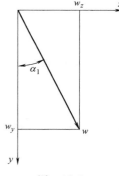

图　10-5

例 10-1　矩形檩条跨长为 $L = 3\text{m}$，受集度为 $q = 800\text{N/m}$ 的均布载荷作用，如图 10-6 所示。檩条材料为杉木，许用应力 $[\sigma] = 12\text{MPa}$，截面的高度与宽度之比 $\dfrac{h}{b} = 1.5$，试选择其截面尺寸。

解：先将 q 沿截面对称轴 y 和 z 分解为

$$q_y = q\sin\alpha = (800 \times 0.447)\,\text{N/m} = 358\text{N/m}$$

$$q_z = q\cos\alpha = (800 \times 0.894)\,\text{N/m} = 715\text{N/m}$$

则檩条受力为在两个纵向对称平面的对称弯曲（平面弯曲），两个弯曲内力的最大值均在檩条跨中截面上，可算得

$$M_{zmax} = \frac{1}{8}q_y L^2 = \left(\frac{1}{8} \times 358 \times 3^2\right)\,\text{N} \cdot \text{m} = 403\text{N} \cdot \text{m}$$

$$M_{ymax} = \frac{1}{8}q_z L^2 = \left(\frac{1}{8} \times 715 \times 3^2\right)\,\text{N} \cdot \text{m} = 804\text{N} \cdot \text{m}$$

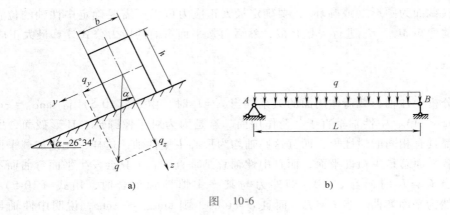

图 10-6

根据式（10-3）可建立强度条件如下：

$$\sigma_{max} = \frac{M_{ymax}}{W_y} + \frac{M_{zmax}}{W_z} \leq [\sigma]$$

其中截面对 y 轴和 z 轴的抗弯截面系数分别为

$$W_y = \frac{1}{6}bh^2 = \frac{1}{6}b(1.5b)^2, \quad W_z = \frac{1}{6}hb^2 = \frac{1}{6}(1.5b)b^2$$

代入上式，得

$$\sigma_{max} = \frac{6 \times 804 \text{N} \cdot \text{m}}{b(1.5b)^2} + \frac{6 \times 403 \text{N} \cdot \text{m}}{(1.5b)b^2} \leq 12 \times 10^6 \text{Pa}$$

可得 $b = 74$mm，则 $h = 1.5b = 1.5 \times 74$mm $= 111$mm。

10.3 拉伸（压缩）与弯曲的组合

1. 横向力与轴向力共同作用

等直杆受横向力和轴向力共同作用时，杆将发生弯曲与拉伸（压缩）组合变形。图 10-1a 所示的烟囱受风力作用就是压缩与弯曲的组合变形。对于抗弯刚度 EI 较大的杆，由于横向力引起的挠度与横截面的尺寸相比很小，轴向力只引起压缩变形，于是，可分别计算由横向力和轴向力引起的杆横截面上的正应力，按叠加原理求其代数和，即得在拉伸（压缩）和弯曲组合变形下，杆件横截面上的应力。对细长易于弯曲的杆件，其弯曲挠度可能足够大，致使轴向力作用线产生变化，于是会产生附加弯矩，因此，轴向效应和弯曲效应之间会相互影响，本章不讨论此种情况。

例 10-2　图 10-7a 中起重机最大吊重 $F = 12$kN。若 AB 杆为工字钢，材料为 Q235 钢，材料的许用应力 $[\sigma] = 100$MPa，试选择工字钢型号。

解：将横梁 AB 的受力化为产生基本变形的载荷。C 处的力 F_T 可以分解为 F_{Tx} 和 F_{Ty}，因此，横梁不仅受到轴向力 F_{Ax} 和 F_{Tx} 引起的压缩变形而且受到横向力 F_{Ay}、F_{Ty} 和 F 引起的弯曲变形（见图 10-7b），因此为压缩与弯曲的组合变形。根据横梁 AB 的受力简图，由平衡方程 $\sum M_A = 0$，可得

$$F_{Ty} = 18 \text{kN}$$

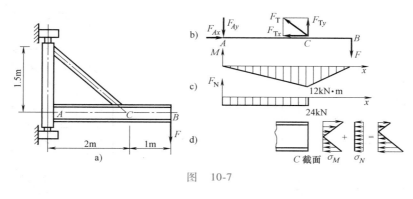

图 10-7

$$F_{Tx} = \frac{2}{1.5}F_{Ty} = 24kN$$

作 AB 梁的弯矩图和轴力图如图 10-7c 所示。在 C 点左侧的截面上,弯矩为最大值而轴力与其他截面相同,故为危险截面。

一般情况下,弯曲应力较大,可以先不考虑轴力的影响而按弯曲应力进行试算。只按弯曲强度条件确定的工字梁的抗弯截面系数

$$W \geq \frac{M}{[\sigma]} = \frac{12 \times 10^3}{100 \times 10^6}m^3 = 120 \times 10^{-6}m^3 = 120cm^3$$

查附录 B 型钢表,选取抗弯截面系数 $W = 141cm^3$ 的 16 工字钢,其横截面面积为 $A = 26.11cm^2$。选定工字钢后,再按照弯曲与压缩的组合变形进行校核。由于 C 点左侧截面为危险面,而且为等截面梁,全梁的最大应力只可能在该面出现,线性分布的弯曲正应力、均匀分布压缩正应力及两者代数和的应力如图 10-7d 所示,在截面下边缘各点的压应力最大而且相等,其值为

$$\sigma_{max} = \left| \frac{F_N}{A} + \frac{M_{max}}{W} \right| = \frac{24 \times 10^3}{26.11 \times 10^{-4}}Pa + \frac{12 \times 10^3}{141 \times 10^{-6}}Pa = 94.3 \times 10^6 Pa = 94.3MPa < [\sigma]$$

可以看出最大压应力略小于许用应力,所选工字钢符合强度要求,不需要再试选。若最大工作应力略超过许用应力,只要不超过许用应力的 5%,仍然可以使用。

应该注意,显然在弯曲载荷和轴向载荷的作用下,横截面的中性轴不再通过形心,而且还可能在截面之外。在应力计算时,应注意正应力的符号,拉应力为正,压应力为负,其最终应力为正应力的代数相加。当材料的许用拉应力和许用压应力不相等时,杆内的最大拉应力和最大压应力必须分别满足杆件的拉、压强度条件。

2. 偏心拉伸(压缩)

作用在直杆上的外力,当其作用线与杆的轴线平行但不重合时,将引起偏心拉伸或偏心压缩。钻床的立柱(见图 10-8a)和厂房中支承吊车梁的柱子(见图 10-8b)即为偏心拉伸和偏心压缩。现以矩形截面杆为例,来说明偏心问题的强度计算。

如图 10-9 所示下端固定、上端自由的立柱受到集中力 F 作用,y 轴和 z 轴为上端截面的两根对称轴,即形心主惯性轴,力作用点 K 的坐标为 e_y、e_z。为了便于计算,使等效力系中的每一个力只产生一种基本形式的变形,可将偏心力 F 分两次平移,先平移到一个对称轴上(保持一个坐标不变),再平移到截面的形心上,简化后的等效力系包含一个压力和两个作用在纵向对称平面内的力偶 M_{ey} 和 M_{ez}。

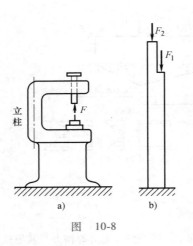

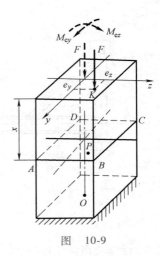

图 10-8

图 10-9

在上述力系作用下，任意横截面 x 上，有轴力和弯矩分别为

$$F_N = F, \quad M_y = M_{ey} = Fe_z, \quad M_z = M_{ez} = Fe_y$$

任一截面上任一点 $P(y,z)$ 处，相应的应力分别为

$$\sigma' = \frac{F_N}{A}, \quad \sigma'' = -\frac{M_y z}{I_y}, \quad \sigma''' = -\frac{M_z y}{I_z}$$

应用叠加原理，得截面上任一点 P 处的正应力

$$\sigma = \frac{F_N}{A} - \frac{M_y z}{I_y} - \frac{M_z y}{I_z} \tag{10-10}$$

将各内力值代入式（10-10），即得

$$\sigma = -\frac{F}{A} - \frac{Fe_z z}{I_y} - \frac{Fe_y y}{I_z} \tag{10-11}$$

令式（10-11）中 σ 等于零，并以 (y_0, z_0) 表示横截面上正应力等于零的各点的坐标，得

$$-\frac{F}{A} - \frac{Fe_z z_0}{I_y} - \frac{Fe_y y_0}{I_z} = 0$$

这就是横截面上中性轴的方程。由此可见中性轴是一条直线，不经过截面的形心。

上面的正应力计算公式以及中性轴方程均可得到推广，它们可用于任一实心截面的杆件，其中公式中的 I_y 和 I_z 分别为横截面对形心主惯性轴 y 轴、z 轴的惯性矩。利用惯性矩和惯性半径之间的关系：$I_y = Ai_y^2$，$I_z = Ai_z^2$，式（10-11）可以改写为

$$\sigma = -\frac{F}{A}\left(1 + \frac{e_z z}{i_y^2} + \frac{e_y y}{i_z^2}\right) \tag{10-12}$$

以上所讨论的是偏心受压的情况。如果杆受偏心拉力作用，P 点仍位于第一象限，以上的分析方法和应力计算公式仍然适用，只需将力 F 改为正值。上述公式用于任一实心截面的杆件时，其中公式中的 y 轴、z 轴分别为横截面的形心主惯性轴（对具有两根对称轴的截面，则为对两根对称轴的惯性矩）。同样可以根据材料的许用应力来建立强度条件，并对杆进行强度计算。如果材料的拉、压许用应力不同，则应分别建立强度条件。

220

例 10-3　有一夹具如图 10-10 所示，在夹紧零件时，受到外力 $F=2kN$，已知偏心距 $e=60mm$。若夹具竖杆横截面的一个尺寸 $b=10mm$，材料的许用应力 $[\sigma]=160MPa$，试求另一尺寸 h。

解：夹具的竖杆受到偏心拉伸变形。在任一横截面 n—n 上的轴向拉力、弯矩分别为

$$F_N = F = 2kN$$

$$M = Fe = 2000N \times 0.06m = 120N \cdot m$$

在竖杆内侧边缘各点上，由于轴向拉力和弯矩所引起的应力均为拉应力，叠加后，这些点的拉应力最大，由此可得强度条件为

$$\sigma_{max} = \frac{F}{bh} + \frac{Fe}{W} = \frac{2000N}{0.01m \times h} + \frac{120N \cdot m}{(0.01m \times h^2)/6} \leqslant 160 \times 10^6 Pa$$

化简后得

$$800h^2 - h - 0.36 \geqslant 0$$

解得 $h \geqslant 0.0218m = 21.8mm$，可取 22mm。

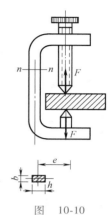

图　10-10

例 10-4　图 10-11a 所示压力机框架上的载荷 $F=11kN$，F 至立柱内侧的距离 $b=250mm$。立柱横截面形状如图 10-11b 所示。框架材料为铸铁，材料的许用拉应力 $[\sigma_t]=30MPa$，许用压应力 $[\sigma_c]=120MPa$。试校核框架立柱的强度。

解：根据立柱的横截面尺寸，可以计算横截面面积和形心位置，进而得到截面对形心主惯性轴 z 的惯性矩，计算结果为

$$A = 4.2 \times 10^{-3} m^2, \quad y_1 = 40.5 \times 10^{-3} m, \quad I_z = 4.88 \times 10^{-6} m^4$$

首先对立柱进行受力分析，把力 F 向立柱的轴向平移，这样载荷就转换成引起轴向拉伸和弯曲的基本变形的载荷。任意横截面的轴力和弯矩分别为

$$F_N = F = 11kN, \quad M = F(b + y_1) = 11 \times 10^3 N \times (250 + 40.5) \times 10^{-3} m = 3200N \cdot m$$

横截面上与弯矩 M 对应的弯曲正应力按线性分布，如图 10-11c 所示，其最大拉应力和最大压应力分别为

$$\sigma'_{tmax} = \frac{My_1}{I_z} = \frac{3200 \times 40.5 \times 10^{-3}}{4.88 \times 10^{-6}} Pa = 26.6 \times 10^6 Pa = 26.6 MPa$$

$$\sigma'_{cmax} = \frac{My_2}{I_z} = -\frac{3200 \times (100 - 40.5) \times 10^{-3}}{4.88 \times 10^{-6}} Pa = -39 \times 10^6 Pa = -39 MPa$$

横截面与 F_N 对应的拉应力均匀分布，其应力

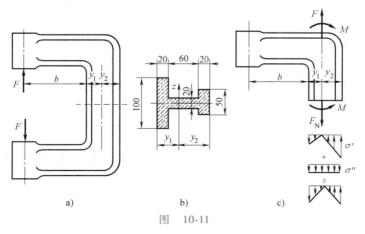

a)　　　　　　　b)　　　　　　　c)

图　10-11

$$\sigma''=\frac{F_{\mathrm{N}}}{A}=\frac{11\times10^3}{4.2\times10^{-3}}\mathrm{Pa}=2.62\times10^6\,\mathrm{Pa}=2.62\,\mathrm{MPa}$$

两种应力代数叠加后的最大拉应力和最大压应力分别为

$$\sigma_{\mathrm{tmax}}=\sigma'_{\mathrm{tmax}}+\sigma''=26.6\mathrm{MPa}+2.62\mathrm{MPa}=29.2\mathrm{MPa}<[\sigma_{\mathrm{t}}]$$

$$\sigma_{\mathrm{cmax}}=|\sigma'_{\mathrm{tmax}}+\sigma''|=|-39\mathrm{MPa}+2.62\mathrm{MPa}|=36.4\mathrm{MPa}<[\sigma_{\mathrm{c}}]$$

框架满足强度要求。

3. 截面核心

如前所述，当偏心拉力（或压力）的偏心距很小时，杆的各横截面上就可能全是拉应力（或全是压应力），其中性轴将位于横截面之外，这意味着整个横截面上的正应力将具有同样的正负号。土建工程中常用的混凝土构件和砖、石砌体，其抗拉强度远低于抗压强度，主要用作承压构件，这类构件在偏心受压时，其横截面应尽量避免出现拉应力，即保证横截面上任意一点都不产生拉应力。由以上分析可知：外力作用点离形心越近，截面的中性轴距形心就越远。因此，围绕着形心有一很小的区域，当压缩载荷作用在该区域时，整个横截面将产生压应力，这个区域称为截面的核心。当外力作用在截面核心的边界上时，相应截面的中性轴恰好与截面的周边相切，截面的核心可以借助于这一关系来确定。

为了详细了解偏心压缩力作用点的坐标与中性轴两者之间的位置关系，我们做以下分析。当横截面为任意截面形状时，式（10-10）仍然成立，式中的 I_y 和 I_z 分别为横截面对形心主惯性轴 y 轴和 z 轴的惯性矩，为了确定横截面的最大正应力，应先确定中性轴的位置。令 σ 为零，设中性轴任一点的坐标为 (y_0,z_0)，则有

$$\sigma=-\frac{F}{A}\left(1+\frac{e_z z_0}{i_y^2}+\frac{e_y y_0}{i_z^2}\right)=0$$

因此中性轴的方程为

$$1+\frac{e_z z_0}{i_y^2}+\frac{e_y y_0}{i_z^2}=0 \tag{10-13}$$

可见，中性轴是一条不过横截面形心的直线。为了确定中性轴的位置，可以先确定它在 y 轴和 z 轴上的截距 a_y 和 a_z。由式（10-13）可得

$$a_y=-\frac{i_z^2}{e_y},\quad a_z=-\frac{i_y^2}{e_z} \tag{10-14}$$

当力作用点在第一象限内时，e_y 和 e_z 均为正值，而 a_y 和 a_z 均为负值，也就是说，中性轴与外力作用点分别位于截面形心相对的两边。

要确定任意形状截面的核心边界，可将与截面周边相切的任一直线看作中性轴，根据直线的截距式（10-14），可求出与该中性轴对应的力作用点的坐标，即对应的核心边界点，按上述方法得出的各核心边界点，连接这些点得到一条封闭曲线，它就是所求的核心边界。以下以受偏心压力作用下的圆形和矩形截面杆为例，来具体说明如何确定其核心边界。

一直径为 d 的圆截面如图 10-12 所示。由于圆截面对圆心是极对称的，其核心边界也应该是极对称的，应该是与圆截面同心的一个圆。若力作用点在 1 点，对应的中性轴是过右侧

的 A 点与圆相切的一条垂直线，它在 y 轴的截距为 $a_y = d/2$，而且截面的 $i_y = i_z = \dfrac{d^2}{16}$，代入式（10-14）可以求得 1 点的坐标为 $e_y = -d/8$，即 1 点到圆心的距离为 $d/8$，因此，圆截面的核心边界的圆半径等于其半径的四分之一。

矩形的边长为 b 和 h（见图 10-13），该截面的 $i_y^2 = b^2/12$、$i_z^2 = h^2/12$，若外力作用在离形心距离为 e_z 的 p 点上，对应的中性轴将与该截面的上边缘重合（由应力分布不难判定），它在 z 轴的截距为 $a_z = \dfrac{b}{2}$，代入式（10-14）可以求得此距离 $e_z = b/6$（相应坐标的绝对值）。用同样的方法，当载荷作用在离形心距离为 $h/6$ 的 q 点时，其中性轴与该截面的左边缘重合。为了确定四个点中相邻两点之间的核心边界，需要研究中性轴从截面的一个边绕顶点旋转到相邻边时，对应的外力作用点移动的轨迹。例如，若 m 点的坐标为 (y_m, z_m)，当中性轴为过 m 点的任一直线，将 m 点的坐标代入中性轴方程（10-13），可以得到

$$1 + \frac{z_m}{i_y^2} e_z + \frac{y_m}{i_z^2} e_y = 0$$

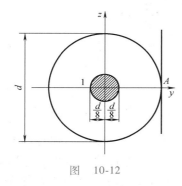

图　10-12

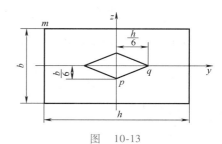

图　10-13

由于该式中的 y_m、z_m 为常数，因此该式为外力作用点坐标 e_y 与 e_z 间应满足的直线方程，也就是说对于过 m 点的所有中性轴，对应的力作用点必定在一条直线上。由于矩形过 m 点的上边缘和左边缘为中性轴对应的力作用点分别为 p 点和 q 点，两点可以决定该直线。所以，当载荷沿 p 点和 q 点之间的直线移动时，其中性轴将绕矩形横截面角点 m 旋转。因此，pq 线为截面核心的一条边，其余三条边可由对称性来确定，因此，截面核心为对角线长度等于 $b/3$ 和 $h/3$ 的菱形。只要压缩载荷的作用点在此菱形以内，其中性轴就不与横截面相交，而且整个截面将处于受压状态。其他形状的横截面核心可以用同样的方法求得。

10.4　弯曲与扭转的组合

一般的传动轴在发生扭转时常伴随着弯曲。在弯曲较小的情况下，可以只按扭转问题来解决，但当弯曲不能忽略时，就需要按弯曲和扭转的组合变形来处理。本节将以圆截面杆为主要分析对象来讨论其强度计算方法。下面结合一端固定的等截面实心圆杆 AB（见图 10-14a）来说明。

弯扭组合　　　弯扭组合变形
　　　　　　　　例题

由于研究对象为杆 AB，而集中载荷 F 并不作用在其轴线上，可以把力 F 向截面 B 的形心平移，得到作用于 B 截面形心的横向力 F 和一个作用在 B 截面内的一个力偶 $M_e = Fa$（见图 10-14b）。此横向力使 AB 杆发生平面弯曲，此力偶使 AB 杆发生扭转，因而，AB 杆发生弯曲与扭转的组合变形。

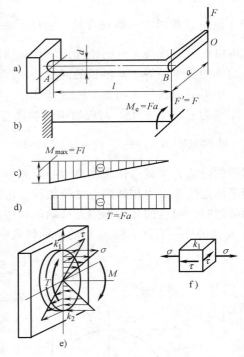

图 10-14

下面画内力图寻找危险截面。

先画出 AB 杆在力 F 作用下的弯矩图（见图 10-14c），可以看出最大弯矩发生在固定端 A 处。然后再画出杆的扭矩图，它是一条平行于轴的水平线（见图 10-14d），因而固定端 A 是杆的危险截面。

为确定危险截面 A 上的危险点，我们画出 A 截面的应力分布图（见图 10-14e）。由于弯曲时中性轴是过形心的水平轴，距该轴最远的 k_1、k_2 点分别有最大拉应力和最大压应力，其值为 $\sigma = \dfrac{M}{W}$，式中的 M 为危险面的弯矩值。由于扭转产生

的切应力，在圆周上有最大值 $\tau = \dfrac{T}{W_t}$，式中的 T 为危险面的扭矩值。k_1、k_2 点的正应力 σ 和切应力 τ 同时达到最大值，对于许用拉应力与许用压应力大小相等的塑性材料制成的杆，k_1、k_2 都是危险点。在这两点的正应力及切应力的大小均相等，所以，可选取其中的一点来研究。要研究 k_1 点的应力状态，假想围绕 k_1 点用横截面、纵向面和平行于表面的截面截出一个单元体，其应力情况如图 10-14f 所示，该点处于二向应力状态，需要先计算主应力，再根据强度理论建立强度条件。

由二向应力状态主应力公式可得此单元体的最大主应力 σ_1 和最小主应力 σ_3，即

$$\left.\begin{array}{c}\sigma_1\\\sigma_3\end{array}\right\} = \frac{\sigma}{2} \pm \sqrt{\frac{\sigma^2}{4} + \tau^2}$$

第二主应力 $\sigma_2 = 0$，式中的 σ 和 τ 分别表示 k_1 点的弯曲正应力和扭转切应力。

对于塑性材料制成的杆，当危险点处于二向或三向应力状态时，一般用第三或第四强度理论来建立强度条件。如果用第三强度理论，强度条件为

$$\sigma_{r3} = \sigma_1 - \sigma_3 \leqslant [\sigma]$$

则将上述主应力 σ_1 和 σ_3 的表达式代入上式，化简得

$$\sigma_{r3} = \sqrt{\sigma^2 + 4\tau^2} \leqslant [\sigma] \tag{10-15}$$

如果用第四强度理论，则经过类似的处理后，可得相应的强度条件为

$$\sigma_{r4} = \sqrt{\sigma^2 + 3\tau^2} \leqslant [\sigma] \tag{10-16}$$

式（10-15）和式（10-16）中的 $[\sigma]$ 为材料的许用拉应力。

对于圆截面杆，采用内力表示的强度条件更为方便，将 $\sigma = \dfrac{M}{W}$ 和 $\tau = \dfrac{T}{W_t}$ 代入式（10-15）和式（10-16），式中 $W = \dfrac{\pi d^3}{32}$ 是圆截面的抗弯截面系数，$W_t = \dfrac{\pi d^3}{16}$ 是圆截面杆的抗扭截面系数。两者之间有一个简单关系，即 $W_t = 2W$，则分别得到

$$\sigma_{r3} = \frac{1}{W}\sqrt{M^2 + T^2} \leqslant [\sigma] \tag{10-17}$$

$$\sigma_{r4} = \frac{1}{W}\sqrt{M^2 + 0.75T^2} \leqslant [\sigma] \tag{10-18}$$

以上所述，最大弯矩和最大扭矩在一个面上出现，其危险截面容易得到。若从弯矩图和扭矩图不易看出哪一个横截面最危险（所谓的最危险即 $\sqrt{M^2 + T^2}$ 或 $\sqrt{M^2 + 0.75T^2}$ 数值最大），可选取 M 和 T 绝对值较大的几个横截面分别计算，进行比较，从而确定出来。应该注意，在同一算式中 M 和 T 必须是同一横截面上的。

还应注意，以上所述是以图 10-14a 所示的简单情况为例来分析讨论的，在一般情况下，传动轴和曲柄轴等类构件受到的若干横向外力，方向常不一致，以至于弯曲问题较为复杂，对这种情况，分析研究时，可将各横向外力沿水平和竖直方向分解，然后按水平面内的弯矩 M_y 和竖直面内的弯矩 M_z 分别作出弯矩图，对任一截面的合成总弯矩，由 $M = \sqrt{M_z^2 + M_y^2}$ 求出。根据式（10-17）或式（10-18）进行强度计算时，即以合成弯矩 M 代替两个公式中的弯矩。当杆件受扭转和拉伸（或压缩）以及弯曲、扭转和拉伸（压缩）组合作用时，其应力状态与图 10-14f 类似，故仍可利用式（10-15）或式（10-16），但其中的正应力用弯曲正应力和拉、压正应力代数和来代替。

例 10-5 手摇绞车如图 10-15a 所示，轴的直径 $d = 30\text{mm}$，材料为 Q235 钢，材料许用应力 $[\sigma] = 80\text{MPa}$。试按第三强度理论确定绞车的最大起吊重量 G。

解：（1）外力分析。

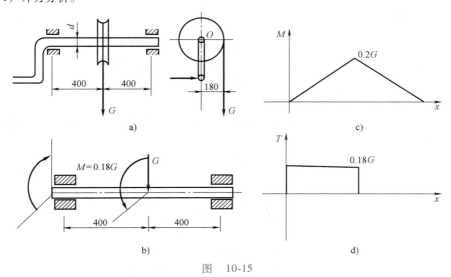

图 10-15

载荷 G 向截面 C 的形心处平移。轴最左端的力也向左端截面的形心处简化，化为作用在横截面内的力偶和一个力（该力离支座很近，可以认为作用在支座上，此时不产生弯曲变形，故略去），该力偶与载荷 G 的平移所附加的力偶相平衡引起扭转变形，所以，轴承受弯曲和扭转的组合变形（见图 10-15b）。

（2）画内力图。

由图 10-15c、d 可知，C 截面为危险面，该截面的弯矩、扭矩分别为

$$M = \frac{Gl}{4} = \frac{G \times 0.8}{4} = 0.2G, \quad T = 0.18G$$

（3）强度计算。

轴的抗弯截面系数为

$$W = \frac{\pi d^3}{32}$$

将有关数据代入第三强度理论公式 $\sigma_{r3} = \frac{1}{W}\sqrt{M^2 + T^2} \leqslant [\sigma]$ 可得

$$\sigma_{r3} = \frac{32}{\pi \times 30^3 \times 10^{-9}}\sqrt{(0.2G)^2 + (0.18G)^2} \leqslant 80 \times 10^6$$

$$G \leqslant 788\text{N}$$

因此，绞车的最大起吊重量 $G = 788\text{N}$。

例 10-6 如图 10-16a 所示圆轴，在载荷 F_1 与 F_2 作用下处于平衡状态。已知载荷 $F_1 = 1.6\text{kN}$，轴的外径 $D = 30\text{mm}$，内径 $d = 27\text{mm}$，摇臂尺寸 $R_1 = 100\text{mm}$，$R_2 = 150\text{mm}$，许用应力 $[\sigma] = 300\text{MPa}$。试按第四强度理论校核轴的强度。

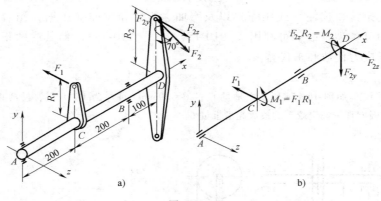

图　10-16

解：（1）外力分析。

首先，将外力 F_2 沿轴分解为 F_{2y} 与 F_{2z} 两个分量，并将此二力与载荷 F_1 向轴线简化，得轴的计算简图如图 10-16b 所示。根据平衡方程

$$\sum M_x = 0, \quad F_1 R_1 - F_2 \sin 70° R_2 = 0$$

得

$$F_2 = \frac{F_1 R_1}{R_2 \sin 70°} = \frac{1.6 \times 10^3 \times 0.1}{0.15 \times \sin 70°}\text{N} = 1135\text{N}$$

并由此得

$$F_{2y} = F_2 \cos 70° = 1135\text{N} \times \cos 70° = 388\text{N},$$

$$F_{2z} = F_2 \sin 70° = 1135\text{N} \times \sin 70° = 1067\text{N}$$

（2）内力分析。

扭力矩 M_1 与 M_2 使轴承受扭转，分力 F_{2y} 使轴在铅垂面（即 x-y 面）内弯曲，载荷 F_1 与分力 F_{2z} 使轴在水平面（即 x-z 面）内弯曲。轴的扭矩 T、弯矩 M_y 与 M_z 图如图 10-17 所示。对于圆形截面，任一直径均为截面的对称轴。因此，可求得横截面上的合成弯矩为

$$M = \sqrt{M_y^2 + M_z^2}$$

则横截面上的最大弯曲正应力为

$$\sigma_{\max} = \frac{M}{W}$$

由图 10-17b、c 求出各截面的弯矩后，在 M-x 平面内画 M 图如图 10-17d 所示。可以证明，CB 段的总弯矩图必为凹曲线。

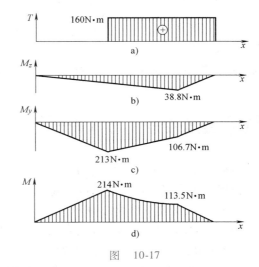

图　10-17

（3）强度校核。

显然，截面 C 右侧的内力最大，为危险截面，该截面的合成弯矩与扭矩分别为

$$M = 214\text{N} \cdot \text{m}, \quad T = 160\text{N} \cdot \text{m}$$

于是，根据式（10-18），得轴危险点处的相当应力为

$$\sigma_{r4} = \frac{\sqrt{M^2 + 0.75T^2}}{\frac{\pi D^3}{32}\left[1 - \left(\frac{d}{D}\right)^4\right]} = \frac{\sqrt{(214)^2 + 0.75 \times (160)^2}}{\frac{\pi (0.030)^3}{32}\left[1 - \left(\frac{0.027}{0.030}\right)^4\right]}\text{Pa}$$

$$= 2.81 \times 10^8 \text{Pa} = 281\text{MPa} < [\sigma]$$

危险点的相当应力值小于许用应力，说明该轴符合强度要求。

例 10-7　图 10-18a 所示圆截面铸铁杆，承受轴向力 F_1、横向力 F_2 和扭力矩 M_1 作用。已知载荷 $F_1 = 30\text{kN}$，$F_2 = 1.2\text{kN}$，$M_1 = 700\text{N} \cdot \text{m}$，杆件的直径 $d = 80\text{mm}$，杆长 $l = 800\text{mm}$，许用应力 $[\sigma] = 36\text{MPa}$。试按第一强度理论校核强度。

解：（1）内力与应力分析。

显然，杆所受的载荷均为引起基本变形的载荷，其承受拉伸、弯曲与扭转的组合变形。杆的内力如图 10-18b 所示，固定端截面为危险截面，该面的危险点为顶点 a，该点的正应力和切应力均为最大，其值分别为

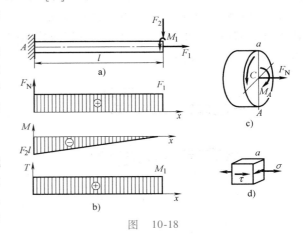

图　10-18

$$\sigma = \frac{F_N}{A} + \frac{M}{W} = \frac{4F_1}{\pi d^2} + \frac{32F_2 l}{\pi d^3} = \frac{4 \times 30 \times 10^3}{\pi \times 0.080^2}\text{Pa} + \frac{32 \times 1.2 \times 10^3 \times 0.8}{\pi \times 0.080^3}\text{Pa}$$

$$= 2.51 \times 10^7 \text{Pa} = 25.1\text{MPa}$$

$$\tau = \frac{T}{W_p} = \frac{16M_1}{\pi d^3} = \frac{16 \times 700}{\pi \times 0.08^3}\text{Pa} = 6.96 \times 10^6 \text{Pa} = 6.96\text{MPa}$$

（2）强度计算。

A 点处单元体各截面的应力如图 10-18d 所示，为二向应力状态，其主应力为

$$\left.\begin{matrix}\sigma_1\\\sigma_3\end{matrix}\right\}=\frac{1}{2}(\sigma\pm\sqrt{\sigma^2+4\tau^2})=\frac{1}{2}(25.1\pm\sqrt{25.1^2+4\times6.96^2})\text{MPa}=\begin{cases}26.9\text{MPa}\\-1.8\text{MPa}\end{cases},\sigma_2=0$$

由第一强度理论可得 $\sigma_{r1}=\sigma_1=26.9\text{MPa}<[\sigma]$，即杆符合强度要求。

10.5 组合变形的合理设计

在分析了组合变形杆件的内力和应力后，我们可以讨论如何通过合理设计来提高杆件的强度问题。

1. 尽量避免偏心受载结构

例如，如图 10-19a 所示的构件，由于工作要求需要局部开槽，出现了偏心拉伸，如改成在对称的位置开一个槽（见图 10-19b），则消除了弯曲变形而使强度提高；图 10-19c、d 所示的情况与此类似。同样对地脚螺栓的设计，图 10-20b 比图 10-20a 所示的情况合理，因做成这种形状的地脚螺栓基本上是受轴向拉伸，而另一种形状则还发生弯曲变形。

2. 采用合理的截面形状

当无法使杆件避免组合变形时，可以考虑设计适应变形特点的合理截面形状。例如对于承受偏心拉、压的杆件，不对称的截面设计比对称的截面设计要更为合理，图 10-21b、c 所示的截面就比图 10-21a 所示的合理，对于承受偏心拉压的机架立柱常采用图 10-21b、c 所示的截面。

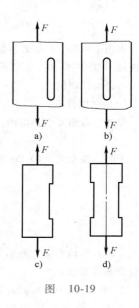

图 10-19

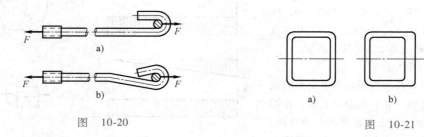

图 10-20

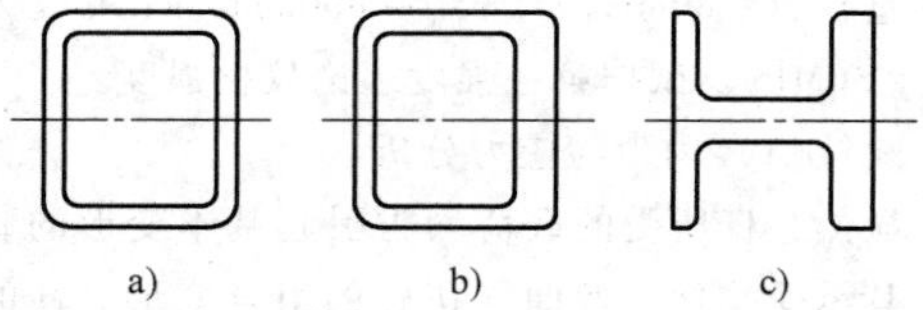

图 10-21

3. 改变载荷的配置

改变载荷在构件上的作用位置或方向，也可以提高构件的承载能力。如图 10-22 所示，将带轮尽可能靠近轴承安装，可以使带拉力对轴的弯曲作用变小，甚至可以忽略不计。图 10-22 和图 10-23 表示三根传动轴的两种布置方案，前者圆周力 F、F' 指向相反，径向力 F_r、F_r' 指向相同；后者圆周力相同，而径向力相反。由于圆周力一般均大于径向力（当齿轮压力角 $\alpha=20°$ 时，径向力仅为圆周力的 0.36），故从强度、刚度的观点看，前者较后者为好。

以上介绍的几个方面只是从构件的强度、刚度观点出发的。实际上，设计是否合理要全面通盘考虑，如占用的空间大小等多方面因素。

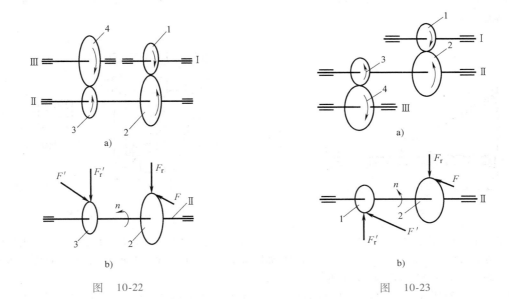

图　10-22　　　　　　　　　　　　图　10-23

习　题

10-1　作用于图 10-24 所示悬臂梁上的载荷为：在水平平面内 $F_1 = 800$N，在垂直平面内 $F_2 = 1650$N。木材的许用应力 $[\sigma] = 10$MPa。若矩形截面 $h/b = 2$，试确定其截面尺寸。

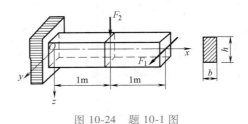

图 10-24　题 10-1 图

10-2　图 10-25 所示工字梁两端铰支，集中载荷 $F = 7$kN，作用于跨度中点截面，通过截面形心，并与截面的垂直对称轴成 20°角。若材料的 $[\sigma] = 160$MPa，试选择工字梁的型号。

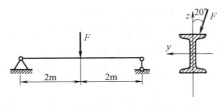

图 10-25　题 10-2 图

10-3　图 10-26 所示起重梁的最大起吊重量（包括行走小车等）为 $F = 40$kN，横梁 AC 由两根 18a 槽钢制成，材料为 Q235，许用应力 $[\sigma] = 120$MPa，试校核横梁的强度。

10-4 拆卸工具的爪（见图 10-27）由 45 钢支撑，其许用应力 $[\sigma]=180\text{MPa}$。试按爪的强度确定工具的最大顶压力 F_{max}。

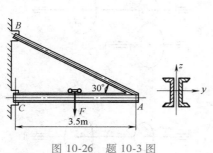

图 10-26 题 10-3 图

图 10-27 题 10-4 图

10-5 有一木质压杆如图 10-28 所示，截面原为边长为 $2a$ 的正方形，压力 F 与杆轴重合。后因使用上的需要，在杆长的某一端范围内开一宽为 a 的切口如图所示。试求开槽部分横截面上的最大拉应力和最大压应力。现最大压应力是截面削弱以前的压应力的几倍？

10-6 图 10-29 所示短柱受载荷 F_1 和 F_2 的共同作用，试求固定端截面上角点 A、B、C、D 处的应力。

10-7 图 10-30 所示钻床的立柱为铸铁制成，许用拉应力 $[\sigma_t]=35\text{MPa}$，$F=15\text{kN}$。试确定立柱最小直径 d。

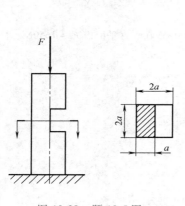

图 10-28 题 10-5 图

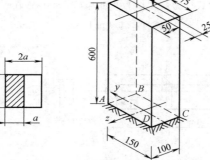

图 10-29 题 10-6 图

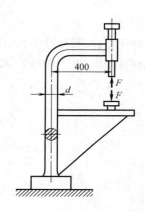

图 10-30 题 10-7 图

10-8 图 10-31 所示钢质拐轴，承受集中载荷 F 作用。试根据第三强度理论确定轴 AB 的直径，已知载荷 $F=1\text{kN}$，许用应力 $[\sigma]=160\text{MPa}$。

10-9 图 10-32 所示传动轴，转速 $n=110\text{r/min}$，传递功率 $P=11\text{kW}$，带的紧边张力为其松边张力的三倍。若许用应力 $[\sigma]=160\text{MPa}$，试根据第三强度理论确定该传动轴外伸端的许可长度 l。

10-10 一电动机如图 10-33 所示。带轮的直径为 $D=250\text{mm}$，电动机轴的外伸臂长度为 120mm，直径 $d=40\text{mm}$。轴材料的许用应力 $[\sigma]=60\text{MPa}$。若电动机的功率 $P=9\text{kW}$，转速 $n=715\text{r/min}$，试按最大切应力理论校核此轴的强度。

10-11 图 10-34 所示圆截面杆，直径为 d，承受轴向力 F 与扭力矩 M_e 作用，杆用塑性材料制成，许用应力为 $[\sigma]$。

（1）试画出危险点处微体的应力状态图，并根据第四强度理论建立杆的强度条件。

（2）若杆改为脆性材料，许用拉应力为 $[\sigma_t]$，试用第一强度理论建立杆的强度条件。

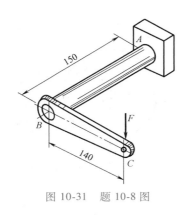

图 10-31 题 10-8 图

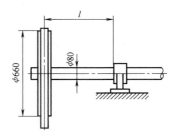

图 10-32 题 10-9 图

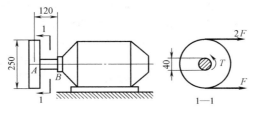

图 10-33 题 10-10 图

10-12 图 10-35 所示圆截面钢杆，承受载荷 F_1、F_2 与扭力矩 M_e 作用。试根据第三强度理论校核杆的强度。已知载荷 $F_1 = 500\text{N}$，$F_2 = 15\text{kN}$，扭力矩 $M_e = 1.2\text{kN·m}$，许用应力 $[\sigma] = 160\text{MPa}$。

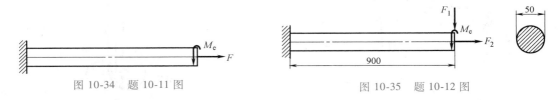

图 10-34 题 10-11 图

图 10-35 题 10-12 图

10-13 在图 10-36 所示的轴 AB 上装有两个轮子，作用在轮子上的力有 $F = 3\text{kN}$ 和 G，设此二力系处于平衡状态，轴的许用应力 $[\sigma] = 60\text{MPa}$，试按最大切应力强度理论选择轴的直径 d。

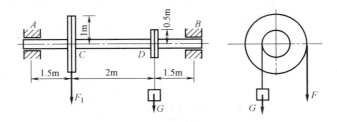

图 10-36 题 10-13 图

10-14 图 10-37 所示圆截面钢轴，由电动机带动，在斜齿轮的齿面上，作用有切向力 $F_t = 1.9\text{kN}$，径向力 $F_r = 740\text{N}$，以及平行于轴线的外力 $F = 600\text{N}$。若许用应力 $[\sigma] = 160\text{MPa}$。试根据第四强度理论校核轴的强度。

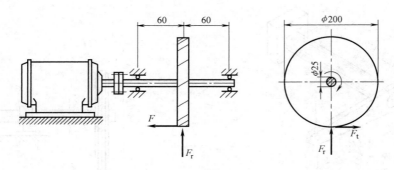

图 10-37 题 10-14 图

10-15 操纵装置水平杆如图 10-38 所示。杆的截面为空心圆，内径 $d = 24\text{mm}$，外径 $D = 30\text{mm}$，材料为 Q235 钢，材料的许用应力 $[\sigma] = 160\text{MPa}$。控制片受力 $F_1 = 600\text{N}$。试用第三强度理论校核杆的强度。

10-16 某型水轮机主轴的示意图如图 10-39 所示。水轮机组的输出功率为 $P = 37500\text{kW}$，转速 $n = 150\text{r/min}$。已知轴向推力 $F_x = 4800\text{kN}$，转轮重 $W_1 = 390\text{kN}$，主轴内径 $d = 340\text{mm}$，外径 $D = 750\text{mm}$，自重 $W = 285\text{kN}$。主轴材料为 45 钢，许用应力 $[\sigma] = 80\text{MPa}$，试按第四强度理论校核主轴的强度。

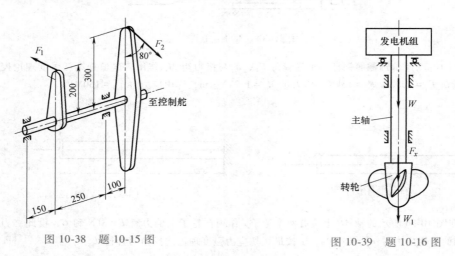

图 10-38 题 10-15 图

图 10-39 题 10-16 图

10-17 图 10-40 所示带轮传动轴传递功率 $P = 7\text{kW}$，转速 $n = 200\text{r/min}$，带轮重量 $W = 1.8\text{kN}$。左端齿轮上的啮合力 F_n 与齿轮节圆切线的夹角为 20°。轴的材料为 Q235 钢，许用应力 $[\sigma] = 80\text{MPa}$。试分别在忽略和考虑带轮重量的两种情况下，按第三强度理论估算轴的直径。

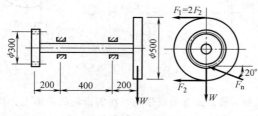

图 10-40 题 10-17 图

第11章
压杆稳定

11.1 压杆稳定的概念

对于受压的杆件，只要保持直线状态，就可按第 4 章的内容来分析强度。然而，如果一根压杆一旦开始产生横向变形，则其横向变形可以变得很大，从而导致严重破坏。这种情况称为失去稳定，简称失稳。失稳可以定义为一个结构在原有载荷作用下由于增加一个微量载荷而突然承受很大的变形，而在载荷增加之前变形很小。例如，一根米尺它可以承受几牛顿

的压力而无明显的横向变形，但是随着压力的增加，当压杆产生一个很小的横向变形后，若再进一步增加压力，就会产生很大的变形。

压杆的这种失稳不是由于杆的材料损坏所致，而是由于压杆由稳定平衡变为不稳定平衡所导致的破坏所致。下面以图 11-1 两端铰支的细长压杆为例，说明杆件的稳定平衡和不稳定平衡的概念。

设压力与杆件轴线重合，压力逐渐增加，但压力小于某一值时，杆件始终保持直线的平衡状态，此时若受到干扰而使轴线发生轻微弯曲，去除干扰后，轴线仍能回到原有的平衡状态，这表明压杆原有的直线平衡状态是稳定的，当压力增加到一个临界值时，在此临界值，如果再受到干扰使其发生微小弯曲，干扰去除后，它将不能回到原来的直线状态，而在曲线状态下保持平衡。如压力超过临界值，杆件受到很小的干扰就会发生显著的弯曲变形而破坏。这表明在临界压力作用下，压杆原有的直线平衡状态由稳定变为不

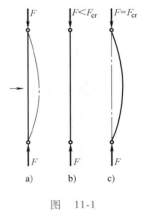

图　11-1

稳定，此时临界状态对应的压力值称为临界压力，记为 F_{cr}。由于压杆的失稳现象是在纵向力的作用下，使杆发生突然弯曲，所以这种弯曲也常称为纵向弯曲。这种丧失稳定的现象，也称为屈曲。对于细长压杆，在应力远小于材料的比例极限时就会达到临界压力。

研究图 11-2 所示简单弹性力学系统的稳定，可以透彻地理解压杆稳定的问题。直杆 AB，长为 l，下端铰支，上端有一水平弹簧支座，刚度系数为 k（单位为 N/m）。设杆是刚性的，不计自重，它处于竖直位置时弹簧处于自然状态，至于杆在上端所受有轴向压力 F 的作用下其平衡位置是否稳定，就要取决于压力 F 的大小。当杆上端受到干扰而略有横向位移 δ 时，力 F 对杆下端 A 的矩为 $F\delta$，这个力矩使杆偏离其竖直位置，弹簧的支反力为 $k\delta$，

对 A 点的矩为 $k\delta l$。这个力矩使杆返回其竖直位置。若杆能在此稍为倾斜的位置下保持平衡，则

$$F\delta = k\delta l \quad \text{即} \quad F = kl$$

由这个计算结果可见，当 $F < kl$ 时，杆将返回其原来位置；当 $F > kl$ 时，杆将不能维持其竖直位置。所以说，当 $F < kl$ 时，杆的竖直位置是稳定的；当 $F > kl$ 时是不稳定的；当 $F = kl$ 时，竖直杆的平衡处于稳定过渡到不稳定的临界状态。

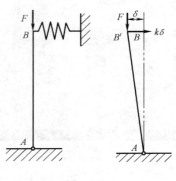

图 11-2

在工程实际中，有许多受压的构件需要考虑其稳定性。如千斤顶的丝杆（见图 11-3），内燃机燃气机构的挺杆（见图 11-4），在它推动摇臂打开气阀时就受到压力作用。如果这些构件设计不合理，在较大的压力作用下，就可能失去稳定而破坏。由于丧失稳定是突然发生的，往往会给工程结构或机械带来极大的危害。因此在设计这类构件时，必须进行稳定性计算。

除了压杆外，其他构件也存在着稳定失效的问题。例如，薄壁圆筒在均匀外压力作用下（见图 11-5），当外压达到临界值时，圆筒的圆形平衡就变为不稳定，会突然变成由虚线表示的长圆形。板条或工字钢在最大抗弯刚度的平面内弯曲时，会因载荷达到临界值而发生侧向弯曲与扭转（见图 11-6）。本章只讨论压杆的稳定问题。

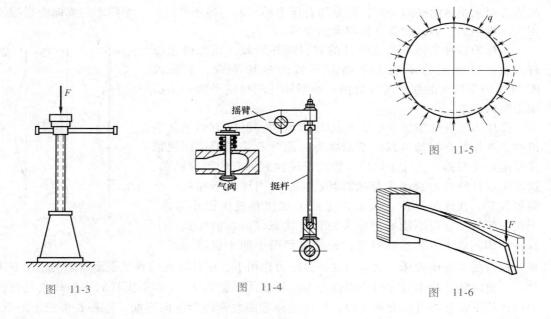

图 11-3

图 11-4

图 11-5

图 11-6

11.2 两端铰支细长压杆的临界压力

微课

细长压杆的
临界力

显然，在压杆稳定问题的研究中，确定临界压力是关键。实践表明，细长压杆的临界压力不仅和杆的材料、横截面的形状和尺寸等因素有关，而且也和杆的长度和两端的支承情况有关。现分析两端铰支细长压杆的临界压力。

设一细长压杆，两端为球形铰支座，受轴向压力 F 作用。假定力 F 达到临界值 F_{cr}，则直杆处于临界状态而开始丧失稳定，即由直线过渡到微弯的状态，如图 11-7 所示。建立图示坐标系，杆在弯曲情况下距左端为 x 的挠曲线上任一点处的挠度为 w。由平衡条件可求该截面的弯矩为

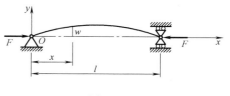

图 11-7

$$M(x) = -F_{cr}w \qquad (a)$$

式（a）中等号右边有一个负号，是因为在所选定的坐标系中 w 为正值而弯矩 $M(x)$ 为负值，当压杆失稳后的弯曲变形很小时，可以用杆的挠曲线近似微分方程进行分析，其方程为

$$\frac{\mathrm{d}^2 w}{\mathrm{d}x^2} = \frac{M(x)}{EI}$$

将式（a）代入，得

$$\frac{\mathrm{d}^2 w}{\mathrm{d}x^2} = -\frac{F_{cr}}{EI}w \qquad (b)$$

令

$$k^2 = \frac{F_{cr}}{EI} \qquad (c)$$

则式（b）可写成

$$\frac{\mathrm{d}^2 w}{\mathrm{d}x^2} + k^2 w = 0$$

这是一个二阶线性微分方程，它的解为

$$w = A\sin kx + B\cos kx \qquad (d)$$

式（d）就是挠曲线的方程，其中 A、B 是两个待定的积分常数，又因为临界压力 F_{cr} 的值还不知道，所以式（d）中 k 也是一个待定值。

要确定上述这几个待定值，就要利用杆端的约束条件。在杆左端，即 $x = 0$ 处，挠度 $w = 0$ 代入式（d）得

$$B = 0$$

因此，挠曲线方程为

$$w = A\sin kx \qquad (e)$$

又在杆的右端，即 $x = l$ 处，挠度 $w = 0$，代入式（e），得

$$A\sin kl = 0$$

由此得

$$A = 0$$

或

$$\sin kl = 0 \qquad (f)$$

若 $A = 0$，由式（e）得挠曲线方程为 $w = 0$，这表明杆仍保持直线形状。但这个结果与原设杆

从直线形过渡到发生微弯而开始丧失稳定这一前提不一致，因此需取式（f），由式（f）得

$$kl = n\pi, \quad n = 1, 2, 3, \cdots$$

即

$$k = \frac{n\pi}{l} \tag{g}$$

将式（g）代入式（c），得

$$F_{cr} = \frac{n^2\pi^2 EI}{l^2} \tag{h}$$

式（h）表明，使杆从直线变形过渡到发生微弯而开始丧失稳定的临界压力是多值的。实际上 F_{cr} 应取最小值。若取 $n=0$，则代入式（h）后得 $F_{cr}=0$，即杆未受轴力表明杆件无压力，这与讨论的情况不符。所以应取 $n=1$，代入式（h），可得所求的临界压力为

$$F_{cr} = \frac{\pi^2 EI}{l^2} \tag{11-1}$$

式中，E 为压杆材料的弹性模量；I 为压杆横截面对中性轴的惯性矩；l 为压杆的长度。这就是两端铰支细长压杆的临界压力的计算公式，也称为两端铰支压杆的欧拉公式。两端铰支是工程上常见的情况，例如，在本章第一节提到的挺杆和桁架结构中的受压杆等，一般都可简化为两端铰支。

当压杆两端为球形铰时，支座允许在通过轴线的任一纵向平面内发生弯曲，实际上曲线发生在抗弯刚度 EI 最小的纵向平面内。即发生在截面惯性矩 I 为最小的纵向平面内，因为此时的临界压力最小。因此，在用式（11-1）计算两端铰支的压杆临界压力时，截面对轴的惯性矩应取其中最小值 I_{min}。

根据以上讨论，当取 $n=1$ 时，由式（g）可知，$k=\pi/l$，得压杆的挠曲线方程为

$$w = A\sin\frac{\pi x}{l}$$

可见，压杆在临界压力作用下处于曲线平衡后，轴线为半个正弦波，最大挠度 A 在杆件的中点（即 $x=l/2$）处，其值很小且不定。现分析压力 F 与中点挠度 w_{max} 之间的关系。当压力小于临界压力时，压杆的直线平衡状态是稳定的，此时 $w_{max}=0$；当压力等于临界压力时，由直线的平衡过渡到曲线的平衡状态后，中点挠度为任意值（F 与中点挠度 w_{max} 的关系为一条水平线 AC），其实并非如此。这里要注意，上面的计算是根据挠曲线近似微分方程得来的，也即应用了杆曲率的近似表达式 w''，而没有用其精确的表达式，即 $\dfrac{1}{\rho} = \dfrac{w''}{[1+(w')^2]^{3/2}}$。如果使用精确的挠曲

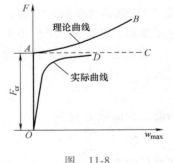

图 11-8

线微分方程，则压力 F 与中点挠度 w_{max} 的关系如图 11-8 中的线 OAB 所示（可参阅高等材料力学）。曲线 AB 段在 A 点与水平虚线相切，当压力稍大于临界压力 F_{cr} 时，w_{max} 增长很快，但 w_{max} 与压力 F 是一一对应的，w_{max} 并不是一个不定值。

在压杆稳定实验中，所得的 F-w_{max} 曲线形状类似于如图 11-8 中的曲线 OD，由于加载偏心、材料的不均匀和压杆的初始弯曲等因素的影响，在低于 F_{cr} 的载荷时就出现横向挠度，

而当接近临界载荷时，此横向挠度会变得较大。杆构造得越精确，则曲线 *OD* 越接近于理论曲线（两根直线，其中一根垂直，一根水平虚线）。

11.3　其他支座条件下细长压杆的临界压力

上面导出的是两端铰支细长压杆的临界压力公式。当压杆支座条件改变时，压杆的挠曲线近似微分方程和杆件的边界条件也随之改变，因而得出的临界压力的大小也不相同。对于其他约束情况，其临界压力可以仿照前面的方法导出。但是更通常的方法是使用一个相当长度的概念。根据定义，铰支座每端的弯矩都为零。因此，欧拉公式中的长度为相邻两零弯矩点之间的距离。对采用另外的支座条件，需要修正欧拉公式，就是用 l' 代替 l，此处定义 l' 为压杆的相当长度（挠曲线两拐点或零弯矩点之间的距离）。

由图 11-9a 进而求出其他情况下相应的临界压力。图 11-9b 中的压杆，一端固定，另一端自由，自由端的弯矩为零，如果在固定端的下面假想有该杆的倒影像，这样两个零弯矩点之间的相当长度是实际长度的两倍（$l' = 2l$）。对于图 11-9c 所示两端固定压杆，由于挠曲线对称，在杆的中点截面的转角为零。同时，上半段的第一个四分之一段与第二个四分之一段的挠曲线是反对称的，下半段也如此，所以两相邻零弯矩点（拐点）之间的距离为压杆长度的一半，因此，用于欧拉公式中的两端固定压杆的相当长度 l' 为实际长度的一半（$l' = 0.5l$）。图 11-9d 所示的压杆为一端固定，另一端铰支，该压杆的相当长度不能再由观察方法来确定，因此需要解出挠曲线的微分方程以求得相当长度，采用上一节类似分析方法可得 $l' = 0.7l$。

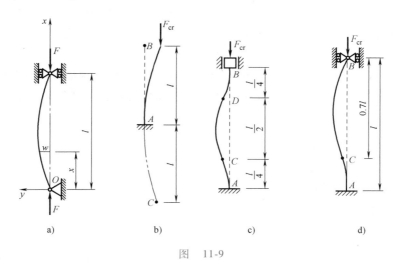

图　11-9

于是得到四种约束情况下临界压力的统一表达式

$$F_{cr} = \frac{\pi^2 EI}{(\mu l)^2} \tag{11-2}$$

式中，μ 为不同约束下压杆的长度因数；μl 则相当于两端铰支压杆的半个正弦波的长度，即为压杆的相当长度 l'。

对于以上四种约束情况，取不同的 μ 值如下：

1）两端铰支 $\mu = 1$

2）一端固定，另一端自由 $\mu = 2$

3）两端固定 $\mu = 0.5$

4）一端固定，另一端铰支 $\mu = 0.7$

例 11-1 一细长钢杆一端固定，另一端自由，杆长 $l = 1\mathrm{m}$，直径 $d = 4\mathrm{mm}$，钢的弹性模量 $E = 200\mathrm{GPa}$，试计算压杆的临界压力。

解： 截面的惯性矩

$$I = \frac{\pi d^4}{64} = \frac{\pi \times (4 \times 10^{-3})^4}{64}\mathrm{m}^4 = 12.57 \times 10^{-12}\mathrm{m}^4$$

压杆一端固定，另一端自由，长度因数 $\mu = 2$，由式（11-2）得临界压力

$$F_{\mathrm{cr}} = \frac{\pi^2 EI}{(2l)^2} = \frac{\pi^2 \times 200 \times 10^9 \times 12.57 \times 10^{-12}}{(2 \times 1)^2}\mathrm{N} = 6.20\mathrm{N}$$

需要说明的是，上面所列的杆端的支座情况是典型的理想约束。实际上，在工程实际中杆端的约束情况是相当复杂的，有时很难将其归为哪一种理想约束，应根据实际情况做具体分析，确定与哪种理想约束相近，定出接近于实际的长度因数。下面举例说明杆端约束的简化。

（1）柱形约束 图 11-10 所示的连杆，考虑连杆在大刚度平面内失稳时，杆的两端可简化为铰链（见图 11-10a），而在小刚度平面内失稳时（见图 11-10b），应根据实际固定情况而定：若接头刚度好，使其不能转动时，可简化为固定端；如有一定程度的转动，则应简化为两端铰支。

（2）焊接或铆接 对于杆端与支承处焊接或铆接的压杆，例如图 11-11 所示桁架上的 AC 杆的两端，因为杆受力后连接处仍有可能发生轻微的转动，可简化为铰支座。

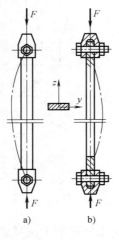

图 11-10

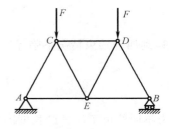

图 11-11

（3）螺母和丝杠连接　这种连接的简化将随着支承（螺母）长度 l_0 与支承套直径（螺母螺纹的平均直径）d_0 的比值 l_0/d_0 而定（见图 11-12）。当 $l_0/d_0<1.5$，可简化为铰支座；当 $l_0/d_0>3$ 时，则简化为固定端；在 $1.5<l_0/d_0<3$ 时，可简化为非完全铰，若两端均是非完全铰，取 $\mu=0.75$。

图　11-12

（4）固定端　对于与坚实基础固结成一体的柱脚，可简化为固定端，如浇注于混凝土基础中的钢柱柱脚。

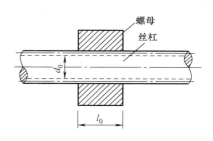

总之，理想的固定端和铰支座约束并不常见，实际的杆端连接情况，往往是介于固定端和铰支座之间。对于各种实际的杆端约束情况，压杆的长度因数值，可以从有关的设计手册或规范中查到。

例 11-2　试利用挠曲线微分方程，导出两端固定压杆的欧拉公式。

图　11-13

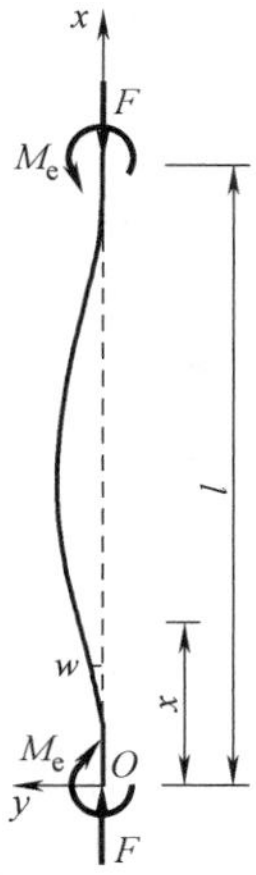

解：两端固定的细长压杆（见图 11-13）在压力 F 的作用下丧失稳定，而在微弯的状态下保持平衡，因结构和受力对称，故上下两端的约束力偶应相等，均为 M_e，且无水平约束力。可求出任一截面 x 的弯矩，从而得出挠曲线的近似微分方程为

$$\frac{d^2w}{dx^2}=\frac{M(x)}{EI}=-\frac{Fw}{EI}+\frac{M_e}{EI} \tag{a}$$

若令

$$k^2=\frac{F}{EI}$$

则式（a）可写成

$$\frac{d^2w}{dx^2}+k^2w=\frac{M_e}{EI} \tag{b}$$

此方程的通解是

$$w=A\sin kx+B\cos kx+\frac{M_e}{F} \tag{c}$$

对式（c）求导，得

$$\frac{dw}{dx}=Ak\cos kx-Bk\sin kx \tag{d}$$

两端的边界条件是

$$x=0\text{ 时}，\quad w=0，\quad \frac{dw}{dx}=0$$

$$x=l\text{ 时}，\quad w=0，\quad \frac{dw}{dx}=0$$

将以上边界条件代入式（c）和式（d），得

$$\left.\begin{aligned}&B+\frac{M_e}{F}=0\\&Ak=0\\&A\sin kl+B\cos kl+\frac{M_e}{F}=0\\&Ak\cos kl-Bk\sin kl=0\end{aligned}\right\} \tag{e}$$

由以上四个方程得出

$$\cos kl-1=0，\quad \sin kl=0$$

满足以上两式的根，非零的最小根是 $kl=2\pi$，即

$$k = \frac{2\pi}{l} \tag{f}$$

$$F_{cr} = k^2 EI = \frac{4\pi^2 EI}{l^2}$$

由式（c）可求压杆失稳后任一截面的弯矩是

$$M = EI\frac{\mathrm{d}^2 w}{\mathrm{d}x^2} = -EIk^2(A\sin kx + B\cos kx)$$

由式（e）的第一和第二式解得 A 和 B，代入上式，并注意到式（f），得

$$M = M_e \cos\frac{2\pi x}{l}$$

当 $x = \frac{l}{4}$ 或 $x = \frac{3l}{4}$ 时，$M = 0$，即挠曲线出现拐点，这也就证明了在图 11-9c 中，C、D 两点的弯矩等于零。

11.4 欧拉公式的适用范围　中、小柔度杆的临界压力

微课

非细长压杆的
临界力

1. 临界应力

在前面轴向拉压杆的强度计算时，我们取杆横截面上的正应力作为衡量杆件强度的指标，为了方便，在压杆的稳定计算中，通常取杆在临界压力作用下横截面上的压应力作为衡量压杆稳定性的指标。杆在临界压力 F_{cr} 作用下，横截面上的压应力可以认为是均匀分布的，即截面上的压应力为

$$\sigma_{cr} = \frac{F_{cr}}{A}$$

式中，A 为杆的横截面面积；压应力 σ_{cr} 称为压杆的临界应力。将式（11-2）中的临界压力值代入上式，得

$$\sigma_{cr} = \frac{\pi^2 EI}{(\mu l)^2 A} \tag{11-3}$$

这里应指出，在计算压杆强度时，一个等截面直杆如有局部削弱（例如杆上开有小孔或浅槽），则被削弱处是危险截面，压应力最大，计算压应力时应取被削弱的横截面面积。但是，局部削弱对压杆的挠曲线影响不大，对整个压杆临界压力大小的影响不明显。因此，在计算临界压力时，可以不必取局部被削弱处的截面面积。同理，公式中的惯性矩的计算也不必考虑压杆被局部削弱的影响。

2. 柔度

式（11-3）中的截面惯性矩 I 和横截面面积 A 都是反映杆横截面几何性质的量，可以归并为一个量，在附录 A 中给出了截面的惯性半径

$$i = \sqrt{\frac{I}{A}}$$

因此式（11-3）可写为

$$\sigma_{cr} = \frac{\pi^2 E i^2}{(\mu l)^2} \tag{a}$$

式（a）中的压杆长度因数 μ、长度 l 和惯性半径 i 还可以再归并为一个量

$$\lambda = \frac{\mu l}{i} \qquad (11\text{-}4)$$

于是式（a）可以写为

$$\sigma_{cr} = \frac{\pi^2 E}{\lambda^2} \qquad (11\text{-}5)$$

式（11-5）是欧拉公式的另一形式，式中 λ 称为压杆的柔度（或称长细比），是一个量纲为一的量，它反映了杆端约束性质、杆的长度、截面几何性质，是与压杆稳定性质有关的量。

3. 欧拉公式的适用条件

由上节可以看出，在推导欧拉公式时，是从直线型压杆开始丧失稳定过渡到发生微弯的挠曲线微分方程出发的，而这个方程是在材料符合胡克定律的条件下得出的。因此在欧拉公式中的弹性模量 E 是一常数，而且横截面上的最大压应力应不超过材料的比例极限 σ_p。通常取临界应力不超过比例极限作为欧拉公式（11-5）的适用范围，即

$$\sigma_{cr} = \frac{\pi^2 E}{\lambda^2} \leqslant \sigma_p \qquad (11\text{-}6)$$

为了更方便地处理实际问题，我们用压杆的柔度代替临界应力来说明欧拉公式的适用范围。用 λ_p 代替临界应力等于比例极限 σ_p 时的柔度，则由式（11-5）得

$$\sigma_{cr} = \frac{\pi^2 E}{\lambda^2} \leqslant \sigma_p = \frac{\pi^2 E}{\lambda_p^2}$$

由此可得

$$\lambda \geqslant \lambda_p = \sqrt{\frac{\pi^2 E}{\sigma_p}} \qquad (11\text{-}7)$$

对于常用的 Q235 钢，可取弹性模量 $E = 206\text{GPa}$，比例极限 $\sigma_p = 200\text{MPa}$，代入式（11-7），得欧拉公式的适用范围为

$$\lambda_p = \sqrt{\frac{\pi^2 \times 206 \times 10^9}{200 \times 10^6}} \approx 100$$

由同样的计算可知，对于铸铁，欧拉公式的适用范围约为 $\lambda \geqslant 80$；对于木材，$\lambda \geqslant 100$。使用欧拉公式计算临界应力的压杆，柔度值较大，杆较细而且较长，这种压杆称为大柔度杆，又称为细长杆。式（11-5）表明压杆的临界应力 σ_{cr} 与柔度 λ 的关系，杆越细长，柔度越大，则临界应力就越小。弹性模量 E 是一个常数时，σ_{cr} 与 λ 的平方成反比。为了清楚地显示出这个关系，可作临界应力图，即以横坐标表示柔度 λ，纵坐标表示 σ_{cr}，按式（11-5）可绘出一条曲线，如

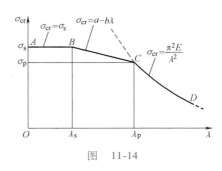

图　11-14

图 11-14 所示的曲线 CD，这是一条二次双曲线，称为欧拉曲线。曲线上的实线部分才是适用的，虚线部分，由于应力超过了比例极限为无效部分，对应于 C 点的柔度为 λ_p。

实际上，在工程中所用的很多压杆，其柔度常在 λ_p 以下，这种压杆在临界状态下，横

截面上的应力超过了比例极限，欧拉公式已不适用。由于这种压杆失稳时情况比较复杂，从理论上解答这个问题较为繁难，在工程计算中，通常应用经验公式，这种公式是以实验数据为依据而做出的简便实用的公式。两种常用的经验公式有直线公式和抛物线公式。其中直线公式比较简单，应用方便，其形式为

$$\sigma_{cr} = a - b\lambda \tag{11-8}$$

式中，a 和 b 是与材料有关的常数，其单位均为 MPa。一些常用材料的 a、b 列于表 11-1 中。

表 11-1　直线公式的 a 和 b

材料	a/MPa	b/MPa
Q235 钢	304	1.12
优质碳钢	461	2.568
硅钢	578	3.744
铬钼钢	980	5.296
铸铁	332.2	1.454
强铝	373	2.15
松木	28.7	0.19

上述经验公式是对柔度小于 λ_p 的失稳杆件提出的，而对粗短性的压杆，它的破坏是由于强度不足，而不是由于失稳。实验表明钢杆的柔度在 30 至 40 时，受压破坏基本上还是由于强度关系，失稳现象不显著。这样的杆通常称为小柔度杆。小柔度杆的危险应力（即破坏应力）等于或稍低于材料的屈服极限 σ_s（塑性材料）或强度极限 σ_b（脆性材料）。对于小柔度杆取材料的屈服极限 σ_s 或强度极限 σ_b 作为临界应力，即临界应力是一个常数，而与柔度 λ 无关。由此可得经验公式的适用条件为

$$\sigma_{cr} = a - b\lambda \leqslant \sigma_s$$

或

$$\lambda \geqslant \frac{a - \sigma_s}{b}$$

因此使用上述经验公式的最小柔度极限值为

$$\lambda_s = \frac{a - \sigma_s}{b} \tag{11-9}$$

所以，经验公式（11-8）的适用范围为 $\lambda_s \leqslant \lambda \leqslant \lambda_p$，即压杆的柔度在 λ_p 与 λ_s 之间时，用经验公式计算其临界应力。在图 11-14 中，此时临界应力与压杆柔度的关系图为直线 BC，对应于 B 的柔度为 λ_s。柔度在 λ_p 与 λ_s 之间的压杆称为中柔度杆。

仍以 Q235 钢为例，其 $\sigma_s = 235\text{MPa}$，$a = 304\text{MPa}$，$b = 1.12\text{MPa}$，将以上数据代入式（11-9），可得

$$\lambda_s = \frac{a - \sigma_s}{b} = \frac{304\text{MPa} - 235\text{MPa}}{1.12\text{MPa}} = 61.6$$

由此可知，对于 Q235 钢的压杆，当 $61 \leqslant \lambda \leqslant 100$ 时，用经验公式计算临界应力。

柔度小于 λ_s 的压杆，即为上面提到的小柔度杆或称为粗短杆。按压杆自小柔度到大柔度与相应的临界应力绘出的图线称为临界应力总图。从图中可以看出，对于小柔度杆（粗短杆），临界应力与柔度无关，对于大柔度杆和中柔度杆，临界应力随柔度的增加而减小。

例 11-3　空气压缩机的活塞杆由 45 钢制成，$\sigma_s = 350\text{MPa}$，$\sigma_p = 280\text{MPa}$，$E = 210\text{GPa}$，长度 $l = 703\text{mm}$，直径 $d = 45\text{mm}$，试确定其临界压力。

解：由式（11-7）求出

$$\lambda_p = \sqrt{\frac{\pi^2 E}{\sigma_p}} = \sqrt{\frac{\pi^2 \times 210 \times 10^9}{280 \times 10^6}} = 86$$

活塞杆可简化为两端铰支，$\mu = 1$，截面为圆形，惯性半径 $i = \sqrt{\dfrac{I}{A}} = \dfrac{d}{4}$，可得压杆的柔度为

$$\lambda = \frac{\mu l}{i} = \frac{1 \times 703}{\dfrac{d}{4}} = \frac{1 \times 703}{\dfrac{45}{4}} = 62.5 < \lambda_p$$

所以不能用欧拉公式计算临界压力。由表 11-1 查出优质碳钢的 a 和 b 分别是 $a = 461\text{MPa}$，$b = 2.568\text{MPa}$，由式（11-9）得

$$\lambda_s = \frac{a - \sigma_s}{b} = \frac{461 - 350}{2.568} = 43.2$$

可见压杆的柔度 λ 介于 λ_p 和 λ_s 之间，即 $\lambda_s \leqslant \lambda \leqslant \lambda_p$，是中柔度杆。由直线的经验公式可得临界应力为

$$\sigma_{cr} = a - b\lambda = (461 - 2.568 \times 62.5)\text{MPa} = 300.5\text{MPa}$$

临界压力为

$$F_{cr} = \sigma_{cr} A = \left[300.5 \times 10^6 \times \frac{\pi}{4} \times (45 \times 10^{-3})^2 \right]\text{kN} = 478\text{kN}$$

11.5 压杆的稳定计算

微课

压杆稳定校核
例题

压杆的稳定计算包括压杆的稳定性校核、截面尺寸的选择和最大载荷的确定。对于工程实际中压杆，要使其不丧失稳定，就必须使压杆所承受的工作压力小于压杆的临界压力。为了安全起见，还要考虑一定的安全储备，使压杆具有足够的稳定性。因此，压杆的稳定条件为

$$F \leqslant \frac{F_{cr}}{n_{st}}$$

即

$$n = \frac{F_{cr}}{F} \geqslant n_{st} \qquad\qquad (11-10)$$

式中，F 为压杆的工作压力；F_{cr} 为压杆的临界压力，其中大柔度杆用欧拉公式计算，中柔度杆用经验公式计算出临界应力后，再乘以压杆的截面面积 A 求得；n 为压杆的工作稳定安全因数；n_{st} 为规定的稳定安全因数。

由于压杆的初弯曲、压力偏心、材料的不均匀性和支座缺陷对压杆的稳定性有较大影响，因此规定的稳定安全因数一般都比强度安全因数大一些。关于规定的稳定安全因数 n_{st}，一般可在设计手册或规范中查到。

例 11-4　简易起重机如图 11-15 所示，压杆 BD 为 20b 槽钢，材料为 Q235 钢。起重机的最大起吊重量是 $P = 40\text{kN}$。规定的稳定安全因数为 $n_{st} = 5$，试校核 BD 杆的稳定性。

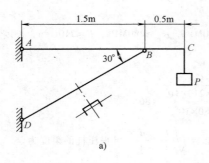
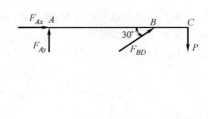

a)   b)

图　11-15

解：首先计算 BD 杆的工作压力。取杆 AC 为研究对象，画出受力图，列平衡方程。由 $\sum M_A(F)=0$，即

$$F_{BD}l_{AB}\sin30°-Pl_{AC}=0$$

$$F_{BD}=\frac{2P}{1.5\sin30°}=\frac{2\times40\times10^3}{1.5\times0.5}N=107kN$$

由于压杆的柔度越大，临界应力越小，压杆越容易丧失稳定。BD 杆两端为铰支座，而各纵向平面的约束情况一样，长度因数 $\mu=1$，所以，惯性半径应取最小值。查附录 B 型钢表可得 $i_{min}=2.09cm$，截面面积 $A=32.83cm^2$。

前面已经求出材料 Q235 钢的 λ_p、λ_s 值为 $\lambda_p=100$，$\lambda_s=61.6$。压杆 BD 的柔度为

$$\lambda_{max}=\frac{\mu l}{i_{min}}=\frac{1\times\dfrac{1.5}{\cos30°}}{0.0209}=82.9$$

由于 $\lambda_s\leqslant\lambda_{max}\leqslant\lambda_p$，所以，压杆为中柔度杆。由表 11-1 查得 $a=304MPa$，$b=1.12MPa$，利用计算临界应力的经验公式（11-8），可得压杆的临界压力为

$$F_{cr}=\sigma_{cr}A=(a-b\lambda)A=[(304-1.12\times82.9)\times10^6\times32.83\times10^{-4}]N=693kN$$

由式（11-10），BD 杆的工作安全因数为

$$n=\frac{F_{cr}}{F_{BD}}=\frac{693000}{107000}=6.48>n_{st}=5$$

由校核结果可知，BD 杆是稳定的。

例 11-5　一截面为 12cm×20cm 的矩形木杆，长 $l=7m$，其支承情况是：在最大刚度平面内弯曲时视为两端铰支（见图 11-16a）。在最小刚度平面内弯曲时可视为两端固定（见图 11-16b）。木材的弹性模量 $E=10GPa$，$\lambda_p=110$，$\lambda_s=40$，经验公式中的常数 $a=29.3MPa$，$b=0.194MPa$，试求木杆的临界压力和临界应力。

解：（1）计算柔度。

轴线为 x 轴，在 x-y 平面和 x-z 平面内压杆的约束不同，惯性矩不同，所以要分别计算在两个平面内杆的柔度。

在 x-z 平面内，两端为铰支，长度因数 $\mu=1$，杆在 x-z 平面内发生微弯，即截面绕 y 轴转动，截面的中性轴为 y 轴。截面对 y 轴的惯性矩

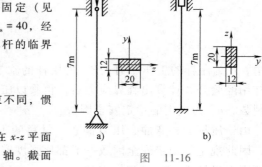

图　11-16

$$I_y=\frac{12\times20^3}{12}cm^4=8000cm^4$$

相应的惯性半径为

$$i_y = \sqrt{\frac{I_y}{A}} = \sqrt{\frac{8000}{12 \times 20}} \text{cm} = 5.77\text{cm}$$

两端铰支，$\mu = 1$，由式（11-4），可得压杆的柔度为

$$\lambda_y = \frac{\mu l}{i_y} = \frac{1 \times 700}{5.77} = 121$$

在 x-y 平面内，杆两端为固定端，长度因数 $\mu = 0.5$，杆在 x-y 平面内发生微弯，即截面绕 z 轴转动，截面的中性轴为 z 轴。截面对 z 轴的惯性矩

$$I_z = \frac{20 \times 12^3}{12} \text{cm}^4 = 2880\text{cm}^4$$

可求得相应的惯性半径

$$i_z = \sqrt{\frac{I_z}{A}} = \sqrt{\frac{2880}{12 \times 20}} \text{cm} = 3.46\text{cm}$$

由式（11-4）可计算其柔度为

$$\lambda_z = \frac{\mu l}{i_z} = \frac{0.5 \times 700}{3.46} = 101$$

（2）计算临界应力。

由于 $\lambda_y > \lambda_z$，压杆失稳在 x-z 平面内发生，应该用 λ_y 来计算临界应力，又 $\lambda_y > \lambda_p$，压杆为大柔度杆，用欧拉公式求临界压力。

由式（11-2），得

$$F_{cr} = \frac{\pi^2 E I_y}{(\mu l)^2} = \frac{\pi^2 \times 10^9 \times 8 \times 10^{-5}}{(1 \times 7)^2} \text{N} = 161\text{kN}$$

由式（11-5）计算临界应力

$$\sigma_{cr} = \frac{\pi^2 E}{\lambda^2} = \frac{\pi^2 \times 10^9}{121^2} \text{Pa} = 6.73\text{MPa}$$

比较以上计算结果可知，压杆是在最大刚度平面内失稳的。此例说明，当最大刚度和最小刚度平面内的支承情况不同时，压杆不一定在最小刚度的平面内失稳。实际上，压杆的失稳平面最终决定于柔度值，哪个平面的柔度越大，就在哪个平面内失去稳定，选定柔度大的值计算即可。

11.6 提高压杆稳定性的措施

如前所述，某一压杆临界力和临界应力的大小反映了此压杆稳定性的高低。因此，要提高压杆的稳定性，关键在于提高压杆的临界力或临界应力。由压杆的临界应力总图可见，压杆的临界应力与材料的力学性能和压杆的柔度值有关，而柔度又综合了压杆的长度、支承情况、横截面的惯性半径等影响因素。因此，可以根据这些因素，采取适当的措施来提高压杆的稳定性。

1. 选择合理的截面形状

由欧拉公式可知，截面的惯性矩 I 越大，临界压力 F_{cr} 越大。从经验公式可以看出，压杆柔度越小，临界应力越高。由 $\lambda = \mu l / i$ 可知，提高惯性半径 i 可以减小压杆的柔度值 λ，而 $i = \sqrt{I/A}$，所以，在压杆的横截面面积不变时，选择 I 值较大的截面形状，较为合理。

例如，压杆的圆形截面，若改为面积相等的环形截面，则截面惯性矩增大很多。不过环形截面的直径也不能太大而使壁厚过小。因为一个薄壁圆筒受轴向压力时，会发生薄壁的失稳。此外，压杆在各纵向平面内的柔度最好相等，使压杆在两个形心主惯性平面的柔度相等，这样就可以在不增加截面面积的情况下提高压杆的稳定性。

2. 改变压杆的约束条件

从 11.3 节可看出，若杆端约束的刚性越强，压杆的长度因数 μ 越小，相应的压杆的柔度就越低，临界压力就越大。其中以固定端约束的刚性最好，铰支次之，自由端最差。因此，尽可能加强杆端约束的刚性，就能使压杆的稳定性得到相应提高。例如，两端铰支的细长压杆的临界压力只是两端固定同样尺寸细长压杆临界压力的四分之一。

3. 减小压杆的长度或增加支承

压杆的柔度越小，相应的临界压力或临界应力就越高，而减小压杆的支承长度是降低压杆柔度的方法之一，可以有效地提高压杆的稳定性。因此，在条件允许的情况下，应尽可能减小压杆的长度；或者在压杆的中间增加支座，则杆的全长分成两段，稳定性也会得到提高。如无缝钢管车间的穿孔机（见图 11-17），可在顶杆中段增加一个抱辊装置，使在增加顶杆压力的情况下，仍可保证顶杆的稳定性。

4. 合理选择材料

上述各点都是通过降低压杆柔度的方法提高压杆的稳定性，另一方面，合理选择材料对提高压杆的稳定性也有一定的作用。

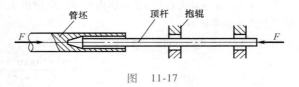

图　11-17

对于大柔度杆，由欧拉公式可知，临界应力与材料的弹性模量 E 成正比但与材料的强度无关。由此，为了提高压杆的稳定性，可考虑选用 E 值较高的材料，而不必选用强度较高的材料。由于各种钢材的弹性模量 E 差别不大，约为 $200 \sim 210\text{GPa}$，没有必要选用优质钢、高强度钢来代替普通碳钢。

对于中柔度杆，由临界应力图可以看出，材料的屈服极限和比例极限的值越高，则临界应力值越大，所以对钢杆，选用高强度钢可以提高压杆的稳定性。

11-1　由压杆的挠曲线微分方程，导出一端固定、另一端自由压杆的欧拉公式。

11-2　图 11-18 所示为三根材料相同、直径相等的杆件。试问哪一根杆的稳定性最差？哪一根杆的稳定性最好？

11-3　某型柴油机的挺杆长度 $l = 25.7\text{cm}$，圆形横截面的直径 $d = 8\text{mm}$，钢材的 $E = 210\text{GPa}$，$\sigma_p = 240\text{MPa}$。挺杆所受最大力 $F = 1.76\text{kN}$。规定的稳定安全因数 $n_{st} = 2 \sim 5$，试校核挺杆的稳定性。

11-4　三根圆截面压杆，直径均为 $d = 160\text{mm}$，材料为 Q235 钢，$E = 200\text{GPa}$，$\sigma_s = 240\text{MPa}$。两端均为铰支，长度分别为 l_1、l_2 和 l_3，且 $l_1 = 2l_2 = 4l_3 = 5\text{m}$。试求各杆的临界压力 F_{cr}。

11-5　图 11-19 所示的某型飞机起落架中承受轴向压力的斜撑杆。杆为空心圆管，外径 $D = 52\text{mm}$，内径 $d = 44\text{mm}$，杆长 $l = 95\text{cm}$。材料为 30CrMnSiNi2A，$\sigma_b = 1600\text{MPa}$，$\sigma_p = 1200\text{MPa}$，$E = 210\text{GPa}$。试求撑杆的临界压力 F_{cr}。

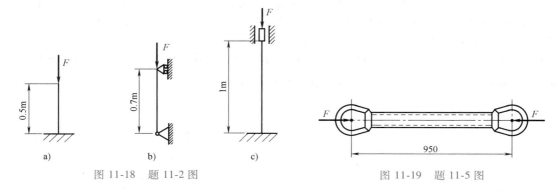

图 11-18 题 11-2 图 图 11-19 题 11-5 图

11-6 矩形截面 40mm×50mm 的两端铰支钢杆，如果材料 σ_p = 230MPa，E = 210GPa。试求能使用欧拉公式的最短长度。

11-7 再次考虑矩形截面 40mm×50mm 的两端铰支，承受轴向压缩的钢杆。若杆长 l = 2m，E = 210GPa，试求欧拉公式适用的轴向压力。

11-8 图 11-20 所示托架中杆的直径 d = 4cm，杆长 l = 80cm，两端可视为铰支，材料为 Q235 钢。

（1）求托架的临界压力 F_{cr}；

（2）若已知实际载荷 F = 70kN，稳定安全因数 n_{st} = 2，问托架是否安全？

11-9 由三根钢管构成的支架如图 11-21 所示。钢管的外径为 30mm，内径为 20mm，长度 l = 2.5m，E = 210GPa。在支架的顶点三杆铰接。若取稳定安全因数 n_{st} = 3，试求许可载荷 F。

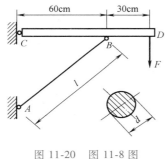

图 11-20 图 11-8 图

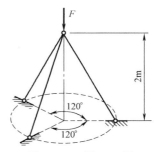

图 11-21 题 11-9 图

11-10 图 11-22 所示压杆的材料为 Q235 钢，E = 210GPa，在主视图（见图 11-22a）平面内，两端为铰支，在俯视图（见图 11-22b）平面内，两端认为固定，试求此杆的临界压力。

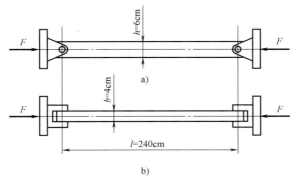

图 11-22 题 11-10 图

11-11 五根钢杆用铰链连接成正方形结构，杆的材料为 Q235 钢，其弹性模量 $E = 206$GPa，许用应力 $[\sigma] = 140$MPa，各杆直径 $d = 40$mm，杆长 $l = 1$m。规定稳定安全因数 $n_{st} = 2$，试求最大许可载荷 F。若图 11-23 中两力 F 方向向内时，最大许可载荷 F 为多大？

11-12 在图 11-24 所示铰接杆系 ABC 中，AB 和 BC 为长压杆，且截面相同，材料一样。若因在 ABC 平面内失稳而破坏，并规定 $0 < \theta < \dfrac{\pi}{2}$，试确定 F 为最大值时的角 θ。

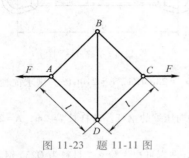

图 11-23　题 11-11 图

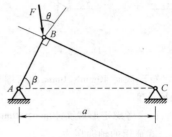

图 11-24　题 11-12 图

11-13 蒸汽机车的连杆如图 11-25 所示，截面为工字形，材料为 Q235 钢。连杆所受最大轴向压力为 465kN。连杆在摆动平面（x-y 平面）内发生弯曲时，两端可认为是铰支；而在与摆动平面垂直的 z-x 平面内发生弯曲时，两端可认为是固定支座。试确定其工作安全因数。

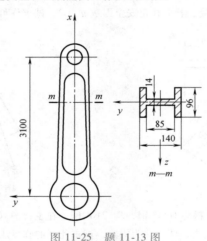

图 11-25　题 11-13 图

附录 A　平面图形的几何性质

截面的几何性质主要包括：截面面积、静矩、形心、极惯性矩、惯性积、惯性矩等与截面形状及尺寸有关的几何量。它们直接影响杆件的应力和变形。本节将对截面的几何性质及计算方法进行研究。

A.1　静矩和形心

1. 截面的静矩

任意的截面图形如图 A-1 所示，其面积为 A，Oyz 为截面所在平面内的任意直角坐标系。在坐标 (y, z) 处取微面积 dA，则如下所示的面积积分

$$S_y = \int_A z\,dA, \quad S_z = \int_A y\,dA \qquad (A-1)$$

分别称为截面对 y 轴与 z 轴的**静矩**，又称**一次矩**。

由上述定义可知：平面图形的静矩是对某一坐标轴而言的，同一图形对不同的坐标轴，其静矩也就不一样。静矩的数值可能为正，可能为负，也可能为零。静矩的量纲为 L^3。

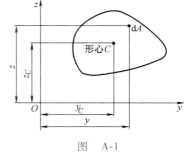

图　A-1

2. 截面的形心

图形的几何形状中心称为形心。根据合力矩定理可知，均质等厚度薄板的中心在 Oyz 坐标系中的坐标为

$$\left. \begin{aligned} y_C &= \frac{\int_A y\,dA}{A} \\[2mm] z_C &= \frac{\int_A z\,dA}{A} \end{aligned} \right\} \qquad (A-2)$$

根据式（A-2）可以计算出截面形心的位置，将式（A-1）代入式（A-2）可得

$$\left. \begin{aligned} S_z &= y_C A \\ S_y &= z_C A \end{aligned} \right\} \qquad (A-3)$$

由此可见：当坐标 y_C 或 z_C 为零时，即坐标轴通过截面形心时，截面对该轴的静矩为零；反之，如果对某个轴的静矩为零，那么该轴必定通过截面形心。

3. 组合图形的静矩和形心坐标

当平面图形由简单的图形组合而来时，由静矩的定义可知：图形各组成部分对某一轴的静矩的代数和，等于整个组合图形对同一轴的静矩，即

$$S_z = \sum_{i=1}^{n} A_i \overline{y_i}, \qquad S_y = \sum_{i=1}^{n} A_i \overline{z_i} \tag{A-4}$$

式中，A_i、$\overline{y_i}$ 和 $\overline{z_i}$ 分别表示第 i 个简单图形的面积及形心坐标；n 表示组成平面图形的简单图形的个数。

将式（A-4）代入式（A-3），便得到该组合图形形心坐标的计算公式为

$$y_C = \frac{\sum_{i=1}^{n} A_i \overline{y_i}}{\sum_{i=1}^{n} A_i}, \qquad z_C = \frac{\sum_{i=1}^{n} A_i \overline{z_i}}{\sum_{i=1}^{n} A_i} \tag{A-5}$$

A.2 惯性矩、惯性积及惯性半径

1. 惯性矩

任意平面图形如图 A-2 所示，其面积为 A，Oyz 为截面所示平面内的任意直角坐标系。在距原点为 ρ、坐标为 (y, z) 处取微面积 dA，则下述面积积分

$$I_p = \int_A \rho^2 dA \tag{A-6}$$

称为截面对原点 O 的**极惯性矩**，它的值恒为正，其量纲为 L^4。同理，

$$I_y = \int_A z^2 dA, \qquad I_z = \int_A y^2 dA \tag{A-7}$$

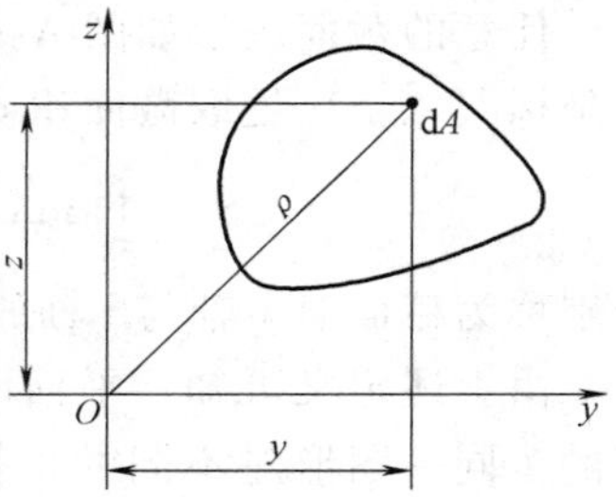

称为截面对 y 轴和 z 轴的**惯性矩**。由图 A-2 可以看出

图　A-2

$$I_p = \int_A \rho^2 dA = \int_A (y^2 + z^2) dA = \int_A z^2 dA + \int_A y^2 dA = I_y + I_z \tag{A-8}$$

所以，截面对任意互相垂直轴的惯性矩之和，等于它对该两轴交点的极惯性矩。

2. 惯性积

仍以图 A-2 为例，定义 $yz dA$ 为微面积 dA 对 y 轴和 z 轴的惯性积。下述积分式

$$I_{yz} = \int_A yz dA \tag{A-9}$$

称为该截面对 y、z 轴的惯性积。惯性积 I_{yz} 可能为正，可能为负，也可能为零，其量纲为 L^4。

如果两坐标轴中有一个为对称轴，则该图形对 y、z 轴的惯性积为零。

3. 组合图形的惯性矩和惯性积

根据组合图形惯性矩的叠加性可知，由多个简单图形组合成的组合图形对某个坐标轴的

惯性矩等于各个简单图形对同一轴的惯性矩之和；组合图形对于某一正交坐标轴的惯性积等于各个简单图形对同一轴的惯性积之和。可以用以下公式表示：

$$
\left.
\begin{aligned}
I_y &= \sum_{i=1}^{n} (I_y)_i \\
I_z &= \sum_{i=1}^{n} (I_z)_i \\
I_{yz} &= \sum_{i=1}^{n} (I_{yz})_i
\end{aligned}
\right\}
$$

其中，$(I_y)_i$、$(I_z)_i$、$(I_{yz})_i$ 分别为第 i 个简单图形对 y 轴和 z 轴的惯性矩和惯性积。

A.3 平行移轴公式

同一平面图形对于两相互平行的不同坐标轴，其惯性矩和惯性积虽然不同，但是如果其中一对轴过平面图形的形心时，它们之间有着比较简单的关系。

图 A-3 所示为一面积为 A 的任意平面图形，其形心过 Cy_1z_1 坐标系原点。y_1、z_1 轴为该图形的形心轴，并分别与 y、z 轴平行。该图形的形心在 Oyz 坐标系中的坐标为 (a,b)，取微面积 $\mathrm{d}A$，它在两坐标系中的坐标分别为 (y,z)、(y_1,z_1)，且有

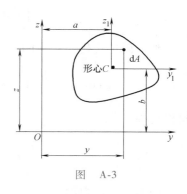

图 A-3

$$
y = a + y_1 , \quad z = b + z_1 \tag{a}
$$

将式（a）代入式（A-7），得

$$
I_z = \int_A y^2 \mathrm{d}A = \int_A (a + y_1)^2 \mathrm{d}A = Aa^2 + 2a\int_A y_1 \mathrm{d}A + \int_A y_1^2 \mathrm{d}A \tag{b}
$$

$$
I_y = \int_A z^2 \mathrm{d}A = \int_A (b + z_1)^2 \mathrm{d}A = Ab^2 + 2b\int_A z_1 \mathrm{d}A + \int_A z_1^2 \mathrm{d}A \tag{c}
$$

即

$$
I_z = I_{z_1} + 2aS_z + Aa^2 , \quad I_y = I_{y_1} + 2aS_y + Ab^2 \tag{d}
$$

由于 y_1 轴和 z_1 轴是形心轴，所以 S_z、S_y 都为零，则

$$
I_z = I_{z_1} + Aa^2 , \quad I_y = I_{y_1} + Ab^2 \tag{A-10}
$$

上述结论即**平行移轴定理**，可以概括为：截面对于任一轴的惯性矩，等于平行于该轴的形心轴的惯性矩加上截面面积与两轴间距的平方之积。

A.4 转轴公式

转轴定理是研究坐标轴围绕原点发生旋转时，平面图形对于具有不同转角的坐标轴的惯性矩或惯性积之间某种关系的变化规律。

如图 A-4 所示，平面图形对于 y、z 轴的惯性矩和惯性积分别为 I_y、I_z 和 I_{yz}。

将 Oyz 坐标系绕坐标原点 O 按逆时针方向旋转 α 角，得到一新坐标系，记为 Oy_1z_1。在

图中取微面积 dA，可得到新旧坐标的关系为

$$y_1 = z\sin\alpha + y\cos\alpha$$
$$z_1 = z\cos\alpha - y\sin\alpha$$

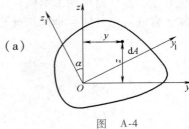

（a）

图　A-4

根据定义，平面图形对于 y_1 轴的惯性矩为

$$I_{y_1} = \int_A z_1^2 \mathrm{d}A = \int_A (z\cos\alpha - y\sin\alpha)^2 \mathrm{d}A$$

$$= \cos^2\alpha \int_A z^2 \mathrm{d}A + \sin^2\alpha \int_A y^2 \mathrm{d}A - 2\sin\alpha\cos\alpha \int_A yz\mathrm{d}A \qquad (\text{b})$$

式（b）等号右边三式积分分别为

$$\int_A z^2 \mathrm{d}A = I_y, \quad \int_A y^2 \mathrm{d}A = I_z, \quad \int_A yz\mathrm{d}A = I_{yz}$$

将上面三式代入式（b），再根据三角函数关系

$$\cos^2\alpha = \frac{1}{2}(1 + \cos2\alpha), \quad \sin^2\alpha = \frac{1}{2}(1 - \cos2\alpha), 2\sin\alpha\cos\alpha = \sin2\alpha$$

可以得到

$$I_{y_1} = \frac{I_y + I_z}{2} + \frac{I_y - I_z}{2}\cos2\alpha - I_{yz}\sin2\alpha \qquad (\text{A-11})$$

同理，可以得到

$$I_{z_1} = \frac{I_y + I_z}{2} - \frac{I_y - I_z}{2}\cos2\alpha + I_{yz}\sin2\alpha \qquad (\text{A-12})$$

$$I_{y_1z_1} = \frac{I_y - I_z}{2}\sin2\alpha + I_{yz}\cos2\alpha \qquad (\text{A-13})$$

以上三式即为惯性矩及惯性积的转轴公式。

注意到将式（A-11）与式（A-12）相加得

$$I_{y_1} + I_{z_1} = I_y + I_z \qquad (\text{A-14})$$

由式（A-14）可知，平面图形关于相互垂直的一对坐标轴的惯性矩之和，不随转角发生改变，即其始终为一常值。

A.5　主惯性轴　主惯性矩　主形心轴　主形心惯性矩

由前一节可知，惯性矩和惯性积都随坐标系的转动而发生改变，且它们都是 α 的函数。假设坐标系沿坐标原点发生了 α 角转动，此时该平面图形对 y、z 轴的惯性积为 $(I_{yz})_\alpha$。当转角为零时，惯性积不变；当转角为90°时，惯性积大小不变，符号相反。在转角改变过程中，平面图形的惯性积符号发生改变，在这连续过程中，必会存在某一方向的一对坐标轴，使平面图形对它的惯性积为零，通常将这一对坐标轴称作平面图形的**主惯性轴**，而平面图形

对主轴的惯性矩称为**主惯性矩**。当主轴过平面图形的形心时称为**主形心轴**，而平面图形对主形心轴的惯性矩称为**主形心惯性矩**。

对式（A-11）关于 α 进行求导，并令其值为零，即

$$\frac{\mathrm{d}I_{y_1}}{\mathrm{d}\alpha} = -2\left(\frac{I_y - I_z}{2}\sin 2\alpha + I_{yz}\cos 2\alpha\right) = 0 \qquad (\text{a})$$

设 $\alpha = \alpha_0$ 时，$\dfrac{\mathrm{d}I_{y_1}}{\mathrm{d}\alpha} = 0$，得

$$\tan 2\alpha_0 = -\frac{2I_{yz}}{I_y - I_z} \qquad (\text{b})$$

将式（b）用余弦函数和正弦函数表示为

$$\cos 2\alpha_0 = \frac{1}{\sqrt{1 + \tan^2 2\alpha_0}} = \frac{I_y - I_z}{\sqrt{(I_y - I_z)^2 + 4I_{yz}^2}} \qquad (\text{c})$$

$$\sin 2\alpha_0 = \frac{1}{\sqrt{1 + \cot^2 2\alpha_0}} = \frac{-2I_{yz}}{\sqrt{(I_y - I_z)^2 + 4I_{yz}^2}} \qquad (\text{d})$$

将式（c）、式（d）代入式（A-11）和式（A-12），得主惯性矩计算公式为

$$\left.\begin{matrix} I_{\max} \\ I_{\min} \end{matrix}\right\} = \frac{I_y + I_z}{2} \pm \sqrt{\left(\frac{I_y - I_z}{2}\right)^2 + I_{yz}^2} \qquad (\text{A-15})$$

附录 B 热轧型钢表（GB/T 706—2016）

工字钢、等边角钢、不等边角钢、槽钢的截面尺寸、截面面积、理论质量及截面特性见表 B-1～表 B-4。

表 B-1 工字钢截面尺寸、截面面积、理论质量及截面特性

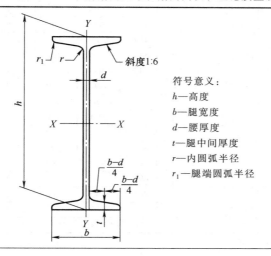

符号意义：
h—高度
b—腿宽度
d—腰厚度
t—腿中间厚度
r—内圆弧半径
r_1—腿端圆弧半径

（续）

型号	截面尺寸/mm						截面面积/cm²	理论质量/(kg/m)	外表面积/(m²/m)	惯性矩/cm⁴		惯性半径/cm		截面系数/cm³	
	h	b	d	t	r	r_1				l_x	l_y	i_x	i_y	W_x	W_y
10	100	68	4.5	7.6	6.5	3.3	14.33	11.3	0.432	245	33.0	4.14	1.52	49.0	9.72
12	120	74	5.0	8.4	7.0	3.5	17.80	14.0	0.493	436	46.9	4.95	1.62	72.7	12.7
12.6	126	74	5.0	8.4	7.0	3.5	18.10	14.2	0.505	488	46.9	5.20	1.61	77.5	12.7
14	140	80	5.5	9.1	7.5	3.8	21.50	16.9	0.553	712	64.4	5.76	1.73	102	16.1
16	160	88	6.0	9.9	8.0	4.0	26.11	20.5	0.621	1130	93.1	6.58	1.89	141	21.2
18	180	94	6.5	10.7	8.5	4.3	30.74	24.1	0.681	1660	122	7.36	2.00	185	26.0
20a	200	100	7.0	11.4	9.0	4.5	35.55	27.9	0.742	2370	158	8.15	2.12	237	31.5
20b	200	102	9.0				39.55	31.1	0.746	2500	169	7.96	2.06	250	33.1
22a	220	110	7.5	12.3	9.5	4.8	42.10	33.1	0.817	3400	225	8.99	2.31	309	40.9
22b	220	112	9.5				46.50	36.5	0.821	3570	239	8.78	2.27	325	42.7
24a	240	116	8.0				47.71	37.5	0.878	4570	280	9.77	2.42	381	48.4
24b	240	118	10.0	13.0	10.0	5.0	52.51	41.2	0.882	4800	297	9.57	2.38	400	50.4
25a	250	116	8.0				48.51	38.1	0.898	5.020	280	10.2	2.40	402	48.3
25b	250	118	10.0				53.51	42.0	0.902	5280	309	9.94	2.40	423	52.4
27a	270	122	8.5				54.52	42.8	0.958	6550	345	10.9	2.51	485	56.6
27b	270	124	10.5	13.7	10.5	5.3	59.92	47.0	0.962	6870	366	10.7	2.47	509	58.9
28a	280	122	8.5				55.37	43.5	0.978	7110	345	11.3	2.50	508	56.6
28b	280	124	10.5				60.97	47.9	0.982	7480	379	11.1	2.49	534	61.2
30a	300	126	9.0				61.22	48.1	1.031	8950	400	12.1	2.55	597	63.5
30b	300	128	11.0	14.4	11.0	5.5	67.22	52.8	1.035	9400	422	11.8	2.50	627	65.9
30c	300	130	13.0				73.22	57.5	1.039	9850	445	11.6	2.46	657	68.5
32a	320	130	9.5				67.12	52.7	1.084	11100	460	12.8	2.62	692	70.8
32b	320	132	11.5	15.0	11.5	5.8	73.52	57.7	1.088	11600	502	12.6	2.61	726	76.0
32c	320	134	13.5				79.92	62.7	1.092	12200	544	12.3	2.61	760	81.2
36a	360	136	10.0				76.44	60.0	1.185	15800	552	14.4	2.69	875	81.2
36b	360	138	12.0	15.8	12.0	6.0	83.64	65.7	1.189	16500	582	14.1	2.64	919	84.3
36c	360	140	14.0				90.84	71.3	1.193	17300	612	13.8	2.60	962	87.4
40a	400	142	10.5				86.07	67.6	1.285	21700	660	15.9	2.77	1090	93.2
40b	400	144	12.5	16.5	12.5	6.3	94.07	73.8	1.289	22800	692	15.6	2.71	1140	96.2
40c	400	146	14.5				102.1	80.1	1.293	23900	727	15.2	2.65	1190	99.6
45a	450	150	11.5				102.4	80.4	1.411	32200	855	17.7	2.89	1430	114
45b	450	152	13.5	18.0	13.5	6.8	111.4	87.4	1.415	33800	894	17.4	2.84	1500	118
45c	450	154	15.5				120.4	94.5	1.419	35300	938	17.1	2.79	1570	122
50a	500	158	12.0				119.2	93.6	1.539	46500	1120	19.7	3.07	1860	142
50b	500	160	14.0	20.0	14.0	7.0	129.2	101	1.543	48600	1170	19.4	3.01	1940	146
50c	500	162	16.0				139.2	109	1.547	50600	1220	19.0	2.96	2080	151
55a	550	166	12.5				134.1	105	1.667	62900	1370	21.6	3.19	2290	164
55b	550	168	14.5				145.1	114	1.671	65600	1420	21.2	3.14	2390	170
55c	550	170	16.5	21.0	14.5	7.3	156.1	123	1.675	68400	1480	20.9	3.08	2490	175
56a	560	166	12.5				135.4	106	1.687	65600	1370	22.0	3.18	2340	165
56b	560	168	14.5				146.6	115	1.691	68500	1490	21.6	3.16	2450	174
56c	560	170	16.5				157.8	124	1.695	71400	1560	21.3	3.16	2550	183
63a	630	176	13.0				154.6	121	1.862	93900	1700	24.5	3.31	2980	193
63b	630	178	15.0	22.0	15.0	7.5	167.2	131	1.866	98100	1810	24.2	3.29	3160	204
63c	630	180	17.0				179.8	141	1.870	102000	1920	23.8	3.27	3300	214

注：表中 r、r_1 的数据用于孔型设计，不做交货条件。

表 B-2　等边角钢截面尺寸、截面面积、理论质量及截面特性

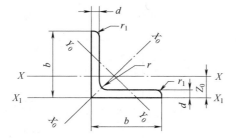

符号意义：
b—边宽度
d—边厚度
r—内圆弧半径
r_1—边端圆弧半径
Z_0—重心距离

型号	截面尺寸/mm			截面面积/cm²	理论质量/(kg/m)	外表面积/(m²/m)	惯性矩/cm⁴				惯性半径/cm			截面系数/cm³			重心距离/cm
	b	d	r				I_x	I_{x1}	I_{x0}	I_{y0}	i_x	i_{x0}	i_{y0}	W_x	W_{x0}	W_{y0}	Z_0
2	20	3	3.5	1.132	0.89	0.078	0.40	0.81	0.63	0.17	0.59	0.75	0.39	0.29	0.45	0.20	0.60
		4		1.459	1.15	0.077	0.50	1.09	0.78	0.22	0.58	0.73	0.38	0.36	0.55	0.24	0.64
2.5	25	3		1.432	1.12	0.098	0.82	1.57	1.29	0.34	0.76	0.95	0.49	0.46	0.73	0.33	0.73
		4		1.859	1.46	0.097	1.03	2.11	1.62	0.43	0.74	0.93	0.48	0.59	0.92	0.40	0.76
3.0	30	3	4.5	1.749	1.37	0.117	1.46	2.71	2.31	0.61	0.91	1.15	0.59	0.68	1.09	0.51	0.85
		4		2.276	1.79	0.117	1.84	3.63	2.92	0.77	0.90	1.13	0.58	0.87	1.37	0.62	0.89
3.6	36	3		2.109	1.66	0.141	2.58	4.68	4.09	1.07	1.11	1.39	0.71	0.99	1.61	0.76	1.00
		4		2.756	2.16	0.141	3.29	6.25	5.22	1.37	1.09	1.38	0.70	1.28	2.05	0.93	1.04
		5		3.382	2.65	0.141	3.95	7.84	6.24	1.65	1.08	1.36	0.7	1.56	2.45	1.00	1.07
4	40	3	5	2.359	1.85	0.157	3.59	6.41	5.69	1.49	1.23	1.55	0.79	1.23	2.01	0.96	1.09
		4		3.086	2.42	0.157	4.60	8.56	7.29	1.91	1.22	1.54	0.79	1.60	2.58	1.19	1.13
		5		3.792	2.98	0.156	5.53	10.7	8.76	2.30	1.21	1.52	0.78	1.96	3.10	1.39	1.17
4.5	45	3	5	2.659	2.09	0.177	5.17	9.12	8.20	2.14	1.40	1.76	0.89	1.58	2.58	1.24	1.22
		4		3.486	2.74	0.177	6.65	12.2	10.6	2.75	1.38	1.74	0.89	2.05	3.32	1.54	1.26
		5		4.292	3.37	0.176	8.04	15.2	12.7	3.33	1.37	1.72	0.88	2.51	4.00	1.81	1.30
		6		5.077	3.99	0.176	9.33	18.4	14.8	3.89	1.36	1.70	0.80	2.95	4.64	2.06	1.33
5	50	3	5.5	2.971	2.33	0.197	7.18	12.5	11.4	2.98	1.55	1.96	1.00	1.96	3.22	1.57	1.34
		4		3.897	3.06	0.197	9.26	16.7	14.7	3.82	1.54	1.94	0.99	2.56	4.16	1.96	1.38
		5		4.803	3.77	0.196	11.2	20.9	17.8	4.64	1.53	1.92	0.98	3.13	5.03	2.31	1.42
		6		5.688	4.46	0.196	13.1	25.1	20.7	5.42	1.52	1.91	0.98	3.68	5.85	2.63	1.46
5.6	56	3	6	3.343	2.62	0.221	10.2	17.6	16.1	4.24	1.75	2.20	1.13	2.48	4.08	2.02	1.48
		4		4.39	3.45	0.220	13.2	23.4	20.9	5.46	1.73	2.18	1.11	3.24	5.28	2.52	1.53
		5		5.415	4.25	0.220	16.0	29.3	25.4	6.61	1.72	2.17	1.10	3.97	6.42	2.98	1.57
		6		6.42	5.04	0.220	18.7	35.3	29.7	7.73	1.71	2.15	1.10	4.68	7.49	3.40	1.61
		7		7.404	5.81	0.219	21.2	41.2	33.6	8.82	1.69	2.13	1.09	5.36	8.49	3.80	1.64
		8		8.367	6.57	0.219	23.6	47.2	37.4	9.89	1.68	2.11	1.09	6.03	9.44	4.16	1.68

（续）

型号	截面尺寸/mm			截面面积/cm²	理论质量/(kg/m)	外表面积/(m²/m)	惯性矩/cm⁴				惯性半径/cm			截面系数/cm³			重心距离/cm
	b	d	r				I_x	I_{x1}	I_{x0}	I_{y0}	i_x	i_{x0}	i_{y0}	W_x	W_{x0}	W_{y0}	Z_0
6	60	5	6.5	5.829	4.58	0.236	19.9	36.1	31.6	8.21	1.85	2.33	1.19	4.59	7.44	3.48	1.67
		6		6.914	5.43	0.235	23.4	43.3	36.9	9.60	1.83	2.31	1.18	5.41	8.70	3.98	1.70
		7		7.977	6.26	0.235	26.4	50.7	41.9	11.0	1.82	2.29	1.17	6.21	9.88	4.45	1.74
		8		9.02	7.08	0.235	29.5	58.0	46.7	12.3	1.81	2.27	1.17	6.98	11.0	4.88	1.78
6.3	63	4	7	4.978	3.91	0.248	19.0	33.4	30.2	7.89	1.96	2.46	1.26	4.13	6.78	3.29	1.70
		5		6.143	4.82	0.248	23.2	41.7	36.8	9.57	1.94	2.45	1.25	5.08	8.25	3.90	1.74
		6		7.288	5.72	0.247	27.1	50.1	43.0	11.2	1.93	2.43	1.24	6.00	9.66	4.46	1.78
		7		8.412	6.60	0.247	30.9	58.6	49.0	12.8	1.92	2.41	1.23	6.88	11.0	4.98	1.82
		8		9.515	7.47	0.247	34.5	67.1	54.6	14.3	1.90	2.40	1.23	7.75	12.3	5.47	1.85
		10		11.66	9.15	0.246	41.1	84.3	64.9	17.3	1.88	2.36	1.22	9.39	14.6	6.36	1.93
7	70	4	8	5.570	4.37	0.275	26.4	45.7	41.8	11.0	2.18	2.74	1.40	5.14	8.44	4.17	1.86
		5		6.876	5.40	0.275	32.2	57.2	51.1	13.3	2.16	2.73	1.39	6.32	10.3	4.95	1.91
		6		8.160	6.41	0.275	37.8	68.7	59.9	15.6	2.15	2.71	1.38	7.48	12.1	5.67	1.95
		7		9.424	7.40	0.275	43.1	80.3	68.4	17.8	2.14	2.69	1.38	8.59	13.8	6.34	1.99
		8		10.67	8.37	0.274	48.2	91.9	76.4	20.0	2.12	2.68	1.37	9.68	15.4	6.98	2.03
7.5	75	5	9	7.412	5.82	0.295	40.0	70.6	63.3	16.6	2.33	2.92	1.50	7.32	11.9	5.77	2.04
		6		8.797	6.91	0.294	47.0	84.6	74.4	19.5	2.31	2.90	1.49	8.64	14.0	6.67	2.07
		7		10.16	7.98	0.294	53.6	98.7	85.0	22.2	2.30	2.89	1.48	9.93	16.0	7.44	2.11
		8		11.50	9.03	0.294	60.0	113	95.1	24.9	2.28	2.88	1.47	11.2	17.9	8.19	2.15
		9		12.83	10.1	0.294	66.1	127	105	27.5	2.27	2.86	1.46	12.4	19.8	8.89	2.18
		10		14.13	11.1	0.293	72.0	142	114	30.1	2.26	2.84	1.46	13.6	21.5	9.56	2.22
8	80	5	9	7.912	6.21	0.315	48.8	85.4	77.3	20.3	2.48	3.13	1.60	8.34	13.7	6.66	2.15
		6		9.397	7.38	0.314	57.4	103	91.0	23.7	2.47	3.11	1.59	9.87	16.1	7.65	2.19
		7		10.86	8.53	0.314	65.6	120	104	27.1	2.46	3.10	1.58	11.4	18.4	8.58	2.23
		8		12.30	9.66	0.314	73.5	137	117	30.4	2.44	3.08	1.57	12.8	20.6	9.46	2.27
		9		13.73	10.8	0.314	81.1	154	129	33.6	2.43	3.06	1.56	14.3	22.7	10.3	2.31
		10		15.13	11.9	0.313	88.4	172	140	36.8	2.42	3.04	1.56	15.6	24.8	11.1	2.35
9	90	6	10	10.64	8.35	0.354	82.8	146	131	34.3	2.79	3.51	1.80	12.6	20.6	9.95	2.44
		7		12.30	9.66	0.354	94.8	170	150	39.2	2.78	3.50	1.78	14.5	23.6	11.2	2.48
		8		13.94	10.9	0.353	106	195	169	44.0	2.76	3.48	1.78	16.4	26.6	12.4	2.52
		9		15.57	12.2	0.353	118	219	187	48.7	2.75	3.46	1.77	18.3	29.4	13.5	2.56
		10		17.17	13.5	0.353	129	244	204	53.3	2.74	3.45	1.76	20.1	32.0	14.5	2.59
		12		20.31	15.9	0.352	149	294	236	62.2	2.71	3.41	1.75	23.6	37.1	16.5	2.67

型号	截面尺寸/mm			截面面积/cm²	理论质量/(kg/m)	外表面积/(m²/m)	惯性矩/cm⁴				惯性半径/cm			截面系数/cm³			重心距离/cm
	b	d	r				I_x	I_{x1}	I_{x0}	I_{y0}	i_x	i_{x0}	i_{y0}	W_x	W_{x0}	W_{y0}	Z_0
10	100	6	12	11.93	9.37	0.393	115	200	182	47.9	3.10	3.90	2.00	15.7	25.7	12.7	2.67
		7		13.80	10.8	0.393	132	234	209	54.7	3.09	3.89	1.99	18.1	29.6	14.3	2.71
		8		15.64	12.3	0.393	148	267	235	61.4	3.08	3.88	1.98	20.5	33.2	15.8	2.76
		9		17.46	13.7	0.392	164	300	260	68.0	3.07	3.86	1.97	22.8	36.8	17.2	2.80
		10		19.26	15.1	0.392	180	334	285	74.4	3.05	3.84	1.96	25.1	40.3	18.5	2.84
		12		22.80	17.9	0.391	209	402	331	86.8	3.03	3.81	1.95	29.5	46.8	21.1	2.91
		14		26.26	20.6	0.391	237	471	374	99.0	3.00	3.77	1.94	33.7	52.9	23.4	2.99
		16		29.63	23.3	0.390	263	540	414	111	2.98	3.74	1.94	37.8	58.6	25.6	3.06
11	110	7		15.20	11.9	0.433	177	311	281	73.4	3.41	4.30	2.20	22.1	36.1	17.5	2.96
		8		17.24	13.5	0.433	199	355	316	82.4	3.40	4.28	2.19	25.0	40.7	19.4	3.01
		10		21.26	16.7	0.432	242	445	384	100	3.38	4.25	2.17	30.6	49.4	22.9	3.09
		12		25.20	19.8	0.431	283	535	448	117	3.35	4.22	2.15	36.1	57.6	26.2	3.16
		14		29.06	22.8	0.431	321	625	508	133	3.32	4.18	2.14	41.3	65.3	29.1	3.24
12.5	125	8		19.75	15.5	0.492	297	521	471	123	3.88	4.88	2.50	32.5	53.3	25.9	3.37
		10		24.37	19.1	0.491	362	652	574	149	3.85	4.85	2.48	40.0	64.9	30.6	3.45
		12		28.91	22.7	0.491	423	783	671	175	3.83	4.82	2.46	41.2	76.0	35.0	3.53
		14		33.37	26.2	0.490	482	916	764	200	3.80	4.78	2.45	54.2	86.4	39.1	3.61
		16		37.74	29.6	0.489	537	1050	851	224	3.77	4.75	2.43	60.9	96.3	43.0	3.68
14	140	10	14	27.37	21.5	0.551	515	915	817	212	4.34	5.46	2.78	50.6	82.6	39.2	3.82
		12		32.51	25.5	0.551	604	1100	959	249	4.31	5.43	2.76	59.8	96.9	45.0	3.90
		14		37.57	29.5	0.550	689	1280	1090	284	4.28	5.40	2.75	68.8	110	50.5	3.98
		16		42.54	33.4	0.549	770	1470	1220	319	4.26	5.36	2.74	77.5	123	55.6	4.06
15	150	8		23.75	18.6	0.592	521	900	827	215	4.69	5.90	3.01	47.4	78.0	38.1	3.99
		10		29.37	23.1	0.591	638	1130	1010	262	4.66	5.87	2.99	58.4	95.5	45.5	4.08
		12		34.91	27.4	0.591	749	1350	1190	308	4.63	5.84	2.97	69.0	112	52.4	4.15
		14		40.37	31.7	0.590	856	1580	1360	352	4.60	5.80	2.95	79.5	128	58.8	4.23
		15		43.06	33.8	0.590	907	1690	1440	374	4.59	5.78	2.95	84.6	136	61.9	4.27
		16		45.74	35.9	0.589	958	1810	1520	395	4.58	5.77	2.94	89.6	143	64.9	4.31

（续）

型号	截面尺寸/mm			截面面积/cm²	理论质量/(kg/m)	外表面积/(m²/m)	惯性矩/cm⁴				惯性半径/cm			截面系数/cm³			重心距离/cm
	b	d	r				I_x	I_{x1}	I_{x0}	I_{y0}	i_x	i_{x0}	i_{y0}	W_x	W_{x0}	W_{y0}	Z_0
16	160	10		31.50	24.7	0.630	780	1370	1240	322	4.98	6.27	3.20	66.7	109	52.8	4.31
		12		37.44	29.4	0.630	917	1640	1460	377	4.95	6.24	3.18	79.0	129	60.7	4.39
		14		43.30	34.0	0.629	1050	1910	1670	432	4.92	6.20	3.16	91.0	147	68.2	4.47
		16	16	49.07	38.5	0.629	1180	2190	1870	485	4.89	6.17	3.14	103	165	75.3	4.55
18	180	12		42.24	33.2	0.710	1320	2330	2100	543	5.59	7.05	3.58	101	165	78.4	4.89
		14		48.90	38.4	0.709	1510	2720	2410	622	5.56	7.02	3.56	116	189	88.4	4.97
		16		55.47	43.5	0.709	1700	3120	2700	699	5.54	6.98	3.55	131	212	97.8	5.05
		18		61.96	48.6	0.708	1880	3500	2990	762	5.50	6.94	3.51	146	235	105	5.13
20	200	14	18	54.64	42.9	0.788	2100	3730	3340	864	6.20	7.82	3.98	146	236	112	5.46
		16		62.01	48.7	0.788	2370	4270	3760	971	6.18	7.79	3.96	164	266	124	5.54
		18		69.30	54.4	0.787	2620	4810	4160	1080	6.15	7.75	3.94	182	294	136	5.62
		20		76.51	60.1	0.787	2870	5350	4550	1180	6.12	7.72	3.93	200	322	147	5.69
		24		90.66	71.2	0.785	3340	6460	5290	1380	6.07	7.64	3.90	236	374	167	5.87
22	220	16	21	68.67	53.9	0.866	3190	5680	5060	1310	6.81	8.59	4.37	200	326	154	6.03
		18		76.75	60.3	0.866	3540	6400	5620	1450	6.79	8.55	4.35	223	361	168	6.11
		20		84.76	66.5	0.865	3870	7110	6150	1590	6.76	8.52	4.34	245	395	182	6.18
		22		92.68	72.8	0.865	4200	7830	6670	1730	6.73	8.48	4.32	267	429	195	6.26
		24		100.5	78.9	0.864	4520	8550	7170	1870	6.71	8.45	4.31	289	461	208	6.33
		26		108.3	85.0	0.864	4830	9280	7690	2000	6.68	8.41	4.30	310	492	221	6.41
25	250	18	24	87.84	69.0	0.985	5270	9380	8370	2170	7.75	9.76	4.97	290	473	224	6.84
		20		97.05	76.2	0.984	5780	10400	9180	2380	7.72	9.73	4.95	320	519	243	6.92
		22		106.2	83.3	0.983	6280	11500	9970	2580	7.69	9.69	4.93	349	564	261	7.00
		24		115.2	90.4	0.983	6.770	12500	10700	2790	7.67	9.66	4.92	378	608	278	7.07
		26		124.2	97.5	0.982	7240	13600	11500	2980	7.64	9.62	4.90	406	650	295	7.15
		28		133.0	104	0.982	7700	14600	12200	3180	7.61	9.58	4.89	433	691	311	7.22
		30		141.8	111	0.981	8160	15700	12900	3380	7.58	9.55	4.88	461	731	327	7.30
		32		150.5	118	0.981	8600	16800	13600	3570	7.56	9.51	4.87	488	770	342	7.37
		35		163.4	128	0.980	9240	18400	14600	3850	7.52	9.46	4.86	527	827	364	7.48

注：截面图中的 $r_1 = 1/3d$ 及表中 r 的数据用于孔型设计，不做交货条件。

表 B-3 不等边角钢截面尺寸、截面面积、理论质量及载面特性

符号意义：
B—长边宽度
b—短边宽度
d—边厚度
r—内圆弧半径
r_1—边端圆端圆弧半径
X_0—重心距离
Y_0—重心距离

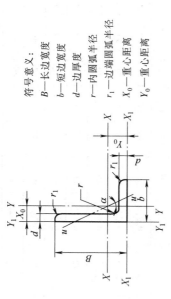

型号	截面尺寸/mm B	b	d	r	截面面积 /cm²	理论质量 /(kg/m)	外表面积 /(m²/m)	惯性矩/cm⁴ I_x	I_{x1}	I_y	I_{y1}	I_u	惯性半径/cm i_x	i_y	i_u	截面系数/cm³ W_x	W_y	W_u	tanα	重心距离/cm X_0	Y_0
2.5/1.6	25	16	3	3.5	1.162	0.91	0.080	0.70	1.56	0.22	0.43	0.14	0.78	0.44	0.34	0.43	0.19	0.16	0.392	0.42	0.86
			4		1.499	1.18	0.079	0.88	2.09	0.27	0.59	0.17	0.77	0.43	0.34	0.55	0.24	0.20	0.381	0.46	0.90
3.2/2	32	20	3	3.5	1.492	1.17	0.102	1.53	3.27	0.46	0.82	0.28	1.01	0.55	0.43	0.72	0.30	0.25	0.382	0.49	1.08
			4		1.939	1.52	0.101	1.93	4.37	0.57	1.12	0.35	1.00	0.54	0.42	0.93	0.39	0.32	0.374	0.53	1.12
4/2.5	40	25	3	4	1.890	1.48	0.127	3.08	5.39	0.93	1.59	0.56	1.28	0.70	0.54	1.15	0.49	0.40	0.385	0.59	1.32
			4		2.467	1.94	0.127	3.93	8.53	1.18	2.14	0.71	1.36	0.69	0.54	1.49	0.63	0.52	0.381	0.63	1.37
4.5/2.8	45	28	3	5	2.149	1.69	0.143	4.45	9.10	1.34	2.23	0.80	1.44	0.79	0.61	1.47	0.62	0.51	0.383	0.64	1.47
			4		2.806	2.20	0.143	5.69	12.1	1.70	3.00	1.02	1.42	0.78	0.60	1.91	0.80	0.66	0.380	0.68	1.51
5/3.2	50	32	3	5.5	2.431	1.91	0.161	6.24	12.5	2.02	3.31	1.20	1.60	0.91	0.70	1.84	0.82	0.68	0.404	0.73	1.60
			4		3.177	2.49	0.160	8.02	16.7	2.58	4.45	1.53	1.59	0.90	0.69	2.39	1.06	0.87	0.402	0.77	1.65
5.6/3.6	56	36	3	6	2.743	2.15	0.181	8.88	17.5	2.92	4.7	1.73	1.80	1.03	0.79	2.32	1.05	0.87	0.408	0.80	1.78
			4		3.590	2.82	0.180	11.5	23.4	3.76	6.33	2.23	1.79	1.02	0.79	3.03	1.37	1.13	0.408	0.85	1.82
			5		4.415	3.47	0.180	13.9	29.3	4.49	7.94	2.67	1.77	1.01	0.78	3.71	1.65	1.36	0.404	0.88	1.87

（续）

型号	截面尺寸/mm				截面面积/cm²	理论质量/(kg/m)	外表面积/(m²/m)	惯性矩/cm⁴					惯性半径/cm			截面系数/cm³			tanα	重心距离/cm	
	B	b	d	r				I_x	I_{x1}	I_y	I_{y1}	I_u	i_x	i_y	i_u	W_x	W_y	W_u		X_0	Y_0
6.3/4	63	40	4	7	4.058	3.19	0.202	16.5	33.3	5.23	8.63	3.12	2.02	1.14	0.88	3.87	1.70	1.40	0.398	0.92	2.04
			5		4.993	3.92	0.202	20.0	41.6	6.31	10.9	3.76	2.00	1.12	0.87	4.74	2.07	1.71	0.396	0.95	2.08
			6		5.908	4.64	0.201	23.4	50.0	7.29	13.1	4.34	1.96	1.11	0.86	5.59	2.43	1.99	0.393	0.99	2.12
			7		6.802	5.34	0.201	26.5	58.1	8.24	15.5	4.97	1.98	1.10	0.86	6.40	2.78	2.29	0.389	1.03	2.15
7/4.5	70	45	4	7.5	4.553	3.57	0.226	23.2	45.9	7.55	12.3	4.40	2.26	1.29	0.98	4.86	2.17	1.77	0.410	1.02	2.24
			5		5.609	4.40	0.225	28.0	57.1	9.13	15.4	5.40	2.23	1.28	0.98	5.92	2.65	2.19	0.407	1.06	2.28
			6		6.644	5.22	0.225	32.5	68.4	10.6	18.6	6.35	2.21	1.26	0.98	6.95	3.12	2.59	0.404	1.09	2.32
			7		7.658	6.01	0.225	37.2	80.0	12.0	21.8	7.16	2.20	1.25	0.97	8.03	3.57	2.94	0.402	1.13	2.36
7.5/5	75	50	5	8	6.126	4.81	0.245	34.9	70.0	12.6	21.0	7.41	2.39	1.44	1.10	6.83	3.3	2.74	0.435	1.17	2.40
			6		7.260	5.70	0.245	41.1	84.3	14.7	25.4	8.54	2.38	1.42	1.08	8.12	3.88	3.19	0.435	1.21	2.44
			8		9.467	7.43	0.244	52.4	113	18.5	34.2	10.9	2.35	1.40	1.07	10.5	4.99	4.10	0.429	1.29	2.52
			10		11.59	9.10	0.244	62.7	141	22.0	43.4	13.1	2.33	1.38	1.06	12.8	6.04	4.99	0.423	1.36	2.60
8/5	80	50	5	8	6.376	5.00	0.255	42.0	85.2	12.8	21.1	7.66	2.56	1.42	1.10	7.78	3.32	2.74	0.388	1.14	2.60
			6		7.560	5.93	0.255	49.5	103	15.0	25.4	8.85	2.56	1.41	1.08	9.25	3.91	3.20	0.387	1.18	2.65
			7		8.724	6.85	0.255	56.2	119	17.0	29.8	10.2	2.54	1.39	1.08	10.6	4.48	3.70	0.384	1.21	2.69
			8		9.867	7.75	0.254	62.8	136	18.9	34.3	11.4	2.52	1.38	1.07	11.9	5.03	4.16	0.381	1.25	2.73
9/5.6	90	56	5	9	7.212	5.66	0.287	60.5	121	18.3	29.5	11.0	2.90	1.59	1.23	9.92	4.21	3.49	0.385	1.25	2.91
			6		8.557	6.72	0.286	71.0	146	21.4	35.6	12.9	2.88	1.58	1.23	11.7	4.96	4.13	0.384	1.29	2.95
			7		9.881	7.76	0.286	81.0	170	24.4	41.7	14.7	2.86	1.57	1.22	13.5	5.70	4.72	0.382	1.33	3.00
			8		11.18	8.78	0.286	91.0	194	27.2	47.9	16.3	2.85	1.56	1.21	15.3	6.41	5.29	0.380	1.36	3.04
10/6.3	100	63	6	10	9.618	7.55	0.320	99.1	200	30.9	50.5	18.4	3.21	1.79	1.38	14.6	6.35	5.25	0.394	1.43	3.24
			7		11.11	8.72	0.320	113	233	35.3	59.1	21.0	3.20	1.78	1.38	16.9	7.29	6.02	0.394	1.47	3.28

（续）

型号	B	b	d	r	截面面积/cm²	理论质量/(kg/m)	外表面积/(m²/m)	I_x	I_{x1}	I_y	I_{y1}	I_u	i_x	i_y	i_u	W_x	W_y	W_u	$\tan\alpha$	X_0	Y_0
10/6.3	100	63	8	10	12.58	9.88	0.319	127	266	39.4	67.9	23.5	3.18	1.77	1.37	19.1	8.21	6.78	0.391	1.50	3.32
			10		15.47	12.1	0.319	154	333	47.1	85.7	28.3	3.15	1.74	1.35	23.3	9.98	8.24	0.387	1.58	3.40
10/8	100	80	6	10	10.64	8.35	0.354	107	200	61.2	103	31.7	3.17	2.40	1.72	15.2	10.2	8.37	0.627	1.97	2.95
			7		12.30	9.66	0.354	123	233	70.1	120	36.2	3.16	2.39	1.72	17.5	11.7	9.60	0.626	2.01	3.00
			8		13.94	10.9	0.353	138	267	78.6	137	40.6	3.14	2.37	1.71	19.8	13.2	10.8	0.625	2.05	3.04
			10		17.17	13.5	0.353	167	334	94.7	172	49.1	3.12	2.35	1.69	24.2	16.1	13.1	0.622	2.13	3.12
11/7	110	70	6	10	10.64	8.35	0.354	133	266	42.9	69.1	25.4	3.54	2.01	1.54	17.9	7.90	6.53	0.403	1.57	3.53
			7		12.30	9.66	0.354	153	310	49.0	80.8	29.0	3.53	2.00	1.53	20.6	9.09	7.50	0.402	1.61	3.57
			8		13.94	10.9	0.353	172	354	54.9	92.7	32.5	3.51	1.98	1.53	23.3	10.3	8.45	0.401	1.65	3.62
			10		17.17	13.5	0.353	208	443	65.9	117	39.2	3.48	1.96	1.51	28.5	12.5	10.3	0.397	1.72	3.70
12.5/8	125	80	7	11	14.10	11.1	0.403	228	455	74.4	120	43.8	4.02	2.30	1.76	26.9	12.0	9.92	0.408	1.80	4.01
			8		15.99	12.6	0.403	257	520	83.5	138	49.2	4.01	2.28	1.75	30.4	13.6	11.2	0.407	1.84	4.06
			10		19.71	15.5	0.402	312	650	101	173	59.5	3.98	2.26	1.74	37.3	16.6	13.6	0.404	1.92	4.14
			12		23.35	18.3	0.402	364	780	117	210	69.4	3.95	2.24	1.72	44.0	19.4	16.0	0.400	2.00	4.22
14/9	140	90	8	12	18.04	14.2	0.453	366	731	121	196	70.8	4.50	2.59	1.98	38.5	17.3	14.3	0.411	2.04	4.50
			10		22.26	17.5	0.452	446	913	140	246	85.8	4.47	2.56	1.96	47.3	21.2	17.5	0.409	2.12	4.58
			12		26.40	20.7	0.451	522	1100	170	297	100	4.44	2.54	1.95	55.9	25.0	20.5	0.406	2.19	4.66
			14		30.46	23.9	0.451	594	1280	192	349	114	4.42	2.51	1.94	64.2	28.5	23.5	0.403	2.27	4.74
15/9	150	90	8	12	18.84	14.8	0.473	442	898	123	196	74.1	4.84	2.55	1.98	43.9	17.5	14.5	0.364	1.97	4.92
			10		23.26	18.3	0.472	539	1120	149	246	89.9	4.81	2.53	1.97	54.0	21.4	17.7	0.362	2.05	5.01
			12		27.60	21.7	0.471	632	1350	173	297	105	4.79	2.50	1.95	63.8	25.1	20.8	0.359	2.12	5.09
			14		31.86	25.0	0.471	721	1570	196	350	120	4.76	2.48	1.94	73.3	28.8	23.8	0.356	2.20	5.17

（续）

型号	截面尺寸/mm				截面面积 /cm²	理论质量 /(kg/m)	外表面积 /(m²/m)	惯性矩/cm⁴					惯性半径/cm			截面系数/cm³			tanα	重心距离 /cm	
	B	b	d	r				I_x	I_{x1}	I_y	I_{y1}	I_u	i_x	i_y	i_u	W_x	W_y	W_u		X_0	Y_0
15/9	150	90	15	12	33.95	26.7	0.471	764	1680	207	376	127	4.74	2.47	1.93	78.0	30.5	25.3	0.354	2.24	5.21
			16		36.03	28.3	0.470	806	1800	217	403	134	4.73	2.45	1.93	82.6	32.3	26.8	0.352	2.27	5.25
16/10	160	100	10	13	25.32	19.9	0.512	669	1360	205	337	122	5.14	2.85	2.19	62.1	26.6	21.9	0.390	2.28	5.24
			12		30.05	23.6	0.511	785	1640	239	406	142	5.11	2.82	2.17	73.5	31.3	25.8	0.388	2.36	5.32
			14		34.71	27.2	0.510	896	1910	271	476	162	5.08	2.80	2.16	84.6	35.8	29.6	0.385	2.43	5.40
			16		39.28	30.8	0.510	1000	2180	302	548	183	5.05	2.77	2.16	95.3	40.2	33.4	0.382	2.51	5.48
18/11	180	110	10	14	28.37	22.3	0.571	956	1940	278	447	167	5.80	3.13	2.42	79.0	32.5	26.9	0.376	2.44	5.89
			12		33.71	26.5	0.571	1120	2330	325	539	195	5.78	3.10	2.40	93.5	38.3	31.7	0.374	2.52	5.98
			14		38.97	30.6	0.570	1290	2720	370	632	222	5.75	3.08	2.39	108	44.0	36.3	0.372	2.59	6.06
			16		44.14	34.6	0.569	1440	3110	412	726	249	5.72	3.06	2.38	122	49.4	40.9	0.369	2.67	6.14
20/12.5	200	125	12	14	37.91	29.8	0.641	1570	3190	483	788	286	6.44	3.57	2.74	117	50.0	41.2	0.392	2.83	6.54
			14		43.87	34.4	0.640	1800	3730	551	922	327	6.41	3.54	2.73	135	57.4	47.3	0.390	2.91	6.62
			16		49.74	39.0	0.639	2020	4260	615	1060	366	6.38	3.52	2.71	152	64.9	53.3	0.388	2.99	6.70
			18		55.53	43.6	0.639	2240	4790	677	1200	405	6.35	3.49	2.70	169	71.7	59.2	0.385	3.06	6.78

注：截面图中的 r_1=1/3d 及表中 r 的数据用于孔型设计，不做交货条件。

表 B-4 槽钢截面尺寸、截面面积、理论质量及截面特性

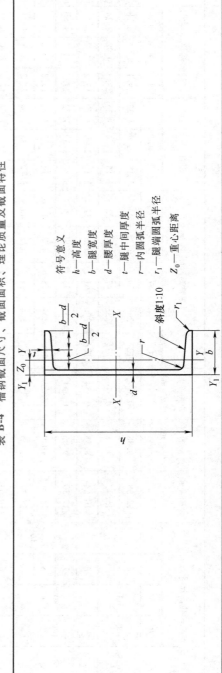

符号意义
h—高度
b—腰宽度
d—腰中间厚度
t—腿中间厚度
r—内圆弧半径
r_1—腿端圆弧半径
Z_0—重心距离

斜度1:10

（续）

型号	截面尺寸/mm						截面面积 /cm²	理论质量 /(kg/m)	外表面积 /(m²/m)	惯性矩 /cm⁴			惯性半径 /cm		截面系数 /cm³		重心距离 /cm
	h	b	d	t	r	r_1				I_x	I_y	I_{y1}	i_x	i_y	W_x	W_y	Z_0
5	50	37	4.5	7.0	7.0	3.5	6.925	5.44	0.226	26.0	8.30	20.9	1.94	1.10	10.4	3.55	1.35
6.3	63	40	4.8	7.5	7.5	3.8	8.446	6.63	0.262	50.8	11.9	28.4	2.45	1.19	16.1	4.50	1.36
6.5	65	40	4.3	7.5	7.5	3.8	8.292	6.51	0.267	55.2	12.0	28.3	2.54	1.19	17.0	4.59	1.38
8	80	43	5.0	8.0	8.0	4.0	10.24	8.04	0.307	101	16.6	37.4	3.15	1.27	25.3	5.79	1.43
10	100	48	5.3	8.5	8.5	4.2	12.74	10.0	0.365	198	25.6	54.9	3.95	1.41	39.7	7.80	1.52
12	120	53	5.5	9.0	9.0	4.5	15.36	12.1	0.423	346	37.4	77.7	4.75	1.56	57.7	10.2	1.62
12.6	126	53	5.5	9.0	9.0	4.5	15.69	12.3	0.435	391	38.0	77.1	4.95	1.57	62.1	10.2	1.59
14a	140	58	6.0	9.5	9.5	4.8	18.51	14.5	0.480	564	53.2	107	5.52	1.70	80.5	13.0	1.71
14b	140	60	8.0	9.5	9.5	4.8	21.31	16.7	0.484	609	61.1	121	5.35	1.69	87.1	14.1	1.67
16a	160	63	6.5	10.0	10.0	5.0	21.95	17.2	0.538	866	73.3	144	6.28	1.83	108	16.3	1.80
16b	160	65	8.5	10.0	10.0	5.0	25.15	19.8	0.542	935	83.4	161	6.10	1.82	117	17.6	1.75
18a	180	68	7.0	10.5	10.5	5.2	25.69	20.2	0.596	1270	98.6	190	7.04	1.96	141	20.0	1.88
18b	180	70	9.0	10.5	10.5	5.2	29.29	23.0	0.600	1370	111	210	6.84	1.95	152	21.5	1.84
20a	200	73	7.0	11.0	11.0	5.5	28.83	22.6	0.654	1780	128	244	7.86	2.11	178	24.2	2.01
20b	200	75	9.0	11.0	11.0	5.5	32.83	25.8	0.658	1910	144	268	7.64	2.09	191	25.9	1.95
22a	220	77	7.0	11.5	11.5	5.8	31.83	25.0	0.709	2390	158	298	8.67	2.23	218	28.2	2.10
22b	220	79	9.0	11.5	11.5	5.8	36.23	28.5	0.713	2570	176	326	8.42	2.21	234	30.1	2.03
24a	240	78	7.0	12.0	12.0	6.0	34.21	26.9	0.752	3050	174	325	9.45	2.25	254	30.5	2.10
24b	240	80	9.0	12.0	12.0	6.0	39.01	30.6	0.756	3280	194	355	9.17	2.23	274	32.5	2.03
24c	240	82	11.0	12.0	12.0	6.0	43.81	34.4	0.760	3510	213	388	8.96	2.21	293	34.4	2.00
25a	250	78	7.0	12.0	12.0	6.0	34.91	27.4	0.722	3370	176	322	9.82	2.24	270	30.6	2.07
25b	250	80	9.0	12.0	12.0	6.0	39.91	31.3	0.776	3530	196	353	9.41	2.22	282	32.7	1.98
25c	250	82	11.0	12.0	12.0	6.0	44.91	35.3	0.780	3690	218	384	9.07	2.21	295	35.9	1.92

（续）

型号	截面尺寸/mm						截面面积/cm²	理论质量/(kg/m)	外表面积/(m²/m)	惯性矩/cm⁴			惯性半径/cm		截面系数/cm³		重心距离/cm
	h	b	d	t	r	r_1				I_x	I_y	I_{y1}	i_x	i_y	W_x	W_y	Z_0
27a	270	82	7.5	12.5	12.5	6.2	39.27	30.8	0.826	4360	216	393	10.5	2.34	323	35.5	2.13
27b		84	9.5				44.67	35.1	0.830	4690	239	428	10.3	2.31	347	37.7	2.06
27c		86	11.5				50.07	39.3	0.834	5020	261	467	10.1	2.28	372	39.8	2.03
28a	280	82	7.5				40.02	31.4	0.846	4760	218	388	10.9	2.33	340	35.7	2.10
28b		84	9.5				45.62	35.8	0.850	5130	242	428	10.6	2.30	366	37.9	2.02
28c		86	11.5				51.22	40.2	0.854	5500	268	463	10.4	2.29	393	40.3	1.95
30a	300	85	7.5	13.5	13.5	6.8	43.89	34.5	0.897	6050	260	467	11.7	2.43	403	41.1	2.17
30b		87	9.5				49.89	39.2	0.901	6500	289	515	11.4	2.41	433	44.0	2.13
30c		89	11.5				55.89	43.9	0.905	6950	316	560	11.2	2.38	463	46.4	2.09
32a	320	88	8.0	14.0	14.0	7.0	48.50	38.1	0.947	7600	305	552	12.5	2.50	475	46.5	2.24
32b		90	10.0				54.90	43.1	0.951	8140	336	593	12.2	2.47	509	49.2	2.16
32c		92	12.0				61.30	48.1	0.955	8690	374	643	11.9	2.47	543	52.6	2.09
36a	360	96	9.0	16.0	16.0	8.0	60.89	47.8	1.053	11900	455	818	14.0	2.73	660	63.5	2.44
36b		98	11.0				68.09	53.5	1.057	12700	497	880	13.6	2.70	703	66.9	2.37
36c		100	13.0				75.29	59.1	1.061	13400	536	948	13.4	2.67	746	70.0	2.34
40a	400	100	10.5	18.0	18.0	9.0	75.04	58.9	1.144	17600	592	1070	15.3	2.81	879	78.8	2.49
40b		102	12.5				83.04	65.2	1.148	18600	640	1140	15.0	2.78	932	82.5	2.44
40c		104	14.5				91.04	71.5	1.152	19700	688	1220	14.7	2.75	986	86.2	2.42

注：表中 r、r_1 的数据用于孔型设计，不做交货条件。

264

习 题 答 案

第 2 章

2-1 $F_R = 161.2N$, $<F_R, F_1> = 29°44'$

2-2 $F_R = 5kN$, $<F_R, F_1> = 38°28'$

2-3 $F_A = \dfrac{\sqrt{5}}{2}F(\swarrow)$, $F_D = \dfrac{1}{2}F(\uparrow)$

2-4 （a） $F_{AB} = \dfrac{\sqrt{3}}{3}F$ （拉）, $F_{AC} = \dfrac{2\sqrt{3}}{3}F$ （压）

（b） $F_{AB} = \dfrac{2\sqrt{3}}{3}F$ （拉）, $F_{AC} = \dfrac{\sqrt{3}}{3}F$ （压）

（c） $F_{AB} = \dfrac{\sqrt{3}}{2}F$ （拉）, $F_{AC} = \dfrac{1}{2}F$ （压）

（d） $F_{AB} = \dfrac{\sqrt{3}}{3}F$ （拉）, $F_{AC} = \dfrac{\sqrt{3}}{3}F$ （拉）

2-5 $F_{AB} = 54.64kN$ （拉）, $F_{CB} = 74.64kN$ （压）

2-6 $M_A(F) = -Fb\cos\theta$, $M_B(F) = F(a\sin\theta - b\cos\theta)$

2-7 $F_A = F_B = 200N$

2-8 （a）$F_A = F_B = \dfrac{M}{l}$; （b）$F_A = F_B = \dfrac{M}{l\cos\theta}$

2-9 $F_A = F_C = \dfrac{M}{2\sqrt{2}\,a}$

2-10 $M_1 = 3N \cdot m$, $F_{AB} = 5N$ （拉）

2-11 $M = 60N \cdot m$

2-12 $F_A = \sqrt{2}\dfrac{M}{l}$ （↘）

2-13 $F'_R = 466.5N$, $M_O = 21.44N \cdot m$;

$F_R = 466.5N$, $d = 45.96mm$

2-14 （1） $F'_R = 150N(\leftarrow)$, $M_O = 900N \cdot m$ （↺）;

（2） $F_R = 150N(\leftarrow)$, $y = -6mm$

2-15 $F_{Ax} = 0$, $F_{Ay} = 6kN$, $M_A = 12kN \cdot m$

2-16 （a） $F_{Ax} = 0.5qa$, $F_{Ay} = -\dfrac{qa^2}{6b} + 0.5F$, $F_{By} = \dfrac{qa^2}{6b} + 0.5F$

（b） $F_{Ax} = \dfrac{qa}{3} - \dfrac{Fb}{2a}$, $F_{Ay} = F$, $F_{By} = \dfrac{qa}{6} + \dfrac{Fb}{2a}$

2-17 （a） $F_{Ax} = 0$, $F_{Ay} = -\dfrac{1}{2}\left(F + \dfrac{M}{a}\right)$, $F_B = +\dfrac{1}{2}\left(3F + \dfrac{M}{a}\right)$

（b）　$F_{Ax}=0$，　$F_{Ay}=-\dfrac{1}{2}\left(F+\dfrac{M}{a}-\dfrac{5}{2}qa\right)$，　$F_B=\dfrac{1}{2}\left(3F+\dfrac{M}{a}-\dfrac{1}{2}qa\right)$

2-18　$F_{Ax}=8.7\text{kN}$，　$F_{Ay}=25\text{kN}$，　$F_B=17.3\text{kN}$

2-19　$F_{Ax}=0$，　$F_B=-0.25\text{kN}$，　$F_{Ay}=3.75\text{kN}$

2-20　$P_2=333.3\text{kN}$，　$x=6.75\text{m}$

2-21　$F_{Ax}=2.4\text{kN}$，　$F_{Ay}=1.2\text{kN}$，　$F_{BC}=0.849\text{kN}$

2-22　$F_A=-48.33\text{kN}$，　$F_B=100\text{kN}$，　$F_D=8.333\text{kN}$

2-23　（a）　$F_{Ax}=\dfrac{M}{a}\tan\theta$，　$F_{Ay}=-\dfrac{M}{a}$，　$M_A=-M$，　$F_B=F_C=\dfrac{M}{a\cos\theta}$

（b）　$F_{Ax}=\dfrac{qa}{2}\tan\theta$，　$F_{Ay}=\dfrac{1}{2}qa$，　$M_A=\dfrac{1}{2}qa^2$，　$F_{Bx}=\dfrac{qa}{2}\tan\theta$，　$F_{By}=\dfrac{qa}{2}$，　$F_C=\dfrac{qa}{2\cos\theta}$

（c）　$F_{Ax}=\dfrac{qa}{8}\tan\theta$，　$F_{Ay}=\dfrac{7}{8}qa$，　$M_A=\dfrac{3}{4}qa^2$，　$F_{Bx}=\dfrac{qa}{8}\tan\theta$，　$F_{By}=\dfrac{3qa}{8}$，　$F_C=\dfrac{qa}{8\cos\theta}$

2-24　（a）　$F_{Ax}=34\text{kN}$，　$F_{Ay}=60\text{kN}$，　$M_A=220\text{kN}\cdot\text{m}$，　$F_{NC}=68\text{kN}$

（b）　$F_{Ax}=0$，　$F_{Ay}=-2.5\text{kN}$，　$F_{By}=15\text{kN}$，　$F_{Dy}=2.5\text{kN}$

2-25　$F_{Ax}=-q_2a$，　$F_{Ay}=1.5q_1a$，　$M_A=q_1a^2+\dfrac{2}{3}q_2a^2$，　$F_B=0.5q_1a$，　$F_{Cx}=0$，　$F_{Cy}=0.5q_1a$

（对 BC 杆）

2-26　$F_{Ax}=13\text{kN}(\leftarrow)$，　$F_{Ay}=45\text{kN}(\uparrow)$，　$F_{Bx}=13\text{kN}(\rightarrow)$，　$F_{By}=55\text{kN}(\uparrow)$，　$F_{Cx}=13\text{kN}$，　$F_{Cy}=5\text{kN}(\uparrow)$

2-27　$F_{Ax}=F_{Ay}=0$，　$F_{Bx}=50\text{kN}(\leftarrow)$，　$F_{By}=100\text{kN}(\uparrow)$，　$F_{Cx}=50\text{kN}(\rightarrow)$，　$F_{Cy}=0$

2-28　$F_{Ax}=\dfrac{M}{a}$，　$F_{Ay}=0.5qa-0.5F-\dfrac{M}{a}$，　$F_{Dx}=F_{Dy}=-\dfrac{M}{a}$，　$F_E=0.5qa+1.5F+2\dfrac{M}{a}$

2-29　$F_{Ax}=1200\text{N}$，　$F_{Ay}=150\text{N}$，　$F_B=1050\text{N}$，　$F_{BC}=1500\text{N}$（压）

2-30　（a）　$F_{Ax}=2400\text{N}$，　$F_{Ay}=-1000\text{N}$，　$F_{Dx}=-2400\text{N}$，　$F_{Dy}=2000\text{N}$

（b）　$F_{Ax}=-2400\text{N}$，　$F_{Ay}=-1000\text{N}$，　$F_{Dx}=2400\text{N}$，　$F_{Dy}=2000\text{N}$

2-31　$F_{Ax}=267\text{N}$，　$F_{Ay}=-87.5\text{N}$，　$F_B=550\text{N}$，　$F_{Cx}=209\text{N}$，　$F_{Cy}=-187.5\text{N}$

2-32　$F_{Ax}=-\dfrac{5(1+\sqrt{3})}{3}\text{kN}$，　$F_{Ay}=\dfrac{14+20\sqrt{3}}{3}\text{kN}$，　$F_{Bx}=-\dfrac{-4+5\sqrt{3}}{3}\text{kN}$，　$F_{By}=\dfrac{22-5\sqrt{3}}{3}\text{kN}$

2-33　（1）　$F_{Ax}=\dfrac{3}{2}F_1$，　$F_{Ay}=F_2+\dfrac{1}{2}F_1$，　$M_A=-\left(F_2+\dfrac{1}{2}F_1\right)a$

（2）　$F_{BAx}=-\dfrac{3}{2}F_1$，　$F_{BAy}=-\left(F_2+\dfrac{1}{2}F_1\right)$，　$F_{BTx}=\dfrac{3}{2}F_1$，　$F_{BTy}=\dfrac{1}{2}F_1$

第 3 章

3-1　$M_z=-101.4\text{N}\cdot\text{m}$

3-2　$M_{AB}(\boldsymbol{F})=Fa\sin\beta\sin\theta$

3-3　$M_x=\dfrac{1}{4}F(h-3r)$，　$M_y=\dfrac{\sqrt{3}}{4}F(h+r)$，　$M_z=-\dfrac{1}{2}Fr$

3-4　$M_x = 2.54\text{kN} \cdot \text{m}$，$M_y = 1.46\text{kN} \cdot \text{m}$，$M_z = 0$

3-5　$F = 50\text{N}$，$\alpha = 143°82'$

3-6　$M_1 = \dfrac{b}{a}M_2 + \dfrac{c}{a}M_3$，$F_{Ay} = \dfrac{M_3}{a}$，$F_{Az} = \dfrac{M_2}{a}$，$F_{Dx} = 0$，$F_{Dy} = -\dfrac{M_3}{a}$，$F_{Dz} = -\dfrac{M_2}{a}$

3-7　$F'_{Rx} = -345.4\text{N}$，$F'_{Ry} = 249.6\text{N}$，$F'_{Rz} = 10.56\text{N}$，$M_x = -51.78\text{N} \cdot \text{m}$；$M_y = -36.65\text{N} \cdot \text{m}$；$M_z = 103.6\text{N} \cdot \text{m}$

3-8　$F_A = F_B = -26.39\text{kN}$（压），$F_C = 33.46\text{kN}$（拉）

3-9　$F_T = 20\text{kN}$，$F_{OA} = -10.4\text{kN}$，$F_{OB} = -13.9\text{kN}$

3-10　$F_1 = -5\text{kN}$，$F_2 = -5\text{kN}$，$F_3 = -7.07\text{kN}$，$F_4 = 5\text{kN}$，$F_5 = 5\text{kN}$，$F_6 = 10\text{kN}$

3-11　$F_1 = F_3 = \dfrac{W}{2}$，$F_2 = 0$；添力 P 后，$F_1 = F_3 = \dfrac{W}{2} + P$，$F_2 = -P$

3-12　$F_{Ax} = 4\text{kN}$，$F_{Az} = -1.46\text{kN}$，$F_{Bx} = 7.9\text{kN}$，$F_{Bz} = -2.9\text{kN}$

3-13　$F_{Ax} = -5.2\text{kN}$，$F_{Az} = 6\text{kN}$，$F_{Bx} = -7.8\text{kN}$，$F_{Bz} = 1.5\text{kN}$，$F_1 = 10\text{kN}$，$F_2 = 5\text{kN}$

3-14　$F_{Ax} = 2667\text{N}$，$F_{Ay} = -325.3\text{N}$，$F_{Cx} = -666.7\text{N}$，$F_{Cy} = -14.7\text{N}$，$F_{Cz} = 12640\text{N}$

3-15　$x_C = 90\text{mm}$

3-16　$x_C = 5.1\text{cm}$，$y_C = 10.1\text{cm}$

3-17　（a）$x_C = -56.32\text{mm}$，$y_C = 0$；（b）$x_C = 79.7\text{mm}$，$y_C = 34.9\text{mm}$

3-18　$x_C = 23.1\text{mm}$，$y_C = 38.5\text{mm}$，$z_C = 28.1\text{mm}$

第 4 章

4-1　$\Delta l = -0.48\text{mm}$

4-2　$F_N = -qa$，$F_S = qa$，$M = 0$

4-3　$\gamma = 0.002$

4-4　（a）$\gamma_A = 0$；（b）$\gamma_B = \alpha$；（c）$\gamma_C = 2\alpha$

4-5　0.01mm

4-6　（1）$\varepsilon = 250 \times 10^{-6}$；（2）$\varepsilon = 125 \times 10^{-6}$；（3）$\gamma = 250 \times 10^{-6}$

4-7　（a）$F_{N1} = F$，$F_{N2} = -2F$，$F_{N3} = 5F$；（b）$F_{N1} = 55\text{kN}$，$F_{N2} = 15\text{kN}$，$F_{N3} = -15\text{kN}$；

　　（c）$F_{N1} = -F$，$F_{N2} = 3F$，$F_{N3} = 0$

4-8　$F_{N1} = -3.84\text{kN}$，$F_{N2} = -35.36\text{kN}$

4-9　$F_{N\max} = F_{N1} = 35\text{kN}$，$\sigma_{\max} = 100\text{MPa}$

4-10　$\sigma_{\max} = 200\text{MPa}$

4-11　$\sigma = -0.267\text{MPa}$

4-12　左柱：$\sigma_\text{上} = -0.6\text{MPa}$，$\sigma_\text{中} = -1.0\text{MPa}$，$\sigma_\text{下} = -0.85\text{MPa}$

　　　右柱：$\sigma_\text{上} = -0.3\text{MPa}$，$\sigma_\text{中} = -0.2\text{MPa}$，$\sigma_\text{下} = -0.65\text{MPa}$

4-13　$\sigma = 32.7\text{MPa} < [\sigma]$

4-14　$d = 21.9\text{mm}$，$b = 146.0\text{mm}$

4-15　$[F] = 420\text{kN}$

4-16　$u_A = 0.13\text{mm}$　（←）

4-17　$\sigma_{\max} = 127\text{MPa}$，$\Delta l = 0.57\text{mm}$

4-18　$E = 203.5\text{GPa}$

4-19　$E = 200\text{GPa}$，$\mu = 0.25$

4-20　$F = 25.1\text{kN}$，$\sigma_{\max} = 120\text{MPa}$

4-21　$F = 20\text{kN}$

4-22　$F = 21.2\text{kN}$，$\theta = 10.9°$

4-23　$\theta = 60°$

4-24　$\dfrac{(2+\sqrt{2})Fl}{EA}$（离开）

4-25　（1）$\sigma_1 = 135.9\text{MPa}$，$\sigma_2 = 131.1\text{MPa}$；（2）1.6mm

4-26　（1）$x = 1.08\text{m}$；（2）$\sigma_1 = 44\text{MPa}$，$\sigma_2 = 33\text{MPa}$

4-27　（1）$n = 8.82$；（2）$N = 8$ 个

4-28　$F_{N1} = -\dfrac{F}{6}$，$F_{N2} = \dfrac{F}{3}$，$F_{N3} = \dfrac{5F}{6}$

4-29　$\tau = 59.7\text{MPa}$，$\sigma_{bs} = 94\text{MPa}$

4-30　$\delta = 83\text{mm}$

4-31　$[F] = 1100\text{kN}$

4-32　（1）$\tau = 94.3\text{MPa}$；（2）$\sigma_{bs} = 222\text{MPa}$；（3）$\sigma_{\max} = 118\text{MPa}$

4-33　$F = 226\text{kN}$

4-34　$M_e = 1.4\text{kN}\cdot\text{m}$

4-35　$d = 22\text{mm}$

4-36　$\sigma_{bs} = 240\text{MPa} > [\sigma_{bs}]$，不满足挤压强度

第 5 章

5-1　（a）$T_1 = -2\text{kN}\cdot\text{m}$，$T_2 = 4\text{kN}\cdot\text{m}$；（b）$T_1 = 8\text{kN}\cdot\text{m}$，$T_2 = 2\text{kN}\cdot\text{m}$，$T_3 = -3\text{kN}\cdot\text{m}$

5-2　（a）$T_{\max} = 15\text{kN}\cdot\text{m}$；（b）$T_{\max} = 3M$；（c）$T_{\max} = 16\text{kN}\cdot\text{m}$；（d）$T_{\max} = ml(\text{N}\cdot\text{m})$

5-3　$T_{\max} = 1.82\text{kN}\cdot\text{m}$

5-4　$m = 13.3\text{N}\cdot\text{m/m}$

5-5　$T^* = 78.5\text{kN}\cdot\text{m}$

5-6　$\tau_{BC} = 70.77\text{MPa}$

5-7　$\tau_{\max} = 49.4\text{MPa} < [\tau]$

5-8　$D = 180\text{mm}$，$d = 150\text{mm}$

5-9　$P = 18.5\text{kW}$

5-10　$\varphi_{AC} = 4.33°$

5-11　$\tau_{\max} = 39.8\text{MPa} < [\tau]$，$w_C = 12.4\text{mm}(\downarrow)$

5-12　$\varphi = 1.047\text{rad}$，$\tau_{\max} = 0.188\text{MPa}$，$M_e = 2.367\text{kN}\cdot\text{m}$

5-13　　$d = 31.4\text{mm}$

5-14　　略

5-15　　$[M_e] = 1.14\text{kN} \cdot \text{m}$，$a = 297.5\text{mm}$，$b = 212.5\text{mm}$

5-16　　$d = 45.2\text{mm}$

第 6 章

6-1　　（a）$F_{S1} = 0$，$M_1 = 2\text{kN} \cdot \text{m}$；$F_{S2} = -3\text{kN}$，$M_2 = -1\text{kN} \cdot \text{m}$；$F_{S3} = -3\text{kN}$，$M_3 = -4\text{kN} \cdot \text{m}$；

　　　（b）$F_{S1} = 2qa$，$M_1 = -\dfrac{3qa^2}{2}$；$F_{S2} = 2qa$，$M_2 = -\dfrac{qa^2}{2}$；$F_{S3} = 3qa$，$M_3 = -3qa^2$；

　　　（c）$F_{S1} = -\dfrac{2F}{3}$，$M_1 = \dfrac{Fa}{3}$；$F_{S2} = -\dfrac{2F}{3}$，$M_2 = -\dfrac{Fa}{3}$；$F_{S3} = -\dfrac{2F}{3}$，$M_3 = \dfrac{2Fa}{3}$

6-2　　（a）$|F_S|_{max} = ql$，$|M|_{max} = \dfrac{ql^2}{2}$；（b）$|F_S|_{max} = qa$，$|M|_{max} = \dfrac{qa^2}{2}$；

　　　（c）$|F_S|_{max} = 3\text{kN}$，$|M|_{max} = 6\text{kN} \cdot \text{m}$；（d）$|F_S|_{max} = \dfrac{9ql}{8}$，$|M|_{max} = \dfrac{9ql^2}{16}$；

　　　（e）$|F_S|_{max} = \dfrac{ql}{4}$，$|M|_{max} = \dfrac{ql^2}{32}$；（f）$|F_S|_{max} = \dfrac{q_0 l}{3}$，$|M|_{max} = \dfrac{q_0 l^2}{9\sqrt{3}}$

6-3　　（a）$|F_S|_{max} = 2qa$，$|M|_{max} = qa^2$；（b）$|F_S|_{max} = \dfrac{5ql}{8}$，$|M|_{max} = \dfrac{ql^2}{8}$；

　　　（c）$|F_S|_{max} = 0$，$|M|_{max} = 10\text{kN} \cdot \text{m}$；（d）$|F_S|_{max} = qa$，$|M|_{max} = qa^2$；

　　　（e）$|F_S|_{max} = \dfrac{2F}{3}$，$|M|_{max} = \dfrac{Fa}{3}$；（f）$|F_S|_{max} = \dfrac{3qa}{2}$，$|M|_{max} = \dfrac{13qa^2}{8}$；

　　　（g）$|F_S|_{max} = 11\text{kN}$，$|M|_{max} = 4\text{kN} \cdot \text{m}$；（h）$|F_S|_{max} = \dfrac{3F}{4}$，$|M|_{max} = \dfrac{Fa}{2}$；

　　　（i）$|F_S|_{max} = 1.5\text{kN}$，$|M|_{max} = 0.563\text{kN} \cdot \text{m}$

6-4　　（a）$F_{SA} = F_{SD左} = \dfrac{5qa}{2}$，$F_{SD右} = F_{SB} = \dfrac{qa}{2}$，$F_{SC左} = -\dfrac{qa}{2}$，

　　　　　$M_A = -3qa^2$，$M_D = -\dfrac{qa^2}{2}$，$M_B = 0$，BC 段极值弯矩 $M_{max} = \dfrac{qa^2}{8}$；

　　　（b）$F_{SA} = F_{SE左} = \dfrac{qa}{2}$，$F_{SE右} = F_{SB左} = -\dfrac{3qa}{2}$，$F_{SB右} = F_{SC} = qa$，$F_{SD} = -qa$，

　　　　　$M_A = 0$，$M_E = \dfrac{qa^2}{2}$，$M_B = -qa^2$，$M_C = 0$，CD 段极值弯矩 $M_{max} = \dfrac{qa^2}{2}$；

　　　（c）$F_{SA} = F_{SB} = F_{SC左} = -4\text{kN}$，$F_{SC右} = 2\text{kN}$，$F_{SD左} = -2\text{kN}$，$F_{SD右} = F_{SE} = 0$，$M_A = 4\text{kN} \cdot \text{m}$，

　　　　　$M_B = 0$，$M_C = M_D = M_E = -4\text{kN} \cdot \text{m}$，$CD$ 段极值弯矩 $M_{max} = -3\text{kN} \cdot \text{m}$；

　　　（d）$F_{SA} = \dfrac{F}{4}$，$F_{SB左} = -\dfrac{3F}{4}$，$F_{SB右} = \dfrac{F}{2}$，$F_{SD} = -\dfrac{F}{2}$，

　　　　　$M_A = M_C = M_D = 0$，$M_B = -\dfrac{Fa}{2}$

6-5　（a）C 处 M 应有突变；（b）B 处 F_S 应有突变，AC 段 M 图应为上面凸；（c）CD 段 M 图应为直线，D 处 M 图应向上突变

6-6　略

6-7　略

6-8　AC 段 q 方向向下，C 处集中力 $F_C = ql(\uparrow)$，BC 段 q 方向向上，B 处支反力 $F_B = ql(\downarrow)$，支反力偶 $M_B = \dfrac{ql^2}{4}$

6-9　$x = 0.207l$

6-10　$\dfrac{a}{l} = 0.293$

6-11　（1）左轮压力 F_1 距离 A 端 $x = \dfrac{l}{2} - \dfrac{F_2 a}{2(F_1 + F_2)}$ 时，梁内的弯矩（即力 F_1 作用处横截面弯矩）最大，$M_{\max} = \dfrac{F_1 + F_2}{l}\left[\dfrac{l}{2} - \dfrac{F_2 a}{2(F_1 + F_2)}\right]^2$

（2）左轮压力 F_1 无限靠近 A 端时，A 支座支反力最大，此时的最大支反力 F_A 与最大剪力 $F_{SA右}$ 都等于 $M_{\max} = F_1 + F_2\left(1 - \dfrac{a}{l}\right)$

6-12　（a）$M_A = M_C = M_B = 0$；（b）$M_A = M_D = 0$，$M_C = 10\text{kN} \cdot \text{m}$，$M_B = -10\text{kN} \cdot \text{m}$

（c）$M_A = 0$，$M_C = \dfrac{Fa}{4}$，$M_B = M_D = -\dfrac{Fa}{2}$

（d）$M_A = M_B = -20\text{kN} \cdot \text{m}$，$M_{中} = -15\text{kN} \cdot \text{m}$

（e）$M_A = -1.5qa^2$，$M_C = 0$，$M_B = 0.5qa^2$

（f）$M_A = M_B = -0.02ql^2$，$M_{中} = 0.025ql^2$

第 7 章

7-1　100MPa

7-2　41.1%

7-3　63.2MPa

7-4　$b \geqslant 41.7\text{mm}$；$h = 125.1\text{mm}$

7-5　5.33m

7-6　906.9kN

7-7　200MPa

7-8　510mm

7-9　44.1kN

7-10　10.7kN · m

7-11　15.7kN/m

7-12　230kN

7-13　$\sigma_{tmax} = 119.7\text{MPa}$，$\sigma_{cmax} = 96.9\text{MPa}$

7-14　B 截面：$\sigma_{tmax} = 24\text{MPa}$，$\sigma_{cmax} = 52.6\text{MPa}$；$C$ 截面：$\sigma_{tmax} = 26.3\text{MPa}$，$\sigma_{cmax} = 12\text{MPa}$，强度满足要求，倒置后，$\sigma_{tmax} = 52.6\text{MPa}$，不满足强度要求

7-15　$\sigma_w = 3.64\text{MPa}$；$\sigma_s = 153\text{MPa}$

7-16　2

7-17　$\sigma_a = 6.03\text{MPa}$，$\tau_a = 0.38\text{MPa}$；$\sigma_b = 12.9\text{MPa}$，$\tau_b = 0$

7-18　$\sigma_{max} = 101.9\text{MPa}$；$\tau_{max} = 3.39\text{MPa}$

7-19　$\sigma_{max} = 141.8\text{MPa}$；$\tau_{max} = 18.1\text{MPa}$

7-20　$W_z = 423\text{cm}^3$，取 25 工字钢，$\tau_{max} = 13.6\text{MPa}$

7-21　3.75kN

7-22　$\dfrac{3qx(l-2x)}{4h}$

7-23　117mm

7-24　16.2MPa

7-25　第一种

7-26　$W_2 l / (W_1 + W_2)$

7-27　$a = b = 2\text{m}$，$F = 14.8\text{kN}$

7-28　略

7-29　$M_1 = \dfrac{(D^4 - d^4)ql^2}{4(2D^4 - d^4)}$；$M_2 = \dfrac{d^4 ql^2}{8(2D^4 - d^4)}$

7-30　$F = 2.25qa$

7-31 ~ 7-33　略

第 8 章

8-1　(a) $w_A = 0$，$w_B = 0$；　　(b) $w_A = 0$，$w_B = 0$；

　　　(c) $w_A = 0$，$w_B = \dfrac{ql}{2k}$；　　(d) $w_A = 0$，$w_B = \Delta l$

8-2　$\theta_C = \dfrac{qa^3}{6EI}$，$w_C = \dfrac{qa^4}{8EI}$

8-3　0.25

8-4　$\theta_A = -\dfrac{M_e l}{6EI}$，$\theta_B = \dfrac{M_e l}{3EI}$，$w_{1/2} = -\dfrac{M_e l^2}{16EI}$，$w_{max} = -\dfrac{M_e l^2}{9\sqrt{3}\,EI}$

8-5　$w_{max} = \dfrac{M_e l}{2EI}$

8-6　略

8-7　$\theta_B = -\dfrac{Fa^2}{2EI}$，$w_B = -\dfrac{Fa^2}{6EI}(3l - a)$

8-8 $w_A = \dfrac{ql^4}{16EI}$, $\theta_B = \dfrac{ql^3}{12EI}$

8-9 $w_A = -\dfrac{5qa^4}{24EI}$

8-10 $F = 6EIA(\uparrow)$, $M_e = 6EIAl(\curvearrowright)$

8-11   2.04mm

8-12   5.06mm

第 9 章

9-1   (a) $\sigma_A = -\dfrac{4F}{\pi d^2}$;   (b) $\tau_A = 79.6\text{MPa}$;   (c) $\tau_A = 0.42\text{MPa}$, $\sigma_B = 2.1\text{MPa}$, $\tau_B = 0.31\text{MPa}$;   (d) $\sigma_A = 50\text{MPa}$, $\tau_A = 50\text{MPa}$

9-2   60kN

9-3   60°

9-4   45°, 14kN

9-5   略

9-6 $\sigma_{-60°} = -0.16\text{MPa}$, $\tau_{-60°} = -0.06\text{MPa}$

9-7 $\sigma_1 = 10.66\text{MPa}$, $\sigma_3 = -0.06\text{MPa}$, $\alpha_0 = 4.75°$

9-8   (1) $\sigma_{60°} = -25\text{MPa}$, $\tau_{60°} = 26\text{MPa}$;   (2) $\sigma_1 = 20\text{MPa}$, $\sigma_3 = -40\text{MPa}$;   (3) $\alpha_0 = 0$

9-9   (1) $\sigma_1 = 160\text{MPa}$, $\sigma_2 = 0$; $\sigma_3 = -30\text{MPa}$;   (2) 略

9-10 $\sigma_1 = 141.5\text{MPa}$, $\sigma_2 = 30.4\text{MPa}$; $\sigma_3 = 0$, $\alpha = 75.3°$

9-11   略

9-12 a 处：$\sigma_1 = 202.4\text{MPa}$, $\sigma_2 = 0$, $\sigma_3 = 0$

       b 处：$\sigma_1 = 210.6\text{MPa}$, $\sigma_2 = 0$, $\sigma_3 = -17.5\text{MPa}$

       c 处：$\sigma_1 = 84.9\text{MPa}$, $\sigma_2 = 0$, $\sigma_3 = -84.9\text{MPa}$

9-13   椭圆，长轴长为 300.109mm，短轴长为 299.979mm

9-14 $\sigma_1 = 80\text{MPa}$；$\tau_{\max} = 120\text{MPa}$

9-15   (a) $\sigma_1 = 94.7\text{MPa}$, $\sigma_2 = 50\text{MPa}$；$\sigma_3 = 5.3\text{MPa}$

       (b) $\sigma_1 = 210.6\text{MPa}$, $\sigma_2 = 50\text{MPa}$；$\sigma_3 = -20\text{MPa}$

       (c) $\sigma_1 = 84.9\text{MPa}$, $\sigma_2 = -50\text{MPa}$；$\sigma_3 = -80\text{MPa}$

9-16   (a) $\sigma_1 = 70\text{MPa}$, $\sigma_2 = 50\text{MPa}$, $\sigma_3 = 10\text{MPa}$。A 点所代表的截面平行于 σ_1 的方向

       (b) 该点处于三向应力状态：$\sigma_1 = 50\text{MPa}$, $\sigma_2 = 10\text{MPa}$, $\sigma_3 = -10\text{MPa}$。A 点所代表的截面平行于 σ_3 的方向

9-17 $\Delta\delta = 1.464 \times 10^{-3}\text{mm}$

9-18 $\sigma_x = \sigma_z = -15\text{MPa}$, $\sigma_y = -35\text{MPa}$

9-19 $\mu = 0.27$

9-20 $M_e = 10.9\text{kN} \cdot \text{m}$

9-21 $M_e = \dfrac{2Ebhl}{3(1+\mu)} \varepsilon_{45°}$

9-22 0.654mm^3

9-23 $12.99979\text{kN} \cdot \text{m/m}^3$

9-24 $\sigma_{r1} = 24.271\text{MPa}$，$[\sigma_t] = 30\text{MPa}$，即 $\sigma_{r1} < [\sigma_t]$

       $\sigma_{r2} = 26.589\text{MPa}$，$[\sigma_t] = 30\text{MPa}$，即 $\sigma_{r2} < [\sigma_t]$

9-25 $\sigma_{max} = 179\text{MPa}$

       $\dfrac{\sigma_{max} - [\sigma]}{[\sigma]} = \dfrac{179 - 170}{170} \times 100\% = 5.3\%$

       $\tau_{max} = 98\text{MPa} < [\tau]$

       $\sigma_{r4} = 176\text{MPa}$

       $\dfrac{\sigma_{r4} - [\sigma]}{[\sigma]} = \dfrac{176 - 170}{170} \times 100\% = 3.53\%$

9-26 $\sigma_{r3} = 250\text{MPa} = [\sigma]$；$\sigma_{r4} = 229.129\text{MPa} < [\sigma] = 250\text{MPa}$

9-27 $\sigma_{r3} = 183\text{MPa} > [\sigma]$

9-28 $\sigma_{r1} = 56\text{MPa} < [\sigma] = 60\text{MPa}$

9-29 $\sigma_{r2} = 30.4\text{MPa} < [\sigma_t] = 40\text{MPa}$

9-30 $\sigma_{r4} = 32.669\text{MPa} < [\sigma] = 160\text{MPa}$

9-31 $124\text{kN} \cdot \text{m/m}^3$

第 10 章

10-1 $h = 180\text{mm}$，$b = 90\text{mm}$

10-2   16 工字钢

10-3 $\sigma_{max} = 121\text{MPa}$

10-4 $F_{max} = 19\text{kN}$

10-5 $\sigma_{tmax} = \dfrac{F}{a^2}$，$\sigma_{cmax} = -\dfrac{2F}{a^2}$，8

10-6 $\sigma_A = 8.83\text{MPa}$，$\sigma_B = 3.83\text{MPa}$

       $\sigma_C = -12.2\text{MPa}$，$\sigma_D = -7.17\text{MPa}$

10-7 $d = 122\text{mm}$

10-8 $d \geqslant 23.6\text{mm}$

10-9 $l \geqslant 1.38\text{m}$

10-10 $\sigma_{r3} = 58.3\text{MPa}$

10-11   （1）$\sqrt{\left(\dfrac{4F}{\pi d^2}\right)^2 + 3\left(\dfrac{16M_e}{\pi d^3}\right)^2} \leqslant [\sigma]$

       （2）$\dfrac{2F}{\pi d^2} + \sqrt{\left(\dfrac{2F}{\pi d^2}\right)^2 + \left(\dfrac{16M_e}{\pi d^3}\right)^2} \leqslant [\sigma_t]$

10-12 $\sigma_{r3} = 107.4\text{MPa}$

10-13 $d = 122\text{mm}$

10-14 $\sigma_{r4} = 119.6\text{MPa}$

10-15 $\sigma_{r3} = 89.2\text{MPa}$

10-16 $\sigma_{r4} = 54\text{MPa}$

10-17 $d_1 \geqslant 48\text{mm}$，$d_2 \geqslant 49.3\text{mm}$

第 11 章

11-1 略

11-2 略

11-3 $n = 3.58$，安全

11-4 1 杆：$F_{cr} = 2540\text{kN}$；2 杆：$F_{cr} = 4680\text{kN}$；3 杆：$F_{cr} = 4800\text{kN}$

11-5 $F_{cr} = 400\text{kN}$

11-6 $l = 1093\text{mm}$

11-7 $F_{cr} = 138\text{kN}$

11-8 （1）269kN；（2）$n = 1.70 < n_{st}$，不安全

11-9 $F = 7.5\text{kN}$

11-10 257kN

11-11 65kN；175kN

11-12 $\theta = \arctan(\cot^2\beta)$

11-13 $n = 3.27$

参 考 文 献

[1] 杨民献，张淑芬，李一帆. 工程力学［M］. 北京：北京大学出版社，2013.

[2] 哈尔滨工业大学理论力学教研室. 理论力学：上册［M］. 7版. 北京：高等教育出版社，2009.

[3] 哈尔滨工业大学理论力学教研室. 理论力学：下册［M］. 7版. 北京：高等教育出版社，2009.

[4] 刘鸿文. 简明材料力学［M］. 3版. 北京：高等教育出版社，2016.

[5] 刘鸿文. 材料力学（Ⅰ）［M］. 5版. 北京：高等教育出版社，2010.

[6] 郝桐生. 理论力学［M］. 3版. 北京：高等教育出版社，2010.

[7] 杨云芳，李小山. 工程力学［M］. 北京：高等教育出版社，2012.